普通高等教育"十一五"国家级规划教材

The Fundamentals of Architectural Decoration

建筑装饰基础（第二版）

Jianzhu Zhuangshi Jichu

危道军　主编

高等教育出版社·北京
HIGHER EDUCATION PRESS　BEIJING

内容提要

本书是普通高等教育"十一五"国家级规划教材,是在第一版的基础上,按照教育部、建设部联合颁布的"高等职业学校建筑装饰装修专业领域技能型紧缺人才培养培训指导方案",结合示范院校建筑装饰工程技术重点专业人才培养方案编写。本书以项目教学为基础,采用模块化编写方式,突破学科界限,从学生日后的职业岗位对知识、能力的需要出发,以房屋建筑构造为主线,融合投影原理、建筑常用材料、建筑力学与结构等基本知识。

本书适用于高职高专院校、成人高校及本科院校举办的二级职业技术学院建设类建筑装饰装修专业领域的教学,也非常适合作为岗位培训教材,同时可供相关建筑装饰工程技术人员参考。

图书在版编目(CIP)数据

建筑装饰基础/危道军主编. —2版. —北京:高等教育出版社,2010.3
ISBN 978-7-04-028556-7

Ⅰ.①建… Ⅱ.①危… Ⅲ.①建筑装饰-高等学校-教材 Ⅳ.①TU238

中国版本图书馆CIP数据核字(2010)第006249号

策划编辑	张骁军	责任编辑	葛 心	封面设计	张 楠
版式设计	王艳红	责任校对	王 超	责任印制	尤 静

出版发行	高等教育出版社	购书热线	010-58581118
社　　址	北京市西城区德外大街4号	咨询电话	400-810-0598
邮政编码	100120	网　　址	http://www.hep.edu.cn
总　　机	010-58581000		http://www.hep.com.cn
经　　销	蓝色畅想图书发行有限公司	网上订购	http://www.landraco.com
			http://www.landraco.com.cn
印　　刷	潮河印业有限公司	畅想教育	http://www.widedu.com
开　　本	787×1092　1/16	版　　次	2005年7月第1版
			2010年3月第2版
印　　张	22.75	印　　次	2010年3月第1次印刷
字　　数	550 000	定　　价	29.10元

本书如有缺页、倒页、脱页等质量问题,请到所购图书销售部门联系调换。
版权所有　侵权必究
物料号　28556-00

第二版前言

建筑装饰基础是建筑装饰及相关专业的一门主干专业基础课。本书第一版为高等职业教育技能型紧缺人才培养培训工程系列教材之一,从教材定位、结构体系、难易程度、适应性、应用性等都很好地反映了高职教材的特点,自2005年出版以来,受到了广大读者的一致好评。2006年本书被评为普通高等教育"十一五"国家级规划教材。利用这次机会,结合示范院校建筑装饰工程技术重点专业人才培养方案对本课程的要求,编者对原书做了较大修订,加入了近几年教学改革的成果,适当降低了难度,增加了案例教学的力度,使之更加贴近工程实际。

本次教材修订的重点是:

1. 将教材内容进行了模块化处理,全书分成五个单元阐述。
2. 保持教材第一版的基本内容不变,只是修改和增加新的案例,补充或调整部分内容。
3. 教材编写体例作较大调整,使其符合工作过程。将第一版第6章墙体与框架、第7章楼板及第10章门与窗,整合为第9章砌体结构和第10章钢筋混凝土结构。
4. 第一版第3、4章内容有较大增加。
5. 全书以房屋构造为主线,采取"材料选择—建筑构造—受力特点—结构构造—施工图"模式编写,突破了传统,加大了整合的力度,更加符合"教学改革试点专业"规划教材的要求。
6. 修改第一版中的错误,删减了不常用的结构构件内容。

本书由危道军任主编,程红艳、谭文彬任副主编,参加本书修订工作的还有黄林、安娜、马桂芬、危莹等。本书修订过程中得到了湖北城市建设职业技术学院、湖北华疆城市建筑设计院、山河集团以及高等教育出版社的大力支持,在此表示衷心的感谢。

由于修订时间仓促,编者水平有限,加之教材内容整合力度较大,书中难免存在不足之处,敬请读者批评指正。

编 者
2009年11月

第一版前言

本书是高等职业教育技能型紧缺人才培养培训工程系列教材之一，全书以建筑构造为主线，融合投影原理、建筑常用材料、建筑力学与结构等基本知识，将建筑装饰装修专业的必备知识进行有机整合，力求体现够用为度，重在实践能力、动手能力培养的教育特色。

该书编写模式全新，内容精练，案例清晰，利于掌握基本理论和方法。尤其适合高等职业院校、高等专科学校建筑类专业教学，也可供广大工程技术人员参考。

全书由湖北城市建设技术学院组织编写。由危道军主编。其中，第一章由杨小平编写，第二章由危道军编写，第三章由安娜编写，第四章由马桂芬编写，第五章由陈松才编写，第六、八章由危道军、张春霞编写，第七章由陈洁编写，第九章由张春霞编写，第十章由杨劲珍编写。

在本书的编写过程中，编者参考引用了一些专家学者的精辟论述和见解，谨在此一并表示诚恳的感谢。

由于编写时间及编者水平有限，不妥之处在所难免，恳请读者批评指正。

编　者

2005 年 2 月

目 录

单元一　建筑与建筑装饰企业 … 1
第1章　建筑与建筑装饰企业 … 1
一、建筑与建筑装饰 … 2
二、建筑装饰企业 … 5
三、工程建设基本程序 … 14
职业活动与训练 … 18
小结 … 19
复习题 … 19

单元二　建筑制图基础 … 20
第2章　投影基本知识 … 20
一、正投影原理 … 20
二、形体的投影 … 25
小结 … 30
复习题 … 31

第3章　建筑工程施工图 … 32
一、建筑制图标准 … 32
二、剖面图与断面图 … 39
三、建筑工程施工图 … 43
职业活动与训练 … 60
小结 … 60
复习题 … 61

单元三　建筑材料基础 … 62
第4章　建筑材料 … 62
一、建筑钢材 … 63
二、水泥、石灰、石膏 … 70
三、砖与石 … 77
四、混凝土与砂浆 … 80
小结 … 86
复习题 … 86

第5章　建筑装饰材料 … 88
一、陶瓷装饰材料 … 89
二、玻璃 … 90
三、装饰水泥制品 … 92
四、木材 … 93

五、建筑涂料 … 95
职业活动与训练 … 96
小结 … 97
复习题 … 97

单元四　力学与结构基础知识 … 98
第6章　建筑力学基础知识 … 98
一、静力学基础知识 … 99
二、杆件的基本变形形式 … 108
三、结构的内力分析 … 118
小结 … 127
复习题 … 127

第7章　建筑结构基础 … 130
一、建筑结构的分类及应用 … 130
二、结构设计的基本知识 … 133
三、建筑结构抗震基本知识 … 137
四、钢筋混凝土结构基本构件 … 143
五、建筑结构变形缝 … 149
六、钢筋混凝土结构常用体系 … 151
七、混合结构 … 154
职业活动与训练 … 157
小结 … 157
复习题 … 158

单元五　房屋构造与识图 … 159
第8章　基础 … 159
一、概述 … 160
二、无筋扩展基础 … 163
三、扩展基础 … 165
四、基础工程图识读 … 174
职业活动与训练 … 177
小结 … 177
复习题 … 177

第9章　砌体结构 … 179
一、墙体 … 179
二、楼板 … 202
三、砌体结构工程施工图识读 … 235

职业活动与训练 …………………… 236	五、其他垂直交通设施 …………… 313
小结 ………………………………… 237	职业活动与训练 …………………… 315
复习题 ……………………………… 238	小结 ………………………………… 316
第 10 章 钢筋混凝土结构 ………… 239	复习题 ……………………………… 316
一、框架结构 ……………………… 239	**第 12 章 屋顶** ……………………… 318
二、门窗及维护结构 ……………… 252	一、屋顶的类型及组成 …………… 318
三、现浇框架结构的施工图识读 … 277	二、坡屋顶 ………………………… 321
职业活动与训练 …………………… 281	三、平屋顶 ………………………… 333
小结 ………………………………… 281	四、案例分析 ……………………… 349
复习题 ……………………………… 282	职业活动与训练 …………………… 354
第 11 章 楼梯及垂直交通设施 …… 283	小结 ………………………………… 354
一、概述 …………………………… 283	复习题 ……………………………… 355
二、现浇钢筋混凝土楼梯 ………… 287	**参考文献** …………………………… 356
三、预制钢筋混凝土楼梯 ………… 297	
四、木楼梯 ………………………… 312	

单元一 建筑与建筑装饰企业

第1章 建筑与建筑装饰企业

　　我国建筑装饰行业是近20年才兴起的一个新兴行业,其业务包括公共建筑装饰和家庭装饰。发展至今,建筑装饰行业已经形成了自己的特点、自己的优势,市场管理已从无序到有序;政策上从无规章或无合适的规章发展到有成套规章;从业队伍发展到约40万家企业1 100万员工;设计水平从简单模仿到产生大量优秀的原创设计;施工水平逐渐进入工厂化;建筑材料使用引入了绿色、环保概念,尤其是建筑幕墙设计、施工,已达到了国际先进水平。建筑装饰行业年增长值在1 750亿元左右,约占全国建筑业增加值的30%。建筑装饰市场的繁荣,拉动了20多个相关产业的发展。建筑装饰行业的发展,推动了建筑产品的更新换代,促进了产业结构的调整,使建筑物的品质在不断提升,提高了建筑业的科技含量,促进了建筑技术的发展,改善了房地产业和建筑业的产业结构和居民的消费结构。建筑装饰行业随着房地产业、建筑业的发展已经成为国民经济的重要支柱。

 学习目标

学完这一章应该能做到:
- 了解建筑与建筑装饰的概念。
- 了解装饰企业的资质等级标准和业务范围。
- 了解建筑装饰企业工作环境。
- 熟悉建筑装饰作业方式。
- 掌握装饰企业的组织结构和管理方法。
- 掌握工程建设基本程序。

 能力标准

能参与制定建筑装饰企业作业方式,能参与建筑装饰企业组织结构设计工作。

一、建筑与建筑装饰

1. 建筑的基本概念

建筑是建筑物与构筑物的通称。其中建筑物是供人们在其中工作、生活或进行其他活动的房屋或场所。建筑的基本要素包括建筑功能、建筑技术和建筑形象,三者是相互制约并和谐统一的。

(1)建筑物的分类

建筑物可以从多方面进行分类,常见的分类方法有以下四种。

1)按使用性质分

建筑物的使用性质又称为功能要求,具体分为以下几种类型:

① 民用建筑。指的是供人们工作、学习、生活、居住等类型的建筑。包括居住建筑,如住宅、宿舍、招待所等;公共建筑,如办公、科教、文体、商业、医疗、邮电、交通和其他建筑等。

② 工业建筑。指各类厂房和为生产服务的附属用房。包括单层工业厂房、多层工业厂房、层次混合的工业厂房等。

③ 农业建筑。指各类供农业生产使用的房屋,如种子库、农机站等。

2)按结构类型分

结构类型是以承重构件的选用材料与制作方式、传力方法的不同而划分,一般分为以下几种:

① 砌体结构。这种结构竖向承重构件是以烧结普通砖、烧结多孔砖或承重混凝土空心砌块等材料砌筑的墙体,水平承重构件是钢筋混凝土楼板及屋面板。

② 框架结构。这种结构承重部分是钢筋混凝土或钢材制作的梁、板、柱形成的骨架,墙体只起围护和分隔作用。

③ 钢筋混凝土板墙结构。这种结构的竖向承重构件和水平承重构件均采用钢筋混凝土制作,施工时可以在现场浇筑或在加工厂预制、现场吊装。

④ 特种结构。这种结构又称为空间结构,它包括悬索、网架、拱、壳体等结构形式。

3)按建筑层数或总高度分

建筑层数是房屋的实际层数的控制指标,但多与建筑总高度共同考虑,一般分为以下四种类型:

① 低层建筑。层数为1~2层的建筑。

② 多层建筑。层数为3~6层的建筑。

③ 高层建筑。层数为10层及10层以上的建筑。

④ 超高层建筑。层数为40层以上,建筑总高在100 m以上。

4)按施工方法分

施工方法是指建造房屋时所采用的方法,它分为以下几类:
① 现浇、现砌式。是指主要构件均在施工现场浇筑或砌筑。
② 预制、装配式。是指主要构件在加工厂预制,施工现场进行装配。
③ 部分现浇现砌、部分装配式。是指部分构件在现场浇筑或砌筑,部分构件为预制吊装。
(2) 建筑物的等级
建筑物的等级包括耐久等级和耐火等级两部分。
1) 耐久等级
建筑物耐久等级的指标是使用年限。使用年限的长短是依据建筑物的性质决定的。影响建筑寿命长短的因素主要是结构构件的选材和结构体系。
《民用建筑设计通则》(GB 50352—2005)中对建筑物的耐久年限作了如下规定:
一级:耐久年限为 100 年以上,适用于重要的建筑和高层建筑。
二级:耐久年限为 50 ~ 100 年,适用于一般性建筑。
三级:耐久年限为 25 ~ 50 年,适用于次要的建筑。
四级:耐久年限为 15 年以下,适用于临时性建筑。
2) 耐火等级
耐火等级取决于房屋的主要构件的耐火极限和燃烧性能,它的单位为小时。耐火极限是从受到火的作用起,到失掉支持能力或发生穿透性裂缝或背火一面温度升高到 220℃ 时所延续的时间。按材料的燃料性能把材料分为燃烧材料、难燃烧材料和非燃烧材料。用上述材料制作的构件分别叫燃烧体、难燃烧体和非燃烧体。
(3) 建筑模数协调统一标准
为了使建筑制品、建筑构配件和组合件实现工业化大规模生产,使不同材料、不同形式、不同制造方法的建筑构配件、组合件符合模数并具有较大的通用性和互换性,我国颁布了《建筑模数协调统一标准》(GBJ 2—1986),作为设计、施工、构件制作、科研的尺寸依据。建筑模数协调统一标准包括以下几点内容:
1) 基本模数
它是建筑模数协调统一标准中的基本数值,用 M 表示,1 M = 100 mm。
2) 扩大模数
它是导出模数的一种,其数值为基本模数的倍数。为了减少类型、统一规格,扩大模数按 3 M(300 mm)、6 M(600 mm)、12 M(1 200 mm)、15 M(1 500 mm)、30 M(3 000 mm)、60 M(6 000 mm)取用。用于竖向尺寸的扩大模数仅为 3 M、6 M 两个。
3) 分模数
它也是导出模数的一种,其数值为基本模数的分倍数。为了满足细小尺寸的需要,分模数按 1/2 M(50 mm)、1/5 M(20 mm)、1/10 M(10 mm)取用。
4) 模数数列
它是以基本模数、扩大模数和分模数为基础扩展成的一系列尺寸。
① 水平基本模数的数列幅度为 1 M 至 20 M,它主要应用于门窗洞口和构配件断面尺寸。
② 竖向基本模数的数列幅度为 1 M 至 36 M,它主要应用于建筑物的层高、门窗洞口和构配件断面尺寸。

③ 水平扩大模数主要应用于建筑物的开间或柱距、进深或跨度、构配件尺寸和门窗洞口尺寸。

④ 竖向扩大模数的数列幅度不受限制，它主要应用于建筑物的高度、层高和门窗洞口尺寸。

5）三种尺寸

① 标志尺寸。符合模数数列的规定，用以标注建筑物的定位轴面、定位面或定位轴线、定位线之间的垂直距离（如开间、柱距、进深、跨度、层高等）以及建筑构配件、建筑组合件、建筑制品有关设备界限之间的尺寸。

② 构造尺寸。建筑构配件、建筑组合件、建筑制品等的设计尺寸，一般情况下，构造尺寸为标志尺寸减去缝隙或加上支承尺寸。

③ 实际尺寸。建筑构配件、建筑组合件、建筑制品等生产后的实有尺寸。实际尺寸与构造尺寸之间的差数应符合建筑公差的规定。

2．建筑装饰基本概念

建筑装饰是指为保护建筑物的主体结构、完善建筑物的使用功能和美化建筑物，采用装饰装修材料或饰物，对建筑物的内外表面及空间进行的各种处理过程。它是工程技术与艺术的统一体，具有使用功能和装饰功能两重性。装饰装修的原则是经济、实用、美观、安全。

（1）建筑装饰的作用

① 强化建筑空间性质。

② 强化建筑时空环境的意境与气氛。

③ 弥补结构空间的缺陷与不足。

④ 保护建筑主体结构的牢固性。

（2）装饰、装修、设计的区别

装饰着重从外表的、视觉艺术的角度来解决问题，如界面的处理、材料的选用、家具陈设的配置；装修着重于工程技术、施工工艺和构造作法等方面，是指土建工程完成之后，对室内外各个界面、门窗、隔断等的工程处理；设计是综合的室内外环境设计，既包括视觉环境和工程技术方面的问题，也包括声、光、热等物理环境以及氛围、意境等心理环境和文化内涵等内容。

（3）建筑装饰的分类

建筑功能不管复杂或简单，装饰的部位和内容都应该一致。建筑装饰可分为有界面围合的实体装饰和没有明显界面的虚体装饰两种。

1）实体装饰

建筑是由实体构件墙、柱、梁、楼板、楼梯依次组合而成的，用界面进行区分，包括室内和室外两大部分。

① 室外装饰。主体部位是外墙面，主要有门、窗、外廊、门廊、雨篷、阳台、遮阳板、墙面分格装饰线、外窗台、窗套、檐口、有组织外排水装置及屋顶等。此外还有外楼梯、坡道、台阶、平台、露台、散水、花池、栏杆、室外地面、周边道路、环境绿化、建筑小品等。

② 室内装饰。主体部位有地面、楼面和顶棚，它们是水平面。还有垂直内墙面，主要有门、窗、墙裙、踢脚、内窗台、暖气罩、窗帘盒、壁柜、吊柜、壁龛、挂镜线等。此外还有内楼梯、地台或台阶、坡道、花池等细部装饰。

2）虚体装饰

是指没有明显界面区分的装饰,包括家具、陈设、小品、绘画、灯饰、设备、盆景、绿化、织物、卫生器具、厨具、匾额等,它们都是没有固定位置的可移动实体,应依据业主意愿、喜好摆放安置。

装饰的风格、档次、流派、色调、材质选择、投资数额、装饰水平和装饰效果,应根据业主意愿确定。

二、建筑装饰企业

（一）建筑装饰企业工作环境

现代社会是一个高度竞争的社会,人才频繁流动,建筑装饰行业也是如此。为何会出现这一现象呢?这与企业的工作环境是紧密相关的。企业工作环境的好坏与企业的发展是密不可分的,可以这样说,能否留住人才是一个企业成败与否的关键,而良好的工作环境是留住人才的关键。

企业的工作环境是"硬件"和"软件"两个方面的综合。"硬件"包括企业资质、物质报酬、办公设施、生活条件水平等,软件环境主要指企业的经营理念、企业文化等。

1. 建筑装饰企业的资质

建筑装饰企业的资质包括装饰工程设计资质等级和装饰工程施工资质等级两项。企业资质是企业技术能力、管理水平、业务经验、经营规模、社会信誉等综合性实力指标。对企业进行资质管理的制度是我国政府实行市场准入控制的有效手段。

建筑装饰企业应按照所拥有的注册资本、专业技术人员数量和工程业绩等资质条件向建设行政主管部门申请资质,经审查合格,取得相应等级的资质证书;而且只能在取得资质等级证书后,方可在资质证书规定的范围内承担建筑装饰工程。

（1）建筑装饰工程设计资质等级标准

建筑装饰工程设计资质等级标准是核定建筑装饰设计单位设计资质等级的依据。建筑装饰设计资质设甲、乙、丙三个级别,其分级标准如下。

1）甲级标准

① 从事建筑装饰设计业务6年以上,独立承担过不少于5项单位工程造价在1 000万元以上的高档建筑装饰设计,并已建成,无设计质量事故。

② 单位有较好的社会信誉,并有相适应的经济实力,工商注册资本不少于100万元。

③ 单位专职技术骨干人员不少于15人,其中,从事建筑装饰设计(建筑学、室内设计、环境艺术、工艺美术、艺术设计专业)的人员不少于8人,从事结构、电气、给水排水、暖通、空调专业设计的人员各不少于1人。建筑装饰设计主持人应具有高级技术职称或相当于高级技术职称的任职资历。

④ 参加过国家或地方建筑装饰设计标准、规范及标准设计图集的编制工作或行业的公务建设工作。

⑤ 有完善的质量保证体系,技术、经营、人事、财务、档案等管理制度健全。

⑥ 达到国家建设行政主管部门规定的技术装备及应用水平的考核标准。
⑦ 有固定工作场所,对于专职技术骨干,建筑面积不少于 15 m^2/人。

2）乙级标准

① 从事建筑装饰设计业务 4 年以上,独立承担过不少于 3 项单位工程造价在 500 万元以上的建筑装饰设计,并已建成,无设计质量事故。

② 单位有较好的社会信誉,并有相适应的经济实力,工商注册资本不少于 50 万元。

③ 单位专职技术骨干人员不少于 10 人,其中从事建筑装饰设计（建筑学、室内设计、环境艺术、工艺美术、艺术设计专业）的人员不少于 5 人。从事结构、电气、给水排水专业设计的人员各不少于 1 人,其他专业人员配置合理。建筑装饰设计主持人应具有高级技术职称或相当于高级技术职称的任职资历。

④ 有完善的质量保证体系,技术、经营、人事、财务、档案等管理制度健全。

⑤ 达到国家建设行政主管部门规定的技术装备及应用水平的考核标准。

⑥ 有固定工作场所,对于专职技术骨干,建筑面积不少于 15 m^2/人。

3）丙级标准

① 从事建筑装饰设计业务 2 年以上,独立承担过不少于 3 项单位工程造价在 250 万元以上的建筑装饰设计,并已建成,无设计质量事故。

② 单位有较好的社会信誉,并有相适应的经济实力,工商注册资本不少于 20 万元。

③ 单位专职技术骨干人员不少于 6 人,其中从事建筑装饰设计（建筑学、室内设计、环境艺术、工艺美术、艺术设计专业）的人员不少于 3 人,从事结构、电气专业设计的人员各不少于 1 人,其他专业人员配置合理。建筑装饰设计主持人应具有中级技术职称或相当于中级技术职称的任职资历。

④ 推行质量管理,有必要的质量保证体系及技术、经营、人事、财务、档案等管理制度。

⑤ 计算机数量达到专职技术骨干人均一台,计算机施工图出图率不低于 75%。

⑥ 有固定的工作场所,对于专职技术骨干,建筑面积不少于 15 m^2/人。

4）各等级建筑装饰设计单位承担的任务范围

① 甲级建筑装饰设计单位：承担建筑装饰设计项目的范围不受限制。

② 乙级建筑装饰设计单位：承担民用建筑工程设计等级二级及二级以下的民用建筑工程装饰设计项目。

③ 丙级建筑装饰设计单位：承担民用建筑工程设计等级三级及三级以下的民用建筑工程装饰设计项目。

（2）建筑装饰工程施工企业资质等级标准

建筑装饰工程施工企业资质等级标准是核定建筑装饰施工单位施工资质等级的依据。其等级标准分为一、二、三级,其分级标准如下。

1）一级企业资质标准

① 企业近 5 年承担过 3 项以上单位工程造价 1 000 万元以上的三星级宾馆或公用建筑的装饰工程施工,工程质量合格。

② 企业经理具有 8 年以上从事工程管理的工作经历或具有高级职称；总工程师具有 8 年以上从事建筑装饰施工技术管理的工作经历,并具有相关专业高级职称；总会计师具有中级以上会

计职称。

企业有职称的工程技术和经济管理人员不少于 40 人,其中,工程技术人员不少于 30 人,且建筑学或环境艺术、结构、暖通、给水排水、电气等专业人员齐全;工程技术人员中,具有中级以上职称的人员不少于 10 人。企业具有的一级资质项目经理不少于 5 人。

③ 企业注册资本金 1 000 万元以上,企业净资产 1 200 万元以上。

④ 企业近 3 年最高年工程结算收入 3 000 万元以上。

2)二级企业资质标准

① 企业近 5 年承担过 2 项以上单位工程造价 500 万元以上的装修装饰工程或 10 项以上单位工程造价 50 万元以上的装修装饰工程施工,工程质量合格。

② 企业经理具有 5 年以上从事工程管理的工作经历或具有中级以上职称;技术负责人具有 5 年以上从事建筑装饰施工技术管理的工作经历,并具有相关专业中级以上职称;财务负责人具有中级以上会计职称。

企业有职称的工程技术和经济管理人员不少于 25 人,其中,工程技术人员不少于 20 人,且建筑学或环境艺术、结构、暖通、给水排水、电气等专业人员齐全;工程技术人员中,具有中级以上职称的人员不少于 5 人。企业具有的二级资质以上项目经理不少于 5 人。

③ 企业注册资本金 500 万元以上,企业净资产 600 万元以上。

④ 企业近 3 年最高年工程结算收入 1 000 万元以上。

3)三级企业资质标准

① 企业近 3 年承担过 3 项以上单位工程造价 20 万元以上的装修装饰工程施工,工程质量合格。

② 企业经理具有 3 年以上从事工程管理的工作经历;技术负责人具有 5 年以上从事建筑装饰施工技术管理的工作经历,并具有相关专业中级以上职称;财务负责人具有初级以上会计职称。

企业有职称的工程技术和经济管理人员不少于 15 人,其中,工程技术人员不少于 10 人,且建筑学或环境艺术、暖通、给水排水、电气等专业人员齐全;工程技术人员中,具有中级以上职称的人员不少于 2 人。企业具有的三级资质以上项目经理不少于 2 人。

③ 企业注册资本金 50 万元以上,企业净资产 60 万元以上。

④ 企业近 3 年最高年工程结算收入 100 万元以上。

4)各等级建筑装饰工程施工企业承包的工程范围

① 一级企业:可承担各类建筑的室内、室外装饰工程(建筑幕墙工程除外)施工。

② 二级企业:可承担单位工程造价 1 200 万元及以下建筑的室内、室外(建筑幕墙工程除外)装饰工程的施工。

③ 三级企业:可承担单位工程造价 60 万元及以下建筑室内、室外(建筑幕墙工程除外)装饰工程的施工。

企业的资质等级决定了其从事工程项目范围,相应的也决定了它有多大的业务能力范围,等级越高,其工作的外环境就越广,生存空间就越大,相应的其效益一般来说就相对较高。因而,目前我国的装饰企业在资质方面力求提高自身的等级,来获取较大的工作空间,装饰业国内诸强大都拥有设计、施工双乙级以上的资质。就装饰企业而言,设计与施工是两个重要的一线部门,所要求的技术人员的标准相对较高,专业设置既全面又有所侧重;而企业的网络管理和开发则需要相当水平的专业人才,且管理层的人员配置又需要管理加技术的复合型人才,人才的综合素质越高,企业的发展潜力和市场竞争力就会越大,这是不容置疑的事实。一般说来,企业的资质越高,越能吸引专业人才。

2. 建筑装饰企业其他工作环境

(1) 物质文明环境

在工作环境"硬件"方面,除资质外,尚有物质报酬、办公设施、生活福利条件水平等。这些也是企业工作环境中很重要的方面,它们在一定程度上也决定了一个企业的生存空间。企业应构造合理的薪酬结构线,既突出内部公平性,又突出外部竞争性和内部竞争性,给优秀员工以有效的物质激励。良好的办公环境一方面能提高工作效率,另一方面能确保员工们的健康,使他们即使在较大压力下也能保持健康平衡,确保员工每时每刻都能保持良好的工作状态和工作激情,从而给企业带来较高的经济效益,同时也能给员工自身带来较高的收益。

(2) 精神文明环境

相对"硬件"环境而言,"软件"环境建设也同样值得充分重视。"软件"环境主要是指企业的经营理念、企业文化、工作氛围等。企业文化是一种以价值观为核心的、对全体员工进行"企业意识"教育的亚文化体系,企业文化是企业之魂,是企业精神风貌的充分体现,是企业在经营管理活动中所创造和形成的具有本企业特色的精神财富及物质形态的总和。企业文化一般包括企业理念和具体体现两大部分,这两大部分应和谐地贯彻到企业各个部门的经营、管理工作中。通过企业文化,可以增强企业的凝聚力、向心力,激励全体员工产生巨大的协同力,从而推动企业走向成功。同时,企业还应着力营造轻松和谐的工作氛围。企业应充分信任和尊重员工,让他们时刻保持良好的情绪,充分发挥才能和想像力,注意协调公司内部的人际关系,以提高自身的沟通技巧和表达方式。我国目前一些有知名度的装饰企业大都有自己的企业文化和良好的工作氛围,这也是它们成功的很重要的一个因素。

(二) 建筑装饰作业方式

就我国目前的建筑装饰企业而言,大多都有自身的一套作业方式,且公共装饰与家庭装饰略有不同,但总体操作方法在原理上没有多大的差异,一般大同小异。家庭装饰作业方式如以下流程所示。

一般先由市场营销人员来开拓市场,然后由设计师来完成设计工作,其流程如图1-1所示。

设计师完成设计,签下项目单后,便进入工程施工阶段,其后期流程一般如图1-2所示。

工程完工,经验收合格后,便进入售后服务阶段,在此阶段由公司售后服务部门按国家规定的保修条款及所订合同要求实施售后服务。

在某些细节上各企业的工作方式可能有所差异,但变动不会很大,具体操作时按各企业的流程相应操作即可。

设计师作业流程

初次沟通
1. 了解客户房型结构及钟爱风格
2. 了解客户职业背景、人口结构及功能要求
3. 了解客户投入计划
4. 告知公司背景、设计思想、管理模式、服务理念和服务程序
5. 商约量房，并约定3日内见面给平面方案
6. 签订"设计委托书"，收取设计定金
7. 对客户的要求进行评审

↓

二次沟通
1. 说明平面方案设计的考虑原因
2. 沟通装修风格、造型、色彩的意向，必要时勾绘部分草图
3. 介绍部分材料，说明价位、质量、品牌及装饰效果
4. 约定下次沟通天花吊顶图、立面图、水电管线图、效果图，预算时间
5. 完成对客户所承诺的工作，并守时进行下次洽谈，将做法、报价交预算员审核，设计图纸交设计总监或主任设计师审图

↓

再次沟通
1. 首先沟通设计方案，听取客户意见，说明专业思路，确定设计方案
2. 将报价预算交业主阅看，说明报价依据，讲解报价公平、合理的内涵
3. 如有问题不能解决，及时与预算员或设计总监请示处理意见
4. 约定下次沟通设计、报价的时间

↓

最后商定
1. 介绍设计方案的修改，采纳客户意见的情况及专业意见，确定方案
2. 说明预算的修改内容、项目增减及价格内容构成；并将设计方案交审图员审图通过
3. 签约收首期款完成交易，此前应向工程部衔接开工日期和工期
4. 将图纸、合同、预算交财务一份，备档并作收款、拨款依据

↓

交底工作
1. 召开进场开工会，同项目经理、巡查员作设计、预算、工期现场交底
2. 跟进协调施工现场，作好变更设计和签字手续
3. 为客户提供选材料、购家私和布艺的参谋服务

图 1-1　设计师作业流程图

（三）建筑装饰组织结构与管理

1．建筑装饰组织结构

组织是管理中的一项重要职能。每一个装饰企业都有一个按照自身的实际情况建立起来的精干、高效的组织机构，以便于企业各项管理工作顺利、正常地进行，这是企业管理实现企业目标的前提条件。组织是为了使系统达到它特定的目标，使全体参加者经分工、协作，以及设置不同层次的权利和责任制度而构成的一种人的组合体。而组织结构则是组织内部构成和各部分间所确立的较为稳定的相互关系和联系方式。一般每一个企业都应进行组织设计，它是企业进行有效的管理和提高组织活动效能的有力保证。一个好的组织设计可以处理好组织构成中的管理层次、管理跨度、管理部门、管理职能四个因素间的关系。一般说来，在装饰施工企业中有以下几种组织管理的基本组织结构模式。

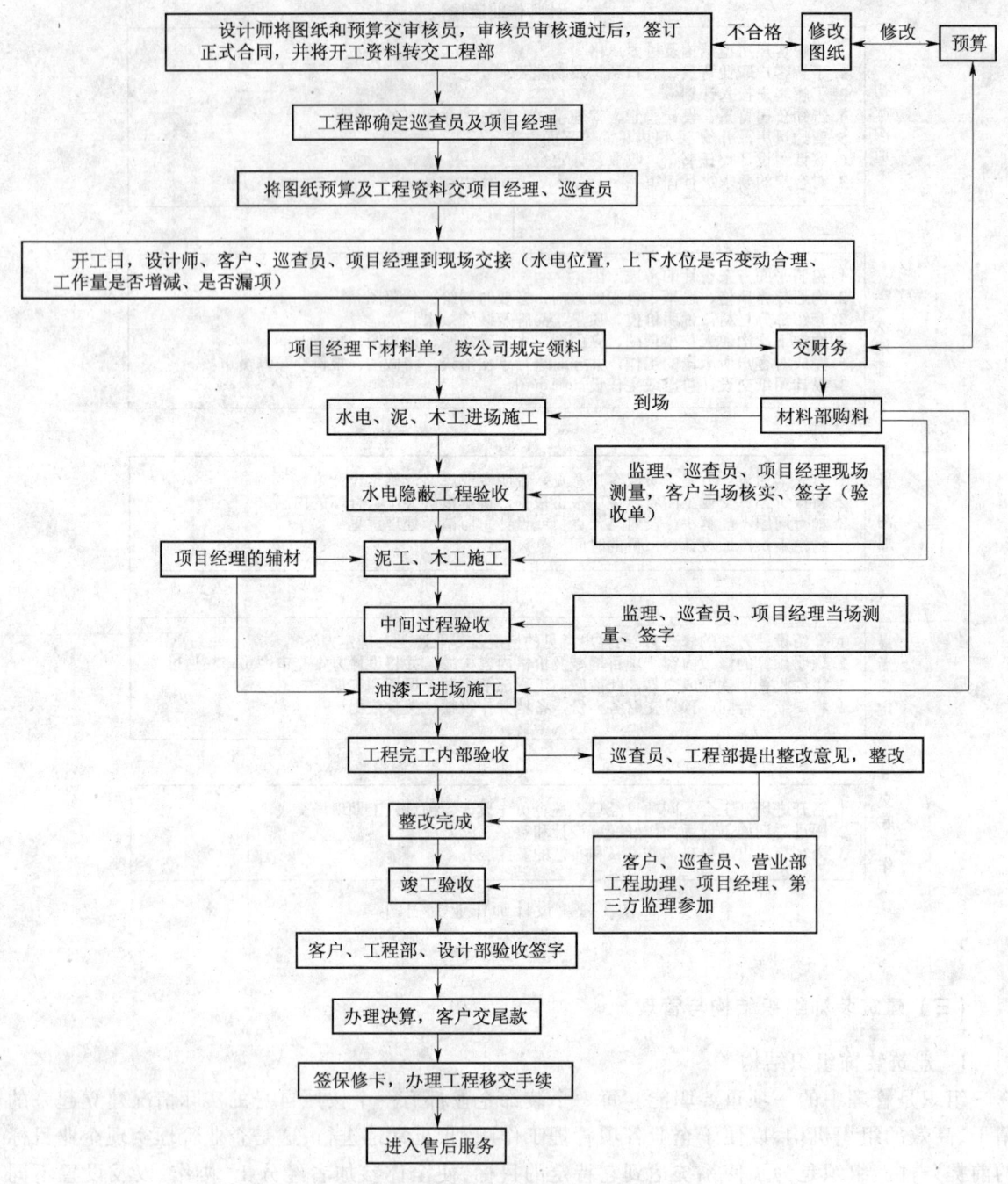

图1-2 施工管理规范流程图

(1) 直线式组织结构

该组织结构的特点是企业中任何一个下级只能接受唯一上级的命令,各级部门主管人员或部门经理对所属部门的问题负责,企业机构中不再另设职能部门。

该组织结构适用于一些中、小型装饰企业。直线式的企业组织结构,如图1-3所示。

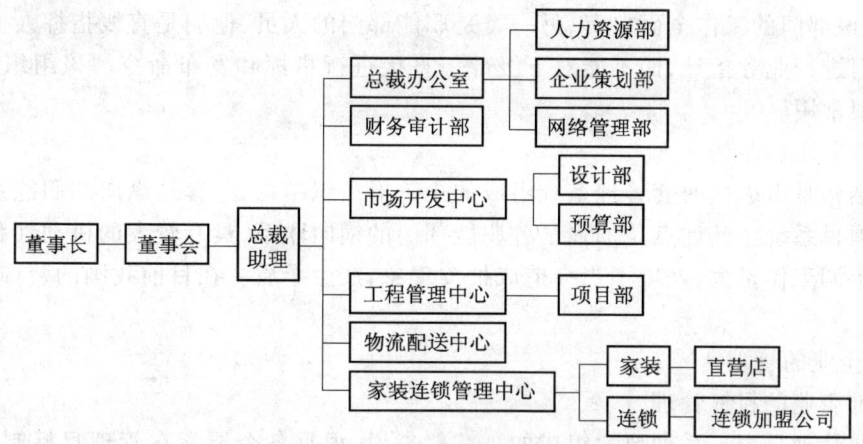

图1-3 直线式组织结构

(2) 职能制企业组织结构

该组织结构在企业结构内设立一些职能部门,把相应的职责和权利交给职能部门,各职能部门在本职能范围内有权直接指挥下级。此种组织结构适用于大、中型装饰企业。如某装饰集团的组织结构,如图1-4所示。

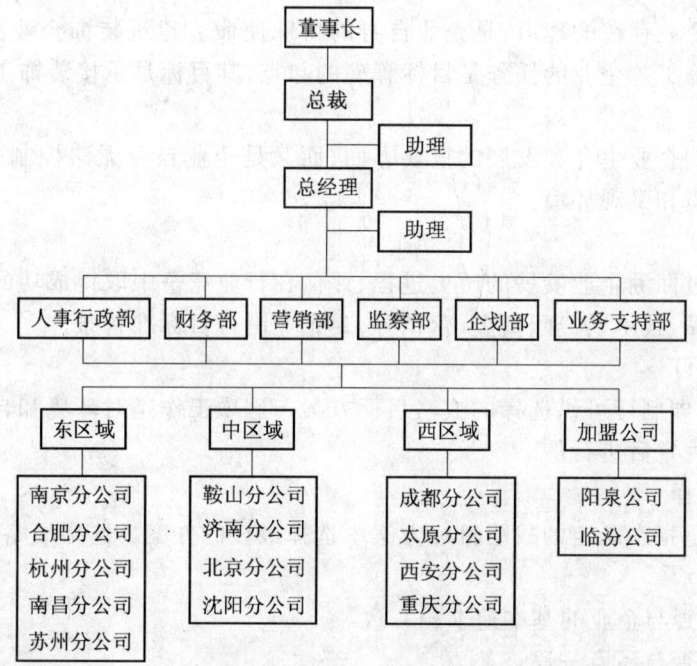

图1-4 职能制组织结构

(3) 直线职能制组织结构

该组织结构是吸取了直线式组织结构和职能制组织结构的优点而形成的一种组织结构。它把管理部门和人员分为两类：一类是直线指挥部门的人员，他们拥有对下级实行指挥和发布命令的权利，并对该部门的工作全面负责；另一类是职能部门的人员，他们是直线指挥人员的参谋，只能对下级部门进行业务指导，而不能对下级部门直接进行指挥和发布命令。该组织结构在现有的装饰企业很常用。

（4）矩阵制组织结构

该组织结构是由纵横两套管理系统组成的矩阵形组织结构，一套是纵向的职能系统，另一套是横向的子项目系统。其优点是加强了各职能部门的横向联系，具有较大的机动性和适应性；缺点是纵横向协调工作量大，处理不当会造成扯皮现象，产生矛盾。在目前我国的装饰企业中一般很少使用。

2．装饰企业的管理

（1）装饰企业的目标管理

装饰企业管理是由一系列要素组成的。一般来说，根据各个要素在管理目标制订过程中的关系和先后次序，包含8个方面的内容：企业任务，外部环境，内部分析，战略目标制订，战略目标选择，阶段目标、行动计划、职能战略和政策，组织结构、组织领导和组织文化，管理目标实施的评价与控制。

这8个方面的要素提供管理的整体信息与概念，作为进行目标管理的总纲，共同组成设计目标管理的要素构成模式。

1）企业任务

企业的任务是企业存在的理由，是企业自身的特殊使命。建筑装饰企业的任务是对建筑产品进行装饰设计与施工。企业的任务是目标管理的起点，其目标是承接装饰工程项目。

2）外部环境

外部环境是影响企业生存和发展的重要方面，而又是企业自身无法控制的条件和力量。外部环境包括宏观环境和微观环境。

3）内部分析

内部分析是通过回溯企业发展的历史进程，评估在行业竞争中取得成功的关键因素，定性和定量分析企业的产品、技术、管理、资金、营销等，为企业制订目标准备条件。

4）战略目标制订

战略目标制订，即制订可供选择的战略目标方案。这项工作是对环境和自身能力进行分析、对任务做出修正或肯定后进行的。

5）战略目标选择

战略目标选择是指在既定的战略目标方案中选择最佳的方案。选择战略目标必须注意以下5个问题：

① 战略目标是否与企业的基本追求相一致。

② 战略目标是否与环境一致。

③ 战略目标是否与企业拥有的资源匹配。

④ 战略目标遇到的风险是否适当。

⑤ 战略目标是否能被有效地执行。

6）阶段目标、行动计划、职能战略和政策

企业在一个特定的时期内谋求实现的结果称阶段目标。企业为执行其战略目标所进行的一系列耗费资源的工作或项目的集合称行动计划。职能战略是用于构建职能部门的短期对策,它与一般的战略目标相比,更具体、详细、可计量。决策是指导管理者思想、决定、行动的方针。政策提供标准的经营程序,使日常决策制度化,以提高管理工作的效率。

7）组织结构、组织领导和组织文化

组织结构是指组织各部门之间稳定的相互关系。不同的战略管理目标需要不同的组织结构与之相适应。组织领导不是指领导在组织中的位置,而是指其为组织所作的贡献,是对他人或团队行为进行的一种努力,包括对各个层面人员的影响能力。组织文化是组织中人的价值观的体现,是企业的一种能力,表现为企业的团队精神、组织成员之间的协作关系。组织文化的好坏直接影响组织(或企业)激发成员的创造性思维和持续创新的能力。

8）管理目标实施的评价与控制

在管理目标执行过程中,效果与计划会有差距,故需要进行评价及控制,以纠正偏差。目标管理同一切管理一样,是一个循环过程。在执行时,它是非程序化的。模式中的各要素不是相互独立的,某一要素变化,会影响其他要素。信息的流动和要素之间的影响是相互的。

（2）建筑装饰企业的技术管理

企业不仅要进行目标管理,在实施中还应进行建筑装饰企业的技术管理,技术管理又有其特殊性,那就是负有既要对施工还要对设计这两方面的技术管理责任。由于装饰工程项目的施工周期相对土建工程要短,所以施工组织设计的科学性、合理性、可操作性尤为重要。因此,技术管理的控制点和有效性是衡量企业技术发展和技术进步的重要标准,是企业可持续发展的技术保障。技术管理的内容包括:

① 了解和掌握国内外的技术发展动向,推动企业科技进步,提高设计和施工水平。
② 建立技术储备档案。
③ 推广与应用新技术及其成果。
④ 推广技术的更新改造。
⑤ 培训相关人员,使其具有应用新技术、新工艺、新材料的能力。
⑥ 制定科技人员发展规划及实施办法,对技术质量管理的制定、修订提出建设性意见。
⑦ 参加或主持企业重大技术会议,解决技术疑难问题。
⑧ 参与合同评审,对合同中涉及的技术能力把关。
⑨ 主持重要的设计评审,最终审批图纸。
⑩ 对设计的质量进行抽查与评定,审批设计更改。
⑪ 审批施工组织设计和工程技术交底。
⑫ 施工过程中技术资料和工程质量的检查。
⑬ 审查交付工程的竣工资料。
⑭ 竣工图审查。
⑮ 质量保证资料审查。
⑯ 组织编写及审批企业的有关技术标准。
⑰ 界定有关的国家、省、市颁布的标准、规范、定额的使用,作为外部受控文件。
⑱ 编制企业标准、规范(各工序、工艺、材料的作业指导书)。

⑲ 编制企业的标准图集。

（四）建筑装饰行业现状与发展趋势

1. 建筑装饰设计现状与发展趋势

我国建筑装饰设计已渡过了简单的初级阶段，现正逐步向国际水准靠近。比较而言，与国际水平尚存在一定的差距。主要表现在：

① 设计理念落后，其原因可能跟教育模式有直接的关系。

② 急功近利，对周边环境、建筑物的功能等考虑不够。这与目前整个建筑市场超常规发展有直接关系。

③ 过分依赖电脑，忽略或不懂工艺美术。

④ 对相关法规特别是对国际惯例不清楚。

目前在设计上其发展趋势主要有：

① 与国际建筑装饰市场接轨。加入 WTO 后，外企带来的压力直接影响到国内装饰企业的生存，使其只能向国际水平看齐。

② 突出民族特点，挖掘中华几千年建筑文明的精髓，让中国建筑装饰水平迈上新的台阶。

2. 装饰材料的发展趋势

在装饰材料的使用上逐步使用一些新材料，如负离子健康涂料、抗菌玻璃（纳米玻璃）、科技木、生态幕墙、大理石-陶瓷复合板、纳米漆、纳米涂料、LOW-E 玻璃（低辐射玻璃）、钛金箔膜复合板玻璃等，使我国的材料有了较大的发展与提高，逐步与国际装饰市场接轨。

3. 装饰工程施工技术现状与发展趋势

在装饰工程施工技术方面，目前仍沿袭以手工为主的装饰施工方法，这种施工方法效率低、质量不能保证。随着社会的发展进步，国内许多正规装饰公司引进了国际上先进的施工工具、加工安装工艺，使装修水平上了一个新台阶。并且，在如下几个方面取得了很大成功，达到或接近国际先进水平：石材干挂技术、金属幕墙技术、微晶玻璃与陶瓷复合技术、石材毛面铺设整体研磨工艺、木制品集成技术及背栓连接系列。

装饰施工技术的发展趋势主要有：

① 国家要求。施工技术发展的总方向是节能、高效、绿色环保、以人为本。

② 业主与市场要求。在保证装饰功能的前提下，质量要好、施工工期要短、环保要坚决保证。

③ 有条件的装饰公司都尽可能实现工厂生产、现场安装，逐渐将木材、石板吊顶等工序的前期加工拼装工作在工厂内完成，尽可能减少现场作业时间。

三、工程建设基本程序

（一）建设程序

建设程序是人们进行建设活动中必须遵守的工作制度，是经过大量实践工作所总结出来的工程建设过程的客观规律的反映。

建设项目按照建设程序进行建设是社会经济规律的要求,是建设项目技术经济规律的要求,也是建设项目的复杂性决定的。根据几十年建设的实践经验,我国已形成了一套科学的建设程序。我国的建设程序可划分为项目建议书、可行性研究、勘察设计、施工准备(包括招投标)、建设实施、生产准备、竣工验收、后评价八个阶段。这八个阶段基本上反映了建设工作的全过程。这八个阶段还可以进一步概括为项目决策、建设准备、工程实施三大阶段。

1. 项目决策阶段

项目决策阶段以可行性研究为工作中心,包括调查研究、提出设想、确定建设地点、编制可行性研究报告等内容。

(1) 项目建议书

项目建议书是业主单位向主管部门提出的要求建设某一项目的建议性文件,是对拟建项目的轮廓设想,是从拟建项目的必要性及大方面的可能性加以考虑的。

项目建议书经批准后,才能进行可行性研究,也就是说,项目建议书并不是项目的最终决策,而仅仅是为可行性研究提供依据和基础。

项目建议书的内容一般包括以下五个方面:

① 建设项目提出的必要性和依据。
② 拟建工程规模和建设地点的初步设想。
③ 资源情况、建设条件、协作关系等的初步分析。
④ 投资估算和资金筹措的初步设想。
⑤ 经济效益和社会效益的估计。

项目建议书按要求编制完成后,报送有关部门审批。

(2) 可行性研究

项目建议书经批准后,应紧接着进行可行性研究工作。可行性研究是项目决策的核心,是对建设项目在技术上、工程上和经济上是否可行进行全面的科学分析论证工作,是技术经济的深入论证阶段,为项目决策提供可靠的技术经济依据。其研究的主要内容是:

① 建设项目提出的背景、必要性、经济意义和依据。
② 拟建项目规模、产品方案、市场预测。
③ 技术工艺、主要设备、建设标准。
④ 资源、材料、燃料供应和运输及水、电条件。
⑤ 建设地点、场地布置及项目设计方案。
⑥ 环境保护、防洪、防震等要求与相应措施。
⑦ 劳动定员及培训。
⑧ 建设工期和进度建议。
⑨ 投资估算和资金筹措方式。
⑩ 经济效益和社会效益分析。

可行性研究的主要任务是对多种方案进行分析、比较,提出科学的评价意见,推荐最佳方案。在可行性研究的基础之上,编制可行性研究报告。

我国对可行性研究报告的审批权限作了明确规定,必须按规定将编制好的可行性研究报告送交有关部门审批。

经批准的可行性研究报告是初步设计的依据,不得随意修改和变更。如果在建设规模、产品方案等主要内容上需要修改或突破投资控制数时,应经原批准单位复审同意。

2. 建设准备阶段

(1) 勘察设计

设计文件是安排建设项目和进行建筑施工的主要依据。设计文件一般由建设单位通过招投标或直接委托有相应资质的设计单位进行设计。

设计是分阶段进行的。一般项目进行两阶段设计,即初步设计和施工图设计。技术上比较复杂和缺少设计经验的项目采用三阶段设计,即在初步设计阶段后增加技术设计阶段。

1) 初步设计

初步设计是对批准的可行性研究报告所提出的内容进行概略的设计,作出初步的实施方案(大型、复杂的项目,还需绘制建筑透视图或制作建筑模型),进一步论证该建设项目在技术上的可行性和经济上的合理性,解决工程建设中重要的技术和经济问题,并通过对工程项目所作出的基本技术经济规定,编制项目总概算。

2) 技术设计

技术设计是在初步设计的基础上,根据更详细的调查研究资料,进一步确定建筑、结构、工艺、设备等的技术要求,以使建设项目的设计更具体、更完善,技术经济指标达到最优。

3) 施工图设计

施工图设计是在前一阶段的设计基础上进一步形象化、具体化、明确化,完成建筑、结构、水、电、气、工业管道以及场内道路等全部施工图纸、工程说明书、结构计算书以及施工图预算等。

(2) 施工准备

施工准备工作在可行性研究报告批准后就可着手进行。通过技术、物资和组织等方面的准备,为工程施工创造有利条件,使建设项目能连续、均衡、有节奏地进行。其主要工作内容是:

① 征地、拆迁和场地平整。

② 工程地质勘察。

③ 完成施工用水、电、通信及道路等工程。

④ 收集设计基础资料,组织设计文件的编审。

⑤ 组织设备和材料订货。

⑥ 组织施工招投标,择优选定施工单位。

⑦ 办理开工报建手续。

施工准备工作基本完成具备了工程开工条件之后,由建设单位向有关部门提出开工报告。有关部门对工程建设资金的来源、资金是否到位以及施工图出图情况等进行审查,符合要求后批准开工。

3. 工程实施阶段

(1) 建设实施

建设实施即建筑施工,是将计划和施工图变为实物的过程,是建设程序中的一个重要环节。要做到计划、设计、施工三个环节互相衔接,投资、工程内容、施工图纸、设备材料、施工力量五个方面的落实,以保证建设计划的全面完成。

(2) 生产准备

生产准备是项目投产前由建设单位进行的一项重要工作。它是衔接建设和生产的桥梁,是建设阶段转入生产经营的必要条件。建设单位应及时组成专门班子或机构做好生产准备工作。

(3) 竣工验收

按批准的设计文件和合同规定的内容建成的工程项目,其中生产性项目经负荷试运转和试生产合格,并能够生产合格产品的;非生产性项目符合设计要求,能够正常使用的,都要及时组织验收,办理移交固定资产手续。竣工验收是全面考核建设成果、检验设计和工程质量的重要步骤,是投资成果转入生产或使用的标志。

(4) 后评价

建设项目一般经过 1～2 年生产运营(或使用)后,要进行一次系统的项目后评价。建设项目后评价是我国建设程序新增加的一项内容,目的是肯定成绩、总结经验、研究问题、吸取教训、提出建议、改进工作,不断提高项目决策水平和投资效果。项目后评价一般分为项目法人的自我评价、项目行业的评价和计划部门(或主要投资方)的评价三个层次组织实施。

(二) 施工项目管理程序

施工项目管理程序是拟建工程项目在整个施工阶段中必须遵循的客观规律,它是长期施工实践经验的总结,反映了整个施工阶段必须遵循的先后次序。施工项目管理程序由下列各环节组成。

1. 编制项目管理规划大纲

项目管理规划分为项目管理规划大纲和项目管理实施规划。项目管理规划大纲是由企业管理层在投标之前编制的,作为投标依据、满足招标文件要求及签订合同要求的文件。当承包人以编制施工组织设计代替项目管理规划时,施工组织设计应满足项目管理规划的要求。

2. 编制投标书并进行投标,签订施工合同

施工单位承接任务的方式一般有三种:国家或上级主管部门直接下达;受建设单位委托而承接;通过投标而中标承接。招投标方式是最具有竞争机制、较为公平合理的承接施工任务的方式,在我国已得到广泛普及。

3. 选定项目经理,组建项目经理部,签订"项目管理目标责任书"

签订施工合同后,施工单位应选定项目经理,项目经理接受企业法定代表人的委托组建项目经理部,配备管理人员。企业法定代表人根据施工合同和经营管理目标要求与项目经理签订"项目管理目标责任书",明确规定项目经理部应达到的成本、质量、进度和安全等控制目标。

4. 项目经理部编制"项目管理实施规划",进行项目开工前的准备

项目管理实施规划(或施工组织设计)是在工程开工之前由项目经理主持编制的,用于指导施工项目实施阶段管理活动的文件。

项目管理实施规划应经会审后,由项目经理签字并报企业主管领导审批。

根据项目管理实施规划,对首批施工的各单位工程,应抓紧落实各项施工准备工作,使现场具备开工条件,有利于进行文明施工。具备开工条件后,提出开工申请报告,经审查批准后,即可正式开工。

5. 施工期间按"项目管理实施规划"进行管理

施工过程是一个建设项目自开工至竣工的实施过程,是施工程序中的主要阶段。在这一过

程中,项目经理部应从整个施工现场的全局出发,按照项目管理实施规划(或施工组织设计)进行管理,精心组织施工,加强各单位、各部门的配合与协作,协调解决各方面问题,使施工活动顺利开展,保证质量目标、进度目标、安全目标、成本目标的实现。

6. 验收、交工与竣工结算

项目竣工验收是承包人按施工合同完成了项目全部任务,经检验合格,由发包人组织验收的过程。

项目经理应全面负责工程交付竣工验收前的各项准备工作,建立竣工收尾小组,编制项目竣工收尾计划并限期完成。项目经理部应在完成施工项目竣工收尾计划后,向企业报告,提交有关部门进行验收。承包人在企业内部验收合格并整理好各项交工验收的技术经济资料后,向发包人发出预约竣工验收的通知书,由发包人组织设计、施工、监理等单位进行项目竣工验收。

通过竣工验收程序,办完竣工结算后,承包人应在规定期限内向发包人办理工程移交手续。

7. 项目考核评价

施工项目完成以后,项目经理部应对其进行经济分析,做出项目管理总结报告并送企业管理层有关职能部门。

企业管理层组织项目考核评价委员会,对项目管理工作进行考核评价。项目考核评价的目的是规范项目管理行为,鉴定项目管理水平,确认项目管理成果,对项目管理进行全面考核和评价。

8. 项目回访保修

承包人在施工项目竣工验收后,对工程使用状况和质量问题向用户访问了解,并按照施工合同的约定和"工程质量保修书"的承诺,在保修期内对发生的质量问题进行修理并承担相应经济责任。

职业活动与训练

组织学生参观典型建筑和建筑装饰企业。

1. 目的
(1) 通过实际参观活动,使学生对建筑有一定的感性认识,为后期的学习打下基础。
(2) 了解装饰企业的基本工作环境、作业方式。
(3) 了解装饰企业的基本组织结构及基本的管理模式。
(4) 熟悉装饰工程施工中的基本机具及其使用方法。

2. 环境要求
(1) 参观的建筑必须是有代表性的和有一定特色的建筑。
(2) 参观的建筑装饰企业必须是正规的知名企业。
(3) 参观的装饰施工工地必须是正在施工的工地。

3. 能力标准及要求
能够建立起建筑装饰企业的初步概念。

4. 步骤提示
完成了本章的学习后,应着手联系已经建成的当地有代表性的建筑进行参观,并请专家就建筑物的设计理念、施工工程、建筑物的特点、新兴材料的使用等情况予以讲解。另外,联系一知名装饰企业进行参观学习,让学生深入到企业当中,与企业的各部门员工进行面对面的交流,最好能到该企业的正在施工的工地进行参观,以此来感知大型装饰企业的工作环境、经营理念、企业文化和企业的基本工作方式,并在现场了解所使用的施工机具,体会企业的基本组织结构及其管理方法,使学生对课堂所学有一个具体化的认识提升。在参观中应予以讲解。最后,要求学生结合参观情况写参观实习报告。

5. 注意事项

(1) 参观活动必须事先联系好,组织好实习参观过程,不得流于形式走过场。

(2) 参观活动应注意人身安全,特别是进行现场参观时,务必进行组织管理,不得损坏建筑设施及施工工地上的物品及机具。

(3) 参观活动中,应尊重所聘请的讲解人员及企业员工,搞好人际关系。

(4) 实习完后,上交参观资料。参观完后,应按照要求书写实习报告,报告内容应详实、具体,并有自身对建筑及装饰企业的认识,依据实习报告及实习的表现来评判学习成绩。并将资料存档。

6. 讨论与训练题

分组讨论:你认为建筑装饰企业应该是什么样的?

小 结

- 介绍了我国装饰企业及其发展前景状况。
- 主要介绍了装饰企业的工作环境、作业方式,以及目前我国装饰企业常采用的组织结构及其管理方法,为今后在装饰企业的发展打下一定的理论基础。
- 介绍了我国工程建设的基本程序。

复 习 题

(1) 什么叫建筑?建筑如何分类?

(2) 什么叫建筑装饰?如何分类?

(3) 简述我国装饰企业的工作环境及工作方式。

(4) 简述我国装饰企业的设计资质及施工资质的类别和相关要求。

(5) 简述我国装饰企业常用的组织结构及相关特点。

(6) 简述我国工程建设程序。

(7) 结合实习参观的情况,写一下自身对装饰企业管理模式的认识。

单元二　建筑制图基础

在建筑装饰工程建设中,从设计到施工,始终离不开工程图样,它不仅是不可缺少的重要技术文件,而且也是借以表达和交流技术思想的重要工具。对工程图样的基本要求是能在一个平面上准确地表达物体的几何形状和大小。正投影原则是绘制工程图样的理论基础。

第 2 章　投影基本知识

 学习目标

学完这一章应该能做到:
- 懂得正投影基本知识。
- 识别形体的图示方法。

 能力标准

能读懂基本形体正投影图。

一、正投影原理

(一) 投影的概念

1. 投影

在光线(阳光或灯光)的照射下,物体就会在地面或墙面上产生影子,如图 2-1a 所示。影子只反映出物体外形的轮廓,而详细的结构则被黑影代替而无法反映出来。如果对影子加以某种科学抽象,总结出影子和物体之间的几何关系(图 2-1b),即形成了投影法。把发出光线的光源

称为投射中心,光线称为投射线,承影平面称为投影面。投射线通过物体向选定的面投射,并在该面上得到图形的方法称为投影法。根据投影法所得到的图形,称为投影,如图 2-2 所示。

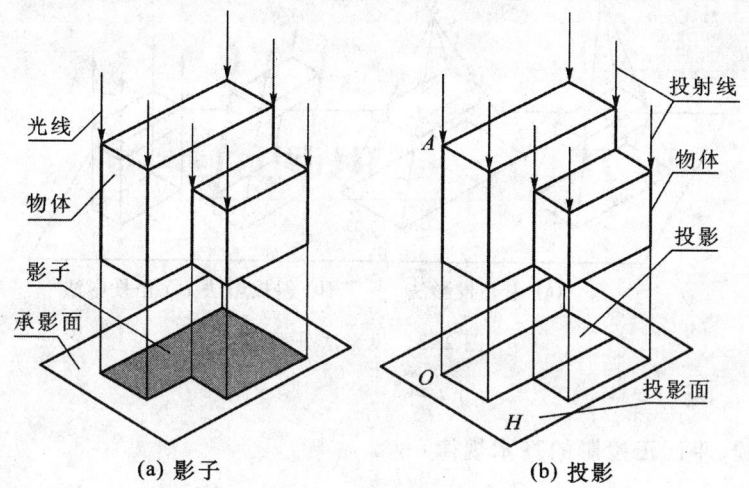

图 2-1 影子与投影

2. 投影的分类

根据投射线、物体、投影面三者间的关系,投影可分为如下几类:

$$投影法\begin{cases}中心投影法\\ 平行投影法\begin{cases}斜投影法\\ 正投影法\end{cases}\end{cases}$$

(1) 中心投影法

投射线汇交一点的投影法称为中心投影法,如图 2-3a 所示。图的大小(与投射中心到投影面的距离有关)与原物体不相等,但立体感较强,绘制建筑工程中的建筑效果图时常用中心投影法。

(2) 平行投影法

投射线相互平行的投影法称为平行投影法,如图 2-3b、c 所示。根据投射线与投影面之间的角度不同,平行投影法又分为斜投影法和正投影法。

① 斜投影法。投射线与投影面倾斜的平行投影法称为斜投影法。由此作出形体的平行投影称为斜投影,如图 2-3b 所示。

② 正投影法。投射线与投影面垂直的平行投影法称为正投影法。由此作出形体的平行投影称为正投影,如图 2-3c 所示。

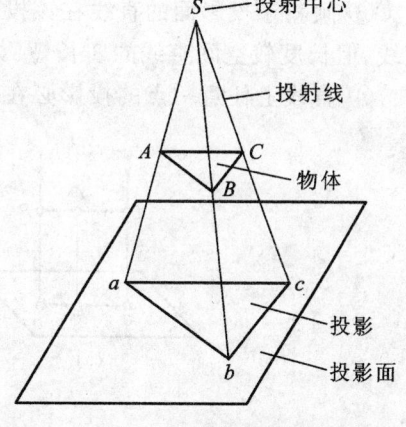

图 2-2 投影的概念

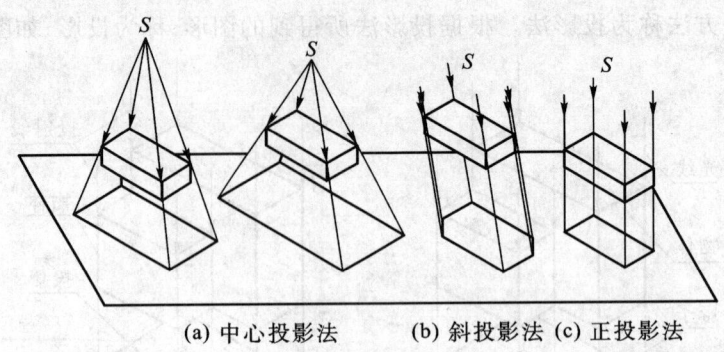

(a) 中心投影法　　(b) 斜投影法　(c) 正投影法

图 2-3　投影法分类

(二) 点、直线、平面正投影的基本规律

1. 点的正投影规律

① 点的正投影仍然是点，而且在过该点垂直于投影面的投射线的垂足处，如图 2-4a 所示。

② 如果两点位于某一投影面的同一条垂直线上，则此两点在该投影面上的投影必定重合，如图 2-4b 所示。

2. 直线的正投影规律

① 平行于投影面的直线在该投影面上的投影仍是一条直线，且反映这条空间直线的实长，如图 2-5a 所示。

② 垂直于投影面的直线在该投影面上的投影积聚成一点，如图 2-5b 所示。

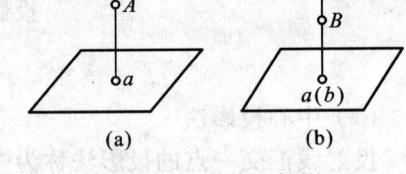

图 2-4　点的正投影

③ 倾斜于投影面的直线在该投影面上的投影仍是一条直线，但长度较空间直线的实长短，如图 2-5c 所示。

④ 直线上任意一点的投影必在该直线的投影上，如图 2-5 所示。

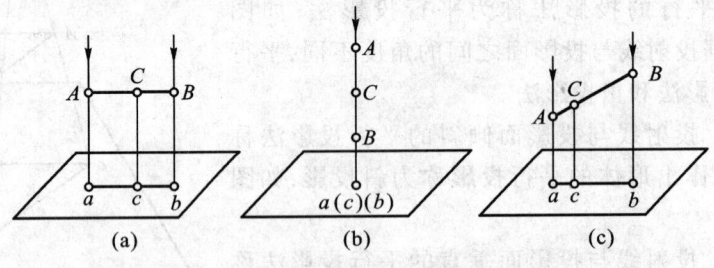

图 2-5　直线的正投影

3. 平面的正投影规律

① 平行于投影面的平面在该投影面上的投影，反映该平面的实形，即形状和大小不变，如图 2-6a 所示。

② 垂直于投影面的平面在该投影面上的投影积聚成一条直线,且该平面(包括延展面)上所有的线和点的投影都积聚在该直线上,如图 2-6b 所示。

③ 倾斜于投影面的平面在该投影面上的投影仍为平面,但不反映原平面的实形,如图 2-6c 所示。

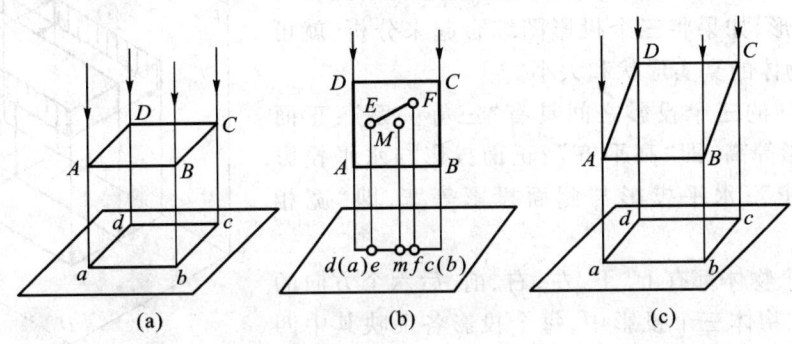

图 2-6 平面的正投影

(三)三面正投影图

图样是施工操作的依据,应尽可能地反映物体各部分的形状和大小。如果一个物体只向一个投影面投影,就只能反映它一个面的形状和大小,不能完整地表示出它的形状和大小。例如,图 2-7 中的空间里有三个不同形状的物体,它们同向一个投影面投影,其投影图都是相同的,所以该投影是不能反映三个不同物体的形状和大小的。

如将物体放在三个相互垂直的投影面之间,用三组分别垂直于三个投影面的平行投射线投影,由此就可得到物体的三个不同方向的正投影图(图 2-8)。这样,就可比较完整地反映出物体顶面、正面及侧面的形状和大小。

1. 三面正投影图的形成

三个相互垂直的投影面,构成了三投影面体系(图 2-8)。在三投影面体系中,水平位置的投影面称为水平投影面(简称水平面),用 H 表示。投射线由上向下垂直 H 面,在 H 面上产生的投影称为水平投影。与水平投影面垂直相交呈正立位置的投影面称为正立投影面(简称正面),用 V 表示。投射线由前向后垂直 V 面,在 V 面上产生的投影称为正面投影图。与水平投影面及正立投影面同时垂直相交的投影面称为侧立投影面(简称侧面),用字母 W 表示。投射线由左向右垂直 W 面,在 W 面上产生的投影称为侧立投影图。

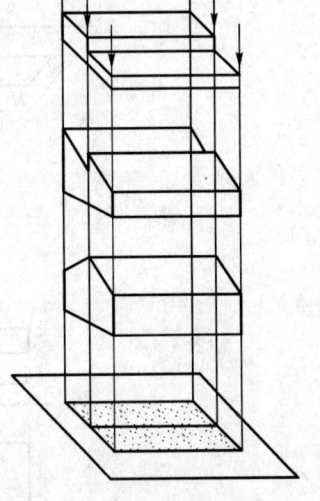

图 2-7 物体的一个投影不能确定其空间影状

三个投影面的两两相交线 OX、OY、OZ 称为投影轴,三条投影轴相交于一点 O 称为原点(图 2-8)。

2. 三个投影面的展开

为了把处于空间位置的三个投影面在同一个平面上表示出来,按规定 V 面保持不动,H 面

绕 OX 轴向下翻转 90°,W 面绕 OZ 轴向右翻转 90°,则它们就和 V 面在同一个平面上了(图 2-9)。

3. 三面正投影图的分析

一个物体可用三面正投影图来表达它的整体情况。对图 2-10 中的图形,如果将三个投影图综合起来分析,就可以准确地了解物体的真实形状和大小。

① 同一物体的三个投影之间具有"三等关系":正面投影与侧面投影等高,即"高平齐";正面投影与水平投影等长,即"长对正";水平投影与侧面投影等宽,即"宽相等"。

② 任何一个物体都有上、下、左、右、前、后六个方向的形状和大小。在物体三个投影中,每个投影各反映其中四个方向的情况。即:正面投影反映物体上、下和左、右的情况;水平投影反映物体的左、右和前、后的情况;侧面投影反映物体的上、下和前、后情况(图 2-11)。

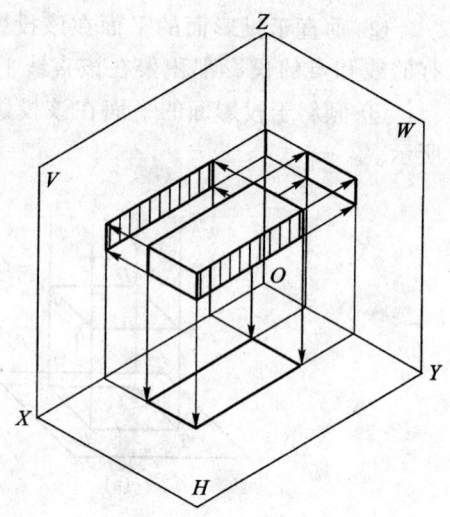

图 2-8 砖的三个不同方向的正投影面

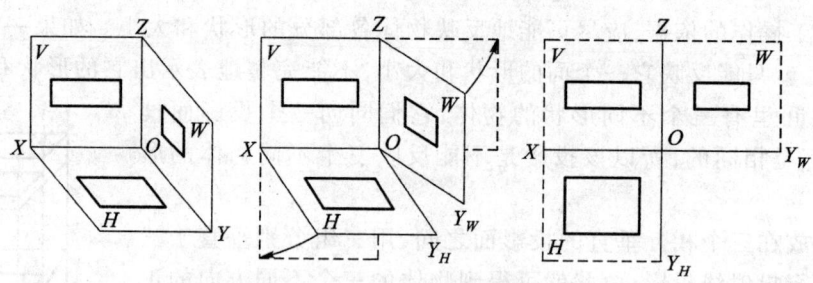

图 2-9 三个投影面的展开

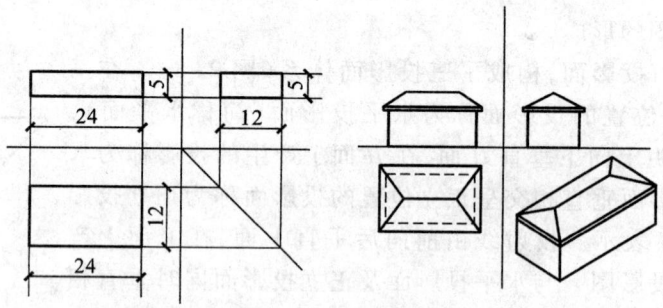

(a) 砖的三面正投影图　(b) 四坡屋面房屋的三面正投影图

图 2-10 三面正投影图举例

二、形体的投影

（一）基本形体投影

基本形体有平面体和曲面体两类。平面体的每个表面都是平面，如棱柱、棱锥；曲面形体至少有一个表面是曲面，如圆柱、圆锥、圆球和圆环等。

1. 棱柱

棱柱的棱线互相平行。常见的棱柱有三棱柱、四棱柱、五棱柱和六棱柱等。以图 2-12 所示正五棱柱为例，分析其投影特征。

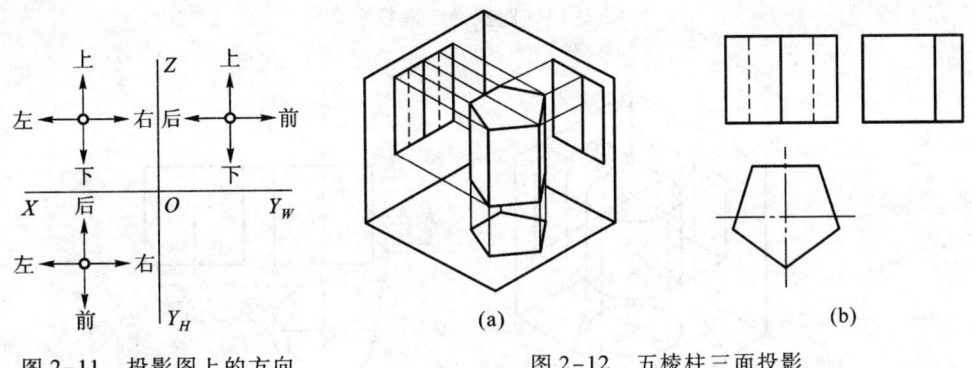

图 2-11　投影图上的方向　　　　图 2-12　五棱柱三面投影

图示正五棱柱的顶面和底面平行于水平面，后棱面平行于正面，其余棱面均垂直于水平面。在这种位置下，五棱柱的投影特征是：顶面和底面的水平投影重合，并反映实形——正五边形。五个棱面的水平投影分别积聚为五边形的五条边。正面和侧面投影为大小不同的矩形，分别是各棱面的投影，不可见的棱线画虚线。

2. 棱锥

棱锥的棱线交于一点。常见的棱锥有三棱锥、四棱锥、五棱锥等。以图 2-13 所示四棱锥为例，分析其投影特性。

图示四棱锥的底面平行于水平面，水平投影反映实形。左、右两棱面垂直于正面，它们的正面投影积聚成直线。前、后两棱面垂直于侧面，它们的侧面投影积聚成直线。与锥顶相交的四条棱线既不平行、也不垂直于任何一个投影面，所以它们在三个投影面上的投影都不反映实长。

3. 圆柱

圆柱体由圆柱面与上、下两端面围成。圆柱面可看作由一条母线绕平行于它的轴线回转而成，圆柱面上任意一条平行于轴线的直母线称为圆柱面的素线。以图 2-14 所示圆柱体为例，分析其投影特性。

如图所示，当圆柱轴线垂直于水平面时，圆柱上、下端面的水平投影反映实形，正面和侧面投影积聚成直线。圆柱面的水平投影积聚为一圆周，与两端面的水平投影重合。在正面投影中，前、后两半圆柱面的投影重合为一矩形，矩形的两条竖线分别是圆柱面最左、最右素线的投影，也是圆柱面前、后分界的转向轮廓线。在侧面投影中，左、右两半圆柱面的投影重合为一矩形，矩形

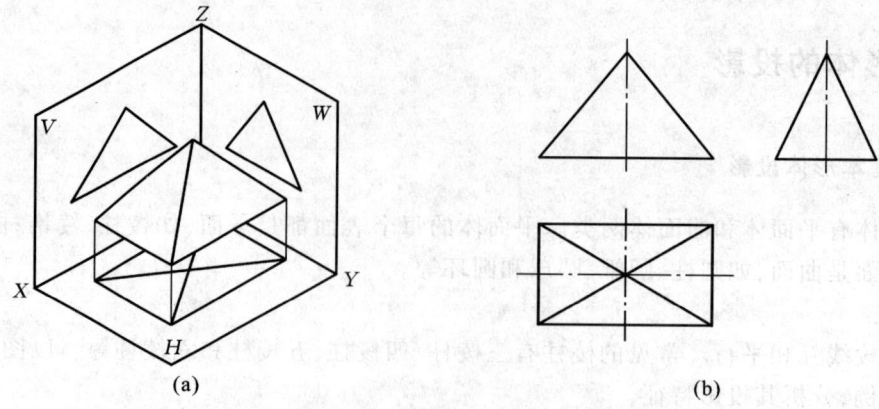

图 2-13 四棱锥三面投影

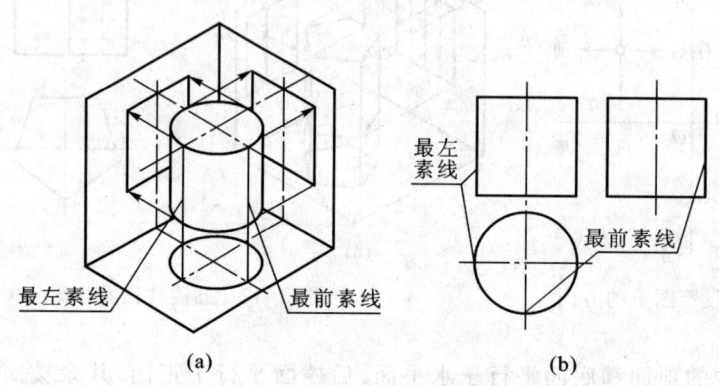

图 2-14 圆柱的投影分析与作图

的两条竖线分别是圆柱面最前、最后素线的投影,也是圆柱面左、右分界的转向轮廓线。

4. 圆锥

圆锥体由圆锥面和底面围成。圆锥面可看作由一条直母线绕与它斜交的轴线回转而成。圆锥面上任意一条与轴线斜交的直母线,称为圆锥面上的素线。以图 2-15 所示圆锥体为例,分析其投影特性。

如图所示,当圆锥轴线垂直于水平面时,锥底面平行于水平面,水平投影反映实形,正面和侧面投影积聚成直线。圆锥面的三面投影都没有积聚性,其水平投影与底面的水平投影重合,全部可见。正面投影由前、后两个半圆锥面的投影重合为一等腰三角形,三角形的两腰分别是圆锥最左、最右素线的投影,也是圆锥面前、后分界的转向轮廓线。圆锥的侧面投影由左、右两半圆锥面的投影重合为一等腰三角形,三角形的两腰分别是圆锥最前、最后素线的投影,也是圆锥面左、右分界的转向轮廓线。

5. 圆球

圆球的表面可看作由一条圆母线绕其直径回转而成。以图 2-16 所示圆球体为例,分析其投影特性。

圆球的三个投影都是等径圆,并且是圆球表面平行于相应投影面的三个不同位置的最大轮

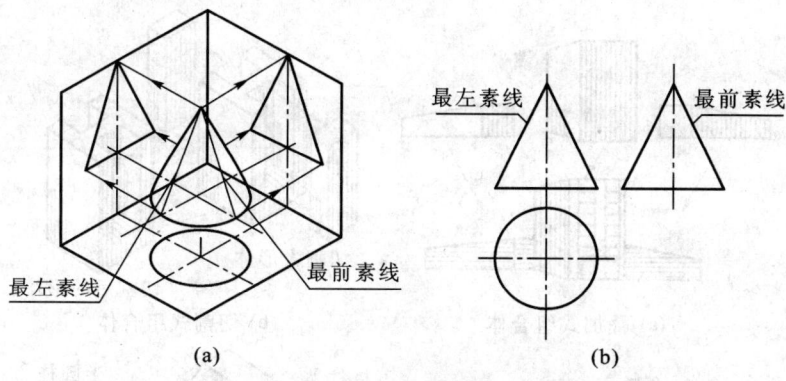

图 2-15　圆锥的投影分析与作图

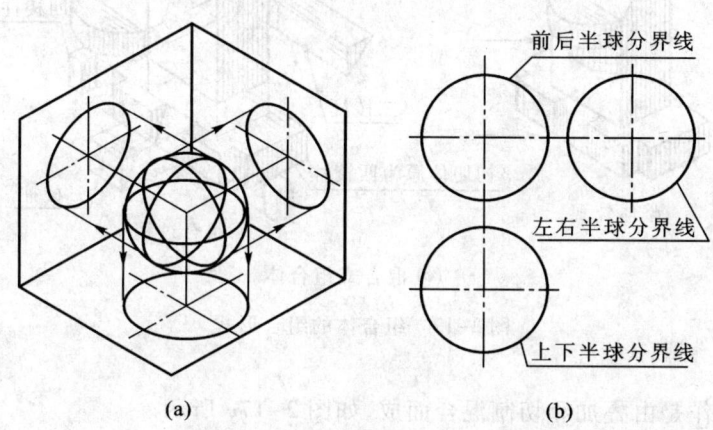

图 2-16　圆球的投影分析与作图

廓圆。正面投影的轮廓圆是前、后两半球面可见与不可见的分界线；水平投影的轮廓圆是上、下两半球面可见与不可见的分界线；侧面投影的轮廓圆是左、右两半球面可见与不可见的分界线。

（二）组合体的投影

日常生活中见到的建筑物或其他工程形体，都是由简单的基本形体组成的。由基本形体组合而成的立体称为组合体。

1. 组合体的组合形式

从空间形态看，组合体一般比较复杂。但是，仔细分析，发现它们都存在一定的构成规律，大致上可以归纳为下列 3 种。

（1）叠加式

组合体可以看作是由若干个基本形体堆砌或拼合而成，如图 2-17a 所示。

（2）切割式

组合体可看作是由一个基本形体切除了某些部分而成，如图 2-17b 所示。

（3）混合式

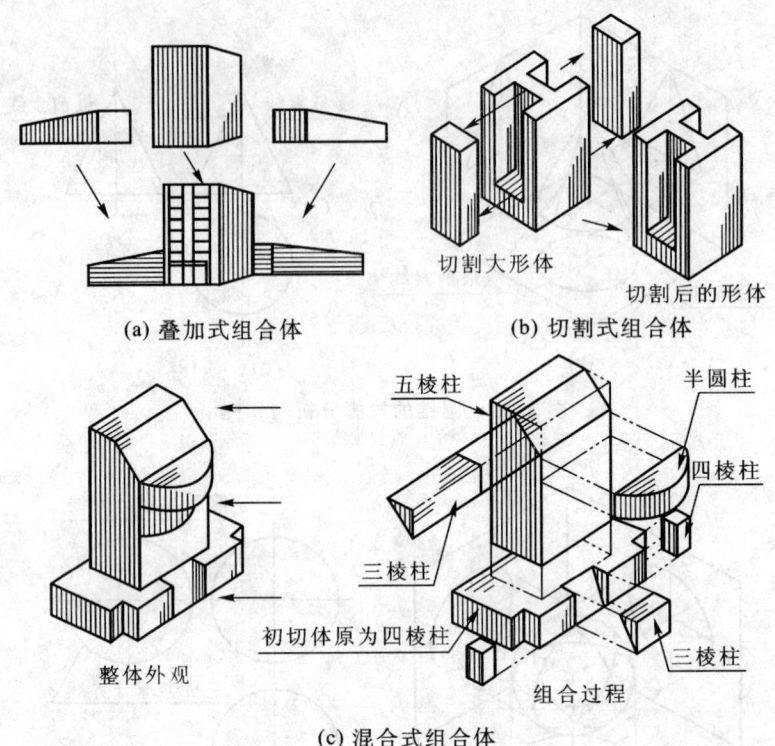

图 2-17 组合体的组合形式

组合体可以看作是由叠加和切割混合而成,如图 2-17c 所示。

2. 组合体表面的连接关系

组合体由基本形体组合而成,它们之间由于相对位置关系的不同,必然带来各基本形体表面间连接形式的多样。其基本形体表面间的连接关系一般有表面平齐、相错、相交和相切等。

(1) 表面平齐与相错

图 2-18 为上、下两个四棱柱的组合体,图 2-18a 中,两四棱柱结合以后前表面平齐,称为共面,投影图中此处不画线;图 2-18b 中,两四棱柱结合以后前表面相错,投影图中此处必须画线。

(2) 表面相交与相切

图 2-19a 为四棱台与四棱柱的上、下组合体,两基本形体前表面相交,投影图中此处要画线;图 2-19b 为半圆柱与四棱柱的上、下组合体,两基本形体前表面相切,投影图中此处不能画线。

3. 组合体投影图的画法

(1) 形体分析

把一个复杂的形体分解成若干个基本形体,并分析它们的相对位置和连接方式,弄清各部分的投影特点,逐步进行作图。

图 2-20a 为一肋式杯形基础。它可以看作是由四棱柱底板、中间四棱柱(挖去一楔形块)和 6 块梯形肋组成。其中前后各肋板的左、右外侧面与中间四棱柱左、右侧面共面,左、右两肋板在四棱柱左、右侧面的中央。

第 2 章 投影基本知识

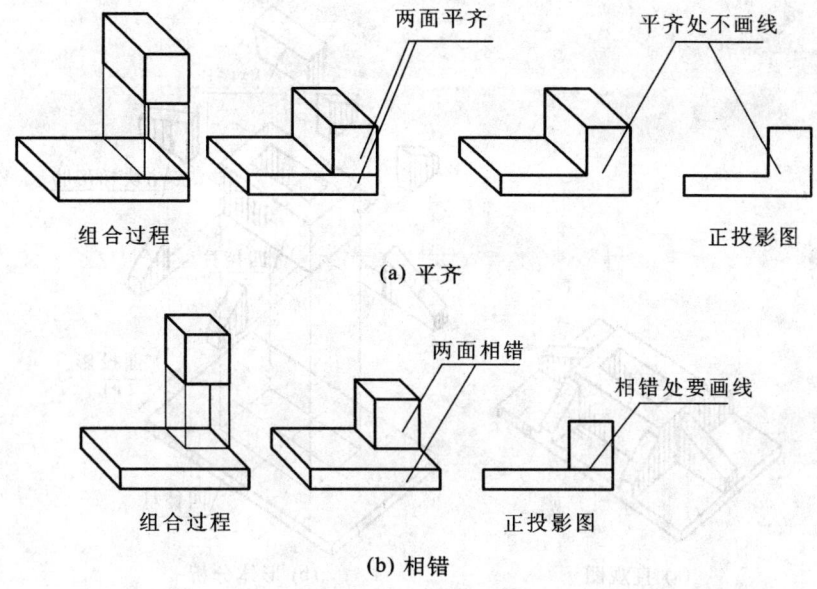

图 2-18 组合体表面平齐与相错

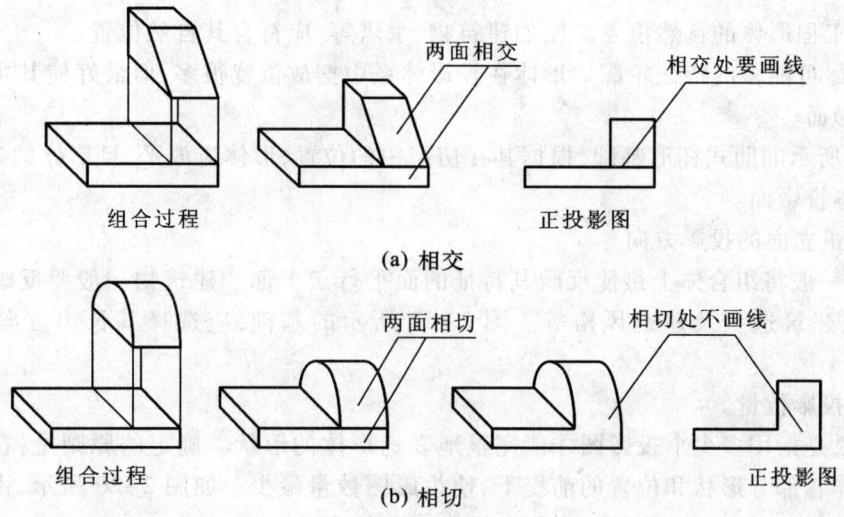

图 2-19 组合体表面相交与相切

（2）选择投影

投影的选择包括以下 3 个方面。

1）确定组合体的摆放位置

作图之前，需正确选择组合体在投影体系中的位置，以便清晰、完整地反映形体。确定摆放位置应遵循以下原则：

① 符合平稳原则。组合体应重心平稳，不歪不斜，使各个投影符合日常的视觉习惯和构图要求。

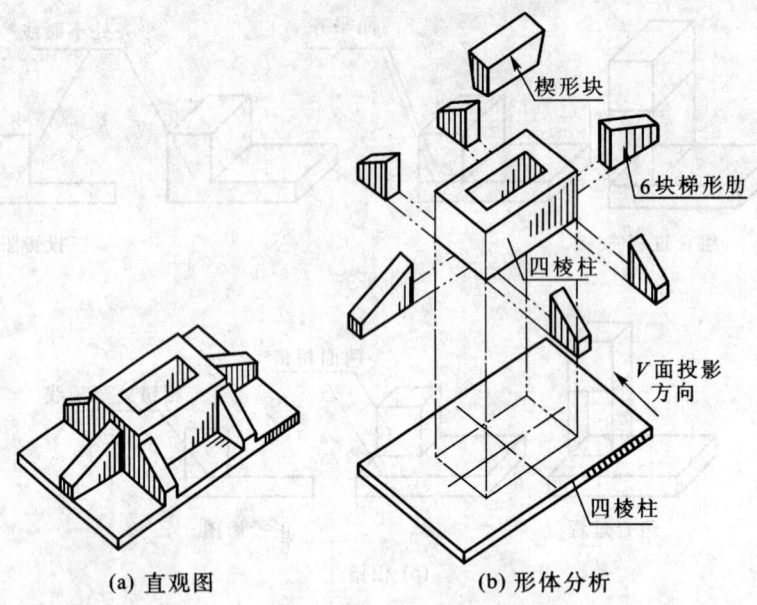

(a) 直观图　　　　　　　　(b) 形体分析

图 2-20　肋式杯形基础

② 符合工程形体的自然位置。比如建筑物、水塔等，应符合其自然位置。

③ 显示尽可能多的特征轮廓。形体在投影体系中摆放位置很多，但最好使其主要特征面平行于基本投影面。

图 2-20 所示的肋式杯形基础，根据其在房屋中的位置，形体应放平，且形体的 3 个方向的面均平行于基本投影面。

2）确定正立面的投影方向

作图时，一般将组合体上最能反映其特征的面平行于 V 面。建筑物一般要反映出它的主要出入口情况、建筑造型及建筑风格等。图 2-20 所示的基础，应选择其长边方向的面平行于 V 面。

3）确定投影数量

投影数量是指用多少个投影图才能完整地表达形体的形状。确定的原则是：在保证完整清晰地表达形体各部分形状和位置的前提下，使投影图数量最少。如图 2-20 所示，由于基础前后肋板与左右肋板位置不同，因此需选择 V、H、W 三面投影。

（3）选定比例和图幅

工程上的形体有大有小，必须根据实际需要，选择适当的比例作图。当比例确定后，再根据投影图数量及各投影图所需面积，选用合理图幅。

（4）画投影图

画图时一般分布置图位、打底稿、加深图线三步完成。

小　结

- 形体在三面投影图上必定符合长对正、高平齐、宽相等的投影关系。

- 基本形体的投影,综合了各种线面的投影。基本形体的投影是组合体投影的基础。

复 习 题

（1）投影如何分类？各类投影有何特点？三面投影是如何形成的？
（2）点的投影特性是什么？
（3）直线、面的投影特性是什么？
（4）形体三面投影关系是什么？
（5）投影面平行线和投影面垂直线各有几种？它们有哪些投影特性？
（6）平面立体投影图的主要特点是什么？
（7）简述组合体及其组合方式。

第 3 章 建筑工程施工图

学习目标

学完这一章应该能做到：
- 了解房屋建筑制图标准。
- 建立平面、立面及剖面的概念。

能力标准

具有识读建筑施工图的初步能力。

一、建筑制图标准

（一）图纸幅面

绘制技术图样时，应优先采用表 3-1 所规定的图纸基本幅面及图框尺寸。必要时，也允许选用所规定的加长幅面。这些幅面的尺寸是由基本幅面的短边成整数倍增加后得出。

表 3-1　幅面及图框尺寸　　　　　　　　　　　　　　　　mm

尺寸代号 \ 幅面代号	A0	A1	A2	A3	A4
$b×l$	841×1189	594×841	420×594	297×420	210×297
c	10			5	
a	25				

在图纸上必须用粗实线画出图框，其图框格式如图 3-1 所示，尺寸按表 3-1 的规定。

（二）标题栏与会签栏

每张图纸上都必须画出标题栏（也称图标）。标题栏的位置应位于图纸的右下角，看图的方向与看标题栏的方向一致。标题栏、会签栏的位置如图 3-1 所示。

标题栏长边的长度应为 240（200）mm，短边的长度宜采用 40 mm、30 mm、50 mm。标题栏应按图 3-2 的格式分区。

第 3 章 建筑工程施工图

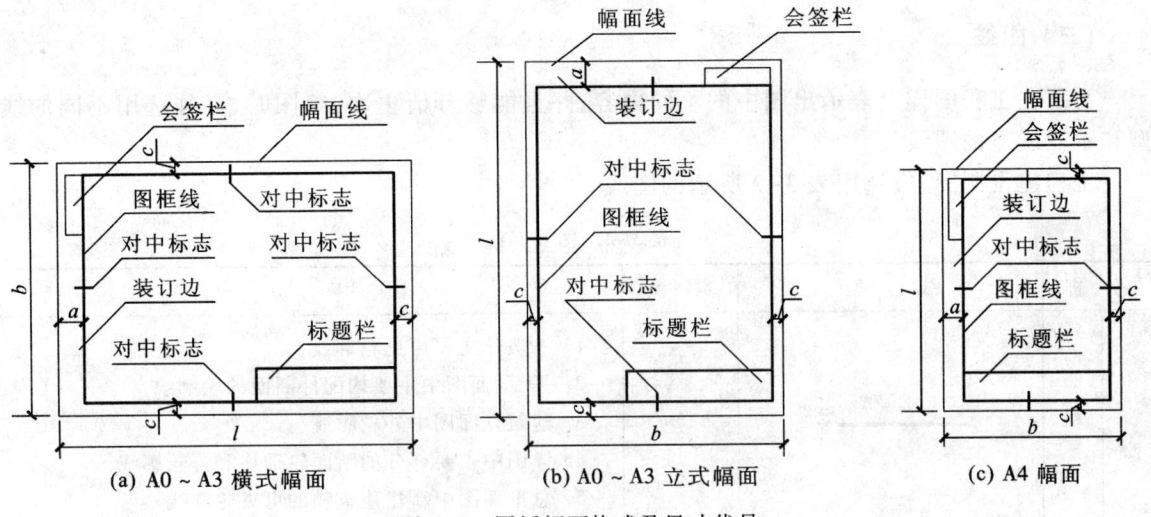

图 3-1 图纸幅面格式及尺寸代号

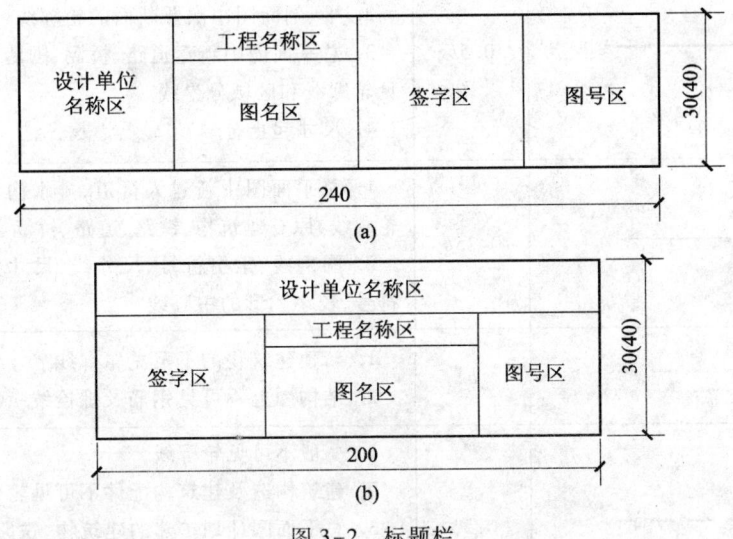

图 3-2 标题栏

会签栏应按图 3-3 的格式绘制,其尺寸应为 100 mm×20 mm,栏内应填写会签人员所代表的专业、姓名、日期。不需会签的图纸可不设会签栏。

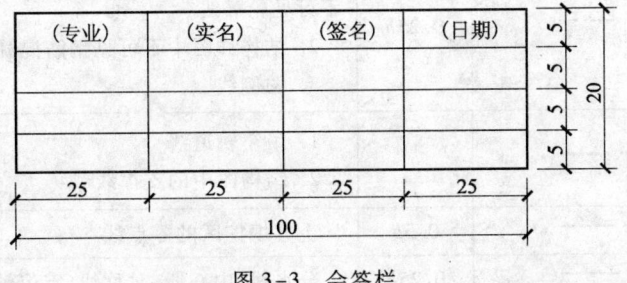

图 3-3 会签栏

（三）图线

为了在工程图样上表示出图中的不同内容,并且能够分清主次,绘图时,必须选用不同的线型和不同线宽的图线。

工程建设制图,应选用表3-2所示的图线。

表 3-2 图 线

名称		线 型	宽 度	用 途
实线	粗	————	b	1. 一般作主要可见轮廓线 2. 平、剖面图中主要构配件断面的轮廓线 3. 建筑立面图中外轮廓线 4. 详图中主要部分的断面轮廓线和外轮廓线 5. 总平面图中新建建筑物的可见轮廓线
	中	————	$0.5b$	1. 建筑平、立、剖面图中一般构配件的轮廓线 2. 平、剖面图中次要断面的轮廓线 3. 总平面图中新建道路、桥涵、围墙等及其他设施的可见轮廓线和区域分界线 4. 尺寸起止符号
	细	————	$0.25b$	1. 总平面图中新建人行道、排水沟、草地、花坛等可见轮廓线,原有建筑物、铁路、道路、桥涵、围墙的可见轮廓线 2. 图例线、索引符号、尺寸线、尺寸界线、引出线、标高符号、较小图形的中心线
虚线	粗	— — — —	b	1. 新建建筑物的不可见轮廓线 2. 结构图上不可见钢筋及螺栓线
	中	— — — —	$0.5b$	1. 一般不可见轮廓线 2. 建筑构造及建筑构配件不可见轮廓线 3. 总平面图计划扩建的建筑物、铁路、道路、桥涵、围墙及其他设施的轮廓线 4. 平面图中吊车轮廓线
	细	— — — —	$0.25b$	1. 总平面图上原有建筑物和道路、桥涵、围墙等设施的不可见轮廓线 2. 结构详图中不可见钢筋混凝土构件轮廓线 3. 图例线
单点长画线	粗	—·—·—	b	1. 吊车轨道线 2. 结构图中的支撑线
	中	—·—·—	$0.5b$	土方填挖区的零点线
	细	—·—·—	$0.25b$	分水线、中心线、对称线、定位轴线

名称		线型	宽度	用途
双点长画线	粗	— · · — · · —	b	预应力钢筋线
	细	— · · — · · —	$0.25b$	假想轮廓线、成型前原始轮廓线
折断线		—〜—	$0.35b$	断开界线
波浪线		〜〜〜	$0.35b$	断开界线

每个图样图线的宽度 b，应根据复杂程度与比例大小，从下列线宽系列中选取：0.35 mm、0.5 mm、0.7 mm、1.0 mm、1.4 mm、2.0 mm。

(四) 字体

图样上除了图形外，还要用数字和文字来表明图形的大小尺寸和技术要求。

图样上字体的书写必须做到：笔画清晰、字体端正、间隔均匀、排列整齐。文字高度(h)的公称尺寸系列为 3.5 mm、5 mm、7 mm、10 mm、14 mm、20 mm。字体高度代表字体的号数。汉字应写成长仿宋体字，并应采用国务院正式公布推行的简化字。汉字的高度 h 不应小于 3.5 mm，文字的字宽一般为 $h/\sqrt{2}$。字母和数字的字高应不小于 2.5 mm，可写成斜体或直体。斜体字字头向右倾斜，与水平基准线成 75°角。

书写形式示例，见图 3-4。

(a) 长仿宋字

(b) 阿拉伯数字

(c) 大写拉丁字母

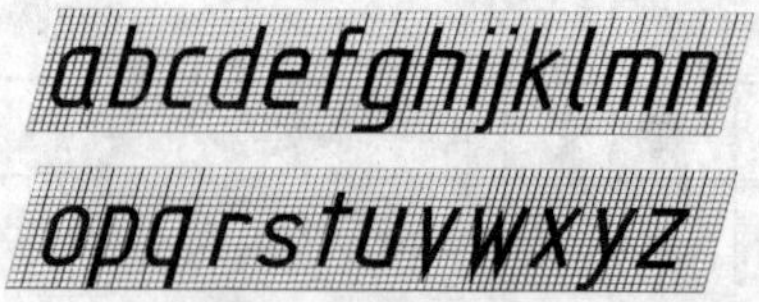

```
abcdefghijklmn
opqrstuvwxyz
```
(d) 小写拉丁字母

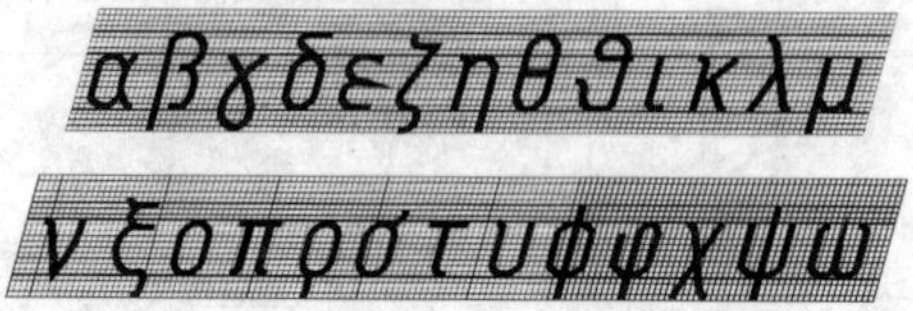

```
αβγδεζηθϑικλμ
νξοπρστυφϕχψω
```
(e) 小写希腊字母

```
I II III IV V VI VII VIII IX X
```
(f) 罗马数字

图 3-4　书写示例

（五）比例

比例是指图中图形与实物相应要素的线性尺寸之比。需要按比例绘制图样时，应从表 3-3 规定的系列中选取适当的比例。

表 3-3　建筑工程图选用的比例

常用比例	1:1 1:100	1:2 1:150	1:5 1:200	1:10 1:500	1:20 1:1 000	1:50 1:2 000　1:5 000 1:10 000　1:20 000 1:50 000　1:100 000 1:200 000
可用比例	1:3 1:250	1:15 1:300	1:25 1:400	1:30 1:600	1:40	1:60

标注比例应以符号"："表示。如 1:1、1:500、20:1 等。比例一般应标注在标题栏的比例栏内。必要时，可标注在视图名称的右侧或下方，如图 3-5 所示。

$\dfrac{B-B}{2:1}$　平面图 1:100　⑤ 1:20

图 3-5　比例的注法

（六）尺寸标注

尺寸是图样的重要组成部分，是施工的依据。

图样上的尺寸，由尺寸界线、尺寸线、尺寸起止符号和尺寸数字组成（图 3-6）。

(1) 尺寸界线

应用细实线绘制，一般应与被标注长度垂直，其一端应离开图样轮廓线不小于 2 mm，另一端宜超出尺寸线 2~3 mm。必要时，图样轮廓线可用作尺寸界线（图 3-7）。

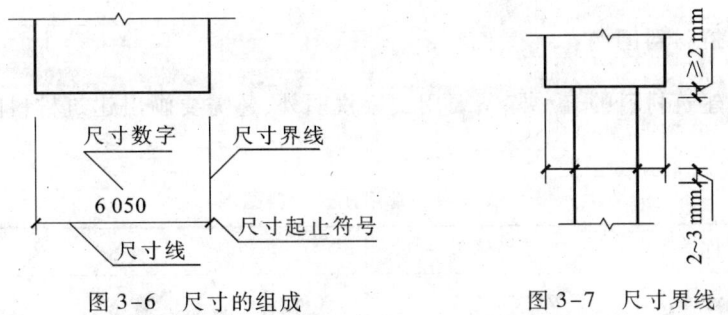

图 3-6　尺寸的组成　　　　图 3-7　尺寸界线

（2）尺寸线

应用细实线绘制，应与被注长度平行，任何图线均不得用作尺寸线。

（3）尺寸起止符号

一般用中粗斜短线绘制，其倾斜方向应与尺寸界线成顺时针 45°角，长度宜为 2～3 mm。

（4）尺寸数字

① 图样上的尺寸，应以尺寸数字为准，不得从图上直接量取。

② 图样上的尺寸单位，除标高及总平面图以 m 为单位外，其余均必须以 mm 为单位。

③ 尺寸数字的方向，应按图 3-8a 的规定注写。若尺寸数字在 30°斜线区内，宜按图3-8b的形式注写。

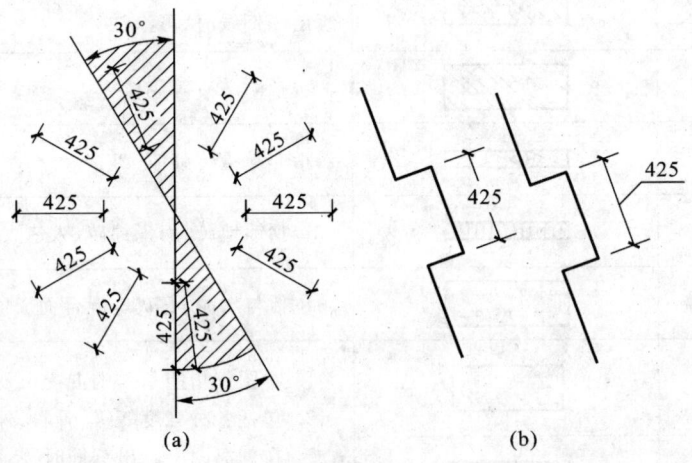

图 3-8　尺寸数字的读数方向

④ 尺寸数字一般应根据其方向注写在靠近尺寸线的上方中部，如没有足够的注写位置，最外边的尺寸数字可注写在尺寸界线的外侧，中间相邻的尺寸数字可错开注写，也可引出注写（图 3-9）。

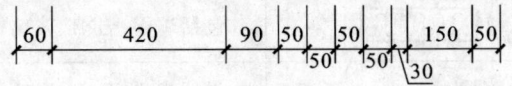

图 3-9　尺寸数字的注写位置

（七）常用建筑材料图例

工程图样中，建筑材料的名称除了要用文字说明外，还需要画出建筑材料图例。常用建筑材料图例见表3-4。

表3-4 常用建筑材料图例

序号	名称	图例	备注
1	自然土壤		包括各种自然土壤
2	夯实土壤		
3	砂、灰土		靠近轮廓线绘较密的点
4	砂砾石、碎砖三合土		
5	石材		
6	毛石		
7	普通砖		包括实心砖、多孔砖、砌块等砌体。断面较窄不易绘出图例线时，可涂红
8	耐火砖		包括耐酸砖等砌体
9	空心砖		指非承重砖砌体
10	饰面砖		包括铺地砖、陶瓷锦砖、人造大理石等
11	焦渣、矿渣		包括与水泥、石灰等混合而成的材料
12	混凝土		1. 本图例指能承重的混凝土及钢筋混凝土 2. 包括各种强度等级、骨料、外加剂的混凝土 3. 在剖面图上画出钢筋时，不画图例线 4. 断面图形小，不易画出图例线时，可涂黑
13	钢筋混凝土		
14	多孔材料		包括水泥珍珠岩、沥青珍珠岩、泡沫混凝土、非承重加气混凝土、软木、蛭石制品等
15	纤维材料		包括矿棉、岩棉、玻璃棉、麻丝、木丝板、纤维板等
16	泡沫塑料材料		包括聚苯乙烯、聚乙烯、聚氨酯等多孔聚合物类材料

续表

序号	名称	图例	备注
17	木材	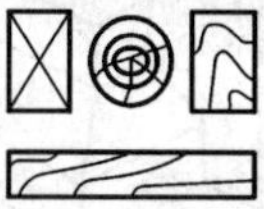	1. 上图为横断面,上左图为垫木、木砖或木龙骨 2. 下图为纵断面
18	胶合板	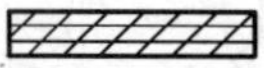	应注明为×层胶合板
19	石膏板	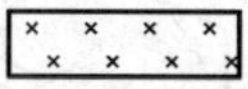	包括圆孔、方孔石膏板、防水石膏板等
20	金属	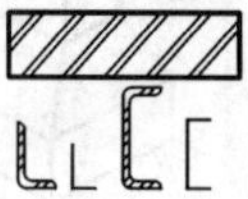	1. 包括各种金属 2. 图形小时,可涂黑
21	网状材料		1. 包括金属、塑料网状材料 2. 应注明具体材料名称
22	液体	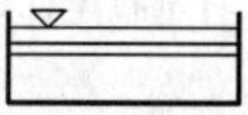	应注明液体名称
23	玻璃		包括平板玻璃、磨砂玻璃、夹丝玻璃、钢化玻璃、中空玻璃、夹层玻璃、镀膜玻璃等
24	橡胶		
25	塑料	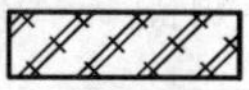	包括各种软、硬塑料及有机玻璃等
26	防水材料		构造层次多或比例大时,采用上面图例
27	粉刷		本图例采用较稀的点

注:序号1、2、5、7、8、13、14、16、17、18、22、23图例中的斜线、短斜线、交叉斜线等一律为45°。

二、剖面图与断面图

(一)剖面图

1. 剖面图的概念

假想用剖切平面(P)剖开物体,将观察者和剖切平面之间的部分移去,其余部分向投影面投射所得的图形称为剖面图。如图3-10所示为一独立杯形基础剖面图的形成过程。

2. 剖面图的画法

(1)确定剖切位置

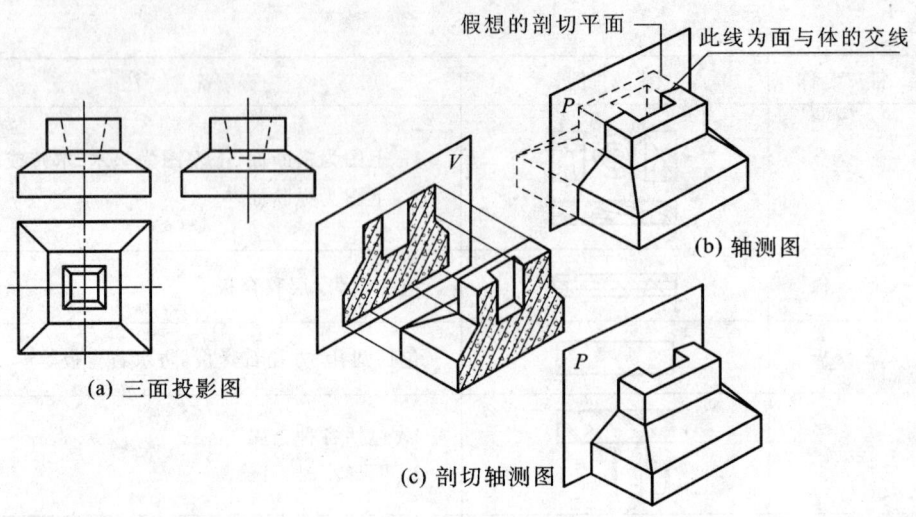

(a) 三面投影图
(b) 轴测图
(c) 剖切轴测图

图 3-10 剖面图的形成

剖切平面的位置可按需要一般选在对称面上或通过孔洞中心线，并且平行某一投影面，如图 3-11 所示。

（2）剖切符号

剖面图的剖切符号应由剖切位置线及投射方向线组成，均应以粗实线绘制。剖切位置线的长度宜为 6~10 mm；投射方向线应垂直于剖切位置线，长度应短于剖切位置线，宜为 4~6 mm。绘制时，剖切符号不应与其他图线相接触。剖切符号的编号宜采用阿拉伯数字，按顺序由左至右，由下至上连续编排，并应注写在投射方向线的端部。如图 3-12 所示。

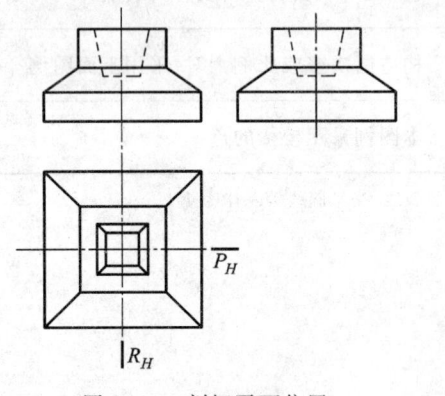

图 3-11 剖切平面位置

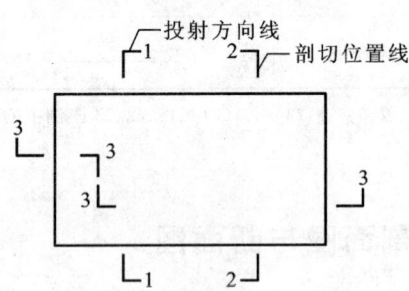

图 3-12 剖面图的剖切符号及剖切位置线

（3）画剖面图应注意的问题

① 剖切是一个假想的作图过程，因此，一个投影图画成剖面图，其他投影图仍应按未剖切前的整个物体画出。

② 在剖切面与物体接触的部分（即断面图）的轮廓线用粗实线表示，并在该轮廓线围合的图形内画上表示材料类型的图例。在绘图中，如果未指明形体所用材料，图例可用与水平方向成

45°的斜线表示，线型为细实线，且应间隔均匀，疏密适度。

③ 对剖切面没有切到、但沿投射方向可以看见部分的轮廓线都必须用中粗实线画出。

④ 为了保持图面清晰，通常剖面图中不画虚线，但如果画少量的虚线就能减少视图的数量，且所加虚线对剖面图清晰程度的影响也不大时，虚线可以画在剖面图中。

⑤ 剖面图的名称用相应的编号代替，注写在相应的图样的下方。

3. 常用的剖切方法

（1）用一个剖切平面剖切

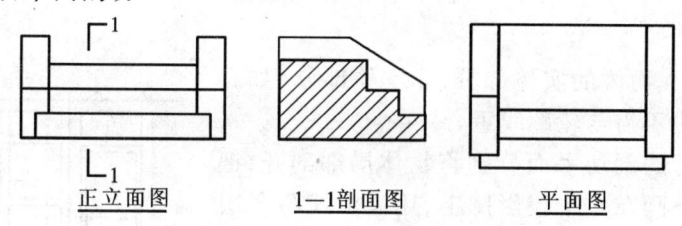

图 3-13 一个剖切平面

这是一种最简单，最常用的剖切方法。适用于一个剖切平面剖切后，就能把内部形状表示清楚的物体。如图 3-13 所示的台阶，用 1—1 平面剖切后，台阶和侧板的形状在 1—1 剖面图中就清楚了。

（2）用两个或两个以上互相平行的剖切平面剖切

有的物体内部结构层次较多，用一个剖切平面剖开物体不能将物体内部全部显示出来，可用两个或两个以上相互平行的剖切平面剖切。如图 3-14a 所示的物体，具有三个不同形状和不同深度的孔。平面图虽将孔的形状和位置反映出来了，但各孔的深度不清晰。如图 3-14b 所示，如果用三个平行于 V 面的剖切平面进行剖切，所得到的剖面图，即可表达各孔深度。从图中看出，几个互相平行的平面可以看成将一个剖切平面转折成几个互相平行的平面，因此这种剖切也称为阶梯剖切。

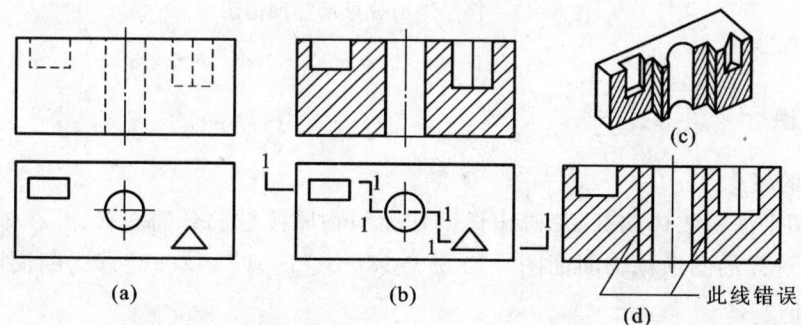

图 3-14 三个平行的剖切平面

（3）局部剖切

用剖切平面局部剖开物体所得的剖面图称为局部剖面图，如图 3-15 所示。通常局部剖面图画在物体的视图内，且用细的波浪线将其与视图分开。波浪线表示物体断裂处的边界线的投

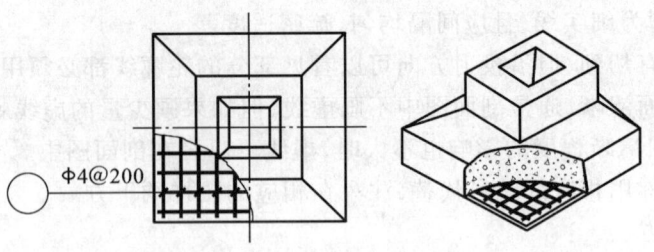

图 3-15 局部剖面图

影,因而波浪线应画在物体的实体部分,非实体部分(如孔洞处)不能画,同时也不得与轮廓线重合。

用几个互相平行的剖切平面分别将物体局部剖开,把几个局部剖面图重叠画在一个投影图上,用波浪线将各层的投影分开,这样的剖切称为分层局部剖面图。在建筑工程和装饰工程中,常使用分层剖切法来表达物体各层不同的构造做法。图 3-16 所示的是某墙面的分层局部剖面图。图 3-17 所示的是某楼层地面的分层局部剖面图。

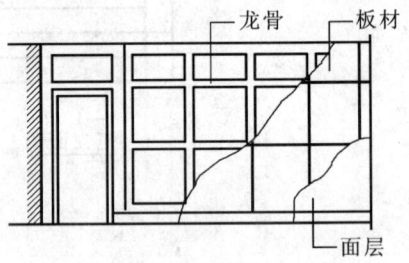

图 3-16 某墙面的分层局部剖面图

因为局部剖面图就画在物体的视图内,所以它通常无须标注。

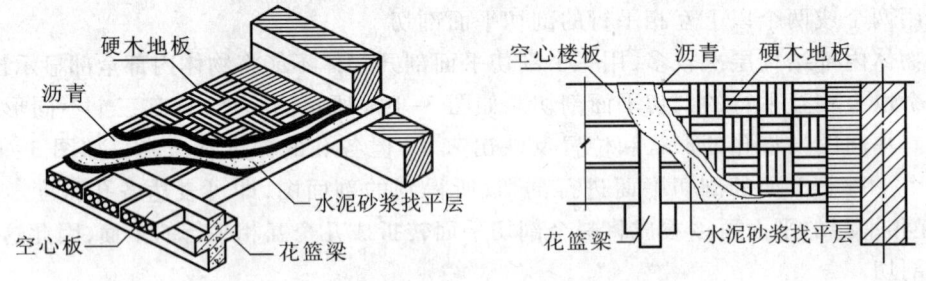

图 3-17 楼层地面分层局部剖面图

(二) 断面图

1. 断面图的概念

假想用剖切平面将物体切断,仅画出该剖切面与物体接触部分的图形,并在该图形内画上相应的材料图例,这样的图形称为断面图。如图 3-18b 中"1—1"、"2—2"即为断面图。

2. 断面图的画法

(1) 剖切符号

断面图的剖切符号仅用剖切位置线表示,剖切位置线仍用粗实线绘制,长度约 6 ~ 10 mm。断面图剖切符号的编号宜采用阿拉伯数字,按顺序连续编排,并应注写在剖切位置线的一侧;编号所在的一侧应为该断面的剖视方向,如图 3-19 所示。

(2) 断面图的画法

① 移出断面图。将断面图画在物体投影轮廓线之外,称为移出断面图。为了便于看图,移

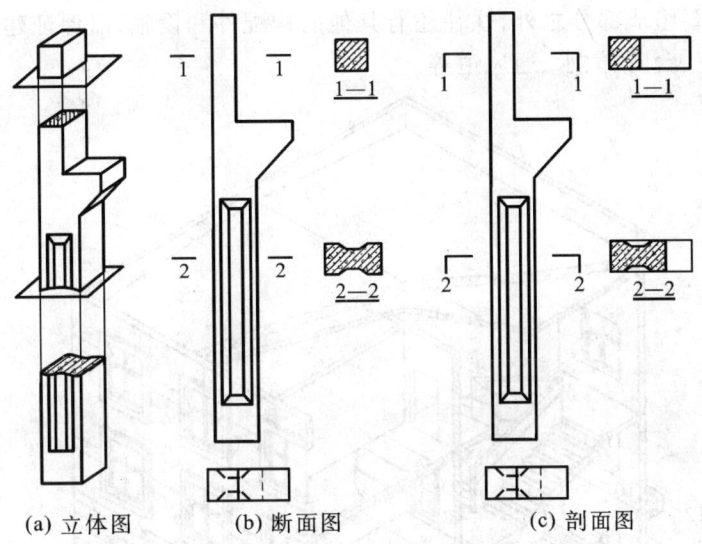

(a) 立体图　　(b) 断面图　　(c) 剖面图

图 3-18　牛腿柱剖面图与断面图

出断面应尽量画在剖切位置线处。断面图的轮廓线用粗实线表示,如图 3-18b 所示。

② 中断断面图。将断面图画在杆件的中断处,称为中断断面图。适用于外形简单细长的杆件,中断断面图不需要标注,如图 3-20 所示。

③ 重合断面图。将断面图直接画在形体的投影图上,这样的断面图称为重合断面图,如图 3-21 所示。重合断面一般也不需要标注。

3. 剖面图与断面图的区别

如图 3-18c 中的"1—1"、"2—2"为剖面图,与图 3-18b 比较可以发现二者有以下区别:

① 所表达形体的对象不同。断面图中只画物体被剖开后的截面投影,而剖面图除了要画出截面的投影,还要画出剖切后物体的剩余部分的投影。

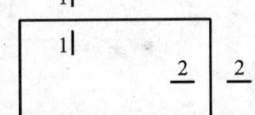

图 3-19　断面图的剖切符号

② 通常剖面图可采用多个剖切平面,而断面图一般只使用单一剖切平面。

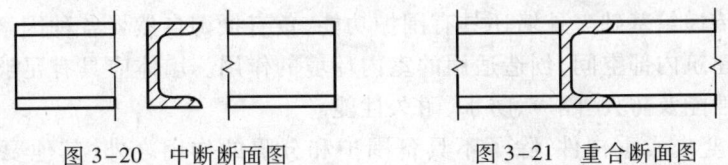

图 3-20　中断断面图　　　　图 3-21　重合断面图

三、建筑工程施工图

(一) 民用建筑的构造组成

民用建筑通常是由基础、墙体或柱、楼板、楼梯、屋顶、门窗等六个主要构造部分组成(图 3-22)。这些组成部分构成了房屋的主体,它们在建筑的不同部位,发挥着不同的作用。房屋除了上述六个主要组成部分之外，往往还有其他的构配件和设施，以保证建筑可以充分发挥其功能。如阳台、雨篷、台阶、散水、通风道等。

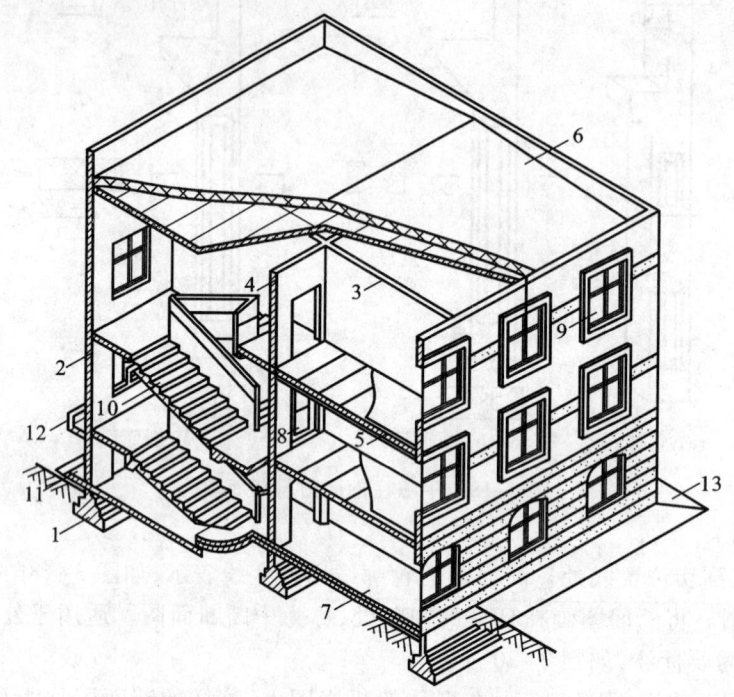

图 3-22 民用建筑的构造组成
1—基础；2—外墙；3—内横墙；4—内纵墙；5—楼板；6—屋顶；
7—地坪；8—门；9—窗；10—楼梯；11—台阶；12—雨篷；13—散水

1. 基础

基础是建筑物最下部的承重构件，承担建筑的全部荷载，并把这些荷载有效地传给地基。基础应具有足够的强度、刚度和耐久性，并能抵御地下各种不良因素的侵袭。

2. 墙体和柱

墙体是建筑物的重要构造组成部分。墙体在具有承重要求时，承担屋顶和楼板层传来的各种荷载，并把它们传递给基础。外墙还具有围护功能，负有抵御自然界各种因素对室内侵袭的责任；内墙起到划分建筑内部空间，创造适用的室内环境的作用。墙体应具有足够的强度、刚度、稳定性，良好的热工性能及防火、隔声、防水、耐久性能。

柱是建筑物的竖向承重构件，除了不具备围护和分隔的作用之外，其他要求与墙体相差不多。随着骨架结构建筑的日渐普及，柱已经成为房屋中常见的构件。

3. 楼板

楼板是楼房建筑中的水平承重构件，同时还兼有在竖向划分建筑内部空间的功能。楼板承担建筑的楼面荷载，并把这些荷载传给建筑的竖向承重构件，同时对墙体起到水平支撑的作用。楼板应具有足够的强度、刚度，并应具备足够的防火、防水、隔声的能力。

4. 楼梯

楼梯是楼房建筑中联系上下各层的垂直交通设施。在平时作为使用者的竖向交通通道，遇到紧急情况时供使用者安全疏散。楼梯在宽度、坡度、数量、位置、布局形式、防火性能等诸方面均有严格的要求。

5．屋顶

屋顶是建筑顶部的承重和围护构件。屋顶一般由屋面、保温（隔热）层和承重结构三部分组成。其中承重结构的使用要求与楼板相似，而屋面和保温（隔热）层则应具有能够抵御自然界不良因素的能力。屋顶又被称为建筑的"第五立面"，对建筑的体形和立面形象具有较大的影响。

6．门窗

门是供人们内外交通及搬运家具设备之用的构件，同时还兼有分隔房间、围护的作用，有时还能进行采光和通风。门应有足够的宽度和高度，其数量和位置也应符合有关规范的要求。

窗的作用主要是采光和通风，同时也是围护结构的一部分，在建筑的立面形象中也占有相当重要的地位。

（二）施工图的识图要点

1．施工图的分类

建筑施工图按专业分工不同可分为建筑施工图、结构施工图、设备施工图。这些图纸又分为基本图和详图两部分。基本图表示全局性的内容，详图则表示某些构配件和局部节点构造等的详细情况。

2．施工图的编排顺序

施工图一般的编排顺序是：首页图（包括图纸目录、施工总说明、汇总表等）、总平面图、建筑施工图、结构施工图、给水排水施工图、采暖通风施工图、电气施工图等。

各专业施工图应按图纸内容的主次关系来排列。基础图在前，详图在后；总体图在前，局部图在后；主要部分在前，次要部分在后；先施工的图在前，后施工的图在后。

3．施工图的识图方法

识读整套图纸时，应按照总体了解、顺序识读、前后对照、重点细读的读图方法。

（1）总体了解

一般是先看目录、施工总说明和总平面图，以大致了解工程的概况，如工程设计单位、建设单位、新建房屋的位置、周围环境、施工技术要求等。对照目录检查图纸是否齐全，采用了哪些标准图并备齐这些标准图。然后看建筑平、立、剖面图，大体上想像一下建筑物的立体形象及内部布置。

（2）顺序识读

在总体了解建筑物的情况以后，根据施工的先后顺序，按基础、墙体（或柱）结构平面布置、建筑构造及装修的顺序仔细阅读有关图纸。

（3）前后对照

读图时，要注意平面图、剖面图对照读，土建施工图与设备施工图对照读。做到对整个工程施工情况及技术要求心中有数。

（4）重点细读

根据工种的不同，将有关专业施工图的重点部分再仔细读一遍，将遇到的问题记录下来，及时向设计部门反映。

4．施工图中的常用符号

施工图中的常用符号见表3-5。

表3-5　建筑施工图中的常用符号

名称		画法		说明
定位轴线	一般标注	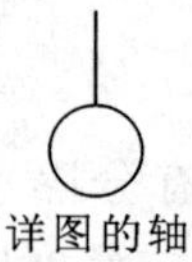 通用详图的轴线号	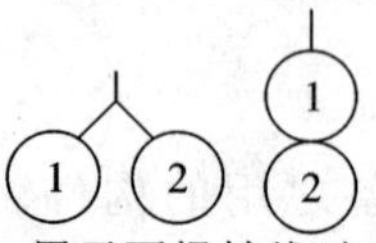 用于两根轴线时 ①②	1. 定位轴线用细单点长画线绘制，编号圆用细实线绘制，直径为8 mm，详图可增至10 mm 2. 定位轴线用来确定房屋主要承重构件位置及标注尺寸的基线 3. 平面图中横向轴线的编号，应用阿拉伯数字从左至右顺序编写；竖向轴线的编号，应用大写拉丁字母（I、O、Z除外）从下至上顺序编写
		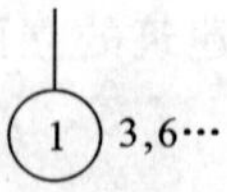 ① 3,6… 用于三根或三根以上轴线时	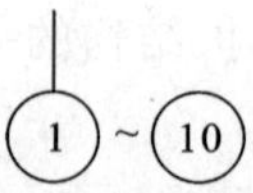 ①~⑩ 用于三根以上连续轴号的轴线时	
	附加轴线	 ①/③ 表示3号轴线后附加的第一根轴线 ②/C 表示C号轴线后附加的第二根轴线		两个轴线之间，如需附加轴线时，可用分数表示，分母表示前一轴线的编号，分子表示附加轴线的编号（用阿拉伯数字顺序编写）
标高符号		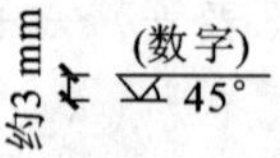 约3 mm (数字) 45° 标高符号的画法	 (数字) 总平面图上的标高符号	1. 标高符号用细实线绘制 2. 标高数字以米为单位，注写到小数点后第3位；在总平面图中，可注写到小数点后第2位 3. 零点标高应写成±0.000，正数标高不注"+"，负数标高应注"-" 4. 标高符号的尖端，应指向被注的高度，尖端可向上，也可向下 5. 同一图纸上的标高符号应大小相等，整齐划一，对齐画出
		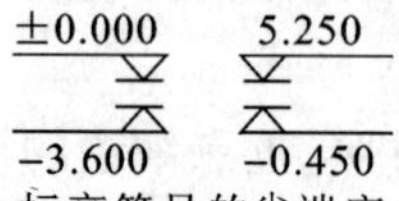 ±0.000　5.250 -3.600　-0.450 标高符号的尖端应指向被注的高度		
		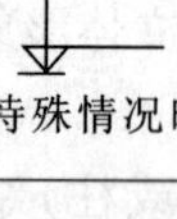 (数字) 特殊情况时	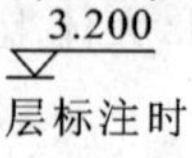 (9.600) (6.400) 3.200 多层标注时	
对称符号		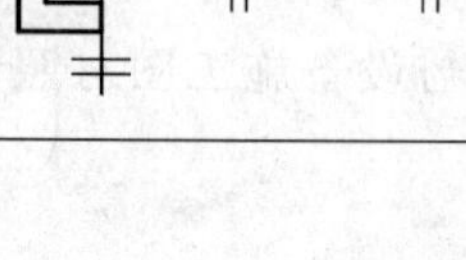		对称符号用细线绘制，平行线长度宜为6~10 mm，平行线间距宜为2~3 mm，平行线在对称线的两侧的长度应相等

第3章 建筑工程施工图

续表

名 称		画 法	说 明
索引符号	直接索引	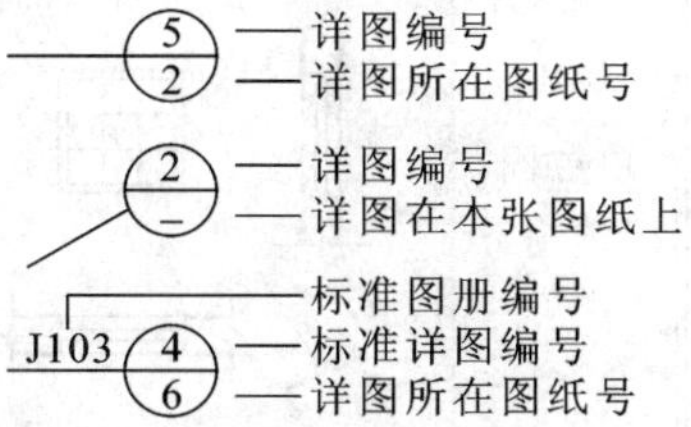 ⑤/2 ——详图编号 ——详图所在图纸号 ②/— ——详图编号 ——详图在本张图纸上 J103 ④/6 ——标准图册编号 ——标准详图编号 ——详图所在图纸号	1. 索引符号应以细实线绘制,圆的直径为 10 mm 2. 上半圆用阿拉伯数字注明详图编号,下半圆用阿拉伯数字注明详图所在的图纸编号(若详图与被索引的图样同在一张图纸内,则画一段细实线) 3. 引出线宜采用水平方向的直线,与水平方向成 30°、45°、60°、90°的细实线,或经上述角度再折为水平方向的折线,引出线应对准索引符号的圆心 4. 索引剖视详图时,应在被剖切的部位绘剖切位置线,引出线所在一侧为剖视方向
	索引剖视	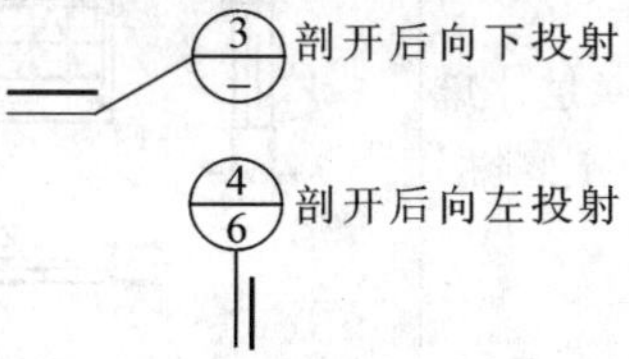 ③/— 剖开后向下投射 ④/6 剖开后向左投射	

5. 施工图中的建筑图例

施工图中的建筑图例见表 3-6。

表 3-6 建 筑 图 例

名称	图例	说明	名称	图例	说明
楼梯	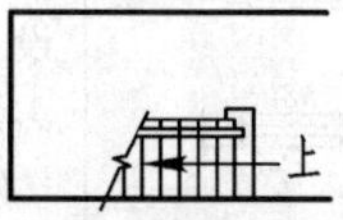 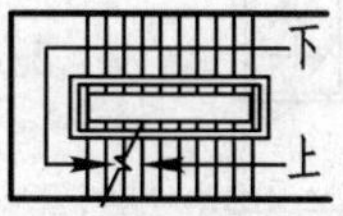 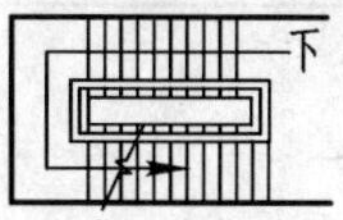 (上图、中图、下图三幅楼梯平面图)	1. 上图为底层楼梯平面,中图为中间层楼梯平面,下图为顶层楼梯平面 2. 楼梯及栏杆扶手的形式及踏步数应按实际情况绘制	孔洞		
			坑槽		
			烟道	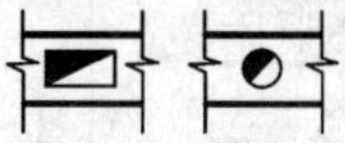	
			通风道	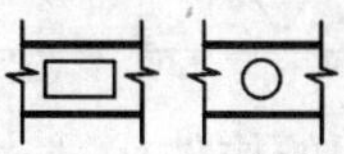	
检查孔		左图为可见检查孔 右图为不可见检查孔	单扇门(包括平开或单面弹簧)	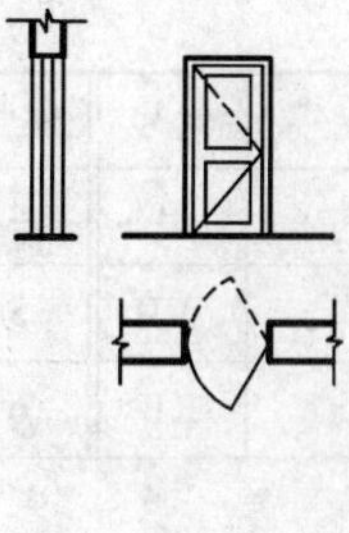	1. 门的名称代号用 M 表示 2. 在剖面图中,左为外,右为内;在平面图中,下为外,上为内

续表

名　称	图　例	说　明	名　称	图　例	说　明
双扇门（包括平开或单面弹簧）	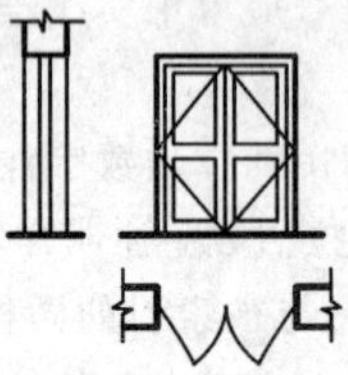	3. 在立面图中，开启方向线交角的一侧，为安装合页的一侧；实线为外开，虚线为内开 4. 平面图上门线应 90° 或 45° 开启，开启弧线宜画出 5. 立面形式应按实际情况绘制	单层固定窗	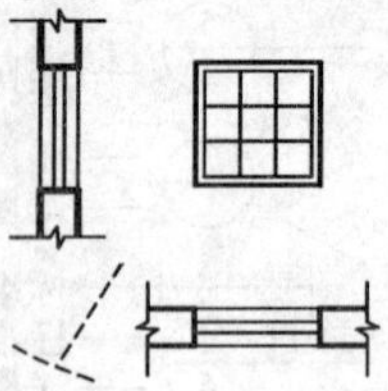	1. 窗的名称代号用 C 表示 2. 立面图中的斜线表示窗的开启方向实线为外开，虚线为内开；开启方向线交角的一侧为安装合页的一侧，一般设计图中可不表示 3. 在剖面图中，左为外，右为内；在平面图中，下为外，上为内 4. 平、剖面图中的虚线，仅说明开关方式，在设计图中不需要表示 5. 窗的立面形式应按实际情况绘制
对开折叠门	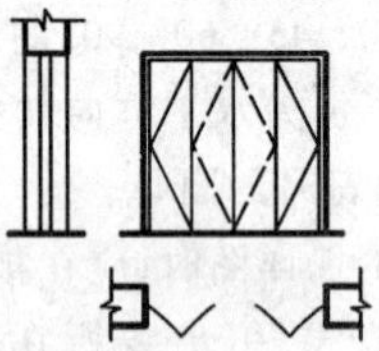		单层外开上悬窗	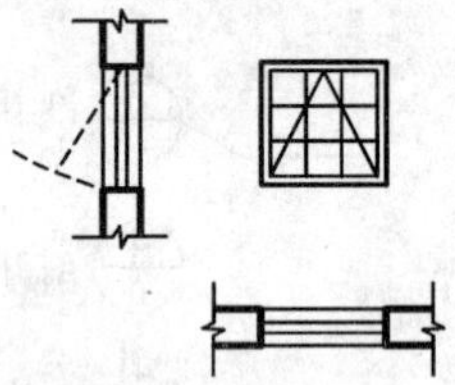	
墙中单扇推拉门	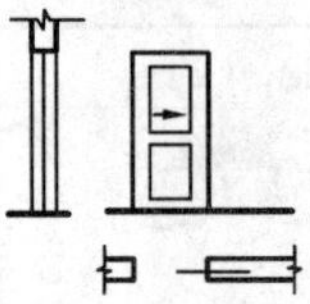	同单扇门说明中的 1、2、5	单层中悬窗	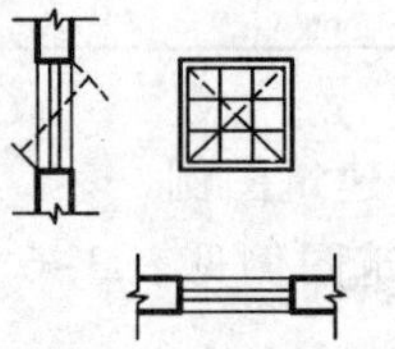	
单扇双面弹簧门	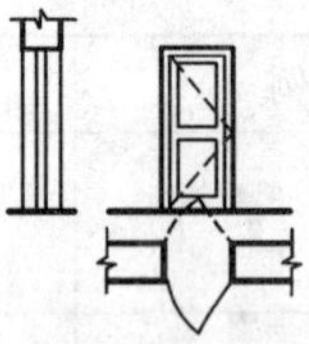	同单扇门说明	单层外开平开窗	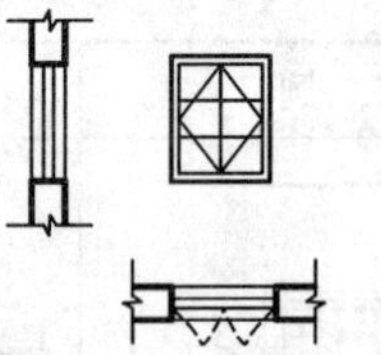	
双扇双面弹簧门	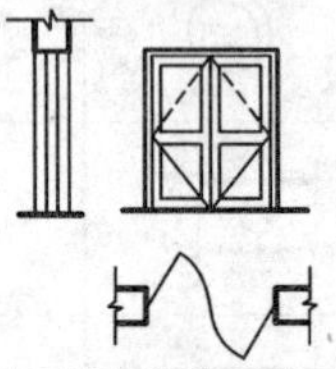		双层内外开平开窗	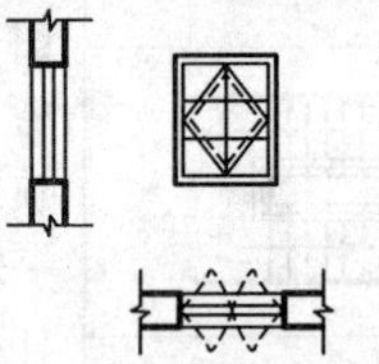	

6. 施工图中常用的构件代号

施工图中常用的构件代号见表 3-7。

表 3-7　常用构件代号

序号	名　称	代号	序号	名　称	代号	序号	名　称	代号
1	板	B	4	槽形板	CB	7	楼梯板	TB
2	屋面板	WB	5	折板	ZB	8	盖板或沟盖板	GB
3	空心板	KB	6	密肋板	MB	9	挡雨板或檐口板	YB

续表

序号	名称	代号	序号	名称	代号	序号	名称	代号
10	吊车安全走道板	DB	21	檩条	LT	32	柱间支撑	ZC
11	墙板	QB	22	屋架	WJ	33	水平支撑	SC
12	天沟板	TGB	23	托架	TJ	34	垂直支撑	CC
13	梁	L	24	天窗架	CJ	35	梯	T
14	屋面梁	WL	25	框架	KJ	36	雨篷	YP
15	吊车梁	DL	26	刚架	GJ	37	阳台	YT
16	圈梁	QL	27	支架	ZJ	38	梁垫	LD
17	过梁	GL	28	柱	Z	39	预埋件	M
18	连系梁	LL	29	基础	J	40	天窗端壁	TD
19	基础梁	JL	30	设备基础	SJ	41	钢筋网	W
20	楼梯梁	TL	31	桩	ZH	42	钢筋骨架	G

注：预应力钢筋混凝土构件代号，应在构件代号前加注"Y—"，例如 Y—KB 表示预应力混凝土空心板。

（三）建筑施工图阅读

1. 建筑平面图

（1）建筑平面图的形成及用途

建筑平面图实际上是把房屋用一个假想的水平剖切平面，沿门、窗洞口部位（指窗台以上，过梁以下的空间）水平切开，移出剖切平面以上的部分，把剖切平面以下的物体投影到水平面上所得的水平剖面图，即为建筑平面图，简称平面图。

建筑平面图主要表示房屋的平面形状、内部布置及朝向。在施工过程中，它是放线、砌墙、安装门窗、室内装修及编制预算的重要依据，是施工图中的重要图纸。

（2）建筑平面图的内容

① 图名、比例。建筑平面图的比例有 1∶50、1∶100、1∶200、1∶300，常用 1∶100。

② 定位轴线编号、间距，承重构件的位置及房间的大小。定位轴线的标注应符合《建筑制图标准》（GB/T 50104—2001）的规定。

③ 房屋平面形状和内部墙的分隔，平面图的形状与总长、总宽尺寸，墙的分隔情况和房间的名称，房屋内部各房间的分布、用途、数量及其相互间的联系等。

④ 平面图的各部分尺寸。平面图中标注的尺寸分内部尺寸和外部尺寸两种，主要反映建筑物中房间的开间、进深的大小、门窗的平面位置及墙厚、柱的断面尺寸等。

⑤ 楼地面标高。标注的楼地面标高为相对标高，且是完成面的标高。一般在平面图中地面或楼面有高度变化的位置都应标注标高。

⑥ 门窗的位置、编号和数量。图中门窗除用图例画出外，还注写门窗代号和编号。门的代号用 M 表示，窗的代号用 C 表示，并分别在代号后面写上编号，用于区别门窗类型，统计门窗数量。如 M—1、M—2 和 C—1、C—2 等。

为便于施工,一般情况下,在首页图上或在平面图内,附有门窗表,列出门窗的编号、名称、尺寸、数量及其所选标准图集的编号等内容。

⑦ 剖面的剖切符号及指北针。在底层平面图中标有剖切部位及建筑物朝向。

(3) 建筑平面图的阅读

图3-23为某新建宿舍楼的底层平面图。绘图比例为1∶100,从图中指北针可以看出该宿舍楼的朝向为南北向,主要入口在西南角②~③轴之间,室外设有三步台阶,楼梯间正对入口,门厅西侧是收发室、值班室和库房。门厅东侧的东西向走道端头设有次要出入口,走道两侧分布有12个房间,其中北侧③~⑤之间的两个房间为盥洗室和厕所,其他各房间均为宿舍。

图中横向定位轴线有①~⑨轴,竖向定位轴线有Ⓐ~Ⓔ轴。各房间的开间均为3.6 m,进深有5.4 m和4.8 m两种,走道宽度为2.1 m;外墙厚为370 mm,内墙厚为240 mm,建筑总长29.28 m,总宽12.78 m。由门窗编号可知该层门的类型有四种,分别为M—1、M—2、M—3、M—4,窗的类型有两种,分别为C—1、C—2。

该建筑室内地面相对标高为±0.000,厕所、盥洗室的地面相对标高为-0.020,低于室内地面20 mm。从图中还可了解室内楼梯、各种卫生设备的配置和位置情况,以及室外台阶、散水的大小与位置。

2. 建筑立面图

(1) 建筑立面图的形成及用途

建筑立面图是在与建筑物立面平行的投影面上所作的正投影图,简称立面图。

立面图主要用于表示建筑物的体形和外貌,表示立面各部分配件的形状及相互关系;表示立面装饰要求及构造做法等。

(2) 建筑立面图的内容

① 图名、比例。立面图的绘图比例与平面图绘图比例一致。

② 房屋立面的外形、门窗、檐口、阳台、台阶等形状及位置。立面图上,相同的门窗、阳台、外檐装修、构造做法等在局部重点表示,绘出其完整图形,其余部分只画轮廓线。

③ 标高尺寸。立面图中应标注必要的尺寸和标高。注写标高尺寸的部位有室内外地坪、檐口、屋脊、女儿墙、雨篷、门窗、台阶等处。

④ 房屋外墙表面装修的做法和分格线等。包括外墙表面分格线及文字说明各部位所用面材和颜色。

(3) 建筑立面图的阅读

图3-24为某新建宿舍楼的立面图。从图中可看到立面图比例为1∶100,该房屋为三层,平顶屋面,还可看出房屋的西南角主要出入口大门的式样,台阶、阳台等的形状。从图中所标注的标高能够看出房屋室外地面高差为0.450 m,房屋最高处标高为10.000 m,窗台、窗檐等处标高如图3-24所示。

从立面图中引出的文字说明中,可知南立面外墙面的装饰材料为白色防水涂料,阳台、雨篷为砖红色防水涂料。

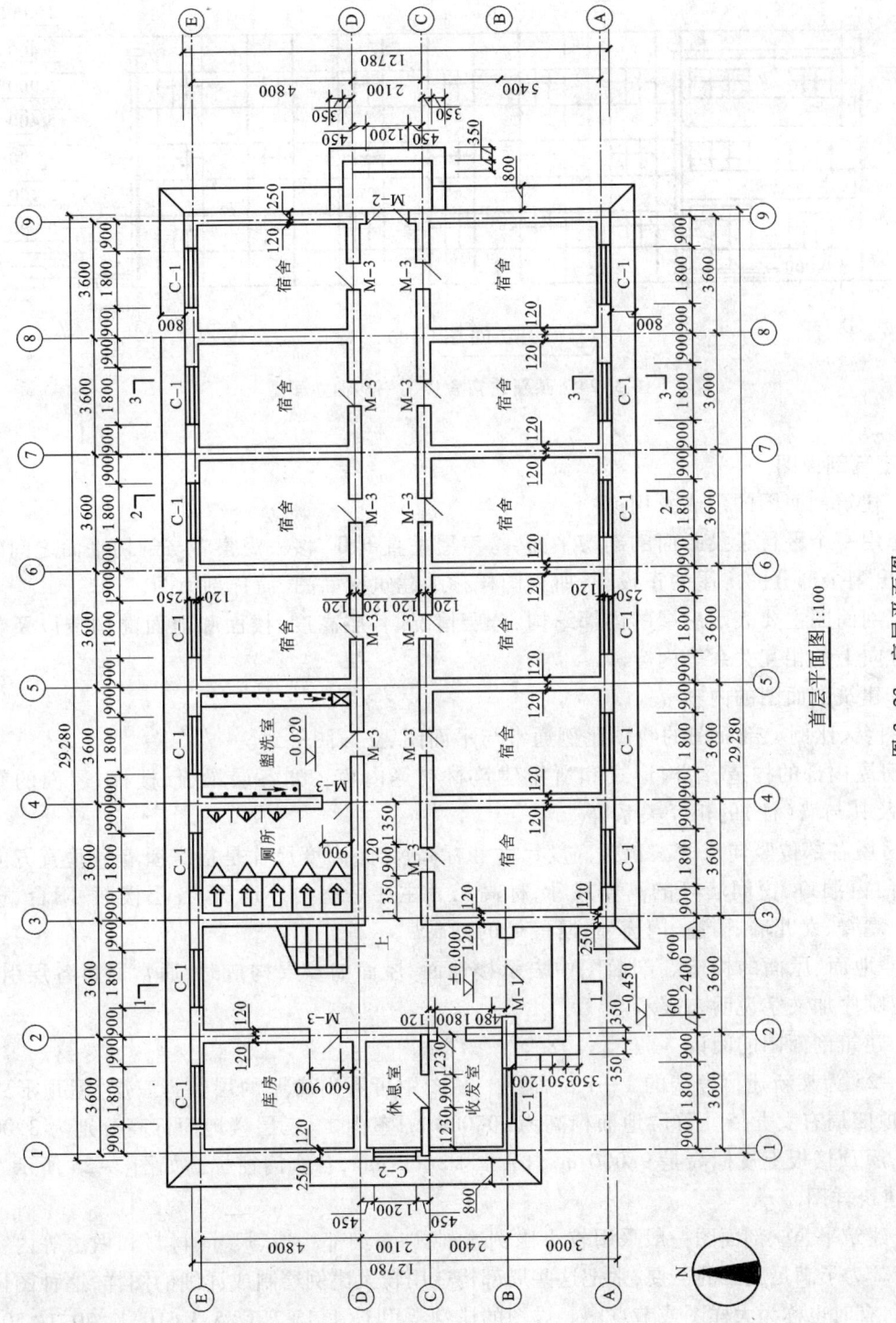

图 3-23 底层平面图

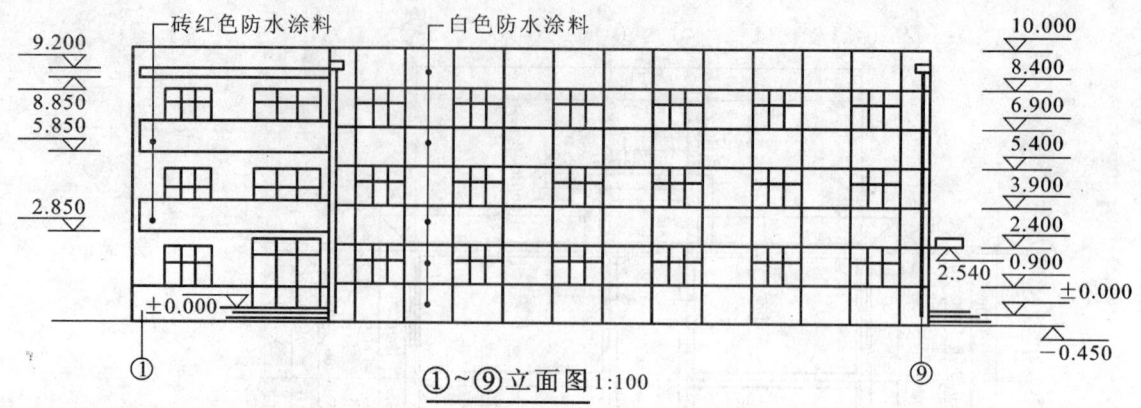

图 3-24　某新建宿舍楼①~⑨轴立面图

3．建筑剖面图

（1）建筑剖面图的形成及用途

假想用一个平行于投影面的剖切平面，将房屋垂直剖开，移去观察者与剖切平面之间的房屋部分，作出剩余部分的房屋的正投影，所得图样称为建筑剖面图，简称剖面图。

建筑剖面图主要表示房屋的内部结构、分层情况、各层高度、楼面和地面的构造以及各配件在垂直方向上的相互关系等内容。

（2）建筑剖面图的内容

① 图名、比例。剖面图的绘图比例通常与平面图、立面图一致。

② 房屋内部的构造、结构形式和所用建筑材料等内容。如各层梁板、楼梯、屋面的结构形式、位置及其与墙（柱）的相互关系等。

③ 房屋各部位竖向尺寸。包括高度尺寸和标高尺寸，高度尺寸是指房屋墙身垂直方向分段尺寸，如门窗洞口、窗间墙等的高度尺寸；标高尺寸主要是室内外地面、各层楼面、阳台、楼梯平台、檐口、屋脊、女儿墙、雨篷、门窗、台阶等处的标高。

④ 楼地面、屋面的构造。剖面图中表示楼地面、屋面的多层构造时，通常通过各层引出线，按其构造顺序加文字说明来表示。

（3）建筑剖面图的阅读

图 3-25 为某新建宿舍楼的 1—1 剖面图。从图中可看出房屋的层数为三层，屋顶形式为平屋顶，屋顶四周有女儿墙。首层地面标高为 ±0.000 m，室内二、三层楼地面标高分别为 3.000 m、6.000 m，屋顶楼板上皮标高是 9.000 m。门高为 2400 mm，各个门窗标高如图 3-25 所示。

4．建筑详图

由于建筑平、立、剖面图一般采用较小比例绘制，许多细部构造、尺寸、材料和做法等内容很难表达清楚。为了满足施工的需要，常把这些局部构造用较大比例绘制成详细的图样，这种图样称为建筑详图，有时也称为大样图或节点图。详图的比例常用 1∶1、1∶2、1∶5、1∶10、1∶20、1∶50 几种。

建筑详图可以是平、立、剖面图中某一局部的放大图，也可以是某一局部的放大剖面图。对于某些建筑构造或构件的通用做法，可采用国家或地方制定的标准图集（册）或通用图集（册）中的图纸，一般在图中通过索引符号注明，不必另画详图。

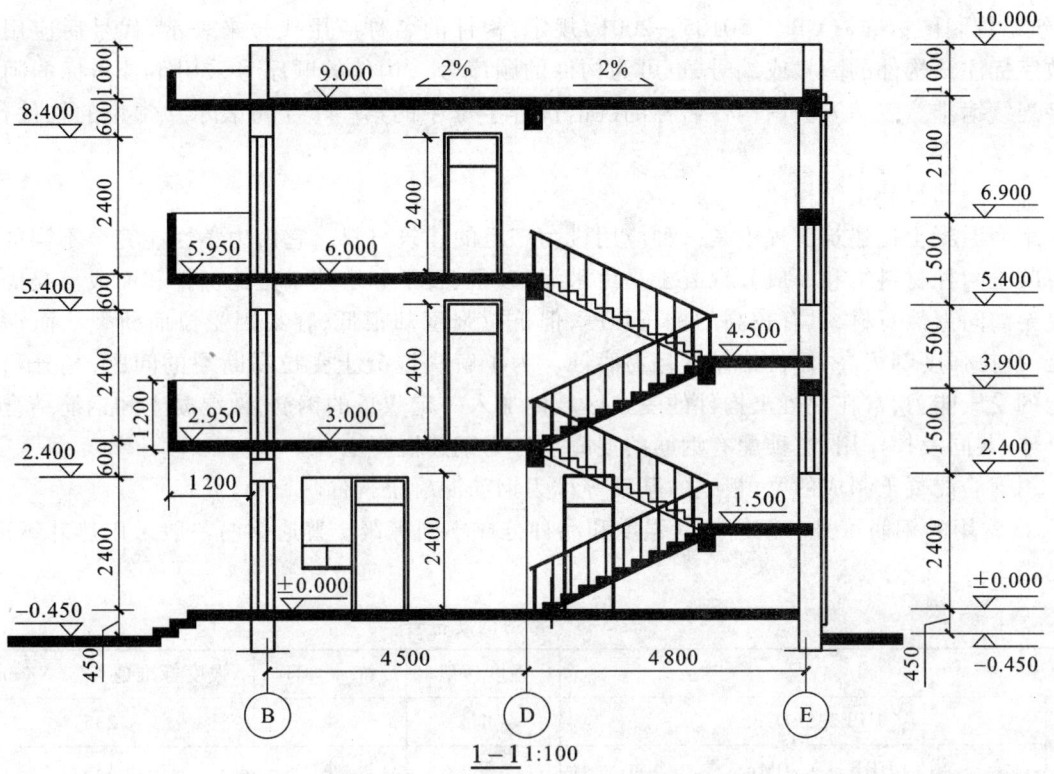

图 3-25 某新建宿舍楼建筑剖面图

建筑详图包括墙身剖面图和楼梯、阳台、雨篷、台阶、门窗、卫生间、厨房、内外装修等部分的详图。

5. 结构施工图

为了建筑物的安全,按建筑各方面的要求进行力学与结构计算,决定建筑承重构件(如基础、梁、板、柱等)的位置、形状、尺寸和详细设计的构造要求,并将其结果绘制成图样,称为结构施工图。

(1) 结构施工图的主要内容

① 结构设计说明。用于说明结构设计依据、对材料质量及构件的要求、有关地基的概况及施工要求等。

② 结构布置平面图。结构布置平面图与建筑平面图一样,属于全局性的图纸,通常包含基础平面图、楼层结构平面布置图、屋顶结构平面布置图。

③ 构件详图。构件详图属于局部性的图纸,表示构件的形状、大小,所用材料的强度等级和制作安装等。其主要内容有:

a. 基础详图,梁、板、柱等构件详图;

b. 楼梯结构详图;

c. 其他构件详图。

(2) 常用构件代号

房屋结构的基本构件很多,有时布置也很复杂,为了图面清晰,以及把不同的构件表示清楚,

《建筑结构制图标准》(GB/T 50105—2001)规定:构件的名称应用代号来表示,代号后应用阿拉伯数字标注该构件的型号或编号,也可为构件的顺序号。构件的顺序号采用不带角标的阿拉伯数字连续编排。表示方法用构件名称的汉语拼音字母中的第一个字母表示。常用的构件代号,见表 3-7。

(3) 钢筋混凝土结构图

钢筋混凝土在建筑工程中是一种应用极为广泛的建筑材料。它由力学性能完全不同的钢筋和混凝土两种材料组和而成。混凝土是由水泥、砂子、石子和水按一定比例拌和而成。凝固后的混凝土如同天然石材,具有较高的抗压强度,但抗拉强度却很低,容易因受拉而断裂。而钢筋的抗压、抗拉强度都很高,但价格昂贵且易腐蚀。为了解决混凝土受拉易断裂的问题,充分利用混凝土的受压能力,常在混凝土构件的受拉区域内加入一定数量的钢筋,使混凝土和钢筋结合成一个整体,共同发挥作用,这种配有钢筋的混凝土称为钢筋混凝土。

用钢筋混凝土制成的梁、板、柱、基础等称为钢筋混凝土构件。

① 常用的钢筋符号。钢筋按其强度和品种分成不同等级。普通钢筋一般采用热轧钢筋,符号见表 3-8。

表 3-8 常用钢筋符号

	牌 号	强度等级	符 号	强度标准值 $f_{yk}/(N/mm^2)$
热轧钢筋	HPB235(Q235)	Ⅰ	Φ	235
	HRB335(20MnSi)	Ⅱ	Φ	335
	HRB400(20MnSiV、20MnSiNb、20MnTi)	Ⅲ	Φ	400
	RRB400(K20MnSi)	Ⅲ	$Φ^R$	400

② 钢筋的名称、作用和标注方法。配置在钢筋混凝土结构构件中的钢筋,一般按其作用分为:

a. 受力钢筋。受力钢筋是承受构件内拉、压应力的钢筋。其配置根据受力通过计算确定,且应满足构造要求。在梁、柱中的受力筋亦称纵向受力筋,标注时应说明其数量、品种和直径,如 4Φ20,表示配置 4 根Ⅰ级钢筋,直径为 20 mm。

在板中的受力筋,标注时应说明其品种、直径和间距,如 Φ10@100,表示配置Ⅰ级钢筋,直径 10 mm,间距 100 mm(@是相等中心距符号)。

b. 架立筋。架立筋一般设置在梁的受压区,与纵向受力钢筋平行,用于固定梁内钢筋的位置,并与受力筋形成钢筋骨架。架立筋是按构造配置的,其标注方法同梁内受力筋。

c. 箍筋。箍筋用于承受梁、柱中的剪力、扭矩,固定纵向受力钢筋的位置等。标注箍筋时应说明箍筋的级别、直径、间距。如 Φ10@100。

d. 分布筋。分布筋用于单向板、剪力墙中。单向板中的分布筋与受力筋垂直。其作用是将承受的荷载均匀地传递给受力筋,并固定受力筋的位置以及抵抗热胀冷缩所引起的温度变形。标注方法同板中受力筋。在剪力墙中布置的水平和竖向分布筋,除上述作用外,不可参与承受外荷载,其标注方法同板中受力筋。

e. 构造筋。构造筋是按构造要求及施工安装需要而配置的钢筋。如腰筋、吊筋、拉结筋等。

各种钢筋的形式及在梁、板、柱中的位置及其形状,如图3-26所示。

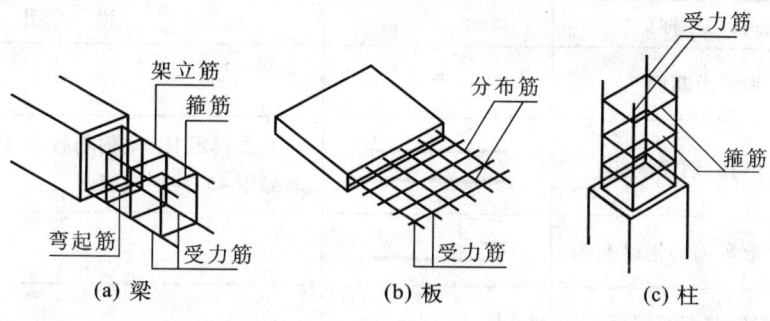

图3-26 钢筋混凝土梁、板、柱配筋示意图

③ 钢筋的弯钩。为了增强钢筋与混凝土的粘结力,表面光圆的钢筋两端需要做弯钩。弯钩的形式如图3-27所示。

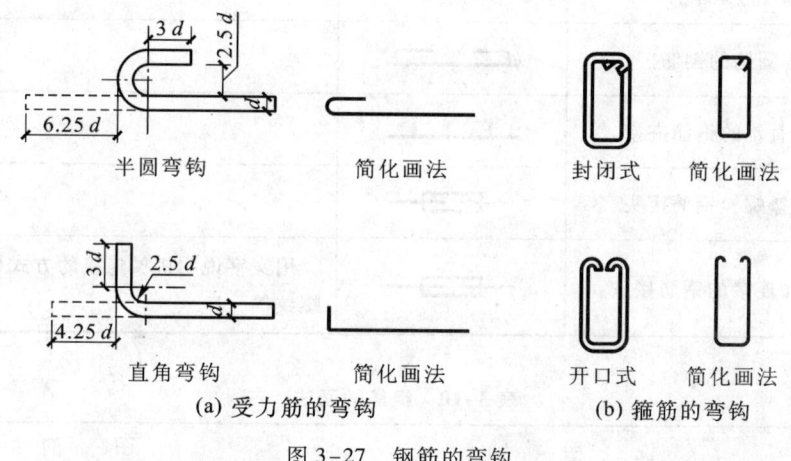

图3-27 钢筋的弯钩

④ 钢筋的表示方法。了解钢筋混凝土构件中钢筋的配置非常重要。在结构图中通常用粗实线表示钢筋。一般钢筋的表示方法见表3-9。钢筋在结构构件中的画法见表3-10。

⑤ 钢筋的保护层。为了防止构件中的钢筋被锈蚀,加强钢筋与混凝土的粘结力,构件中的钢筋不允许外露,构件表面到钢筋外缘必须有一定厚度的混凝土,这层混凝土被称为钢筋的保护层。保护层的厚度因构件不同而异,根据钢筋混凝土结构设计规范规定,一般情况下,梁和柱的保护层厚为25 mm,板的保护层厚为10~15 mm。

(4) 钢筋混凝土构件图的图示方法

钢筋混凝土构件图是加工制作钢筋、浇筑混凝土的依据,其内容包括模板图、配筋图、钢筋表和文字说明四部分。

表 3-9　一般钢筋的表示方法

序号	名　　称	图　例	说　明
1	钢筋横断面	●	
2	无弯钩的钢筋端部	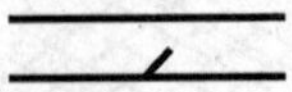	下图表示长、短钢筋投影重叠时,短钢筋的端部用45°斜划线表示
3	带半圆形弯钩的钢筋端部		
4	带直钩的钢筋端部		
5	带丝扣的钢筋端部	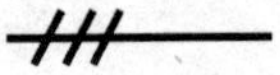	
6	无弯钩的钢筋搭接		
7	带半圆钩的钢筋搭接		
8	带直钩的钢筋搭接		
9	花篮螺栓钢筋接头		
10	机械连接的钢筋接头		用文字说明机械连接的方式(或冷挤压或锥螺纹等)

表 3-10　钢筋的画法

序号	说　明	图　例
1	在结构平面图中配置双层钢筋时,底层钢筋的弯钩应向上或向左,顶层钢筋的弯钩则向下或向右	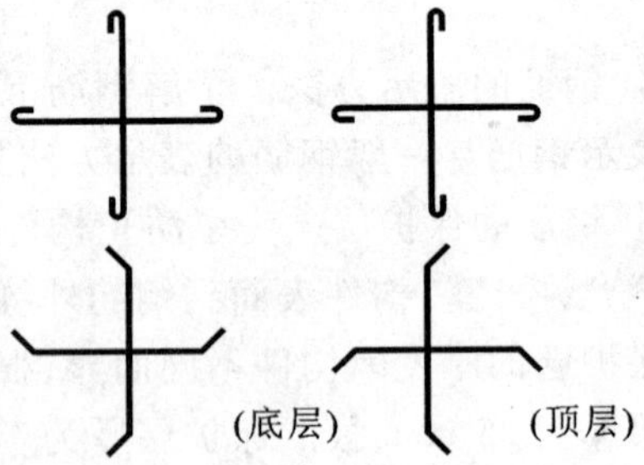 (底层)　(顶层)
2	钢筋混凝土墙体配双层钢筋时,在配筋立面图中,远面钢筋的弯钩应向上或向左,而近面钢筋的弯钩向下或向右(JM 近面;YM 远面)	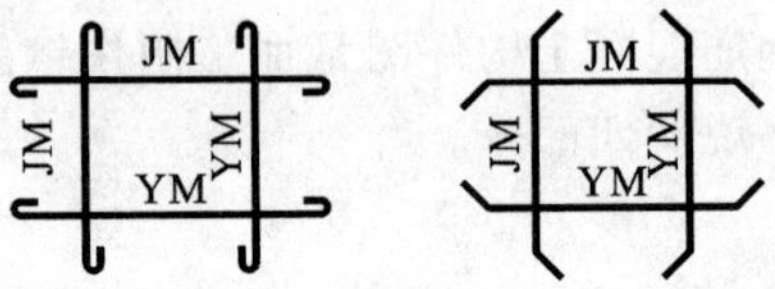

序号	说 明	图 例
3	若在断面图中不能表达清楚钢筋布置,应在断面图外增加钢筋大样图(钢筋混凝土墙、楼梯等)	
4	图中表示的箍筋、环筋等若布置复杂时,可加画钢筋大样图(如钢筋混凝土墙、楼梯等)	

1)模板图

模板图是为浇筑构件的混凝土绘制的。主要表达构件的外形尺寸、预埋件的位置、预留孔洞的大小和位置。对于外形简单的构件,一般不必单独绘制模板图,只需在配筋图中把构件的尺寸标注清楚即可。对于外形较复杂或预埋件较多的构件,一般要单独画出模板图。模板图的图示方法是按构件的外形绘制的视图。外形轮廓线用中粗实线绘制,如图3-28所示。

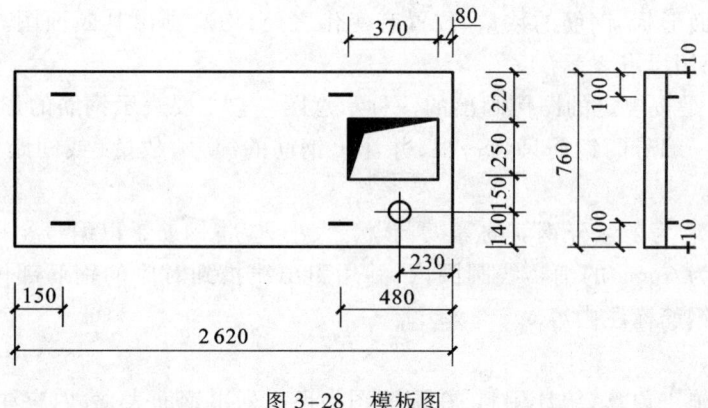

图3-28 模板图

2)配筋图

配筋图就是钢筋混凝土构件(结构)中的钢筋配置图。主要表示构件内部所配置钢筋的形状、大小、数量、级别和排放位置。配筋图又分为立面图、断面图和钢筋详图。如图3-29所示。

① 立面图。是假定构件为一透明体而画出的一个纵向正投影图。它主要表示构件中钢筋的立面形状和上下排列位置。通常构件外形轮廓用细实线表示,钢筋用粗实线表示。当钢筋的类型、直径、间距均相同时,可只画出其中的一部分,其余可省略不画。

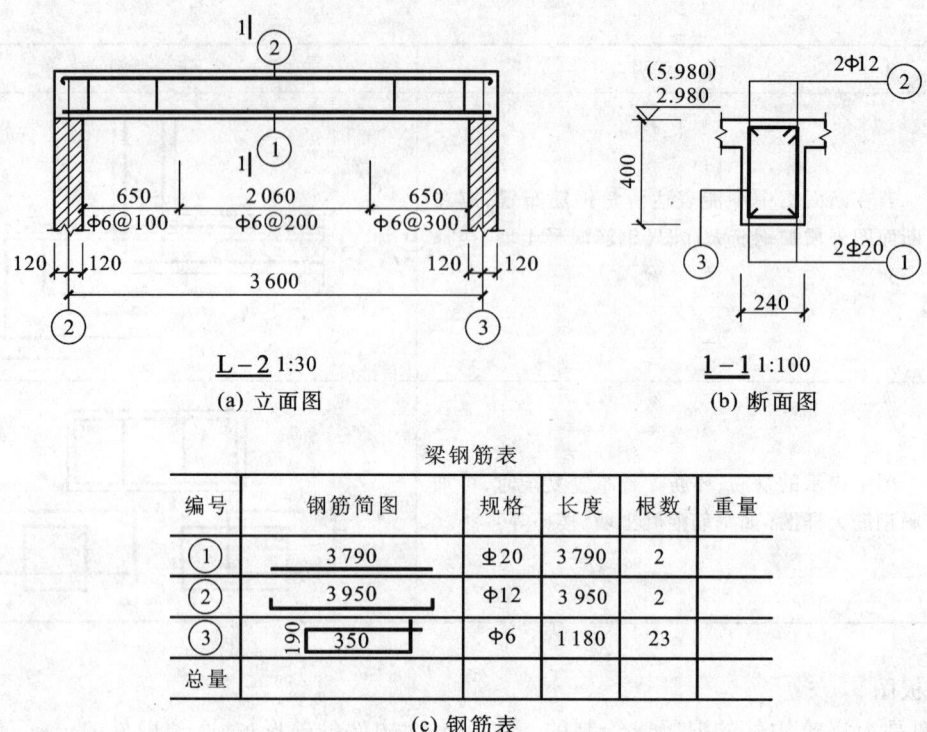

图 3-29 钢筋混凝土简支梁配筋图

② 断面图。是构件横向剖切投影图。它主要表示钢筋的上下和前后的排列、箍筋的形状等内容。凡构件的断面形状、钢筋的数量、位置有变化之处,均应画出其断面图。断面图的轮廓为细实线,钢筋横断面用黑点表示。

③ 钢筋详图。是按规定的图例画出的一种示意图。它主要表示钢筋的形状,以便于钢筋下料和加工成型。同一编号的钢筋只画一根,并注出钢筋的编号、数量(或间距)、等级、直径及各段的长度和总尺寸。

④ 钢筋的编号。为了区分钢筋的等级、形状、大小,应将钢筋予以编号。钢筋编号是用阿拉伯数字注写在直径为 6 mm 的细实线圆圈内,并用引出线指到对应的钢筋部位。同时在引出线的水平线段上注出钢筋标注内容。

3) 钢筋表

为了便于编造施工预算,统计用料,在配筋图中还应列出钢筋表,表内应注明构件代号、构件数量、钢筋编号、钢筋简图、直径、长度、数量、总数量、总长和重量等。对于比较简单的构件,可不画钢筋详图,只列钢筋表即可。

(5) 结构平面图

1) 结构平面图的形成及图示方法

结构平面布置图是假想用一个水平剖切平面沿楼板和屋面板顶面将房屋切开,移去上部建筑,由上向下作正投影所得到的图形。在楼层结构图中,如每一层楼层结构布置相同时,只需画一张结构平面图即可。

在结构平面图中用中虚线画出板下不可见的墙、梁等位置线,用中粗实线画出每一房间中楼板、屋面板的布置情况(铺设方向和块数)。如果有房间的板布置相同时,只需用代号表示。如图 3-30 所示。有时也可以不画出楼板、屋面板在某一房间中详细的布置情况,而用一对角线,在对角线上标注构件代号,如图 3-31 所示。

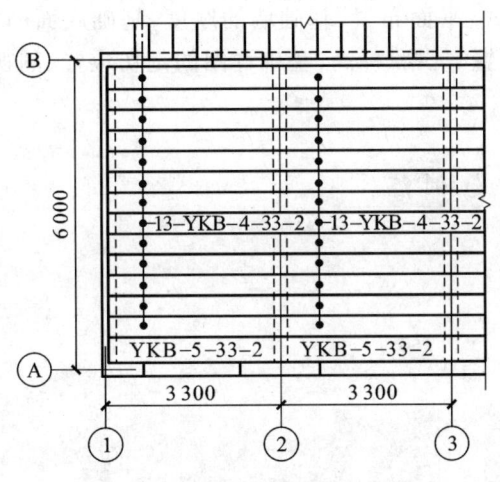

图 3-30 结构平面图的图示方法

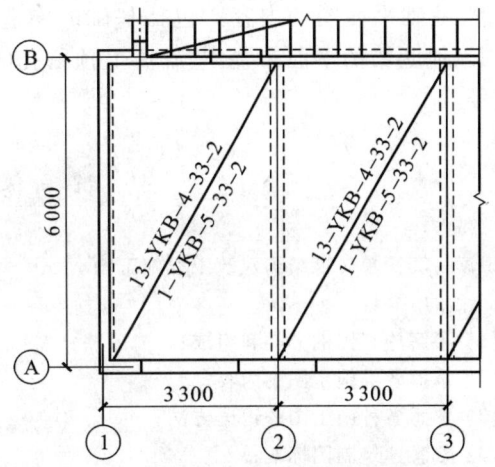

图 3-31 结构平面图的简化表示法

结构平面图中结构构件一般均用代号表示。目前各地区的标注方法均有不同,下面以上海地区的标注法作一说明,如 4—YKB5—36—2。

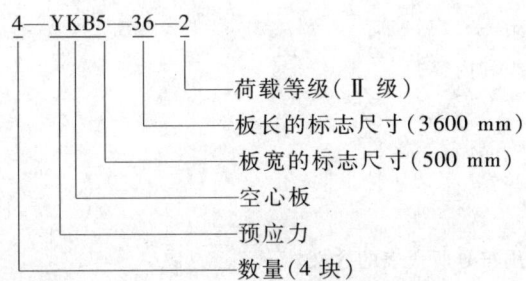

屋面板代号的表示与预应力空心板的标注方法基本相同。

2)结构平面图的主要内容

结构平面图主要表示楼层、屋盖中各种构件的平面关系,如轴线间尺寸与构件的尺寸关系,墙体与构件的位置关系,各种构件的代号、型号、位置及定位的尺寸以及结构说明等。

(6)基础图

基础是房屋建筑底层室内地面以下承受房屋建筑全部荷载的构件,基础的形式取决于上部建筑承重结构的形式和地基状况。在民用建筑中,常用的基础形式有条形基础、独立基础等。

基础图是表示基础的平面布置和详细构造的图样。进行基础施工时,它作为定位、放线、砌筑和浇筑基础的依据。基础图通常包括基础平面图、基础详图。

① 基础平面图的产生及图示特点。基础平面图是假设用一个水平的剖切平面沿相对标高 ±0.000 处剖切,移去上部建筑及基础周围的泥土,由上向下作正投影,所得到图形称为基础平面

图。基础平面图采用的比例一般与建筑平面图相同(1∶100),以便与建筑平面图对照阅读。

基础平面图中一般只需画出条形基础基础墙的厚度、基础底面的宽度;独立基础画出杯口的大小及基础底面的大小。用粗点画线画基础中的基础梁和地圈梁。其他细部,如条形基础大放脚台阶等均省略不画,这些细部的构造和尺寸在基础详图中反映。

② 基础平面图的内容。包括基础的构造形式,平面布置,基础墙的厚度,基础底面的宽度,基础梁、地圈梁的平面布置,基础墙上预留孔的位置、规格、标高,基础详图的剖切位置、剖视方向和编号。

职业活动与训练

识读一套简单砖混结构建筑工程施工图。
1. 目的
(1) 了解施工图的分类和组成;
(2) 掌握各类施工图的内容;
(3) 熟悉各种施工图的识读方法;
(4) 熟悉建筑制图标准;
2. 环境要求
一套简单的建筑工程施工蓝图。
3. 能力标准及要求
具有建筑工程施工图识读的初步概念。
4. 步骤提示
(1) 明确活动的目的和要求;
(2) 介绍施工图的基本组织和内容;
(3) 指导学生识图。
5. 讨论与训练题
(1) 建筑工程施工图有哪些?
(2) 识读的基本顺序如何?
(3) 找出建筑施工图中常用符号所代表的含义。

小 结

- 剖面图是假想剖切面切后剩下形体的投影图,断面图是只画出剖切面切到部分的图形。所以剖面图中包含着断面。
- 建筑制图标准很多,重点要掌握图线、比例和尺寸标注三部分。
- 房屋主要由基础、墙或柱、楼地层、楼梯、屋顶和门窗等组成。
- 施工图分为建筑施工图、结构施工图和设备施工图,每类施工图又分为基本图和详图两种。基本图是用来表示整体的,详图是用来表示局部的构造和作法的。
- 房屋的定位轴线、标高、引符号的画法。
- 建筑平、立、剖面图的内容及阅读方法。若有在平、立、剖面图中表示不清楚的部位,用较大的比例画出各局部的详细构造图,即详图。

- 结构施工图包括基础图、结构平面布置图、节点详图等。

复 习 题

(1) 什么叫剖面图,什么叫断面图,它们有何区别?
(2) 常用的剖面图有哪几种?区别何在?
(3) 线型有几种?每种线型的宽度和用途是什么?
(4) 什么是比例?常用比例有哪些?
(5) 简述构成房屋的主要部分及其作用。
(6) 图样上的尺寸排列与布置有什么要求?
(7) 一套房屋施工图包括哪些内容?
(8) 怎样识读施工图?
(9) 索引符号、详图符号各有几种?如何表示?
(10) 建筑平面图的内容是什么?怎样阅读?
(11) 建筑立面图的内容是什么?怎样阅读?
(12) 建筑剖面图的内容是什么?怎样阅读?
(13) 什么叫建筑详图?通常有哪些部位要作详图?
(14) 结构施工图通常包括哪些图样?

单元三 建筑材料基础

建筑材料的基本概念、基本成分、生产工艺、技术性能要求、特性及原理、选配应用、施工要求、储存与运输注意事项、材料试验等基本理论及实用技术,是后续课程及以后工作的必要基础。

第4章 建筑材料

 **学习目标**

学完这一章应该能做到:
- 掌握常用建筑材料的性质与应用的基本知识和必要的基本理论。
- 了解相关建筑材料的标准。
- 掌握常用建筑材料检验方法。

 **能力标准**

具备对施工现场常用材料进行合理选择、取样、检测、判断的能力,并能分析施工中常见的由材料引起的工程质量事故原因和采取相应措施。

工程材料有多种分类方式。根据材料来源,可分为天然材料和人工材料;根据其功能,可分为结构材料、防水材料、装饰材料、绝热材料等。通常根据组成物质的种类及化学成分,将工程材料分为无机材料、有机材料和复合材料三大类,如表4-1所示。

表 4-1　工程材料按化学成分分类

分类			实例
无机材料	金属材料	黑色金属	钢、铁及其合金
		有色金属	铜、铝及其合金
	非金属材料	天然石材	砂、石及石材制品
		烧土制品	粘土砖、瓦、陶瓷制品
		胶凝材料及其制品	石灰、石膏及其制品，水泥及混凝土制品、硅酸盐制品
		玻璃	普通平板玻璃、特种玻璃等
		无机保温材料	玻璃棉、矿棉、膨胀珍珠岩等
有机材料	植物材料		木材、竹材、苇材及其制品等
	沥青材料		煤沥青、石油沥青极其卷材、密封膏等
	合成高分子材料		塑料、橡胶制品及涂料、胶粘剂等
复合材料	有机与无机材料复合		聚合物混凝土、玻璃纤维增强塑料等
	金属与无机非金属材料复合		钢筋混凝土、钢纤维混凝土等
	金属与有机材料复合		EPS板、有机涂层铝合金板等

下面选取其中常见的一些材料予以介绍。

一、建筑钢材

1. 黑色金属、钢和有色金属

在介绍钢的分类之前先简单介绍一下黑色金属、钢与有色金属的基本概念。

① 黑色金属是指铁或铁的合金。如钢、生铁、铁合金、铸铁等。钢和生铁都是以铁为主要成分、碳为次要成分的合金，统称为铁碳合金。

生铁是指把铁矿石放到高炉中冶炼而成的产品，主要用来炼钢和制造铸件。

把铸造生铁放在熔铁炉中熔炼，即得到铸铁（液状），把液状铸铁浇铸成铸件，这种铸件叫铸铁件。

铁合金是由铁与硅、锰、铬、钛等元素组成的合金，铁合金是炼钢的原料之一，在炼钢时用作钢的脱氧剂和合金元素添加剂。

② 炼钢是把生铁放到炼钢炉内按一定工艺熔炼，即得到钢。钢的产品有钢锭、连铸坯和直接铸成各种钢铸件等。通常建筑上所讲的钢，一般是指轧制成各种钢材的钢。

③ 有色金属又称非铁金属，指除黑色金属外的金属和合金，如铜、锡、铅、锌、铝以及黄铜、青铜、铝合金和轴承合金等。

2. 钢材的分类

（1）按化学成分分类

① 碳素钢。碳素钢的化学成分主要是铁，其次是碳，故也称铁-碳合金。其含碳量为 0.02%~2.06%。此外尚含有极少量的硅、锰和微量的硫、磷等元素。碳素钢按含碳量又可分为：

低碳钢（含碳量小于 0.25%）；

中碳钢（含碳量为 0.25%~0.60%）；

高碳钢（含碳量大于 0.60%）。

② 合金钢。是指在炼钢过程中，有意识地加入一种或多种能改善钢材性能的合金元素而制得的钢种。常用合金元素有硅、锰、钛、钒、铌、铬等。按合金元素总含量的不同，合金钢可分为：

低合金钢（合金元素总含量小于 5%）；

中合金钢（合金元素总含量为 5%~10%）；

高合金钢（合金元素总含量大于 10%）。

（2）按冶炼时脱氧程度分类

① 沸腾钢。炼钢时仅加入锰铁进行脱氧，则脱氧不完全。

② 镇静钢。炼钢时采用锰铁、硅铁和铝锭等作脱氧剂，脱氧完全，且同时能起去硫作用。

③ 特殊镇静钢。比镇静钢脱氧程度还要充分彻底的钢，故其质量最好，适用于特别重要的结构工程。

3. 钢材的技术性质

（1）抗拉性能

抗拉性能是建筑钢材最重要的技术性质。其技术指标为由拉力试验测定的屈服点、抗拉强度和伸长率。钢受拉的应力-应变图能够较好地解释这些重要的技术指标，见图 4-1 低碳钢受拉时的应力-应变图及图 4-2 中碳钢、高碳钢受拉时的应力-应变图。

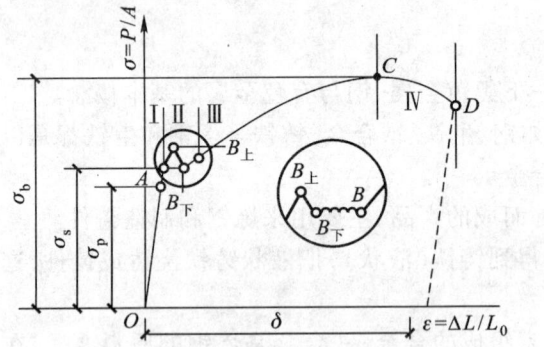

图 4-1 低碳钢受拉的应力-应变图

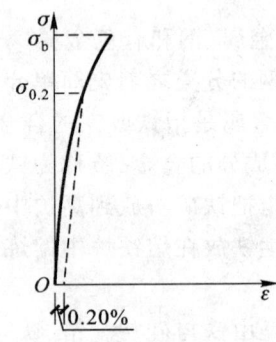

图 4-2 中碳钢、高碳钢的应力-应变图

现在以图 4-1 为例，说明钢材的拉伸性能。低碳钢拉伸一般分为四个阶段：OA——弹性阶段，AB——屈服阶段，BC——强化阶段，CD——颈缩阶段。

① 屈服点。当试件拉力在 OA 范围内时，如卸去拉力，试件能恢复原状，应力与应变的比值为常数，因此，该阶段被称为弹性阶段。当对试件的拉伸进入塑性变形的屈服阶段 AB 时，称屈服下限 $B_下$ 所对应的应力为屈服强度或屈服点，记做 σ_s。设计时一般以 σ_s 作为强

度取值的依据。对屈服现象不明显的钢材,规定以 0.2% 残余变形时的应力 $\sigma_{0.2}$ 作为屈服强度。

② 抗拉强度。从图 4-1 中 BC 曲线逐步上升可以看出:试件在屈服阶段以后,其抵抗塑性变形的能力又重新提高,称为强化阶段。对应于最高点 C 的应力称为抗拉强度,用 σ_b 表示。

设计中抗拉强度虽然不能利用,但屈强比 σ_s/σ_b 有一定意义。屈强比愈小,反映钢材受力超过屈服点工作时的可靠性愈大,因而结构的安全性愈高。但屈强比太小,则反映钢材不能有效地被利用。合理的屈强比为 0.60~0.75。

③ 伸长率。图 4-1 中当曲线到达 C 点后,试件薄弱处急剧缩小,塑性变形迅速增加,产生"颈缩现象"而断裂。量出拉断后标距部分的长度 L_1,标距的伸长值与原始标距 L_0 的比值称为伸长率。伸长率表征了钢材的塑性变形能力,常以 $\delta_5(L_0=5d_0)$ 和 $\delta_{10}((L_0=10d_0)$ 表示。

(2) 冷弯性能

冷弯性能是指钢材在常温下承受弯曲变形的能力,是钢材的重要工艺性能。

冷弯性能指标是通过试件被弯曲的角度(90°、180°)及弯心直径 d 对试件厚度(或直径)a 的比值(d/a)区分的,试件按规定的弯曲角和弯心直径进行试验,试件弯曲处的外表面无裂断、裂缝或起层,即认为冷弯性能合格。

(3) 冲击韧性

冲击韧性是指钢材抵抗冲击荷载的能力。冲击韧性指标是通过标准试件的弯曲冲击韧性试验确定的。以摆锤打击试件,于刻槽处将其打断,如图 4-3 所示。试件单位截面积上所消耗的功,即为钢材的冲击韧性指标,用冲击韧性 $a_k(J/cm^2)$ 表示。a_k 值愈大,冲击韧性愈好。

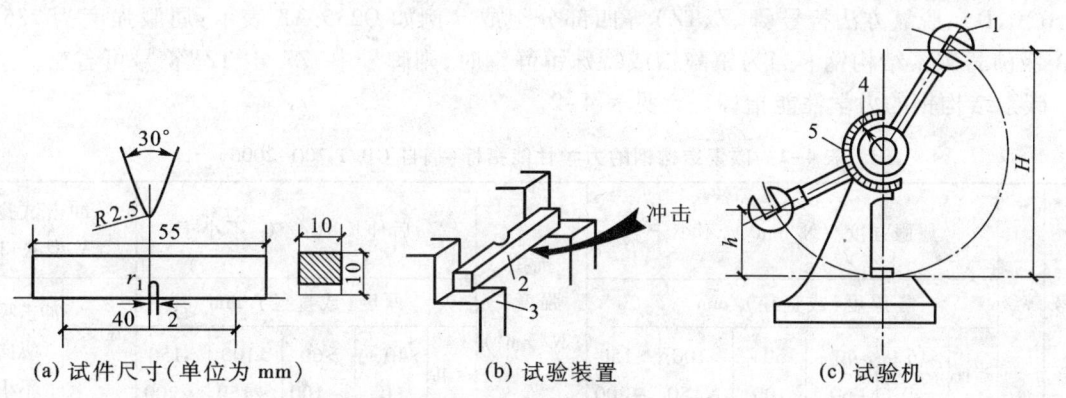

(a) 试件尺寸(单位为 mm)　　(b) 试验装置　　(c) 试验机

图 4-3　冲击韧性试验图

1—摆锤;2—试件;3—试验台;4—指针;5—刻度盘;H—摆锤扬起高度;h—摆锤向后摆动高度

钢材的化学成分、组织状态、内在缺陷及环境温度都会影响钢材的冲击韧性。

(4) 硬度

钢材的硬度是指其表面局部体积内抵抗外物压入产生塑性变形的能力。常用的测定硬度的方法有布氏法和洛氏法。

布氏法的测定原理是利用直径为 $D(mm)$ 的淬火钢球,以 $F(N)$ 的荷载将其压入试件表面,经规定的持续时间后卸除荷载,即得到直径为 $d(mm)$ 的压痕(图 4-4),以压痕表面积 $A(mm^2)$

除荷载 P，所得的应力值即为试件的布氏硬度值 HB，以数字表示，不带单位。洛氏法测定的原理与布氏法相似，但系根据压头压入试件的深度来表示硬度值，洛氏法压痕很小，常用于判定工件的热处理效果。

(5) 耐疲劳性

在反复荷载作用下的结构构件，钢材往往在应力远小于抗拉强度时发生断裂，这种现象称为钢材的疲劳破坏。疲劳破坏的危险应力用疲劳极限来表示，它是指疲劳试验中，试件在交变应力作用下，于规定的周期基数内不发生断裂所能承受的最大应力。

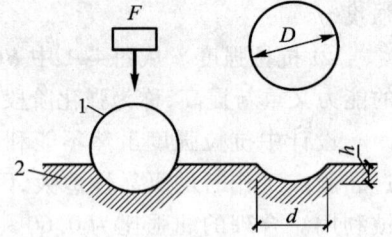

图 4-4 布氏硬度试验原理图
1—钢球；2—试件；P—施加于钢球上的荷载；
D—钢球直径；d—压痕直径；h—压痕深度

(6) 可焊性

钢材的可焊性是指焊接后在焊缝处的性质与母材性质的一致程度。影响钢材可焊性的主要因素是化学成分及含量。如硫产生热脆性，使焊缝处产生硬脆及热裂纹。又如，含碳量超过 0.3%，可焊性显著下降等。

4．建筑钢材的技术标准

建筑钢材的主要钢种如下。

(1) 碳素结构钢

碳素结构钢分五个牌号，即 Q195、Q215、Q235 和 Q275。各牌号钢又按其硫、磷含量由多至少分为 A、B、C、D 四个质量等级。

碳素结构钢的牌号表示：按顺序由代表屈服强度的字母 (Q)、屈服强度数值、质量等级符号 (A、B、C、D)、脱氧方法符号 (F、Z、TZ) 等四部分组成。例如 Q235 AF 表示：屈服强度为 235MPa 的 A 级沸腾碳素结构钢。当为镇静钢或特殊镇静钢时，则牌号中"Z"与"TZ"符号可省略。

碳素结构钢的力学性能指标规定见表 4-2。

表 4-2 碳素结构钢的力学性能指标（摘自 GB/T 700-2006）

牌号	等级	屈服强度/(N/mm²)，不小于						抗拉强度/(N/mm²)	断后伸长率 A/%，不小于					冲击试验（V型缺口）	
		厚度（或直径）/mm							厚度（或直径）/mm					温度/℃	冲击吸收功（纵向）/J 不小于
		≤16	>16~40	>40~60	>60~100	>100~150	>150~200		≤40	>40~60	>60~100	>100~150	>150~200		
Q195	—	195	185	—	—	—	—	315~430	33	—	—	—	—	—	—
Q215	A	215	205	195	185	175	165	335~450	31	30	29	27	26	—	27
	B													+20	
Q235	A	235	225	215	215	195	185	370~500	26	25	24	22	21	—	27
	B													+20	
	C													0	
	D													-20	

续表

牌号	等级	屈服强度/(N/mm²),不小于						抗拉强度/(N/mm²)	断后伸长率 A/%,不小于					冲击试验(V型缺口)	
		厚度(或直径)/mm							厚度(或直径)/mm					温度/℃	冲击吸收功(纵向)/J 不小于
		≤16	>16~40	>40~60	>60~100	>100~150	>150~200		≤40	>40~60	>60~100	>100~150	>150~200		
Q275	A	275	265	255	245	225	215	410~540	22	21	20	18	17	—	—
	B													+20	27
	C													0	
	D													-20	

国家标准对碳素结构钢的化学成分,包括 C、Si、Mn、S、P 五大元素,按质量等级及脱氧方法也分别提出了要求。

(2) 低合金结构钢

在炼钢时,加入总量小于 5% 的合金元素炼成的钢,称为低合金高强度结构钢,简称低合金结构钢。常用的合金元素有硅、锰、钛、钒、铬、镍、铜等。

按照《低合金高强度结构钢》(GB/T 1591—1994) 规定共分 20 个钢号,见表 4-3。牌号由代表钢材屈服强度的字母"Q"、屈服强度数值、质量等级符号(A、B、C、D、E)三个部分按顺序组成。

例如:Q295A,表示屈服强度为不小于 295 MPa,质量等级为 A 级的低合金结构钢。

表 4-3 低合金高强度结构钢

牌号	等级	屈服点 σ_s/(N/mm²)				抗拉强度 σ_b/(N/mm²)	伸长率 δ_5/%	V型冲击功(纵向)/J				180°弯曲试验 d=弯心直径 a=试样厚度(直径)	
		钢材厚度(直径)/mm						+20 ℃	0 ℃	-20 ℃	-40 ℃	钢材厚度(直径)/mm	
		≤15	>16~35	>35~50	>50~100							≤16	>16~100
		≥						不小于					
Q295	A	295	275	255	235	390~570	23					$d=2a$	$d=3a$
	B						23	34				$d=2a$	$d=3a$
Q345	A	345	325	295	275	470~630	21					$d=2a$	$d=3a$
	B						21	34				$d=2a$	$d=3a$
	C						22		34			$d=2a$	$d=3a$
	D						22			34		$d=2a$	$d=3a$
	E						22				27	$d=2a$	$d=3a$

续表

牌号	等级	屈服点 σ_s/(N/mm²) 钢材厚度(直径)/mm				抗拉强度 σ_b /(N/mm²)	伸长率 δ_5 /%	V 型冲击功(纵向)/J				180°弯曲试验 d=弯心直径 a=试样厚度(直径) 钢材厚度(直径)/mm	
		≤15	>16~35	>35~50	>50~100			+20 ℃	0 ℃	-20 ℃	-40 ℃	≤16	>16~100
		≥						不小于					
Q390	A	390	370	350	330	490~650	19					$d=2a$	$d=3a$
	B						19	34				$d=2a$	$d=3a$
	C						20		34			$d=2a$	$d=3a$
	D						20			34		$d=2a$	$d=3a$
	E						20				27	$d=2a$	$d=3a$
Q420	A	420	400	380	360	520~680	18					$d=2a$	$d=3a$
	B						18	34				$d=2a$	$d=3a$
	C						19		34			$d=2a$	$d=3a$
	D						19			34		$d=2a$	$d=3a$
	E						19				27	$d=2a$	$d=3a$
Q460	C	460	440	420	400	550~720	17		34			$d=2a$	$d=3a$
	D						17			34		$d=2a$	$d=3a$
	E						17				27	$d=2a$	$d=3a$

5. 钢筋混凝土结构用钢材品种

钢筋品种如下。

(1) 低碳钢热轧圆盘条

低碳钢热轧圆盘条是用 Q215 和 Q235 碳素结构钢热轧而成,其强度较低,但塑性好,伸长率高,便于弯曲成型且可焊性好;一般用作中、小型钢筋混凝土结构的受力钢筋或箍筋和冷加工的原料。

(2) 钢筋混凝土用热轧带肋钢筋

热轧带肋钢筋根据强度的高低分为不同的强度等级,各强度等级热轧钢筋的技术标准见表 4-4。热轧带肋钢筋的牌号由 HRB 和屈服强度最小值构成。H、R、B 分别为热轧(Hot Rolled)、带肋(Ribbed)、钢筋(Bar)三个词的英文首位字母。

表 4-4 热轧带肋钢筋的技术标准

牌号	公称直径/mm	σ_s(或$\sigma_{0.2}$)/MPa ≥	σ_b/MPa ≥	δ_5/%	冷弯试验 弯心直径 d
HRB335	6~25	335	490	16	$3a$
	28~50				$4a$
HRB400	6~25	400	570	14	$4a$
	28~50				$5a$
HRB500	6~25	500	630	12	$6a$
	28~50				$7a$

(3) 钢筋混凝土用冷拉钢筋

为了提高钢筋的强度及节约钢筋,工地上常按施工规程,控制一定的冷拉应力或冷拉率对热轧钢筋进行冷拉。冷拉钢筋的力学性能应符合规范规定的要求。冷拉后不得有裂纹、起层等现象。

(4) 预应力混凝土用热处理钢筋

预应力混凝土用热处理钢筋是用 $\phi 8$、$\phi 10$ 的热轧带肋钢筋经淬火和回火等方式处理而成。

预应力混凝土用热处理钢筋的优点是:强度高,可代替高强钢丝使用;配筋根数少,节约钢材;锚固性好,不易打滑,预应力值稳定;施工简便,开盘后钢筋自然伸直,不需调直及焊接。主要用于预应力钢筋混凝土轨枕,也用于预应力梁、板结构及吊车梁等。

(5) 冷轧带肋钢筋

冷轧带肋钢筋是采用由普通低碳钢或低合金钢热轧的圆盘条为母材,经冷轧减径后在其表面冷轧成二面或三面有肋的钢筋。冷轧带肋钢筋是热轧圆盘钢筋的深加工产品,是一种新型高效建筑钢材。

冷轧带肋钢筋按抗拉强度分为 5 级,其代号为 CRB550、CRB650、CRB800、CRB970 和 CRB1170。C、R、B 分别为冷轧(Cold Rolled)、带肋(Ribbed)、钢筋(Bar)三个词的英文首字母,后面的数字表示钢筋抗拉强度等级数值。冷轧带肋钢筋的公称直径范围为 4~12 mm。其力学性能和工艺性能应符合表 4-5 的要求。

表 4-5 冷轧带肋钢筋的力学性能和工艺性能

牌号	$\sigma_{0.2}$/MPa ≥	σ_b/MPa ≥	伸长率/% ≥		冷弯180°	反复弯曲次数	松弛率=$0.7\sigma_b$	
			δ_{10}/%	δ_{100}/%			1 000 h,/% ≤	10 h,/% ≤
CRB550	440	550	8	—	$D=3d$	—	—	—
CRB650	520	650	—	4		3	8	5
CRB800	640	800	—	4		3	8	5
CRB970	780	970	—	4		3	8	5
CRB1270	980	1 170	—	4		3	8	5

(6) 冷拔低碳钢丝

冷拔低碳钢丝是将直径为 6.5~8 mm 的 Q235 热轧盘条钢筋经冷拔加工而成。冷拔低碳钢丝分为甲、乙两级,甲级丝适用于作预应力筋,乙级丝适用于作焊接网、焊接骨架、箍筋和构造钢筋。其力学性能应符合有关规定。

(7) 预应力混凝土用钢丝及钢绞线

大型预应力混凝土构件,由于受力很大,常采用高强度钢丝或钢绞线作为主要受力钢筋。预应力高强度钢丝是用优质碳素结构钢盘条,经酸洗、冷拉或再经回火处理等工艺制成,钢绞线是由 7 根直径为 2.5~5.0 mm 的高强度钢丝,绞捻后经一定热处理清除内应力而制成。绞捻方向一般为左捻。

二、水泥、石灰、石膏

水泥、石灰、石膏属于无机胶凝材料,水泥是主要的水硬性胶凝材料,石灰、石膏是主要的气硬性胶凝材料。

只能在空气中硬化、保持或继续发展强度的无机胶凝材料称为气硬性无机胶凝材料。不仅能在空气中,而且能更好地在水中硬化、保持或继续发展强度的无机胶凝材料称为水硬性无机胶凝材料。

(一) 水泥

土木建筑工程通用水泥主要有硅酸盐水泥、普通硅酸盐水泥、矿渣硅酸盐水泥、火山灰质硅酸盐水泥、粉煤灰硅酸盐水泥等品种。

1. 硅酸盐水泥

凡由硅酸盐水泥熟料、0~5% 石灰石或粒化高炉矿渣、适量石膏磨细制成的水硬性胶凝材料,称为硅酸盐水泥。

硅酸盐水泥在国际上分为两种类型:不掺混合材料的称 I 型硅酸盐水泥,其代号为 P·I;在硅酸盐水泥熟料粉磨时掺入不超过水泥质量 5% 的石灰石或粒化高炉矿渣混合材料的称 II 型硅酸盐水泥,其代号为 P·II。

(1) 硅酸盐水泥的生产

生产硅酸盐水泥的原料主要是石灰质和粘土质两类原料。为了补充铁质及改善煅烧条件,还可加入适量铁粉、萤石等。

生产水泥的基本工序可以概括为"两磨一烧"。先将原材料破碎并按其化学成分配料后,在球磨机中研磨为生料。然后入窑煅烧至部分熔融,所得以硅酸钙为主要成分的水泥熟料,配以适量的石膏及混合材料在球磨机中研磨至一定细度,即得到硅酸盐水泥。

(2) 硅酸盐水泥熟料的矿物组成

硅酸盐水泥熟料的主要矿物组成如下。

① 硅酸三钙。硅酸三钙的化学成分为 $3CaO \cdot SiO_2$,其简写为 C_3S。它是硅酸盐水泥熟料中最主要的矿物成分,约占水泥熟料总量的 36%~60%。硅酸三钙遇水后能够很快与水产生水化反应,生成水化硅酸钙、氢氧化钙并产生较多的水化热。它对促进水泥的凝结硬化,特别是对水

泥 3~7 天内的早期强度以及后期强度都起主要作用。

② 硅酸二钙。硅酸二钙的化学成分为 $2CaO \cdot SiO_2$,其简写为 C_2S,约占水泥熟料总量的 15%~37%。硅酸二钙遇水后反应,生成水化硅酸钙、氢氧化钙,但较慢,水化热也较低。它不影响水泥的凝结,对水泥的后期强度起主要作用。

③ 铝酸三钙。铝酸三钙的化学成分为 $3CaO \cdot Al_2O_3$,其简写为 C_3A,约占水泥熟料总量的 7%~15%。铝酸三钙遇水后反应极快,生成铝酸钙,产生的热量大而且很集中。铝酸三钙对水泥的凝结起主导作用,但其水化产物强度较低,主要对水泥的早期强度有所贡献。

④ 铁铝酸四钙。铁铝酸四钙的化学成分为 $4CaO \cdot Al_2O_3 \cdot Fe_2O_3$,其简写为 C_4AF,约占水泥熟料总量的 10%~18%。铁铝酸四钙遇水时发生水化反应,生成水化铝酸钙和水化铁酸钙,水化热较低,水化产物的强度不高,对水泥石的抗压强度贡献不大,主要对抗折强度贡献较大。

(3) 硅酸盐水泥的技术要求

① 细度。水泥颗粒的粗细程度对水泥的使用有重要影响。水泥颗粒粒径一般在 7~200 μm。

《通用硅酸盐水泥》(GB 175—2007)规定,水泥的细度可用比表面积或 0.08 mm 方孔筛的筛余量(未通过部分占试样总量的百分率)来表示。其筛余量不得超过规定的限值。比表面积是指单位质量的水泥粉末所具有的表面积的总和(cm^2/g 或 m^2/kg),一般常为 317~350 m^2/kg。

② 标准稠度用水量。标准稠度用水量是水泥浆达到一定流动度时的需水量。《通用硅酸盐水泥》(GB 175—2007)规定检验水泥的凝结时间和体积安定性时需用"标准稠度"的水泥净浆。"标准稠度"用水量采用水泥标准稠度测定仪测定。硅酸盐水泥的标准稠度用水量一般在 21%~28% 之间。

③ 凝结时间。水泥从加水开始到失去其流动性,即从液体状态发展到较致密的固体状态的过程称为水泥的凝结过程。这个过程所需要的时间称为凝结时间。

凝结时间分初凝时间和终凝时间。初凝时间为水泥加水拌和至标准稠度的净浆开始失去可塑性所需的时间。终凝时间为水泥加水拌和至标准稠度的净浆完全失去可塑性并开始产生强度所需的时间。

《通用硅酸盐水泥》(GB 175—2007)规定,水泥的凝结时间是以标准稠度的水泥净浆,在规定温度及湿度环境下用水泥净浆凝结时间测定仪测定。硅酸盐水泥的初凝时间不得早于 45 min,终凝时间不得迟于 6 h30 min。

④ 体积安定性。水泥浆体硬化后体积变化的均匀性称为水泥的体积安定性。体积安定性不良的水泥应作废品处理,不得应用于工程中,否则将导致严重后果。

导致水泥安定性不良的主要原因一般是由于熟料中的游离氧化钙、游离氧化镁或掺入石膏过多等。这些成分导致不均匀体积膨胀,使水泥石开裂。

⑤ 强度。强度是评价硅酸盐水泥质量的又一个重要指标。水泥的强度是按照《水泥胶砂强度检验方法(ISO 法)》(GB/T 17671—1999)的标准方法制作的水泥胶砂试件,在温度为 20±1 ℃ 的水中,养护到规定龄期时检测的强度值。按照测定结果,将硅酸盐水泥分为 42.5、42.5R、52.5、52.5R、62.5、62.5R 六个强度等级。各等级硅酸盐水泥在不同龄期的强度要求见表 4-6。

表 4-6 硅酸盐水泥的强度

强度等级	抗压强度/MPa		抗折强度/MPa	
	3 d	28 d	3 d	28 d
42.5	17.0	42.5	3.5	6.5
42.5R	22.0	42.5	4.0	6.5
52.5	23.0	52.5	4.0	7.0
52.5R	27.0	52.5	5.0	7.0
62.5	28.0	62.5	5.0	8.0
62.5R	32.0	62.5	5.5	8.0

⑥ 碱含量。水泥中含有较多的强碱物 Na_2O 或 K_2O 时,容易发生不良反应,对结构造成危害。因而国家标准规定,水泥中的含碱量不得大于 0.6%。

2. 掺混合材料的硅酸盐水泥

（1）水泥用混合材料

水泥用混合材料可按其活性的不同,分为活性混合材料和非活性混合材料。

活性混合材料单独与水接触时,水化能力较差,但磨成细粉并与石灰或石膏混合均匀,用水拌和后,在常温下可生成具有水硬性的水化物。主要包括粒化高炉矿渣、火山灰质混合材料和粉煤灰。

掺活性混合材料的硅酸盐水泥水化时,水泥熟料首先水化产生氢氧化钙,氢氧化钙再与活性混合材料中的活性氧化硅和活性氧化铝反应,形成水化硅酸钙和水化铝酸钙。因而,这一反应也称为"二次反应"。

非活性混合材料有磨细石英砂、石灰石、粘土、缓冷矿渣等。它们掺入水泥,不与水泥成分起化学反应或化学反应很弱,主要起填充作用,可调节水泥强度,降低水化热及增加水泥产量等。

（2）普通硅酸盐水泥

凡以适当成分的生料烧至部分熔融,所得以硅酸钙为主的水泥熟料加入 6%～15% 的混合材料和适量石膏磨细制成的水硬性胶凝材料,称为普通硅酸盐水泥(简称普通水泥),代号 P·O。

普通硅酸盐水泥分为 32.5、32.5R、42.5、42.5R、52.5、52.5R 六个强度等级。各等级水泥在不同龄期的强度要求见表 4-7。

表 4-7 普通硅酸盐水泥、复合硅酸盐水泥强度标准

强度等级	抗压强度/MPa		抗折强度/MPa	
	3 d	28 d	3 d	28 d
32.5	11.0	32.5	2.5	5.5
32.5R	16.0	32.5	3.5	5.5
42.5	16.0	42.5	3.5	6.5
42.5R	21.0	42.5	4.0	6.5

续表

强度等级	抗压强度/MPa		抗折强度/MPa	
	3 d	28 d	3 d	28 d
52.5	22.0	52.5	4.0	7.0
52.5R	26.0	52.5	5.0	7.0

（3）矿渣硅酸盐水泥

由硅酸盐水泥熟料和20%～70%的粒化高炉矿渣及适量石膏混合磨细而成的水硬性胶凝材料，称为矿渣硅酸盐水泥（简称矿渣水泥），代号P·S。

（4）火山灰质硅酸盐水泥

由硅酸盐水泥熟料和20%～50%的火山灰质混合材料及适量石膏混合磨细而成的水硬性胶凝材料，称为火山灰质硅酸盐水泥（简称火山灰水泥），代号P·P。

（5）粉煤灰硅酸盐水泥

由硅酸盐水泥熟料和20%～40%的粉煤灰及适量石膏混合磨细而成的水硬性胶凝材料称为粉煤灰硅酸盐水泥（简称粉煤灰水泥），代号P·F。

矿渣硅酸盐水泥、火山灰质硅酸盐水泥、粉煤灰硅酸盐水泥分为32.5、32.5R、42.5、42.5R、52.5、52.5R六个强度等级。各等级水泥在不同龄期的强度要求见表4-8。

表4-8 矿渣硅酸盐水泥、火山灰质硅酸盐水泥、粉煤灰硅酸盐水泥强度标准

强度等级	抗压强度/MPa		抗折强度/MPa	
	3 d	28 d	3 d	28 d
32.5	10.0	32.5	2.5	5.5
32.5R	15.0	32.5	3.5	5.5
42.5	15.0	42.5	3.5	6.5
42.5R	19.0	42.5	4.0	6.5
52.5	21.0	52.5	4.0	7.0
52.5R	23.0	52.5	5.0	7.0

（6）复合硅酸盐水泥

由硅酸盐水泥熟料、两种或两种以上规定的混合材料、适量石膏混合磨细而成的水硬性胶凝材料称为复合硅酸盐水泥（简称复合水泥），代号P·C。

复合硅酸盐水泥分为32.5、32.5R、42.5、42.5R、52.5、52.5R六个强度等级。各等级水泥在不同龄期的强度要求见表4-7。

3．通用水泥的性能

现将几种通用水泥的主要技术性能列表，如表4-9所示。

表 4-9 通用水泥的主要技术性能

水泥品种		硅酸盐水泥	普通水泥	矿渣水泥	火山灰水泥	粉煤灰水泥	复合水泥
凝结时间	初凝	>45 min					
	终凝	<6.5 h	<10 h				
体积安定性	安定性	煮沸法必须合格					
	MgO	含量<5.0%					
	SO_3	含量<3.5%（矿渣水泥中含量<4.0%）					
特征		1. 凝结硬化快，早期强度高 2. 水化热大 3. 抗冻性好 4. 耐腐蚀与耐软水侵蚀性差 5. 耐热性差	1. 凝结硬化较快，早期强度较高 2. 水化热较大 3. 抗冻性较好 4. 耐腐蚀与耐软水侵蚀性较差 5. 耐热性较差	1. 凝结硬化慢，早期强度低，后期强度增长较快 2. 水化热较小 3. 抗冻性差 4. 耐腐蚀与耐软水侵蚀性较好 5. 耐热性好 6. 干缩性大	抗渗性较好，其他性能同P·S	干缩性较小，抗裂性较好，其他性能同P·P	特性与P·S、P·P、P·F相似，取决于所掺混合材料的种类及比例

（二）石灰

1. 石灰的生产

生产石灰的主要原料是石灰石（$CaCO_3$），将其加热到900 ℃就可以得到生石灰（CaO）。

2. 石灰的消化和硬化

（1）石灰的消化

工地上使用石灰时，通常将生石灰加水，使之消解为消（熟）石灰-氢氧化钙，放出大量热，而且体积膨胀。这个过程称为石灰的"消化"，又称"熟化"。

$$CaO + H_2O = Ca(OH)_2 + 64.8 \text{ kJ}$$

（2）石灰的硬化

石灰浆体在空气中逐渐硬化，是由下面两个同时进行的过程来完成的。

① 结晶作用。游离水分蒸发，氢氧化钙逐渐从饱和溶液中结晶。

② 碳化作用。氢氧化钙与空气中的二氧化碳化合生成碳酸钙结晶，释出水分并被蒸发：

$$Ca(OH)_2 + CO_2 + nH_2O = CaCO_3 + (n+1)H_2O$$

3. 建筑石灰的技术指标

建筑石灰的技术指标有细度、CaO+MgO 含量、CO_2 含量和体积安定性等。并按技术指标分为优等品、一等品和合格品三个等级。

4. 石灰的技术性质

(1) 可塑性好

生石灰熟化为石灰浆时,能自动形成颗粒极细(直径约为 1 μm)的呈胶体分散状态的氢氧化钙,表面吸附一层厚的水膜。因此用石灰调成的石灰砂浆其突出的优点是具有良好的可塑性。在水泥砂浆中掺入石灰浆,可使可塑性显著提高。

(2) 硬化慢、强度低

从石灰浆体的硬化过程可以看出,由于空气中二氧化碳稀薄,碳化甚为缓慢,而且表面碳化后,形成紧密外壳,不利于碳化作用的深入,也不利于内部水分的蒸发,因此石灰是硬化缓慢的材料。

(3) 硬化时体积收缩大

石灰在硬化过程中,蒸发大量的游离水而引起显著的收缩,所以除调成石灰乳作薄层涂刷外,不宜单独使用。常在其中掺入砂、纸筋等以减少收缩和节约石灰。

(4) 耐水性差,不易贮存

块状类石灰放置太久,会吸收空气中的水分而自动熟化成消石灰粉,再与空气中二氧化碳作用而还原为碳酸钙,失去胶结能力。所以贮存生石灰,不但要防止受潮,而且不宜贮存过久。最好运到后即熟化成石灰浆,将贮存期变为陈伏期。由于生石灰受潮熟化时放出大量的热,而且体积膨胀,所以,储存和运输生石灰时,还要注意安全。

(三) 建筑石膏

石膏是以硫酸钙为主要成分的矿物,当石膏中含有结晶水不同时可形成多种性能不同的石膏。

1. 石膏的原料、分类及生产

根据石膏中含有结晶水的多少不同可分为:

① 天然石膏($CaSO_4 \cdot 2H_2O$)。也称生石膏或二水石膏,大部分自然石膏矿为生石膏,是生产建筑石膏的主要原料。

② 半水石膏($CaSO_4 \cdot 1/2 H_2O$)。也称熟石膏。它是由生石膏加工而成的,根据其内部结构不同可分为 α 型半水石膏和 β 型半水石膏。建筑石膏通常是由天然石膏加热到107～170 ℃得到的 β 型半水石膏,124 ℃条件下压蒸(1.3 大气压)加热可产生 α 型半水石膏。α 型半水石膏与 β 型半水石膏相比,结晶颗粒较粗,比表面积较小,强度高,因此又称为高强石膏。

③ 无水石膏($CaSO_4$)。也称硬石膏,它结晶紧密,质地较硬,是生产硬石膏水泥的原料。

2. 建筑石膏的水化与硬化

建筑石膏与适量水拌和后,能形成可塑性良好的浆体,随着石膏与水的反应,浆体的可塑性很快消失而发生凝结,此后进一步产生和发展强度而硬化。

建筑石膏与水之间产生化学反应的反应式为:

$$CaSO_4 \cdot 0.5H_2O + 1.5H_2O = CaSO_4 \cdot 2H_2O$$

随着二水石膏沉淀的不断增加,就会产生结晶,结晶体不断生成和长大,晶体颗粒之间便产生了摩擦力和粘结力,造成浆体的塑性开始下降,这一现象称为石膏的初凝;而后随着晶体颗粒间摩擦力和粘结力的增大,浆体的塑性很快下降,直至消失,这种现象为石膏的终凝。

石膏终凝后,其晶体颗粒仍在不断长大,连生,形成相互交错且孔隙率逐渐减小的结构,其强度也会不断增大,直至水分完全蒸发,形成硬化后的石膏结构,这一过程称为石膏的硬化。石膏浆体的凝结和硬化,实际上是交叉进行的。

3. 建筑石膏的技术要求

建筑石膏的技术要求有强度、细度和凝结时间。并按强度和细度分为优等品、一等品和合格品。具体技术要求见表4-10。

表4-10 建筑石膏的技术要求

技术指标		优等品	一等品	合格品
强度/MPa	抗折强度,≥	2.5	2.1	1.8
	抗压强度,≥	4.9	3.9	2.9
细度	0.2mm方孔筛筛余/%,≤	5.0	10.0	15.0
凝结时间	初凝时间,≥	6 min		
	终凝时间,≤	30 min		

4. 建筑石膏的技术性质

(1) 凝结硬化速度快

建筑石膏的浆体,凝结硬化速度很快。一般石膏的初凝时间仅为10 min左右,终凝时间不超过30 min,这对于普通工程施工操作十分方便。有时需要操作时间较长,可加入适量的缓凝剂,如硼砂、动物胶、亚硫酸盐、酒精废液等。

(2) 凝结硬化时的膨胀性

建筑石膏凝结硬化是石膏吸收结晶水后的结晶过程,其体积不仅不会收缩,而且还稍有膨胀(0.2%~1.5%),这种膨胀不但不会对石膏造成危害,还能使石膏的表面较为光滑饱满,棱角清晰完整,避免了普通材料干燥时的开裂。

(3) 硬化后的多孔性,重量轻,但强度低

建筑石膏在使用时,为获得良好的流动性,加入的水分常比水化所需的水量多,因此,石膏在硬化过程中由于水分的蒸发,使原来的充水部分空间形成孔隙,造成石膏内部的大量微孔,使其重量减轻,但是抗压强度也因此下降。

(4) 良好的隔热、吸声和"呼吸"功能

石膏硬化体中大量的微孔,使其传热性显著下降,因此具有良好的绝热能力。石膏的大量微孔,特别是表面微孔对声音传导或反射的能力也显著下降,使其具有较强的吸声能力。大的热容量、大的孔隙率及开口孔结构,使石膏具有呼吸水蒸气的功能。

(5) 防火性好,但耐水性差

硬化后石膏的主要成分是二水石膏,当受到高温作用时或遇火后会脱出21%左右的结晶水,并能在表面蒸发形成水蒸气幕,可有效地阻止火势的蔓延,具有良好的防火效果。

由于硬化石膏的强度来自于晶体粒子间的粘结力,遇水后粒子间连接点的粘结力可能被削弱。部分二水石膏溶解而产生局部溃散,所以建筑石膏硬化体的耐水性较差。

(6) 有良好的装饰性和可加工性

石膏表面光滑饱满,颜色洁白,质地细腻,具有良好的装饰性。微孔结构使其脆性有所改善,硬度也较低,所以硬化石膏可锯、可刨、可钉。具有良好的可加工性。

三、砖与石

(一) 烧结砖

1. 烧结普通砖

烧结普通砖是以粘土、页岩、煤矸石、粉煤灰为主要原材料,经焙烧而成的尺寸为 240 mm×115 mm×53 mm 直角六面体块材。

粘土质材料在一定温度下,其中的铝硅酸盐矿物部分熔融,冷却后将其余矿物颗粒粘结成一体,保持砖坯的形体,并具有一定的物理、力学性能。这一工艺称为"烧结"或"焙烧"。

烧结普通砖根据抗压强度分为 MU30、MU25、MU20、MU15、MU10 五个强度等级。强度和抗风化性能合格的砖,根据尺寸偏差、外观质量、泛霜和石灰爆裂等分为优等品(A)、一等品(B)和合格品(C)三个质量等级。

(1) 烧结普通砖的强度

应符合表 4-11 的规定。强度试验按《砌墙砖试验方法》(GB/T 2542—2003)进行。抽取 10 块砖试样进行抗压强度试验,根据试验结果,按平均值-标准值方法(变异系数 $\delta \leqslant 0.21$ 时)或平均值-最小值方法(变异系数 $\delta > 0.21$ 时)评定砖的强度等级。

表 4-11 烧结普通砖的强度

强度等级	抗压强度平均值 $f/\text{MPa} \geqslant$	变异系数 $\delta \leqslant 0.21$ 强度标准值 $f_k/\text{MPa} \geqslant$	变异系数 $\delta > 0.21$ 单块最小抗压强度值 $f_{\min}/\text{MPa} \geqslant$
MU30	30.0	22.0	22.5
MU25	25.0	18.0	22.0
MU20	20.0	14.0	16.0
MU15	15.0	10.0	12.0
MU10	10.0	6.5	7.5

(2) 烧结普通砖的缺陷

当生产烧结砖的原料中含有有害杂质或生产工艺不当时,均可造成烧结砖的质量缺陷,影响砖的耐久性。主要缺陷及耐久性指标如下。

① 烧结砖的泛霜。当生产烧结砖的原料中含有可溶性无机盐时,会隐含在成品烧结砖的内部,砖吸水后再次干燥时,水分会向外迁移,这些可溶性盐随水渗到砖的表面,水分蒸发后便留下

白色粉末状的盐,形成白霜,这就是泛霜现象。

泛霜严重时,由于大量盐类的溶出和结晶膨胀会造成砖砌体表面粉化及剥落,内部孔隙率增大,抗冻性显著下降。国家标准《烧结普通砖》(GB/T 5101—2003)规定优等砖不得有泛霜现象,合格砖不得严重泛霜。

② 烧结砖的石灰爆裂。有时生产烧结砖的原料中夹有石灰石等杂物,经焙烧后砖内形成了颗粒状的石灰块等物质。处于干燥条件下时,这些杂质不会影响砖的性能,一旦吸水后,就会产生局部体积膨胀,导致砖体开裂甚至崩溃。石灰爆裂不仅造成砖体的外观缺陷和强度降低,还可能造成对砌体的严重危害。

③ 欠火砖与过火砖。烧结砖的形成是砖坯经高温焙烧,使部分物质熔融,冷凝后将未经熔融的颗粒粘结在一起成为整体。当焙烧温度不足时,熔融物太少,难以充满砖体内部,粘结不牢,这种砖称为欠火砖。欠火砖孔隙率大,强度低,抗冻性差,外观颜色较浅,为有缺陷砖。

当焙烧温度过高时,砖内熔融物过多,造成高温下的砖体变软,此时砖在点支撑下易产生弯曲变形,这种砖为过火砖。它也属于有缺陷砖。欠火砖与过火砖均为不合格产品。

(3) 烧结砖的耐久性

烧结砖的耐久性除了砖的泛霜和石灰爆裂性外,还包括抗风化性能。砖的抗风化性能用抗冻融试验或吸水率试验来衡量。《烧结普通砖》(GB/T 5101—2003)规定,黑龙江、吉林、辽宁、内蒙古、新疆等五省、区必须进行冻融试验;其他地区,砖的吸水率满足标准要求的,可不做冻融试验。

2. 烧结多孔砖和空心砖

(1) 烧结多孔砖

烧结多孔砖通常指砖内孔径不大于 22 mm,孔洞率不小于 15 % 的烧结砖。外型尺寸可为长度(L)290 mm、240 mm、190 mm,宽度(B)240 mm、190 mm、180 mm、175 mm、140 mm、115 mm,高度(H)90 mm 的不同组合。

烧结多孔砖内的孔洞尺寸小而数量多,孔洞分布在大面尚且均匀合理,非孔部分砖体较密实,所以强度较高。工程中使用时常以孔洞垂直于承压面,以充分利用砖的抗压强度。烧结多孔砖根据抗压强度分为 MU30、MU25、MU20、MU15、MU10 五个强度等级。

(2) 烧结空心砖

烧结空心砖是指孔洞率大于 15%,孔尺寸大而孔数量少的砖。烧结空心砖的尺寸一般较大,空洞通常平行于承压面,抗压强度较低。依据抗压强度可划分为 MU5.0、MU3.0 和 MU2.0 三个强度等级。

根据空心砖(含空洞)的表观密度划分为 800 kg/m³、900 kg/m³、1 100 kg/m³ 三个密度等级。每个密度级别根据外观质量、强度等级、尺寸偏差和物理性能,又分为优等品(A)、一等品(B)与合格品(C)三个等级。

(二) 天然石材

岩石是在地质作用下产生的、由一种或多种矿物按一定的规律组成的自然集合体。天然石材是指从天然岩石中采得的毛石,或经加工制成的石块、石板及其定型制品等。天然石材具有抗压强度高、耐久性好、生产成本低等优点,是古今土木建筑工程的主要建筑材料。

1. 工程砌筑石材

工程对砌筑石材的要求如下。

(1) 石材尺寸规格

常用的砌筑石材有毛石和料石。毛石为不规则形,但毛石的中间厚度不小于 15 cm,至少有一个方向的长度不小于 30 cm,平毛石应有两个大致平行的面。料石的宽度和厚度均不宜小于 20 cm,长度不宜大于厚度的 4 倍,形状应大致呈六面体。

(2) 石材抗压强度

根据边长 70 mm 立方体试件的抗压强度,砌筑石材的强度等级分为 MU10、MU15、MU20、MU30、MU40、MU50、MU60、MU80、MU100 共九个等级。

(3) 石材耐水性

石材的耐水性用软化系数 K 表示。高耐水性石材,其软化系数为 $K>0.90$,中耐水性石材,其软化系数为 $K=0.7 \sim 0.9$,低耐水性石材,其软化系数为 $K=0.6 \sim 0.7$。

(4) 石材抗冻性

试件在规定的冻融循环次数内无贯穿(穿过试件两棱角的)裂纹,质量损失不超过 5%,强度降低不大于 25% 的石材方为合格。

对于有特殊要求的工程,还可能要求石材的耐磨性、吸水性或抗冲击性。决定石材上述技术性质的因素有矿物组成、结构特征、构造特点、受风化作用的程度等。

常用砌筑石材有花岗岩、石灰岩、砂岩、片麻岩等。

2. 装饰石材

(1) 天然大理石

天然大理石是石灰岩或白云岩在地壳内经过高温高压作用形成的变质岩,多为层状结构,有明显的结晶,纹理有斑纹、条纹之分,是一种富有装饰性的天然石材。天然大理石化学成分为碳酸盐(如碳酸钙或碳酸镁),矿物成分为方解石或白云石。纯大理石为白色,当含有部分其他深色矿物时,便产生多种色彩与优美花纹。从色彩上来说,有纯黑、纯白、纯灰、墨绿等数种。从纹理上说,有晚霞、云雾、山水、海浪等山水图案、自然景观。

大理石抗压强度较高,但硬度并不太高,易于加工雕刻与抛光。由于这些优点,使其在工程装饰中得以广泛应用。当大理石长期受雨水冲刷,特别是受酸性雨水冲刷时,可能使大理石表面的某些物质被侵蚀,从而失去原貌和光泽,影响装饰效果,因此大理石多用于室内装饰。

(2) 天然花岗石

建筑用天然花岗石由天然花岗石加工成板材、块材,用于建筑装饰工程中。花岗石是典型的火成岩,是全晶质岩石,其主要成分是石英、长石和少量的暗色矿物和云母。按结晶颗粒大小,分为细粒、中粒和斑状等。颜色呈灰色、黄色、蔷薇色、红色等。优质花岗石石英含量多(20% ~ 40%),云母含量少,晶粒细而匀,结构紧密,不含其他杂质,抛光后光泽明亮,不易风化,色调鲜明,花色丰富,庄重大方。

花岗石比大理石密度大,密度为 2 300 ~ 2 800 kg/m³,抗压强度高达 120 ~ 250 MPa。孔隙率、吸水率极低,材质硬度高,其耐磨、耐久、耐腐蚀性能均优于其他石材。经抛光后,是室内外地面、墙面、踏步、柱石、勒脚等处首选装饰材料。

(三) 砌块

砌块是用于砌筑工程的人造块材,砌块与砖的主要区别是,砌块的长度大于 365 mm 或宽度大于 240 mm 或高度大于 115 mm。工程中常用的砌块有:水泥混凝土砌块、轻集料混凝土砌块、炉渣砌块、粉煤灰砌块及其他硅酸盐砌块、水泥混凝土铺地砖等。

1. 混凝土空心砌块

工程中常用的混凝土空心砌块尺寸一般为 390 mm×190 mm×190 mm、290 mm×190 mm×190 mm 和 190 mm×190 mm×190 mm,孔洞率一般为 35%~60%。强度等级分别为 MU3.5、MU5.0、MU7.5、MU10、MU15.0 和 MU20.0 六个等级。按其尺寸偏差和外观质量分为优等品(A)、一等品(B)及合格品(C)三个等级。

混凝土砌块使用前,应首先检验外观质量和尺寸偏差,合格后再检验其抗压强度及相对含水率。必要时检验其抗渗性和抗冻性。其中相对含水率是指砌块的实际含水率与其最大吸水率之比。

当混凝土砌块使用轻集料时,空心砌块的质量大为减轻,其表观密度(含孔洞)为 500~1 000 kg/m³。常用的轻集料有陶粒、煤渣、自燃煤矸石和膨胀珍珠岩等。

2. 蒸压加气混凝土砌块

蒸压加气混凝土砌块(ACB)是在钙质材料(如水泥、石灰)和硅质材料(如砂子、粉煤灰、矿渣)的配料中加入铝粉作加气剂,经加水搅拌、浇注成型、发气膨胀、预养切割,再经高压蒸汽养护而成的多孔硅酸盐砌块。

发气剂又称加气剂,是制造加气混凝土的关键材料。发气剂大多选用脱脂铝粉。铝粉极细,产生的氢气形成许多小气泡,保留在很快凝固的混凝土中。这些大量的、均匀分布的小气泡,使加气混凝土砌块具有许多优良特性。

四、混凝土与砂浆

混凝土与砂浆都属于人造石材,主要区别在于混凝土一般都使用粗、细集料来配制,而砂浆仅使用细集料。本节重点介绍混凝土性能,因为混凝土的性能与砂浆的性能十分相似。

(一) 混凝土

1. 定义

混凝土是由胶凝材料、集料(或称骨料)按适当比例均匀拌和而成的混合物,经一定时间硬化而成的一种人造石材。

2. 分类

混凝土常见分类方法如下。

① 重混凝土。干密度大于 2 800 kg/m³,是采用密度很大的钡水泥、锶水泥等重水泥和重晶石、铁矿石、钢屑等重集料配制而成。重混凝土具有防射线的功能,又称防辐射混凝土,主要用作核能工程的屏蔽结构材料。

② 普通混凝土。干密度 2 000~2 800 kg/m³,以普通的天然砂石为集料配制而成,广泛用于各种建筑的承重结构。

③ 轻混凝土。干密度小于 2 000 kg/m³，可采用轻集料配制，或者不用集料而掺入加气剂或泡沫剂，使混凝土变成多孔结构。主要用作轻质结构材料和绝热材料。

3．混凝土组成材料的技术要求

（1）水泥

① 水泥品种选择。配制混凝土一般可采用硅酸盐水泥、普通硅酸盐水泥、矿渣硅酸盐水泥、火山灰质硅酸盐水泥和粉煤灰硅酸盐水泥，必要时也可采用快硬硅酸盐水泥或其他水泥，水泥的各项技术指标必须符合国家有关标准的规定。

② 强度等级选择。水泥强度等级应与混凝土强度相适应，可接近于混凝土强度，也可略高于混凝土强度。

（2）砂

混凝土可采用河砂、海砂、山砂来配制。河砂相对来说杂质较少，是目前使用量最大的一种砂；由于海砂中含有多种盐分，可能与混凝土中的水泥或其他成分发生反应，影响到混凝土的某些性能，所以使用较少；而山砂中常含有泥土等杂质，所以仅在一些无河砂供应的地区使用。一般混凝土用砂优先选用二区的中砂，一区和三区的砂使用时，需对混凝土作一定调整。

（3）石子

混凝土用石可分为碎石与卵石，由于用碎石拌制的混凝土具有较高的强度，所以在普通混凝土中用量大一些；而用卵石拌制的混凝土具有更好的流动性，在水工混凝土中用得较多。

石子的各项技术指标应符合国家标准《建筑用碎石、卵石》（GB/T 14685—2001）的规定。

（4）水

混凝土拌和用水按水源可分为饮用水、地表水、地下水、海水以及经适当处理或处置后的工业废水。一般来说，饮用水均可满足混凝土要求。

（5）外加剂和掺合料

由于外加剂和掺合料加入混凝土中，可以改善混凝土某些方面的性能，所以又被称为第五组分。

根据《混凝土外加剂的分类、命名与定义》（GB 8075—1987）的规定，混凝土外加剂按其主要功能分为四类：

① 改善混凝土拌合物流变性能的外加剂。包括各种减水剂、引气剂和泵送剂等。

② 调节混凝土凝结时间、硬化性能的外加剂。包括缓凝剂、早强剂和速凝剂等。

③ 改善混凝土耐久性的外加剂。包括引气剂、防水剂和阻锈剂等。

④ 改善混凝土其他性能的外加剂。包括加气剂、膨胀剂、防冻剂、着色剂、防水剂等。

在混凝土中掺入火山灰、粉煤灰、粒化高炉矿渣、硅粉等活性掺合料，可取代一部分水泥，能够获得一定的经济效益，而且对混凝土的某些性能有所改善。

外加剂和掺合料的掺量应通过试验来确定，并应符合国家现行标准《混凝土外加剂应用技术规范》（GB 50119—2003）、《粉煤灰在混凝土和砂浆中应用技术规程》（JGJ 28—1986）、《用于水泥和混凝土中的粒化高炉矿渣粉》（GB/T 18046—2008）等的规定。

4．混凝土的技术性能

混凝土的技术性能可分为硬化前和硬化后的技术性能两大部分。硬化前的混凝土常被称为混凝土拌合物或湿混凝土，其性能主要是和易性；硬化后的混凝土性能可分为强度与耐久性两部分。

（1）混凝土拌合物的和易性

和易性是指混凝土拌合物易于施工操作（拌和、运输、浇灌、捣实）并能获得质量均匀、成型密实的性能。和易性是一项综合的技术性质，在理论上可分为流动性、粘聚性和保水性三方面来讨论。

流动性是指混凝土拌合物在本身自重或施工机械振捣的作用下，能产生流动，并均匀密实地填满模板的性能。

粘聚性是指混凝土拌合物在施工过程中其组成材料之间有一定的粘聚力，不致产生分层和离析的现象（图4-5）。

保水性是指混凝土拌合物在施工过程中，具有一定的保水能力，不致产生严重的泌水现象（图4-6）。发生泌水现象的混凝土拌合物，由于水分分泌出来会形成容易透水的孔隙，而影响混凝土的密实性，降低质量。

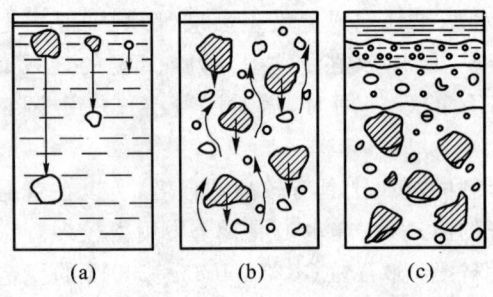

图4-5　混凝土分层形成过程

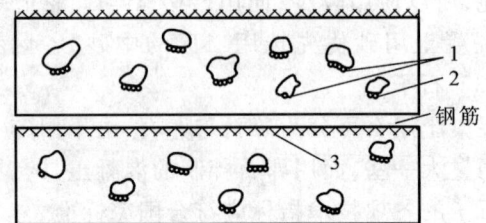

图4-6　混凝土中泌水的不同形式
1—渗出水积聚于混凝土表面；
2—渗出水积聚于集料下表面；
3—渗出水积聚于钢筋表面

由此可见，混凝土拌合物的流动性、粘聚性和保水性之间是互相联系的，而且互相影响。例如，提高流动性可通过加水来实现，但加水太多，会使混凝土出现分层、离析和泌水。因此，所谓和易性就是这三方面性质在某种条件下达到平衡。

实际工程中常用坍落度或维勃稠度来评定流动性（图4-7、图4-8），粘聚性和保水性可以通过观察判断。

（2）混凝土强度

强度是混凝土最重要的性质，而且混凝土强度与混凝土的其他性能关系密切，一般来说，混凝土的强度越好，其抗渗性、耐水性、抗冻性、抗侵蚀性也越强，通常用混凝土强度来评定和控制混凝土的质量。

混凝土的强度包括抗压强度、抗拉强度、抗弯强度、抗剪强度和与钢筋的粘结强度等。其中混凝土的抗压强度最大，抗拉强度最小，因此，在结构工程中混凝土主要用于承受压力。

① 混凝土的抗压强度与强度等级。

混凝土立方体抗压强度标准值，指按标准方法制作和养护的边长为150 mm的立方体试件，在28 d龄期，用标准试验方法测得的抗压强度总体分布中具有95%的保证率的强度值。混凝土强度等级采用符号C与立方体抗压强度标准值（以N/mm^{2}即MPa计）表示，共划分成C15、C20、C25、C30、C35、C40、C45、C50、C55、C60、C65、C70、C75、C80等14个强度等级。例如，C40表示混凝土立方体抗压强度标准值为 40MPa。

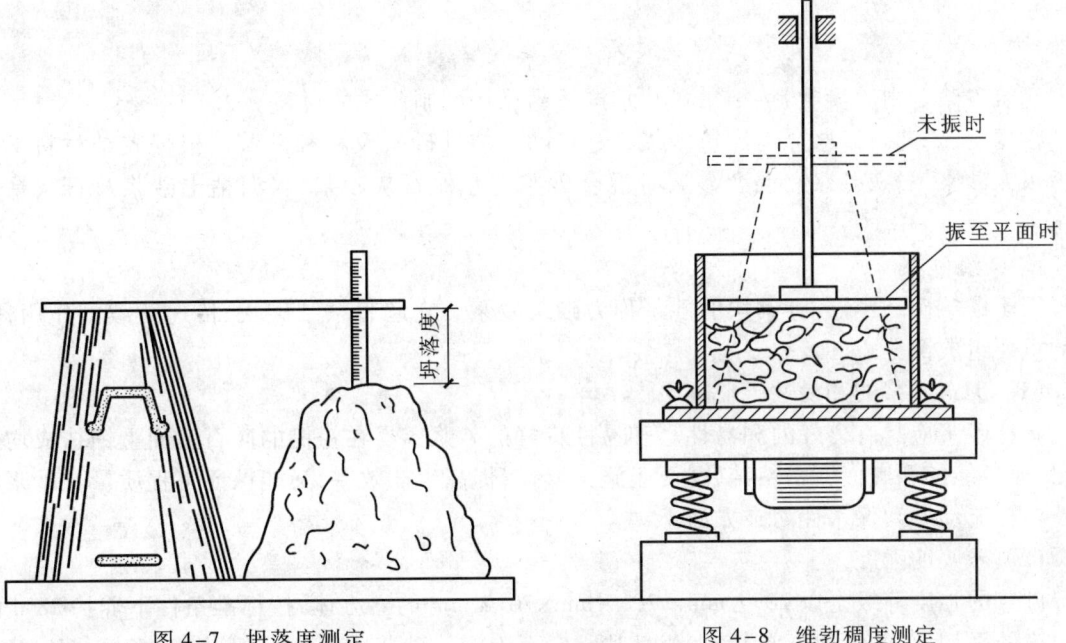

图 4-7 坍落度测定　　　　图 4-8 维勃稠度测定

② 混凝土的轴心抗压强度(f_{cp})。

混凝土强度等级测定采用立方体试件,但实际工程中钢筋混凝土结构形式很少是立方体的,大部分是棱柱体或圆柱体。为了使测得的混凝土强度接近于混凝土结构的实际情况,在钢筋混凝土结构计算中,计算轴心受压构件(如柱子)时,都采用混凝土的轴心抗压强度值作为设计依据。

根据国家标准的规定,轴心抗压强度采用 150 mm×150 mm×300 mm 的棱柱体作为标准试件,有

$$f_{cp}=(0.70\sim 0.80)f_{cu} \tag{4-1}$$

(3) 耐久性

混凝土结构耐久性设计的目标,是使混凝土结构在规定的使用年限即设计使用寿命内,在常规的维修条件下,不出现混凝土劣化、钢筋腐蚀等影响结构正常使用和影响外观的损坏。

混凝土耐久性能主要包括抗渗、抗冻、抗侵蚀、碳化、碱集料反应及混凝土中的钢筋锈蚀等性能。

5. 普通混凝土配合比

混凝土配合比是指混凝土中各组成材料数量之间的比例关系。进行混凝土的配合比设计,就是根据原材料的技术性能及施工条件,合理选择原材料,并确定出能满足工程所要求的技术经济指标的各组成材料的用量。

普通混凝土的配合比常用的表示方法有两种:一种是 1 m³ 混凝土中各项材料的质量表示,如水泥(m_c) 310 kg、水(m_w)175 kg、砂(m_s) 620 kg、石子(m_g) 1 200 kg;另一种表示方法是以各项材料相互间的质量比来表示(以水泥质量为 1),将上例换算成质量比为:

$$m_c : m_s : m_g : m_w = 1 : 2 : 3.9 : 0.57$$

(二) 建筑砂浆

建筑砂浆是由胶凝材料、细集料和水按适当比例配制而成的材料。

根据用途,建筑砂浆分为砌筑砂浆、抹面砂浆、装饰砂浆及特种砂浆。根据胶结材料不同可分为水泥砂浆、石灰砂浆和混合砂浆。混合砂浆有水泥石灰砂浆、水泥粘土砂浆及石灰粘土砂浆等。

1. 砌筑砂浆

用于砌筑砖、石等各种砌块的砂浆称为砌筑砂浆。它起着粘结砌块、传递荷载的作用,是砌体的重要组成部分。

(1) 砌筑砂浆的和易性

新拌砂浆应具有良好的和易性。和易性良好的砂浆容易在粗糙的砖石基面上铺抹成均匀的薄层,而且能够和底面紧密粘结,既便于施工操作,提高生产效率,又能保证工程质量。砂浆的和易性包括流动性和保水性两个方面。

(2) 砂浆的强度

砂浆的强度等级是以 70.7 mm× 70.7 mm×70.7 mm 的立方体,按标准条件下养护 28 d 的抗压强度的平均值,并考虑具有 95% 强度保证率而确定。砂浆的强度等级共分 M2.5、M5、M7.5、M10、M15、M20 六个等级。

(3) 粘结力

砖石砌体是靠砂浆把块状的砖石材料粘结成为坚固的整体。因此,为保证砌体的强度、耐久性及抗震性等,要求砂浆与基层材料之间应有足够的粘结力。一般情况下,砂浆的抗压强度越高,它与基层的粘结力也越大。此外,砖石表面状况、清洁程度、湿润状况以及施工养护条件等都直接影响砂浆的粘结力。

(4) 砂浆的抗冻性

具有抗冻性要求的砌筑砂浆,经规定冻融循环次数后,质量损失不大于 5%,抗压强度损失不大于 25%。

2. 抹面砂浆

凡涂抹在建筑物或建筑构件表面的砂浆,统称为抹面砂浆。根据其功能的不同,可分为普通抹面砂浆、装饰砂浆、防水砂浆及其他特种砂浆(如绝热、耐酸、防射线砂浆等)。

对抹面砂浆要求具有良好的和易性,容易抹成均匀平整的薄层,便于施工。还要有较高的粘结力,能与基层粘结牢固,长期使用不致开裂或脱落。

抹面砂浆的组成材料与砌筑砂浆基本相同。但为了防止砂浆层的开裂,有时需要加入一些纤维材料,有时为了使其具有某些功能需加入特殊集料或掺合料。

(1) 普通抹面砂浆

普通抹面砂浆是建筑工程中普遍使用的砂浆。它可以保护建筑物不受风、雨、雪、大气等有害介质的侵蚀,提高建筑物的耐久性,同时使表面平整美观。

抹面砂浆通常分为两层或三层进行施工。底层抹灰的作用是使砂浆与底面能牢固地粘结,因此要求砂浆具有良好的和易性和粘结力,基层也要求粗糙以提高与砂浆的粘结力。中层抹灰主要是为了抹平,有时可省去。面层抹灰要求平整光洁,达到规定的饰面要求。

底层及中层多用水泥混合砂浆,面层多用水泥混合砂浆或掺麻刀、纸筋的石灰砂浆。在潮湿房间或地下建筑及容易碰撞的部位,应采用水泥砂浆。普通抹面砂浆配合比可参考表 4-12。

表 4-12 普通抹面砂浆配合比

材料	体积配合比	材料	体积配合比
水泥:砂	(1:2) ~ (1:3)	石灰:石膏:砂	(1:0.4:2) ~ (1:2:4)
石灰:砂	(1:2) ~ (1:4)	石灰:粘土:砂	(1:1:4) ~ (1:1:8)
水泥:石灰:砂	(1:1:6) ~ (1:2:9)	石灰膏:麻刀	(质量比)(100:1.3) ~ (100:2.5)

(2) 防水砂浆

防水砂浆可用普通水泥砂浆以特定施工工艺制作,也可以在水泥砂浆中掺入防水剂、高分子材料制得,通过提高砂浆的密实性或改善砂浆的抗裂性,使硬化后的砂浆层具有防水、抗渗的性能。

防水砂浆一般可分为四类:多层抹面水泥砂浆、掺防水剂防水砂浆、膨胀水泥防水砂浆和掺聚合物防水砂浆。

多层防水砂浆应分 4 或 5 层分层涂抹在基面上,每层厚度约 5 mm,总厚度 20 ~ 30 mm。每层在初凝前压实一遍,最后一遍要压光,并加强养护。

掺防水剂防水砂浆是在水泥砂浆中掺入防水剂,可促使砂浆结构密实,堵塞毛细孔,提高砂浆的抗渗能力。常用的防水剂有硅酸钠类防水剂、氯化物金属盐类防水剂、金属皂类防水剂和水玻璃防水剂。

由于膨胀水泥水化时,水化产物体积膨胀,可填充砂浆孔隙,提高其密实性,所以可用膨胀水泥配制防水砂浆。

掺聚合物防水砂浆是指在普通砂浆中掺入聚合物的砂浆。常用的聚合物有氯丁胶乳、天然胶乳、丁苯胶乳、氯偏胶乳、丙烯酸酯乳液及布胶硅水溶性聚合物。

砂浆防水层又称刚性防水,适用于不受振动和具有一定刚度的混凝土或砖石砌体工程。用于水塔、水池、地下工程等的防水。

(3) 装饰砂浆

涂抹在建筑物内外墙表面,具有美观装饰效果的抹面砂浆统称为装饰砂浆。装饰砂浆的底层和中层与普通抹面砂浆基本相同。主要是装饰的面层,要选用具有一定颜色的胶凝材料和集料,以及采用某些特殊的操作工艺,使表面呈现出不同的色彩、线条与花纹等装饰效果。

装饰砂浆所采用的胶凝材料有普通水泥、白水泥和彩色水泥,以及石灰、石膏等。集料常采用大理石、花岗石等带颜色的碎石渣或玻璃、陶瓷碎粒。

几种常用装饰砂浆的工艺做法:

① 水刷石。是用颗粒细小(约 5 mm)的石渣所拌成的砂浆作面层,待表面稍凝固后立即喷水冲刷表面水泥浆,使其半露出石渣。

② 干粘石。是将彩色石粒直接粘在砂浆层上的一种装饰抹灰做法。这种做法与水刷石相

比,既节约水泥、石粒等原材料,减少湿作业,又能提高工效,有利于改善施工环境。

③ 斩假石。是在水泥砂浆基层上涂抹水泥石粒浆,待硬化后,用剁斧、齿斧及各种凿子等工具剁出有规律的石纹,使其形成天然花岗石的效果。主要用于室外柱面、勒脚、栏杆、踏步等处的装饰。

④ 弹涂。弹涂是在墙体表面刷一道聚合物水泥浆后,用弹涂器分几遍将不同色彩的聚合物水泥砂浆弹在已涂刷的基层上,形成3～5 mm的扁圆形花点,再喷罩甲基硅树脂。适用于建筑物内外墙面,也可用于顶棚饰面。

⑤ 喷涂。喷涂多用于外墙面,它是用挤压式砂浆泵或喷斗,将聚合物水泥砂浆喷涂在墙面基层或底灰上,形成饰面层,最后在表面再喷一层甲基硅酸钠或甲基硅树脂疏水剂,以提高饰面层的耐久性和耐污性。

小 结

- 了解钢的冶炼方法及脱氧程度对钢材性质的影响,建筑钢材的主要技术性质。
- 应重点掌握硅酸盐水泥矿物组成与特性;重点了解水泥技术要求及其实用意义;重点了解活性混合材料常用品种、活性激发剂的作用及掺活性混合材料的硅酸盐水泥水化特点;掌握普通水泥、矿渣水泥、火山灰水泥及粉煤灰水泥的性质与应用。
- 应着重理解石膏的凝结、硬化过程及建筑石膏特性;了解建筑石膏的质量要求。
- 了解石灰的硬化;着重理解过火石灰的危害;尤其应掌握石灰的特性。
- 应重点掌握烧结普通砖的技术性质、强度等级与质量等级的划分及合理应用;了解烧结多孔砖与空心砖技术性质及应用的特点。
- 应重点了解岩石的性质与技术要求(物理性质、力学性质、耐久性及石材规格);花岗石和大理石的性质与应用对建筑装饰选材十分重要。
- 混凝土是重点内容。应了解对混凝土组成材料的技术要求;掌握混凝土拌合物和易性与强度的概念、评定方法。
- 应着重了解新拌砂浆和易性的概念;了解砌筑砂浆的种类及强度等级;了解抹面砂浆的特点。

复 习 题

(1) 解释以下名词:
① Q345A;② Q235 A.F;③ 纤维饱和点;④ 平衡含水率;⑤ 标准含水率;⑥ 体积安定性;⑦ 42.5;⑧ 和易性;⑨ C20。

(2) 钢材有哪些主要力学性能?

(3) 钢的脱氧程度对钢的性能有何影响?

(4) 硅酸盐水泥熟料由哪些矿物成分组成?这些矿物成分对水泥的性质有何影响?

(5) 何谓水泥的体积安定性?水泥的体积安定性不良的原因是什么?安定性不良的水泥应如何处理?

(6) 现有四种白色粉末,已知其为建筑石膏、生石灰粉、白色石灰石粉和白色硅酸盐水泥,请加以鉴别(化学分析除外)。

（7）普通混凝土的组成材料有哪几种？水泥浆在混凝土硬化前后各起什么作用？
（8）什么是混凝土拌合物的和易性？影响混凝土拌合物和易性的因素有哪些？如何影响？
（9）影响混凝土强度的因素有哪些？采用哪些措施可提高混凝土强度？
（10）何谓烧结普通砖的泛霜和石灰爆裂？它们对建筑物有何影响？

第5章 建筑装饰材料

 学习目标

学完这一章应该能做到：
- 掌握常用建筑装饰材料的性质与应用的基本知识和必要的基本理论；
- 了解相关建筑装饰材料的标准；
- 掌握常用建筑装饰材料检验方法。

 能力标准

具备对施工现场常用材料进行合理选择、取样、检测、判断的能力，并能分析施工中常见的由材料引起的工程质量事故原因和采取相应措施。

装饰材料种类繁多，按材质分类有塑料、金属、陶瓷、玻璃、木材、无机矿物、涂料、纺织品、石材等，类似于建筑材料分类；按功能分类有吸声、隔热、防水、防潮、防火、防霉、耐酸碱、耐污染等材料；按装饰部位分类则有墙面装饰材料、地面装饰材料、吊顶装饰材料。

按装饰部位分类见表5-1。

表5-1 装饰材料分类

部位	种类	举例
墙面	墙面涂料	有机涂料、无机涂料
	墙纸	纸基壁纸、纺织物壁纸、天然材料壁纸、塑料壁纸
	装饰板	木质装饰人造板、树脂浸渍纸、高压装饰层压板、塑料装饰板、金属装饰板、矿物装饰板、陶瓷装饰壁画、穿孔装饰吸声板、植绒装饰吸声板
	墙布	玻璃纤维贴墙布、麻纤无纺墙布、化纤墙布
	石饰面板	天然大理石饰面板、天然花岗石饰面板、人造大理石饰面板、水磨石饰面板

续表

部位	种类	举例
地面	地面涂料	地板漆、水性地面涂料、乳液型地面涂料、溶剂型地面涂料
	木、竹地板	实木条状地板、实木复合地板、复合强化地板、竹质条状地板
	聚合物地坪	聚醋酸乙烯地坪、环氧地坪、聚酯地坪
	地面砖	水泥花阶砖、水磨石预制地砖、陶瓷地面砖、马赛克地砖、现浇水磨石地面
	塑料地板	印花压花塑料地板、碎粒花纹地板、发泡塑料地板、塑料地面卷材
吊顶	塑料吊顶板	钙塑装饰吊顶板、PS装饰板、玻璃钢吊顶板、有机玻璃板
	木质装饰板	木丝板、软质穿孔吸声纤维板、硬质穿孔吸声纤维板
	矿物吸声板	珍珠岩吸声板、矿棉吸声板、玻璃棉吸声板、石膏吸声板、石膏装饰板

本章主要介绍陶瓷、木材、玻璃、装饰水泥制品、建筑涂料等材料。

一、陶瓷装饰材料

（一）陶瓷的基本概念

建筑陶瓷一般分为陶瓷砖和卫生陶瓷。

按照《陶瓷砖和卫生陶瓷分类及术语》（GB/T 9195—1999）的规定，陶瓷砖也可称为陶瓷饰面砖，是由粘土或其他无机非金属原料，经成型、烧结等工艺处理，用于装饰与保护建筑物、构筑物墙面及地面的板状或块状陶瓷制品。卫生陶瓷是指用做卫生设施的有釉陶瓷制品。

（二）陶瓷砖

按照《陶瓷砖和卫生陶瓷分类及术语》（GB/T 9195—1999）的规定，陶瓷砖按吸水率分为以下几类，见表5-2。

表5-2　陶瓷砖种类

种类	瓷质砖	炻瓷砖	细炻砖	炻质砖	陶质砖
吸水率	≤0.5%	0.5%~3%	3%~6%	6%~10%	>10%
可使用部位	室内外地面、室外墙面				室内墙面

常见产品有以下几类。

1. 外墙面砖

外墙面砖，是用难熔粘土压制成型后焙烧而成，属细炻砖或炻质砖。通常做成矩形，尺寸有100 mm×100 mm×10 mm和150 mm×150 mm×10 mm等。它具有质地坚实、强度高、吸水率低（小于4%）等特点。主要用作外墙饰面。

2. 地砖

地砖由难熔粘土烧成,属细炻砖或炻质砖。一般背面色棕红或黄,质坚耐磨,抗折强度高(15 MPa 以上),吸水率很低,有一定防潮作用。适于铺筑室外平台、阳台、平屋顶等的地坪,以及公共建筑的地面。

3. 陶瓷锦砖

陶瓷锦砖又名马赛克,属瓷质砖。它是用优质瓷土烧成,吸水率低,一般做成 18.5 mm×18.5 mm×5 mm、39 mm×39 mm×5 mm 的小方块。这种制品出厂前已按各种图案反贴在牛皮纸上,每张大小约 30 cm 见方,称作一联,其面积约 0.093 m²,每 40 联为一箱,每箱约 3.7 m²。施工时将每联纸面向上,贴在半凝固的水泥砂浆面上,用长木板压面,使之粘贴平实,待砂浆硬化后洗去牛皮纸,即显出美丽的图案。

4. 釉面砖

釉面砖是用瓷土压制成坯,干燥后上釉焙烧而成。属陶质砖。通常做成 300 mm×900 mm×5 mm 和 300 mm×600 mm×5 mm 等长方形体,配件砖包括花片、阳角条、阴角条、阳三角、阴三角等,主要用于铺贴一些室内墙面,如浴室、厨房和厕所墙面,以及试验室桌面等处。

各种釉面砖色泽鲜艳,美观耐用,热稳定性好,表面光滑,易于清洗,但不可用于室外。

(三) 卫生陶瓷

随着生活水平的提高,卫生陶瓷也日趋高档,如多功能淋浴房、按摩浴缸等,其常见产品有:

① 便器。分为蹲便器与坐便器,坐便器按冲洗方式分有冲落式、虹吸式、喷射虹吸式、旋涡虹吸式。

② 洗面器。供洗脸、洗手用的有釉陶瓷质卫生设备,有悬挂式、立柱式和台式。

③ 浴盆。专供洗浴用的有釉陶瓷质卫生设备。

④ 洗手盆。专供洗手用的有釉陶瓷质卫生设备。

⑤ 洗涤槽。承纳厨房、试验室等洗涤用水,用以洗涤物件的槽形有釉陶瓷质卫生设备。

二、玻璃

玻璃是以石英砂、纯碱、石灰石和长石等为原料,于 1 550~1 600 ℃ 高温下烧至熔融,经成型、急冷而形成的一种无定形非晶态硅酸盐物质。其主要化学成分为 SiO_2、Na_2O、CaO 及 MgO,有时还有 K_2O。

(一) 玻璃的制造工艺

建筑玻璃一般为平板玻璃,制造工艺一种是引上法,另一种是浮法。

引上法是将高温液体玻璃冷至较稠时,由耐火材料制成的槽子中挤出,然后将玻璃液体垂直向上拉起,经石棉辊成形,并截成规则的薄板。这种传统方法制成的平板玻璃容易出现波筋和波纹。

浮法工艺制造的平板玻璃表面平整,光学性能优越,不经过辊子成型,而是将高温液体玻璃经锡槽浮抛,玻璃液回流到锡液表面上,在重力及表面张力的作用下,摊成玻璃带,向锡槽尾部拉引,经抛光、拉薄、硬化和冷却后退火而成。

(二) 常用的建筑玻璃

建筑玻璃的品种很多,总的来说,可以分为普通平板玻璃、安全玻璃、装饰玻璃三大类。

1. 普通平板玻璃

普通平板玻璃主要用于普通建筑采光,可用垂直引上法、水平拉引法、压延法或浮法生产,由于浮法玻璃质量更具优势,目前市场占有率较高。随着建筑节能的日渐发展,普通平板玻璃多被合制成双层中空玻璃使用。

浮法玻璃分为优等品、一级品与合格品三个等级。普通平板玻璃产量以重量箱[①]计量,即以 50 kg 为一重量箱,即相当于 2 mm 厚的平板玻璃 10 m^2 的重量,其他规格厚度的玻璃应换算成重量箱。

中空玻璃是用两片或多片玻璃原片,在其周边用隔离框分开,并用密封胶密封,使玻璃层间形成干燥的空气层。

2. 安全玻璃

安全玻璃主要有钢化玻璃、夹丝玻璃、夹层玻璃等品种。

① 钢化玻璃是将平板玻璃加热到一定温度后迅速冷却(即淬火)而制成。其特点是机械强度比平板玻璃高 4~6 倍,且耐冲击,安全,破碎时碎片小且无锐角,不易伤人,能耐急热急冷,耐一般酸碱。主要用于高层建筑门窗、车间天窗及高温车间等处。

② 夹丝玻璃又称防碎玻璃。它是将普通平板玻璃加热到红热软化状态时,再将预热处理过的铁丝或铁丝网压入玻璃中间而制成。它的特性是防火性优越,可遮挡火焰,高温燃烧时不炸裂,破碎时不会造成碎片伤人。另外还有防盗性能,当玻璃割破时还有铁丝网阻挡。主要用于屋顶天窗、阳台窗。

③ 夹层玻璃是在两片或多片平板玻璃之间,嵌夹透明塑料 PVB 薄片,再经热压粘合而成的平面或弯曲的复合玻璃制品。破碎时,玻璃碎片不零落飞散,只能产生辐射状裂纹,不至于伤人。并有耐光、耐热、耐湿、耐寒、隔声等特殊功能。抗冲击强度优于普通平板玻璃,防盗性好。随着不同厚度的 PVB 和玻璃片数的增加,可制成防弹玻璃和一些高强度装饰玻璃。多用于银行等处的门窗。

3. 装饰玻璃

常见装饰玻璃有压花玻璃、磨砂玻璃、有色玻璃、光致变色玻璃、热反射玻璃、釉面玻璃、水晶玻璃、玻璃砖、玻璃锦砖、泡沫玻璃、微晶玻璃、艺术装饰玻璃等。

(1) 磨砂玻璃

磨砂玻璃又称为毛玻璃,它是将平板玻璃的表面经机械喷砂、手工研磨或用氢氟酸溶蚀等方法处理成均匀毛面而成。由于表面粗糙,只能透光而不能透视,多用于需要隐秘或不受干扰的房间,如浴室、卫生间和办公室的门窗等,也可用作黑板。

(2) 压花玻璃

压花玻璃又称为滚花玻璃,是在平板玻璃硬化前用带有花样图案的滚筒压制而成的。由于

---

① 实际为质量箱。

压花玻璃表面凹凸不平而具有不规则的折射光线,可将集中光线分散,使室内光线柔和,且有一定的装饰效果。常用于办公室、会议室、浴室及公共场所的门窗和各种室内隔断。

(3) 光致变色玻璃

在玻璃中加入卤化银,或在玻璃与有机夹层中加入铝和钨的感光化合物,就能获得光致变色性。光致变色玻璃受太阳或其他光线照射时,颜色随着光线的增强而逐渐变暗,照射停止时又恢复原来的颜色。目前,光致变色玻璃的应用已从眼镜片开始向交通、医学、摄影、通信和建筑领域发展。

(4) 泡沫玻璃

泡沫玻璃是以玻璃碎屑为原料,加少量发气剂,经发泡炉发泡后脱模退火而成的一种多孔轻质玻璃。其孔隙率可达 80% ~ 90%,气孔多为封闭型的,孔径一般为 0.1 ~ 5.0 mm。特点是热导率低,机械强度较高,表观密度小于 160 kg/m^3。不透水,不透气,能防火,抗冻性强,隔声性能好。可锯、钉、钻。是良好的绝热材料,可用作墙壁、屋面保温,或用于音乐室、播音室的隔声等。

(5) 玻璃砖

玻璃砖分为实心砖和空心砖两种。实心玻璃砖是用熔融玻璃采用机械模压制成的矩形块状制品。空心玻璃砖是由箱式模具压成凹形半块玻璃砖,然后再将两块凹形砖熔结或粘结而成的方形或矩形整体空心制品。砖内外可以压铸出各种条纹,空心砖按内部结构可分为单空腔和双空腔两类,双空腔空心砖在空腔中间有一道玻璃肋。玻璃空心砖有 115 mm、145 mm、240 mm、300 mm 等规格;可以用彩色玻璃制作,也可以在其内腔用透明涂料涂饰。玻璃空心砖的容重较低(800 kg/m^3)。导热系数较低[0.46 W/(m·K)],有足够的透光率(50% ~ 60%)和散射率(25%)。其内腔制成不同花纹可以使外来光线扩散或使其向指定方向折射,具有特殊的光学特性。

玻璃砖可直接砌筑玻璃墙,目前常用于隔断。

三、装饰水泥制品

由于装饰水泥制品价格较低,性能稳定,近年来发展迅速。其主要原材料为水泥、砂子、无机颜料、防水剂等,此外,还可利用粉煤灰、煤渣等作为辅助材料。目前的主要产品为彩色步道砖及彩色水泥瓦、装饰混凝土。

1. 彩色步道砖

彩色步道砖又称路面砖,主要用于人行道、广场、庭院和住宅小区的环境美化,还可用于停车场和车行道。

彩色步道砖由彩色面料层及混凝土内层两部分组成。彩色面料层由白水泥、颜料粉、细砂经计量后入球磨机磨细而成;混凝土内层由水泥、砂子、石子及外加剂,有的还加入粉煤灰等外掺料搅拌而成;成型时将两层分两次装入砖模,用液压制砖机高压复合成型,再自然养护或蒸汽养护即得成品。

由于采用高压成型,其表面花纹清晰而且品种繁多,同时也有很好的防滑效果,其抗压强度可达 40 MPa,远高于普通的大块混凝土路面砖。

2. 彩色水泥瓦

彩色水泥瓦在国外已使用多年,近年开始进入国内市场,是一种新型屋面覆盖材料。其主要原料为水泥、砂、颜料、水,经计量、搅拌、辊压成型、干热养护、脱模、丙烯酸喷涂、自然养护等工艺生产而成。

由于采用挤压成型工艺及平模流水作业法,彩色水泥瓦的产量高、抗折强度高、外观质量好。改变挤压辊、板形状和模板形状可生产出不同形状的产品,如屋面瓦形式有双罗马式、平板式、法国式、海波纹式、威尼斯式、飞行式、凸滚式等多种瓦型。此外,还有屋脊瓦、屋缘瓦。彩色水泥瓦适用于各种建筑造型,其色彩绚丽,从纯土色到明快的甚至闪光的颜色(包括琉璃瓦色效果)一应俱全,而且抗风暴、雨雪,甚至满足抗台风规范要求。

3. 装饰混凝土

装饰混凝土是混凝土在预制或现浇的同时,完成自身的饰面处理的产物。与在混凝土表面加做饰面材料(面砖、锦砖等)相比不仅成本低,而且耐久性高。利用新拌混凝土的塑性可在立面上形成各种线型,利用组成材料中的粗细集料,表面加工成露集料,可获得不同的质感,如采用白水泥或掺加颜料则可具有各种色彩。预制构件(大型墙板)的饰面常依靠模具、压印、挠刮等方法制得。

四、木材

(一) 概述

1. 木材的分类

按树种分:分为针叶树材(如松木、柏木等)和阔叶树材(如榆木、桦木、杨木等)。

按用途分:分为原条、原木、锯材三类。

按材质分:原木分为一、二、三等;锯材分为特等、一等、二等、三等。

按容重分:可分为轻材——容重小于 400 kg/m^3,中等材——容重为 500~800 kg/m^3。重材——容重大于 800 kg/m^3。

2. 木材的微观构造

在显微镜下观察,可以看到木材是由无数管状细胞紧密结合而成,它们大部分为纵向排列,少数横向排列(如髓线)。每个细胞又由细胞壁和细胞腔两部分组成,细胞壁由细纤维组成,所以木材的细胞壁越厚,细胞腔越小,木材越密实,其表观密度和强度也越大,但胀缩变形也大。

3. 木材的性质

木材的性质主要有含水率、湿胀干缩、强度等,其中含水率对木材的湿胀干缩性和强度影响很大。

(1) 木材的含水率

木材的含水率是指木材中所含水的质量占干燥木材质量的百分数。木材中主要有三种水,即自由水、吸附水和结合水。自由水是存在于木材细胞腔和细胞间隙中的水分,吸附水是被吸附在细胞壁内细纤维之间的水分。

① 木材的纤维饱和点。当木材中无自由水,而细胞壁内吸附水达到饱和时,木材含水率称为纤维饱和点。

② 木材的平衡含水率。木材中所含的水分是随着环境温度和湿度的变化而改变的,当木材长时间处于一定温度和湿度的环境中时,木材中的含水量最后会达到与周围环境湿度相平衡,这时木材的含水率称为平衡含水率。

③ 木材的湿胀与干缩变形。木材具有很显著的湿胀干缩性,其规律是:当木材的含水率在纤维饱和点以下时,随着含水率的增大,木材体积产生膨胀,随着含水率减小,木材体积收缩;而当木材含水率在纤维饱和点以上,只是自由水增减变化时,木材的体积不发生变化。纤维饱和点是木材发生湿胀干缩的转折点。

由于木材为非匀质构造,故其胀缩变形各向不同,其中以弦向最大,径向次之,纵向(即顺纤维方向)最小。

(2) 木材的力学强度

在建筑结构中,木材常用的强度有抗拉、抗压、抗弯和抗剪强度。由于木材的构造各向不同,致使各向强度有差异,因此木材的强度有顺纹强度和横纹强度之分。当以顺纹抗压强度为1时,木材理论上各强度大小关系如表5-3所示。

表5-3 木材理论上各强度大小关系

抗压强度		抗拉强度		抗弯强度	抗剪强度	
顺纹	横纹	顺纹	横纹		顺纹	横纹
1	1/10 ~ 1/3	2 ~ 3	1/20 ~ 1/3	1.5 ~ 2	1/7 ~ 1/3	1/2 ~ 1

4. 常用木材

红松:材质轻软,强度适中,干燥性好,耐水、耐腐,加工、涂饰、着色、胶结性好。

白松:材质轻软,富有弹性,结构细致均匀,干燥性好,耐水、耐腐,加工、涂饰、着色、胶结性好。白松比红松强度高。

桦木:材质略重硬,结构细,强度大,加工性、涂饰、胶结性好。

泡桐:材质甚轻软,结构粗,切削面不光滑,干燥性好,不翘裂。

椴木:材质略轻软,结构略细,有丝绢光泽,不易开裂,加工、涂饰、着色、胶结性好;不耐腐,干燥时稍有翘曲。

水曲柳:材质略重硬,花纹美丽,结构粗,易加工,韧性大,涂饰、胶结性好,干燥性一般。

榆木:花纹美丽,结构粗,加工性、涂饰、胶结性好,干燥性差,易开裂翘曲。

柞木:材质坚硬,结构粗,强度高,加工困难,着色、涂饰性好,胶结性差,易干燥,易开裂。

榉木:材质坚硬,纹理直,结构细,耐磨,有光泽,干燥时不易变形,加工、涂饰、胶结性较好。

枫木:质量适中,结构细,加工容易,切削面光滑,涂饰、胶结性较好,干燥时有翘曲现象。

樟木:质量适中,结构细,有香气,干燥时不易变形,加工、涂饰、胶结性较好。

柳木:材质适中,结构略粗,加工容易,胶结与涂饰性能良好,干燥时稍有开裂和翘曲。以柳木制作的胶合板称为菲律宾板。

花梨木:材质坚硬,纹理清晰,结构中等,耐腐蚀,不易干燥,切削面光滑,涂饰、胶合性较好。

紫檀(红木):材质坚硬,纹理优美,结构粗,耐久性强,有光泽,切削面光滑。

人造板:常用的有三合板、五合板、纤维板、刨花板、空心板等。因各种人造板的组合结构不同,可克服木材的胀缩、翘曲、开裂等缺点,故在家具中使用,具有很多优越性。

(二) 木地板

木材在建筑装饰中应用十分广泛,可以做吊顶、墙裙、门窗等,但目前主要产品为木地板。木地板根据材质可分为实木地板、复合木地板两大类。

1. 实木地板

实木地板按木材种类可分为柚木、枫木、榉木、梨木、橡木、樱桃木、松木、红木等品种;按表面质地可分为素板和淋漆地板两类。

① 素板。生产时未细磨及焗油,待用户铺设地板后,才加以打磨,并涂上水晶油,使地板表面产生光亮的保护层。

② 淋漆地板。实木地板在最后生产过程中,经过细磨及上漆等处理工序,使产品具有光亮的保护层。

2. 复合木地板

复合木地板一般分为三层,也有两层的。按基材的不同可分为两类:纤维板基材复合木地板和实木基材复合木地板。

(1) 纤维板基材复合木地板(超耐磨地板)

它是强化复合地板,以中密度板为主要原料。中密板是用木材的边角废料纤维制成的,因此它既不受木板种类的限制,也不受原木尺寸的限制,是一种成本较低、容易制造的新产品。它分为三层:表面层是高耐磨复合材料,常装饰薄木以获得天然木地板纹理;中间层是中密度纤维板,可承受较大的冲击及重量;底层是高强度、防水、防潮材料。

(2) 实木基材复合木地板

这种复合木地板用优质硬阔叶材(如红木)作表层,杨木作芯材和底板,表面装饰用紫外线固化的耐磨漆,既保持了木材的天然特性,又克服了实木地板随湿度、温度变化产生胀缩的问题。

五、建筑涂料

涂料是一类能涂覆于物体表面并在一定条件下形成连续和完整涂膜的材料的总称。早期的涂料主要以干性油或半干性油和天然树脂为主要原料,所以这种涂料也被称为油漆。涂料的主要功能是保护基材和美化环境。

1. 涂料的组成

涂料是由多种材料调配而成,每种材料赋予涂料不同的性能。涂料的主要组成包括:

(1) 主成膜物质

主成膜物质是将涂料中的其他组分粘结在一起,并能牢固附着在基层表面形成连续均匀、坚韧的保护膜。它包括基料、胶粘剂和固着剂。主成膜物质的性质,对形成涂膜的坚韧性、耐磨性、耐候性以及化学稳定性等,起着决定性的作用。

(2) 次成膜物质

涂料中所用颜料和填料,以微细粉状均匀分散于涂料介质中,赋予涂膜色彩、质感,起到提高涂膜的抗老化性、耐候性等作用,因而被称为次成膜物质。

(3) 溶剂

溶剂是一种具有既能溶解油料、树脂,又易于挥发,能使树脂成膜的有机物质。它的作用是将油料、树脂稀释并能将颜料和填料均匀分散,调节涂料粘度。

(4) 辅助材料

辅助材料又称助剂,它的用量很少,但种类很多,各有所长,且作用显著,是改善涂料性能不可忽视的重要方面。

2. 常用建筑涂料

建筑涂料品种繁多,按其在建筑物中使用部位的不同,可以分为内墙涂料、外墙涂料、地面涂料、顶棚涂料、屋面防水涂料等。按其主要成分可分为有机涂料和无机涂料两大类。有机涂料又可分为溶剂型涂料与乳液型涂料两大类。

(1) 溶剂型涂料

溶剂型涂料是以高分子合成树脂为主要成膜物质,有机溶剂为稀释剂,加入一定量的颜料、填料及助剂,经混合、搅拌、溶解、研磨而配制成的一种挥发性涂料。涂刷在墙面以后,随着涂料中所含溶剂的挥发,成膜物质与其他不挥发组分共同形成均匀连续的薄膜,即涂层。

由于涂膜较紧密,通常具有较好的硬度、光泽、耐水性、耐酸碱性和良好的耐候性、耐污染性等特点。但由于施工时有大量的有机溶剂挥发,容易污染环境。漆膜透气性差,又有疏水性,如在潮湿基层上施工,易产生起皮、脱落等现象。由于这些原因,这类涂料的用量低于乳液型外墙涂料。

(2) 乳液型涂料

以高分子合成树脂乳液为主要成膜物质的外墙涂料称为乳液型涂料。按乳液制造方法不同可以分为两类:一是由单体通过乳液聚合工艺直接合成的乳液;二是由高分子合成树脂通过乳化方法制成的乳液。按涂料的质感又可分为乳胶漆(薄型乳液涂料)、厚质涂料及彩色砂壁状涂料等。由于施工时仅有水分挥发,有利于环境保护。

(3) 无机高分子涂料

无机高分子涂料是近年来发展起来的一大类新型建筑涂料,建筑上广泛应用的有碱金属硅酸盐和硅溶胶两类。

有机高分子建筑涂料一般都有耐老化性能较差、耐热性差、表面硬度小等缺点。无机分子涂料恰好在这些方面性能较好,耐老化性、耐高温、耐腐蚀、耐久性等性能好,涂膜硬度大、耐磨性好,若选材合理,耐水性能也好,而且原材料来源广泛,价格便宜,因而近年来受到国内外普遍重视,发展较快,主要用于外墙装饰。

职业活动与训练

课程试验、参观建材市场。

1. 目的

通过课程试验、参观建材市场,验证课堂所学知识,加深对材料性质的理解及记忆;获得科学试验方法的锻炼;懂得常用建筑材料质量检验方法及评定方法;了解常见材料的品种与价格。

2. 环境要求

(1) 材料试验室；
(2) 建材市场。

3. 能力标准及要求

通过试验和参观，结合所学理论知识，要达到如下能力：

(1) 了解材料性质；
(2) 掌握科学试验方法；
(3) 了解常见材料的品种与价格。

4. 试验项目

(1) 水泥试验；
(2) 烧土砖试验（演示）；
(3) 混凝土配合比试验；
(4) 混凝土强度破损性及非破损性检验；
(5) 建筑砂浆试验（演示）；
(6) 钢筋试验。

5. 讨论与训练题

(1) 分小组讨论写试验报告。
(2) 撰写调查报告。

小 结

- 建筑陶瓷一般分为陶瓷砖和卫生瓷砖，应了解各类陶瓷的性质和特点。
- 木材是重要的装饰材料，应了解木材的优缺点及两大类树种的特点。掌握木材物理力学性质的特点。
- 建筑玻璃品种很多，应重点了解普通平板玻璃、安全玻璃及装饰玻璃的性质和应用。
- 装饰水泥发展迅速，应了解各类装饰水泥制品的性质与应用。
- 掌握常用建筑涂料的性能和特点对于合理选择涂料意义重大。

复 习 题

(1) 木材含水率的变化对其强度的影响如何？
(2) 影响木材强度的主要因素有哪些？
(3) 陶瓷砖按吸水率可分为几种，为什么釉面砖不宜用于室外？
(4) 安全玻璃可分为几种？
(5) 溶剂型涂料与乳液型涂料，哪一种更环保？为什么？

单元四　力学与结构基础知识

众所周知,建筑装饰是在已完成的主体结构的基础之上,进行装饰设计和装饰施工。作为装饰设计和装饰施工人员,应懂得结构物中各种构件的作用;知道它们会受到哪些力的作用、各种力的传力途径、构件在这些力的作用下会发生怎样的破坏以及各种结构类型的特点,这样才能保证装饰设计的合理性以及装饰施工和建筑物使用过程中结构的安全。

掌握力学和结构基础知识,可以帮助进行简单的受力分析,使装饰设计和施工中各种构件布置和受力更加合理,从而保证建筑物的安全性、适用性、耐久性,也可以取得更加经济美观的效果。

第6章　建筑力学基础知识

学习目标

学完这一章应该能做到:
- 掌握力学与结构中的一些基本概念和基本原理。
- 能正确地画出构件的受力图,进行简单的受力分析。
- 熟悉各种结构构件的受力特点及截面上内力分布情况。
- 熟悉各种结构的受力特点。

能力标准

具有利用力学知识和方法分析结构物的构件组成及理解各种构件的作用、各种力的传力途径、构件在力的作用下的破坏特点。会进行简单的受力分析,使装饰设计和施工中各种构件布置和受力合理。

一、静力学基础知识

(一) 静力学的基本概念

1. 力的概念

(1) 力的涵义

力是物体间相互的机械作用,这种作用使物体的运动状态或形状发生变化。力在生产和生活中随处可见,例如物体的重力、摩擦力、水的压力等。

力不可能离开物体而单独存在,有受力体,必有施力体。例如梁受到重力,梁是受力物体,地球是施力物体。

力有使物体的运动状态发生改变的效应,也有使物体发生变形的效应,前者称为力的运动效应(也称外效应),后者称为力的变形效应(也称内效应)。

(2) 力的三要素

实践证明,力对物体的效应取决于力的大小、方向和作用点三个因素,通常称为力的三要素。

为了量度力的大小,应规定力的单位,在国际单位制中,力的单位为牛顿(国际代号为 N)或千牛顿(国际代号为 kN)。

力的方向包含方位和指向,如铅垂向下、水平向左等。

力的作用点就是力在物体上的作用位置。

(3) 力的图示法

力是一个既有大小又有方向的量,所以力是矢量,可以用一带箭头的线段来表示,称为力的图示法。如图 6-1 所示,线段的长度按一定的比例表示力的大小,线段与某定直线的夹角表示力的方位,箭头表示力的指向,带箭头线段的起点或终点表示力的作用点。

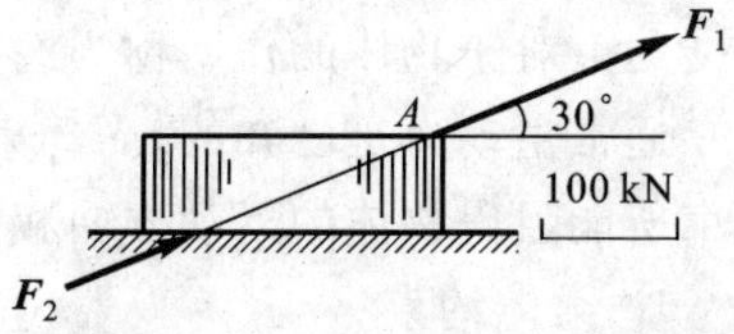

图 6-1 力的图示法

2. 力系的概念

作用在物体上的一组力或一群力称为力系。按力系中各个力的作用线分布情况可分为平面力系和空间力系。如各力的作用线在同一平面内称为平面力系,各力的作用线不全在同一平面内称为空间力系。

3. 平衡的概念

平衡是指物体相对于地面保持静止或作匀速直线运动,是物体运动的一种特殊形式。如物体在力系的作用下保持平衡状态,这个力系称为平衡力系,力系平衡应满足的条件称为力系的平衡条件。本章主要讨论平面力系的平衡条件。

4. 刚体的概念

刚体是指在力的作用下大小和形状保持不变的物体。实际上,任何物体在力的作用下都会发生变形,所以,理论上的刚体是不存在的,它只是一种理想化的力学模型。如物体的变形很小或变形对所研究的问题没有实质性影响时,可将物体视为刚体。一般在研究平衡问题时,可把研究的物体看为刚体。但当进一步研究物体在力作用下的变形和强度问题时,变形将成为主要因素而不能忽略,也就不能再把物体当作刚体,而要视为变形体。

（二）静力学公理

公理1　二力平衡条件

作用在同一刚体上的两个力，使刚体平衡的充分和必要条件是：这两个力大小相等，方向相反，作用在同一直线上。

公理2　加减平衡公理

在作用于刚体上的任意力系中，加上或去掉任何一个平衡力系，不改变原力系对刚体的作用效果。

推论：力的可传性原理

作用于刚体上的力可沿其作用线移动到刚体内任意一点，而不改变该力系对刚体的作用。

公理3　力的平行四边形法则

作用于物体上同一点的两个力，可以合成为一个力，合力也作用于该点，其大小和方向由以这两个力为边所构成的平行四边形的对角线来表示，如图6-2所示。

公理4　作用与反作用公理

作用力和反作用力大小相等，方向相反，沿同一直线并分别作用在两个相互作用的物体上。

（三）约束和约束力

工程上的物件，一般都受到与之相联系的其他物件的限制，如板受到梁的限制，梁受到柱的限制，柱受到基础的限制。

一个物件的运动受到周围物体的限制，这些周围物体就称作物体的约束。例如上面所提到的，梁是板的约束，柱是梁的约束，基础是柱的约束。

约束对于物体的作用称为约束力，简称反力，与约束相对应。

通常主动力是已知的，而约束力是未知的，由约束类型和主动力确定，约束力的方向总是与约束所能阻碍物体的运动方向相反。

1. 柔体约束

由拉紧的绳索、链条、胶带等物体构成，其约束力的方向沿柔体的中心线并背离被张拉的物体，如图6-3所示。

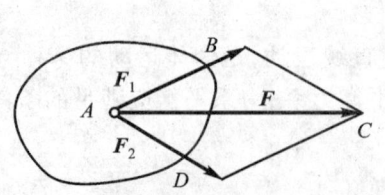

图6-2　力的平行四边形法则

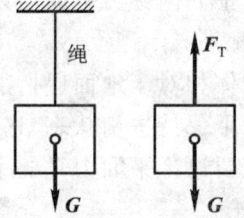

图6-3　柔体约束

2. 光滑接触面约束

当两物体接触面上的摩擦力可以忽略时，即可看作光滑接触，其约束力通过接触点，沿着接触面的公法线指向被约束的物体，如图6-4所示。

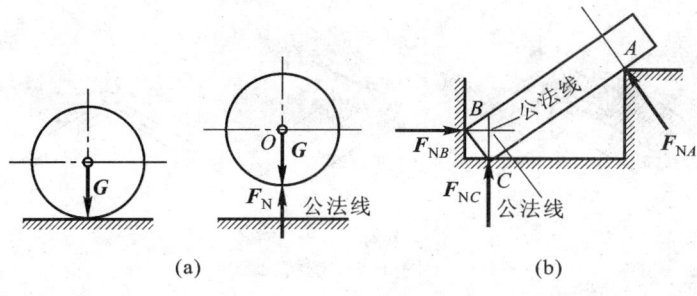

图 6-4 光滑接触面约束

3. 链杆约束

链杆是两端用光滑销钉与物体相连而中间不受力的直杆,如图 6-5a 所示的支架,BC 杆就可以看成是 AB 杆的链杆约束。链杆的约束力沿着链杆中心线,但指向不定,如图 6-5b 所示。

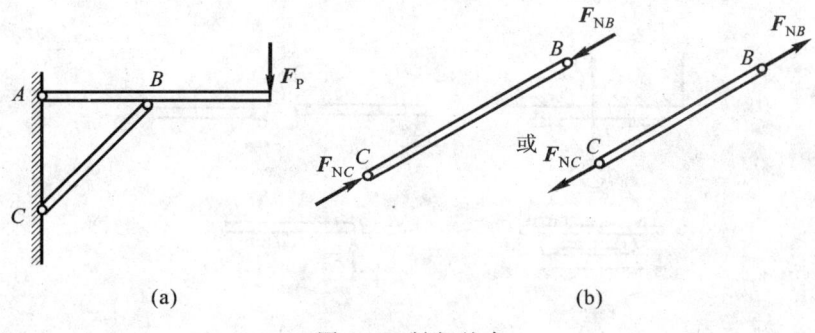

图 6-5 链杆约束

4. 固定铰支座与铰接

工程上常用一种叫做支座的部件,将一个物件支撑于基础或一静止物件上。如将物件用圆柱形光滑销钉与固定支座连接,该支座就成为固定铰支座,简称铰支座,如图 6-6a 所示。固定铰支座的约束力在垂直于销钉轴线的平面内,通过销钉中心,方向不定,图 6-6b 是固定铰支座的两种简化表示法。图 6-6c 是固定铰支座约束力的表示法。如两个构件用圆柱形光滑销钉连接,如图 6-7a 所示,则称为铰接,而连接件在习惯上则简称为铰,图 6-7b 是铰接的表示法。其约束力与铰支座相同。

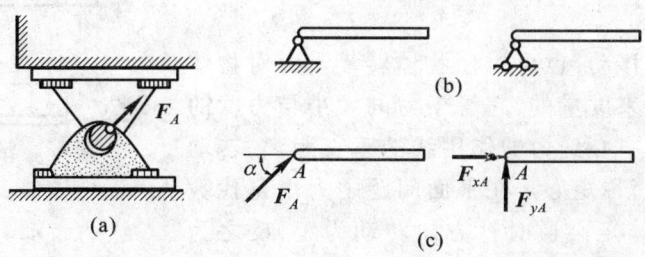

图 6-6 固定铰支座

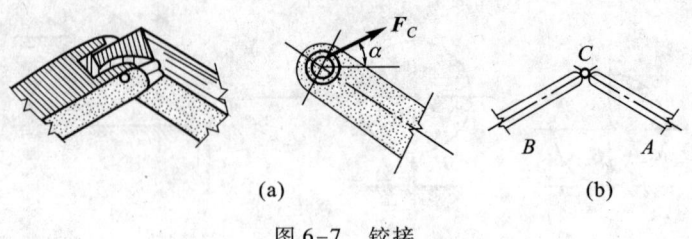

图 6-7　铰接

5. 活动铰支座(辊轴支座)

将构件用销钉与支座连接,而支座可以沿着支承面运动,就称为活动铰支座,或称辊轴支座,如图 6-8a 所示,其约束力通过销钉中心,垂直于支承面,指向和大小待定。这种支座的简图如 6-8b 所示,约束力如图 6-8c 所示。

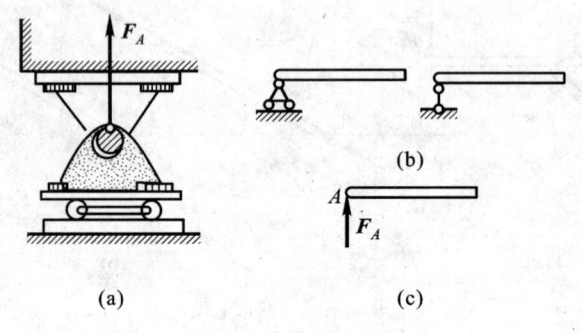

图 6-8　活动铰支座

6. 固定端支座

通常在物体被嵌固时发生,其约束力通常表示为两个相互垂直的分力和一个力偶,其分力和力偶的指向和大小待求,如图 6-9 所示。

(四)力矩和力偶

1. 力矩

力既可以使物体移动,也可以使物体转动。力对物体的转动效应是用力矩来度量的,它等于力的大小与力臂的乘积。力臂是指转动中心到力的作用线的垂直距离,转动中心称为力矩中心,简称矩心。在平面问题中力矩是代数量,一般规定力使物体矩心逆时针方向转动为正,反之为负,即 $Mo(F) = \pm Fd$(图 6-10)。

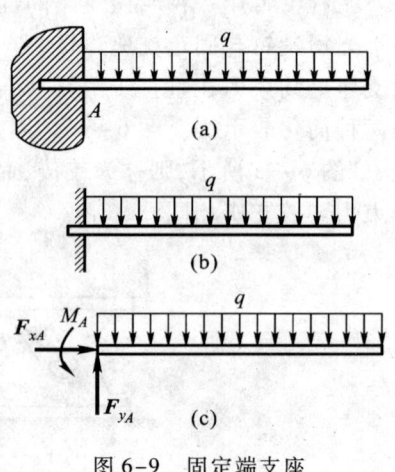

图 6-9　固定端支座

[例 6-1] 试求图 6-11 中 F_1、F_2 对 O 点之矩。

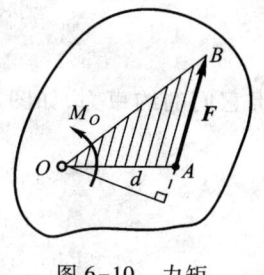

图 6-10 力矩

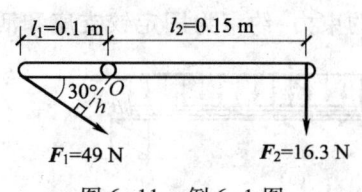

图 6-11 例 6-1 图

[解] 从图 6-11 中可知力 F_1 和 F_2 对点 O 的力臂分别为 h 和 l_2。
故 $M_O(F_1) = F_1 \times h = 49 \times 0.1 \times \sin 30° \text{ N·m} = 2.45 \text{ N·m}$
$M_O(F_2) = -F_2 \times l_2 = -16.3 \times 0.15 \text{ N·m} = -2.45 \text{ N·m}$

2．力偶

平面内一对等值、反向且不在同一直线上的平行力称为力偶。两个相反力之间的垂直距离 d 称为力偶臂。力偶只产生转动效应，可用力偶矩来度量，力偶矩等于力与力偶臂的乘积并加上正号或负号，而与矩心的位置无关，一般规定力偶使物体逆时针方向转动为正，反之为负，即 $M = \pm Fd$（图 6-12）。

只要保持力偶矩的大小、转向不变，力偶在其作用平面内的位置可以任意旋转或平移，在受力中常用一带箭头的弧线来表示力偶矩。

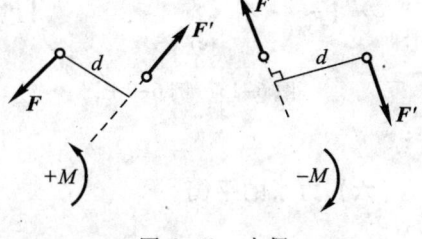

图 6-12 力偶

（五）受力分析和受力图

研究力学问题，首先要对物体进行受力分析，即分析物体受到哪些作用力。

在工程实际中，各个物体都通过一定的联系方式连在一起，如板和梁相连，梁和柱相连，因此，在对物体进行受力分析时，首先要明确研究对象，并设法从它周围的物体分离出来，这样被分离出来的研究对象称为脱离体。在脱离体上画出周围物体对它的全部作用力（包括主动力和约束力），这样的图形称为受力图。

画受力图的方法与步骤如下：
1．确定研究对象，并把它作为一个脱离体单独画出；
2．画出研究对象所受到的全部主动力；
3．画出与去掉的约束类型对应的约束力。

[例 6-2] 试画出如图 6-13a 所示搁置在墙上的梁的受力图。

[解] 在工程结构中，梁支撑在砖墙上，一端作为固定的铰支座处理，一端作为活动铰支座处理，故其简化图形如图 6-13b 所示。

（1）确定梁为研究对象。
（2）画出梁受到的主动力。主动力为梁自重，可简化为一均布荷载 q。
（3）画出与约束类型相对应的约束力，如图 6-13c 所示。

[例 6-3] 试画出图 6-14a 所示结构 ACDB 的受力图。

[解] (1) 取结构 ACDB 为研究对象。

(2) 画出主动力：主动力为 F_P。

(3) 画出约束力：约束为固定铰支座和活动铰支座，画出它们的约束力，如图 6-14b 所示。

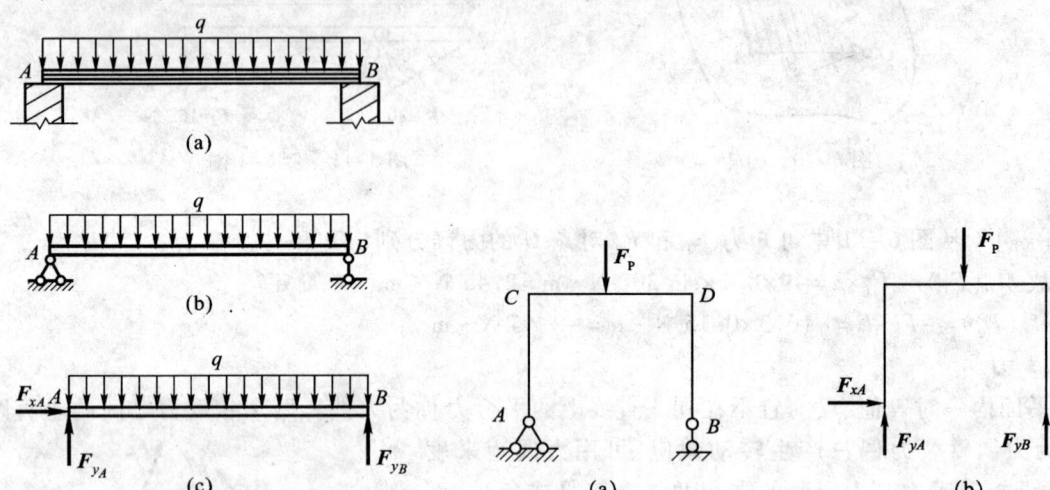

图 6-13　例 6-2 图　　　　　图 6-14　例 6-3 图

（六）力系的平衡

研究力系的平衡规律可以从某些已知条件出发，求出另一些未知力的大小和方向

1. 平面汇交力系的平衡方程及应用

（1）力对坐标轴的投影

从力的始端和末端分别向某一选定的坐标轴上作垂线，以两垂线在坐标轴上所截取的线段并加上正号或负号表示该力在坐标轴上的投影，如图 6-15 所示，从力始端垂足 a 到垂足 b 的方向与坐标轴正向相同时，其投影为正值，力的投影数值可用下式计算：

$$F_x = \pm F\cos\alpha$$
$$F_y = \pm F\sin\alpha$$

式中 F_x、F_y 分别表示力 F 在 x 轴、y 轴上的投影。

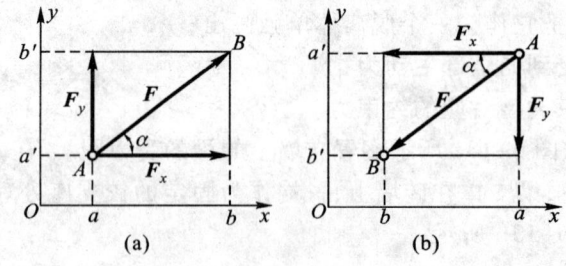

图 6-15　力对坐标轴的投影

[例 6-4] 已知 $F_1 = F_2 = F_3 = F_4 = F_5 = F_6 = 100$ N，各力方向如图 6-16 所示，试分别求各力

在 x 轴及 y 轴上的投影。

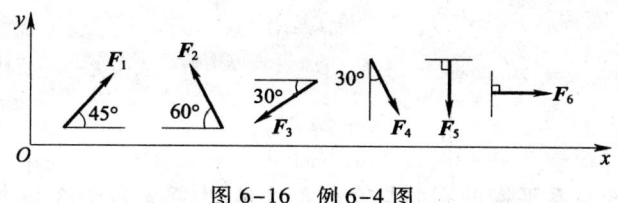

图 6-16 例 6-4 图

[解] F_1 的投影：

$F_{x1} = F_1 \cos 45° = 100 \text{ N} \times 0.707 = 70.7 \text{ N}$

$F_{y1} = F_1 \sin 45° = 100 \text{ N} \times 0.707 = 70.7 \text{ N}$

F_2 的投影：

$F_{x2} = -F_2 \cos 60° = -100 \text{ N} \times 0.5 = -50 \text{ N}$

$F_{y2} = F_2 \sin 60° = 100 \text{ N} \times 0.866 = 86.6 \text{ N}$

F_3 的投影：

$F_{x3} = -F_3 \cos 30° = -100 \text{ N} \times 0.866 = -86.6 \text{ N}$

$F_{y3} = -F_3 \sin 30° = -100 \text{ N} \times 0.5 = -50 \text{ N}$

F_4 的投影：

$F_{x4} = -F_4 \cos 60° = 100 \text{ N} \times 0.5 = 50 \text{ N}$

$F_{y4} = -F_4 \sin 60° = -100 \text{ N} \times 0.866 = -86.6 \text{ N}$

F_5 的投影：

$F_{x5} = -F_5 \cos 90° = 100 \text{ N} \times 0 = 0 \text{ N}$

$F_{y5} = -F_5 \sin 90° = -100 \text{ N} \times 1 = -100 \text{ N}$

F_6 的投影：

$F_{x6} = F_6 \cos 0° = 100 \text{ N} \times 1 = 100 \text{ N}$

$F_{y6} = F_6 \sin 0° = 100 \text{ N} \times 0 = 0 \text{ N}$

(2) 平面汇交力系的平衡方程

平面内各力的作用线或其延长线全部交于同一点的力系称为平面汇交力系，其平衡方程为：

$$\sum F_x = 0$$
$$\sum F_y = 0$$

即平面汇交力系平衡的充分必要条件是：力系中各个力在任意两个坐标轴上投影的代数和均等于零。

(3) 平面汇交力系平衡方程的应用

用平面汇交力系的平衡方程解题时，坐标轴的方向可以任意选择。因为平衡力系在任何方向都不会有合力存在，任取坐标可列出无数个投影方程，但独立的平衡方程只有两个。因此，利用平面汇交力系的平衡方程解题时，可以求解两个未知量，也只能求解两个未知量。一般来说，杆件受到的主动力是已知的，可以利用平面汇交力系平衡方程求出两个约束力的大小。

2. 平面平行力系的平衡方程及应用

平面内各力的作用线互相平行的力系称为平面平行力系。其平衡方程为

$$\sum F_x = 0$$
$$\sum M_O = 0$$

或

$$\sum F_y = 0$$
$$\sum M_O = 0$$

上式表明,平面平行力系平衡的必要与充分条件是:力系中各力在与力平行的轴上投影之代数和为零,且这些力对任意一点力矩的代数和为零。

平面平行力系的平衡方程还可用两力矩式表示,即

$$\sum M_A = 0$$
$$\sum M_B = 0$$

式中 A、B 两点的连线与各力作用线不平行。

平面平行力系只有两个独立的平衡方程,所以利用其平衡方程只能求解两个未知量。

3. 平面力偶系的平衡方程及应用

平面力偶系合成的结果为一合力偶,合力偶矩为各分力偶矩的代数和,即

$$M = \sum_{i=1}^{n} M_i$$

平面力偶系的平衡方程为

$$\sum M_i = 0$$

上式表明,平面力偶系平衡的必要与充分条件是:此力偶系中各力偶矩的代数和为零。

平面力偶系只有一个独立的平衡方程,所以利用其平衡方程只能求解一个未知量。

4. 平面一般力系的平衡方程及应用

各力的作用线既不全交于一点,也不完全平行的平面力系称为平面一般力系。其平衡方程为:

$$\sum F_x = 0$$
$$\sum F_y = 0$$
$$\sum M_O = 0$$

上式是平面一般力系平衡方程的基本形式,它表明,平面一般力系平衡的必要与充分条件是:力系中各个力在两个坐标轴上的投影代数和均为零,各个力对任意一点的力矩代数和亦为零。

平面一般力系的平衡方程还有两力矩形式和三力矩形式,分别为

$$\sum F_x = 0$$
$$\sum M_A = 0$$
$$\sum M_B = 0$$

和

$$\sum M_A = 0$$
$$\sum M_B = 0$$
$$\sum M_C = 0$$

两力矩形式中的 x 轴不与 A、B 两点的连线垂直。三力矩形式中,A、B、C 三点不在同一直

线上。

由此可知,无论采用哪一种平衡方程形式,平面一般力系都有三个独立的平衡方程,因此,可利用平面一般力系的平衡方程求解三个未知量。

5. 力系平衡方程的应用实例

运用平衡条件求解未知力的步骤为:

① 合理确定研究对象并画该研究对象的受力图;
② 由平衡条件建立平衡方程;
③ 由平衡方程求解未知力。

［例6-5］ 如图6-17a所示外伸梁,A为固定铰支座,B为链杆约束,求A、B两处的支座约束力。

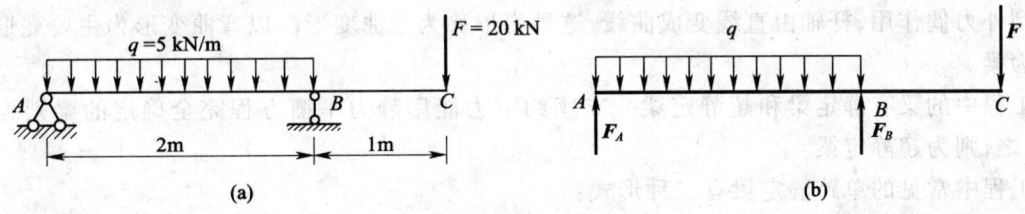

图6-17 例6-5图

［解］ （1）以AC梁为研究对象并画出其受力图如图6-17b所示。

（2）列平衡方程并求解。

$$\sum M_A(F) = 0, 2F_B - 3F - 2q = 0, F_B = 35 \text{ kN}$$

$$\sum F_y = 0, F_A + F_B - F - 2q = 0, F_A = -5 \text{ kN}$$

［例6-6］ 求图示6-18a所示结构的支座约束力。

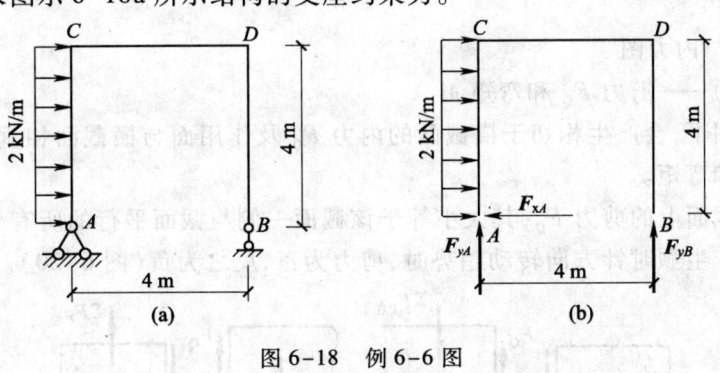

图6-18 例6-6图

［解］ 取整个结构为研究对象并画出其受力图如图6-18b所示

$$\sum F_x = 0, 2 \times 4 \text{ kN} - F_{xA} = 0, F_{xA} = 8 \text{ kN}$$

$$\sum M_A = 0, F_{yB} \times 4 - 2 \times 4 \times 2 \text{ kN} = 0, F_{yB} = 4 \text{ kN}$$

$$\sum M_B = 0, -F_{yA} \times 4 - 2 \times 4 \times 2 \text{ kN} = 0, F_{yA} = -4 \text{ kN}$$

二、杆件的基本变形形式

杆件是指长度远大于其他两个方向尺寸的构件。工程中的大部分构件都可视为杆件,如梁、柱。杆件在外力作用下,会产生各种各样的变形,但基本的变形只有四种:轴向拉伸和压缩变形、剪切变形、扭转变形和弯曲变形,现分述如下。

(一) 梁的弯曲变形

1. 弯曲变形的概念

弯曲变形是工程中最常见的一种基本变形。杆件受到垂直于杆轴的外力作用或在纵向平面内受到外力偶作用,杆轴由直线变成曲线,这种变形称为弯曲变形。以弯曲变形为主要变形的杆件称为梁。

工程中的梁有静定梁和超静定梁。支座约束力能用静力平衡方程完全确定的梁则为静定梁,反之,则为超静定梁。

工程中常见的单跨静定梁有三种形式:

① 悬臂梁。梁一端为固定端支座,另一端为自由端,如图6-19a所示。
② 简支梁。梁的一端为固定铰支座,另一端为活动铰支座,如图6-19b所示。
③ 外伸梁。梁一端或两端伸出支座的简支梁,如图6-19c所示。

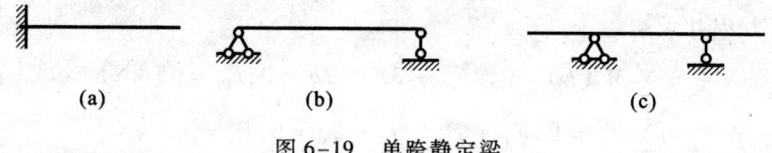

图6-19 单跨静定梁

2. 梁的内力与内力图

(1) 梁的内力——剪力 F_Q 和弯矩 M

梁在外力作用下,会产生相切于横截面的内力 F_Q 及作用面与横截面相垂直的内力偶矩 M,分别称之为剪力和弯矩。

梁内任一横截面上的剪力 F_Q,其大小等于该截面一侧与截面平行的所有外力的代数和。若外力对所求截面产生顺时针方向转动趋势时,剪力为正,反之为负(图6-20)。

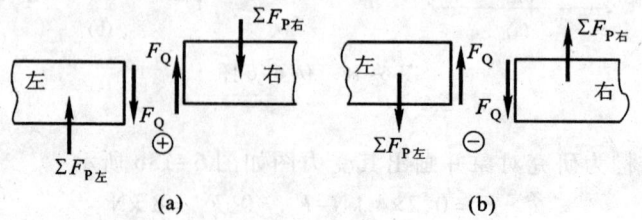

图6-20 梁内任一横截面上的剪力

梁内任一截面上的弯矩,其大小等于该截面一侧所有外力对该截面形心力矩的代数和。将所求截面固定,若外力矩使梁下部受拉,弯矩为正,反之为负(图6-21)。

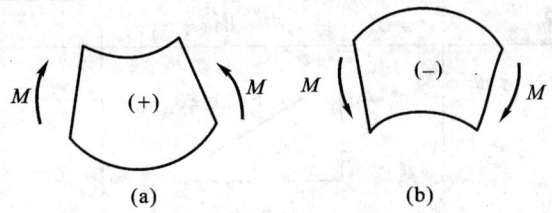

图6-21　梁内任一横截面上的弯矩

（2）梁的内力图——剪力图与弯矩图

以沿梁轴的横坐标表示横截面,如以纵坐标表示相应截面的剪力称为剪力图;如以纵坐标表示相应截面的弯矩称为弯矩图。弯矩图与剪力图有如下规律:

① 在无荷载梁段,剪力图为水平线,弯矩图为斜直线。
② 在向下的均布荷载作用的梁段,剪力图为下斜直线,弯矩图为下凸曲线。
③ 在集中力作用处,剪力图发生突变,突变的绝对值等于集中力大小;弯矩图发生转折。
④ 在集中力偶作用处,弯矩图发生突变,突变的绝对值等于该力偶的力偶矩;剪力图无变化。
⑤ 在剪力为零的截面,弯矩存在极值。

弯矩图和剪力图与荷载之间存在相应的关系,现将其关系列于表6-1中。

表6-1　梁的荷载、剪力图、弯矩图之间的关系

	梁上荷载情况	剪　力　图	弯　矩　图
1	无分布荷载 ($q=0$)	F_Q图为水平直线 $F_Q=0$ $F_Q>0$ $F_Q<0$	M图为斜直线 $M<0$ $M=0$ $M>0$ 下斜直线 上斜直线
2	均布荷载q向上作用	上斜直线	上凸曲线

续表

	梁上荷载情况	剪力图	弯矩图
3	均布荷载q向下作用	下斜直线	下凸曲线
4	集中力作用 F_P	C截面有突变	C截面有转折
5	集中力偶作用	C截面无变化	C截面有突变
6		$F_Q = 0$ 截面	M 有极值

[例 6-7] 画出如图 6-22a、图 6-23a 所示梁的剪力图、弯矩图。

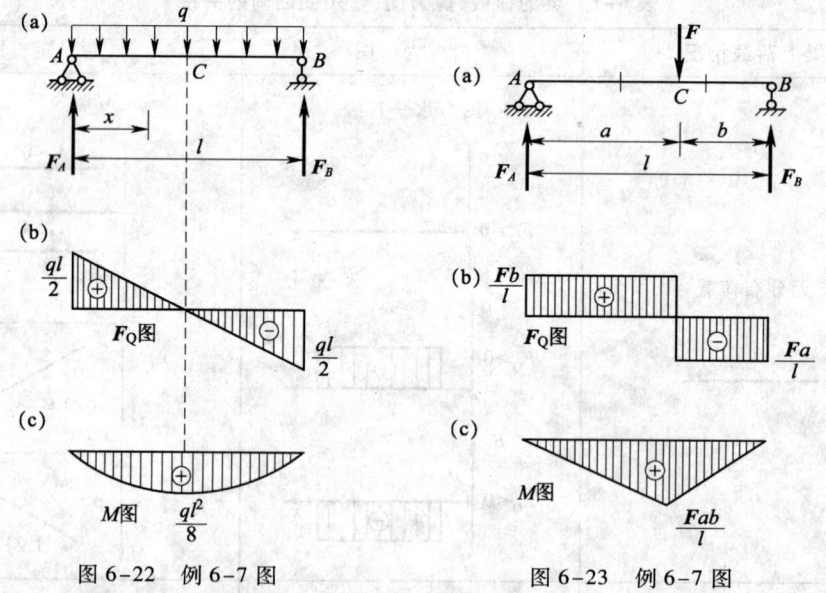

图 6-22 例 6-7 图　　　　图 6-23 例 6-7 图

[解] 图 6-22a:
(1) 求支座约束力。由对称关系可得:
$$F_A = F_B = ql/2(\uparrow)$$
(2) 分析图形的几何形状,计算各控制截面的弯矩值和剪力值。

第6章 建筑力学基础知识

因 q 为常数,所以剪力图为直线,需确定两个控制截面的剪力值。弯矩图为曲线,需确定3个控制截面的弯矩值。

$$F_{QA} = -F_{QB} = F_A = ql/2$$
$$M_A = M_B = 0$$
$$M = F_A \times l/2 - q \times l/2 \times l/4 = ql^2/8$$

(3)画剪支梁的剪力图和弯矩图。

由内力图的形状和控制截面的内力值即可画出梁的内力图,如图6-22b、c所示。

图6-23a:

用与上述相同的方法可画出如图6-23a所示梁的剪力图和弯矩图,如图6-23b、c所示。

3. 梁弯曲时的应力及强度条件

(1)梁弯曲时的应力

内力在一点处的分布集度称为应力。与截面垂直的应力称为正应力,用 σ 表示;与截面相切的应力称为剪应力,用 τ 表示。

梁的横截面上有剪力 F_Q 和弯矩 M 两种内力存在,它们在梁横截面上分别产生剪应力 τ 和正应力 σ。剪应力沿截面高度呈抛物线形变化,中性轴处剪应力最大;正应力的大小沿截面高度呈线性变化,中性轴上各点为零,上下边缘处最大。

对于等截面梁来说,最大正应力的值为

$$\sigma_{max} = My_{max}/I_z$$

式中 I_z 称为截面的惯性矩,它是一个与截面形状和尺寸有关的几何量,对高为 h、宽为 b 的矩形截面,其截面惯性矩为 $bh^3/12$,对直径为 d 的圆形截面,其截面惯性矩为 $\pi d^4/64$。y_{max} 为截面边缘到中性轴的距离。

[例6-8] T形截面外伸梁,梁上荷载及梁的尺寸如图6-24a、b所示,试分析该梁中最大拉应力的所在位置,并写出最大拉应力的表达式(I_z 为已知)。

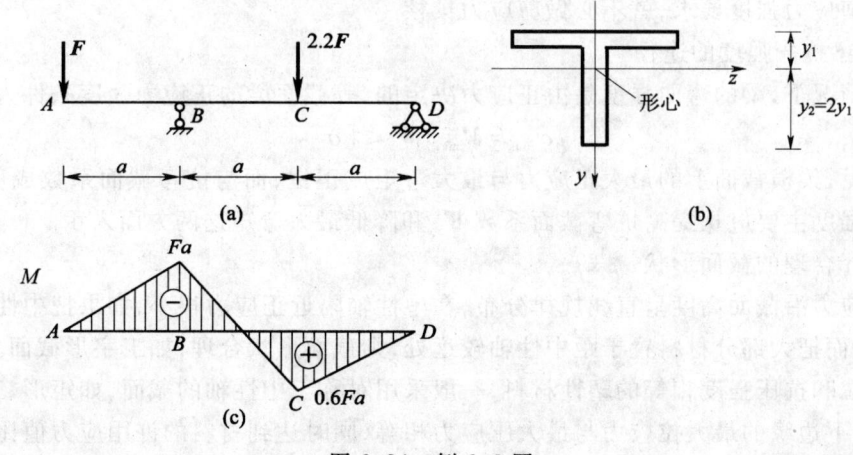

图6-24 例6-8图

[解] (1)作弯矩图,如图6-24c所示。

(2) B 截面: $\sigma_{max}^{拉} = \dfrac{M_B}{I_z} \cdot y_1 = \dfrac{Fay_1}{I_z}$

(3) C 截面: $\sigma_{max}^{拉} = \dfrac{M_C}{I_z} \cdot 2y_1 = \dfrac{1.2\,Fay_1}{I_z}$

所以

$$\sigma_{max}^{拉} = \frac{1.2\,Fay_1}{I_z}$$

对于中性轴是截面对称轴的等截面梁,最大正应力的值为

$$\sigma_{max} = M_{max}/W_z$$

式中 W_z 称为抗弯截面系数,它是一个与截面形状和尺寸有关的几何量,对高为 h、宽为 b 的矩形截面,其抗弯截面系数为 $bh^2/6$,对直径为 d 的圆形截面,其抗弯截面系数为 $\pi d^3/32$。

梁的最大剪应力发生在剪力最大的横截面的中性轴上,其值为

$$\tau_{max} = F_{Qmax} S_{zmax}/(I_z \cdot b)$$

式中 S_{zmax} 为中性轴以下(或以上)截面面积对中性轴的静矩,I_z 为截面的惯性矩。

(2) 正应力强度条件

为了使梁能安全地工作,必须使截面上的最大正应力 σ_{max} 不超过材料的许用应力 $[\sigma]$,这就是梁的正应力强度条件,即:

$$\sigma_{max} \leqslant [\sigma]$$

(3) 剪应力强度条件

梁的剪应力强度条件为

$$\tau_{max} \leqslant [\tau]$$

在梁的计算中,必须同时满足正应力和剪应力两个强度条件。通常先按正应力强度条件设计出截面尺寸,然后按剪应力强度条件进行校核。对于细长梁,按正应力强度条件设计的梁,一般都能满足剪应力强度要求,就不必做剪应力校核。

4. 提高梁抗弯强度的途径

在通常情况下,梁的弯曲强度是由正应力决定的,等截面梁的正应力强度条件为

$$\sigma_{max} = M_{max}/W_z \leqslant [\sigma]$$

由此可见,梁横截面上的最大正应力与最大弯矩成正比,而与抗弯截面系数成反比,所以提高梁的抗弯强度主要应从提高抗弯截面系数 W_z 和降低最大弯矩这两方面入手。

(1) 选择合理的截面形状

弯曲正应力沿截面高度呈直线规律分布,在中性轴附近正应力很小,如果把中性轴附近的材料尽量减少,而把大部分材料置于距中性轴较远处,则截面形状合理,如工字形截面。

对于抗拉和抗压强度相等的塑性材料,一般采用对称于中性轴的截面,如矩形、工字形、圆形等截面,使上下边缘的最大拉应力与最大压应力相等,同时达到材料的许用应力值比较合适。

对于抗拉和抗压强度不相等的脆性材料,最好选择不对称于中性轴的截面,如 T 形截面,使截面受拉、受压的边缘到中性轴的距离与材料的抗拉、抗压的许用应力成正比,这样截面上的最大拉应力和最大压应力将同时达到许用应力。

(2) 合理安排梁的受力情况以降低弯矩最大值

由内力分析可以得出,合理布置梁的支座,如把简支梁的支座向中间移动;适当增加梁的支座;将集中荷载分散布置,可以降低梁的最大弯矩。

(3) 采用变截面梁

在弯矩较大处采用较大的截面,弯矩较小处采用较小的截面,即采用变截面梁可以充分利用材料。如在房屋建筑中的阳台及雨篷挑梁。

5. 梁的刚度条件

构件抵抗变形的能力称为刚度。梁在荷载作用下发生弯曲变形,如果弯曲变形过大,就会影响结构的正常工作。如楼面梁变形过大,会使下面的抹灰层开裂或脱落,因此梁的变形必须在规定的范围之内,以保证梁的正常工作。

梁在发生弯曲变形后,梁的轴线由直线变成一条连续光滑的曲线,这条曲线叫梁的挠曲线。如图 6-25 所示,每个横截面都发生了移动和转动:横截面形心在垂直于梁轴方向的移动叫做截面挠度,通常用 y 表示,并以向下为正;梁的任一横截面相对于原来位置所转动的角度称为梁的转角,用 θ 表示,并以顺时针转动为正。在建筑工程中,通常不需要得出梁的挠曲线和转角,只需要求出梁的最大挠度。实际中的梁受力较复杂,因此用叠加法来做,较为方便,一般可利用表 6-2 中的公式,将梁上复杂荷载拆成单一荷载单独作用情况,直接查表获得每一种荷载单独作用下的挠度和转角,求其代数和,即得到所求梁变形值。这种方法称为叠加法。

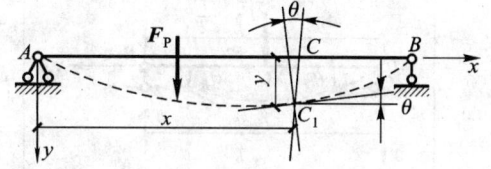

图 6-25 梁的挠曲线

表 6-2 几种常用梁在简单荷载作用下的转角和挠度

序号	支承和荷载作用情况	梁端转角	挠曲轴线方程	最大挠度
1		$\theta_B = \dfrac{F_P l^2}{2EI}$	$y = \dfrac{F_P x^2}{6EI}(3l-x)$	$f_B = \dfrac{F_P l^3}{3EI}$
2		$\theta_B = \dfrac{F_P c^2}{2EI}$	当 $0 \leqslant x \leqslant c$ $y = \dfrac{F_P x^2}{6EI}(3c-x)$ 当 $\leqslant x \leqslant l$ $y = \dfrac{F_P c^2}{6EI}(3x-c)$	$f_B = \dfrac{F_P c^2}{6EI}(3l-c)$
3		$\theta_B = \dfrac{ql^3}{6EI}$	$y = \dfrac{qx^2}{24EI}(x^2 + 6l^2 - 4lx)$	$f_B = \dfrac{ql^4}{8EI}$

续表

序号	支承和荷载作用情况	梁端转角	挠曲轴线方程	最大挠度
4		$\theta_B = \dfrac{q_0 l^3}{24EI}$	$y = \dfrac{q_0 x^2}{120 lEI}(10l^3 - 10l^2 x + 5lx^2 - x^3)$	$f_B = \dfrac{q_0 l^4}{30EI}$
5		$\theta_B = \dfrac{Ml}{EI}$	$y = \dfrac{Mx^2}{2EI}$	$f_B = \dfrac{Ml^2}{2EI}$
6		$\theta_A = -\theta_B = \dfrac{Pl^2}{16EI}$	当 $0 \leqslant x \leqslant \dfrac{l}{2}$ $y = \dfrac{F_P x}{12EI}\left(\dfrac{3l^2}{4} - x^2\right)$	$f_C = \dfrac{Pl^3}{48EI}$
7		$\theta_A = \dfrac{Pab(l+b)}{6lEI}$ $\theta_B = -\dfrac{Pab(l+a)}{6lEI}$	当 $0 \leqslant x \leqslant a$ $y = \dfrac{F_P bx}{6lEI}(l^2 - x^2 - b^2)$ 当 $a \leqslant x \leqslant l$ $y = \dfrac{F_P a(l-x)}{6lEI} \cdot (2lx - x^2 - a^2)$	在 $x = \sqrt{(l^2-b^2)/3}$ 处最大 $f_{\max} = \dfrac{\sqrt{3} Pb}{27 lEI}(l^2 - b^2)^{\frac{3}{2}}$ $f_{x=\frac{l}{2}} = \dfrac{Pb}{48EI}(3l^2 - 4b^2)$ （设 $a > b$）
8		$\theta_A = -\theta_B = \dfrac{ql^3}{24EI}$	$y = \dfrac{qx}{24EI}(l^3 - 2lx^2 + x^3)$	$f_C = \dfrac{5ql^4}{384EI}$
9		$\theta_A = \dfrac{Ml}{6EI}$ $\theta_B = -\dfrac{Ml}{3EI}$	$y = \dfrac{Mx}{6lEI}(l^2 - x^2)$	在 $x = l/\sqrt{3}$ 处最大 $f_{\max} = \dfrac{Ml^2}{9\sqrt{3} EI}$ $f_{x=\frac{l}{2}} = \dfrac{Ml^2}{16EI}$

序号	支承和荷载作用情况	梁端转角	挠曲轴线方程	最大挠度
10	(图：简支梁 AB，A 端作用力偶 m，跨度 l)	$\theta_A = \dfrac{Ml}{3EI}$ $\theta_B = -\dfrac{Ml}{6EI}$	$y = \dfrac{Mx}{6lEI}(l-x)(2l-x)$	在 $x=(1-1/\sqrt{3})l$ 处最大 $f_{max} = \dfrac{Ml^2}{9\sqrt{3}EI}$ $f_{z=\frac{l}{2}} = \dfrac{Ml^2}{16EI}$

注：在图示直角坐标系中，关于挠度和转角的正负号按照下列规定：

挠度：向下（即与 y 轴的正向相同）为正，向上的为负；

转角：顺时针转向为正，逆时针转向为负。

在建筑工程中，一般只需校核梁的挠度，不需校核梁的转角，梁的最大挠度一般用 f 表示，梁的允许挠度用 $[f]$ 表示。通常用相对挠度 $[f/l]$ 来表示梁的刚度条件。即

$$f/l \leq [f/l]$$

其中 l 为梁的跨度。

一般钢筋混凝土梁的 $[f/l] = 1/200 \sim 1/300$；

钢筋混凝土吊车梁的 $[f/l] = 1/500 \sim 1/600$。

工程设计中，先按强度条件设计，再按刚度条件校核。

现将几种常用梁在简单荷载作用下的转角和挠度列于表 6-2。

6．提高梁刚度的措施

从梁的最大挠度的表达式可知，梁的最大挠度与梁的荷载、跨度、支承情况、横截面的惯性矩、材料的弹性模量 E 有关，所以要提高梁的刚度，应从以上因素入手。

（1）提高梁的抗弯刚度 EI

对于低碳钢和优质钢，增加 E 意义不大，因为两者相差不大。只有增大梁的截面惯性矩，在面积不变的情况下，将材料分布于距离中性轴较远处，增大 EI，减少梁的挠度，如工程中常采用的箱形、工字形截面等。

（2）减少梁的跨度

因为梁的挠度与跨度 l 的 4 次幂成正比，所以减少梁的跨度，可提高梁的刚度。

（3）改善加载方式

在条件许可下，可适当改善荷载方式，尽量采用均布荷载，亦可降低弯矩，减小变形。

（二）轴向拉伸和压缩变形

1．轴向拉伸和压缩变形的概念

轴向拉伸和压缩变形是杆件的一种基本变形。杆件受到的外力的合力作用线与杆件重合，杆件产生纵向伸长或缩短变形，产生轴向拉伸或压缩变形的杆件称为拉杆或压杆。

2．拉、压杆的轴力与轴力图

拉杆或压杆在外力作用下会产生作用线与杆轴相重合的内力，称谓轴力。用符号 F_N 表示。

杆件内任意横截面上的轴力，其大小等于该截面任意一侧所有外力沿杆轴方向投影的代数和。如外力背离所求截面，轴力为正；反之为负。如图 6-26a 所示，杆件各横截面上的轴力为正，

如图 6-26b 所示，杆件各横截面上的轴力为负。

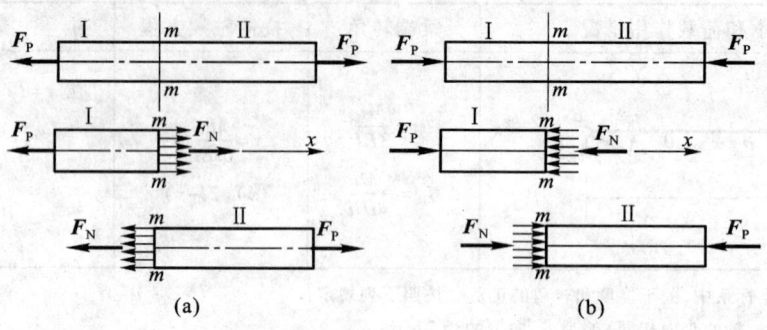

图 6-26　拉、压杆的轴力

用平行于轴线的坐标表示横截面的位置，垂直于杆轴线的坐标表示各横截面轴力的大小，绘出的图形称为轴力图。轴力图可直观地反映轴力与截面的位置关系。

3．拉、压杆的应力及强度条件

拉、压杆的横截面上有轴力存在，它在杆件横截面上各点处产生正应力，且大小相等。正应力也随轴力有正负之分。

为了保证构件能安全地工作，杆内最大的应力不得超过材料的容许应力，这就是拉压杆的强度条件。即

$$\sigma_{max} = F_{Nmax}/A \leqslant [\sigma]$$

在拉、压杆中，产生最大正应力的截面称为危险截面。对于等截面拉、压杆，其轴力最大的截面就是危险截面。

4．拉、压杆的变形及胡克定律

杆件受轴向力作用时，沿杆轴方向产生伸长（缩短），称为纵向变形；同时杆的横向尺寸将减小（增大），称为横向变形，如图 6-27 所示。杆的变形程度，一般由单位长度的纵向变形量来反映，单位长度的纵向变形量称为纵向线应变。用 ε 来表示，即

$$\varepsilon = \Delta L/L = (L_1 - L)/L$$

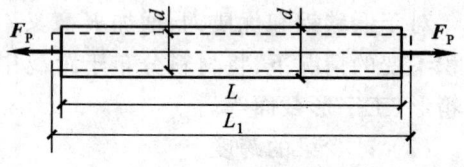

图 6-27　拉压杆的变形

式中 ΔL 表示杆件沿轴线方向的变形量，L 表示杆件原长。

实验证明，当杆的应力未超过比例极限时，满足下列关系式：

$$\Delta L = F_N L/EA \text{ 或 } \sigma = E \cdot \varepsilon$$

上式称为胡克定律，它揭示了材料内力与应变之间的关系。

（三）扭转

1．扭转变形的概念

扭转变形是杆件的一种基本变形。在垂直杆件轴线的平面内，作用一对大小相等、方向相反的力偶时，杆件就产生扭转变形，其变形特点是各截面绕杆的轴线发生相对转动。杆件任意两截面的相对角位移称为扭转角，一般用 φ 表示，如图 6-28 所示。

2. 扭矩和扭矩图

杆件在外力偶作用下,产生扭转变形,在横截面会产生内力偶,横截面上产生的内力偶矩 T 称为扭矩。

杆件内任意横截面上的扭矩,其大小等于该截面任意一侧所有外力偶的力偶矩的代数和,用右手四指环绕的方向表示外力偶的转向,如大拇指的指向背离截面,扭矩为正,反之为负,如图 6-29 所示。

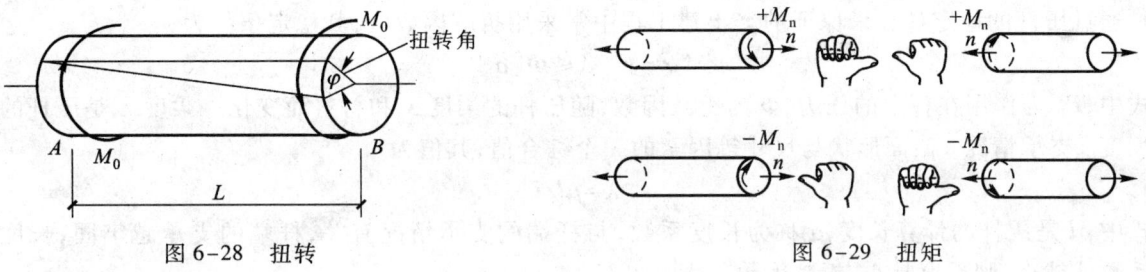

图 6-28 扭转　　　　　　　　图 6-29 扭矩

用平行于轴线的坐标表示横截面的位置垂直于杆轴线的坐标表示各截面的扭矩绘出的图形,称为扭矩图,扭矩图可直观反映各横截面扭矩的变化规律。

3. 扭转时的应力及强度、刚度条件

杆件扭转时,横截面上的应力为剪应力。对于矩形截面,整个截面上的最大剪应力发生于矩形长边的中点,且

$$\tau_{max} = T/W_t$$

式中 W_t 为抗扭截面系数,与截面的形状和尺寸有关。

杆件扭转时的强度条件为

$$\tau_{max} \leqslant [\tau_{max}]$$

杆件扭转时刚度条件为

$$\varphi/L \leqslant [\varphi/L]$$

(四) 剪切变形

杆件在一对大小相等、方向相反、距离很近的横向力(与杆轴垂直的力)作用下,相邻横截面沿外力方向发生错动,这种变形称为剪切变形。

如图 6-30 所示是上下两块钢板用铆钉连接,铆钉承受由钢板传来的力,上部力向右,下部力向左,作用力均与铆钉轴线垂直,相距很近,铆钉将产生剪切变形。

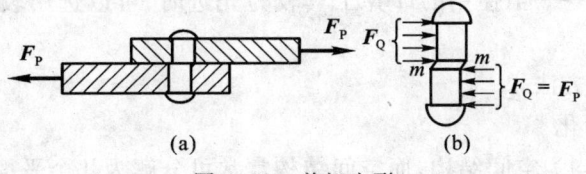

图 6-30 剪切变形

保证构件在剪切情况下的安全性,必须使构件在外力作用下所产生的剪应力不超过材料的容许剪应力。即剪切时的强度条件为

$$\tau = Q/A \leq [\tau]$$

(五)压杆稳定的概念

由工程经验和实验研究结果表明,对于细长的压杆,在还没有达到材料强度破坏时,会突然失去平衡的稳定性而发生破坏,这种现象称为"失稳"。因此,对于压杆而言,除了满足强度要求以外,还要求其在工作时具有保持平衡状态稳定性的能力,即具有足够的稳定性。压杆的稳定性是通过压杆的稳定计算来保证的。土建工程中常采用折减因数法,其稳定条件为

$$\sigma = F_P/A \leq \Phi[\sigma]$$

式中,F_P 为作用在杆上的压力,Φ 为折减因数,随压杆的柔度 λ 和材料而变化。柔度 λ 是压杆的长度、支承情况、截面形状与尺寸等因素的一个综合值,其值为

$$\lambda = \mu l/i$$

式中 μl 是压杆的计算长度,μ 称为长度系数,与杆端的支承情况有关,杆端的支承越牢固,长度系数就越小,则柔度越小,折减因数越大。

三、结构的内力分析

(一)结构的计算简图

结构是指建筑材料按照一定的方式组成并能承受荷载作用的构件或由其组成的整体。它按几何特征可以分为杆系结构、板壳结构和块体结构。工程中最常用的结构为杆系结构。杆系结构由杆件组成。杆件的特点是其截面尺寸远小长度。当组成结构的各杆轴线都在同一平面时,称为平面杆系结构。

1. 计算简图的简化原则

工程结构的实际受力情况是很复杂的,完全按照其实际受力情况计算是不现实、也是不必要的。因此,必须有意识的忽略一些次要因素,把在主要方面具有共同特征的结构进行典型化,并采用一种简化了的图形来代替实际结构。这种简化了的图形称为该结构的计算简图。确定结构的计算简图时必须注意下列原则:

① 符合结构实际情况——计算简图应能正确反映结构的实际受力情况,使计算结果尽可能精确。

② 分清主次因素——计算简图可以略去次要因素,使计算简化。

③ 视计算工具而定——当使用的计算工具较为先进时,可以选择较为精确的计算简图,从而提高计算精度

2. 计算简图的简化方法

(1) 结构、杆件的简化

工程中的实际结构均为空间结构,而空间结构常常可分解为几个平面结构来计算,结构的杆件均可用其轴线来代替。

(2) 结点的简化

在杆系结构中,几根杆件相互连接的地方称为结点。在计算简图中,结构的结点通常可简化

为铰接点和刚接点,如结点处各杆间的夹角可以改变,则简化为铰接点,各杆的铰接点不产生弯矩。如接点处各杆间的夹角保持不变,则简化为刚接点,各杆的刚接点一般产生弯矩。

(3) 支座的简化

平面杆系结构的支座,常用的有以下四种:

① 活动铰支座(图6-31a)——杆端A沿水平方向可以移动,绕A点可以转动,但沿支座杆轴方向不能移动。

② 固定铰支座(图6-31b)——杆端A绕A点可以转动,但沿任何方向均不能移动。

③ 固定端支座(图6-31c)——左端支座为固定端支座,它既不能移动,也不能转动。

④ 定向支座(图6-31d)——这种支座只允许杆端沿垂直支座杆轴方向移动,而沿其他方向不能移动,也不能转动。

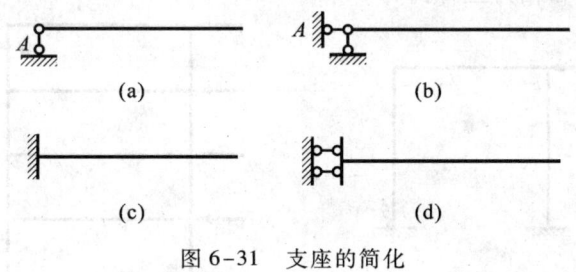

图6-31 支座的简化

(二) 平面杆系结构的分类

平面杆系结构根据其受力特点和变形特征可分为如下几种。

1. 梁

梁是一种以受弯为主的水平构件,可以是单跨的,如图6-32a所示,也可以是多跨的,如图6-32b所示;可以是静定的,如图6-32a所示,也可以是超静定的,如图6-32c、d所示。梁的横截面上有弯矩和剪力两种内力。

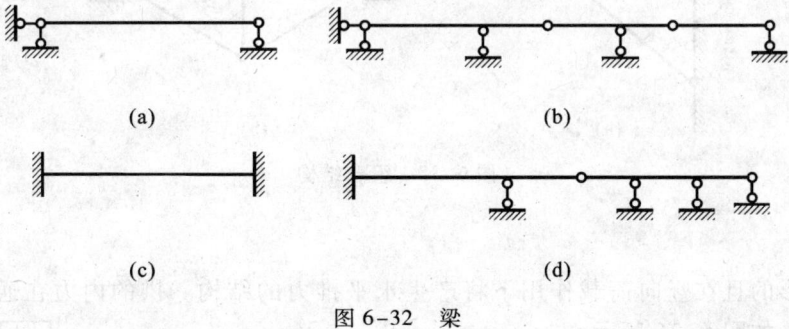

图6-32 梁

2. 桁架

桁架是由若干根杆件在两端用理想铰连接而成的结构。如图6-33所示。在结点荷载作用下,各杆只产生轴力。

3. 刚架

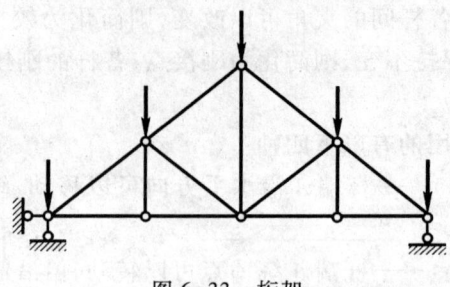

图 6-33 桁架

刚架在一般情况下杆件均为直杆,且各杆连接处均为刚接点,如图 6-34 所示。刚架中的各杆横截面上有弯矩、剪力和轴力三种内力。

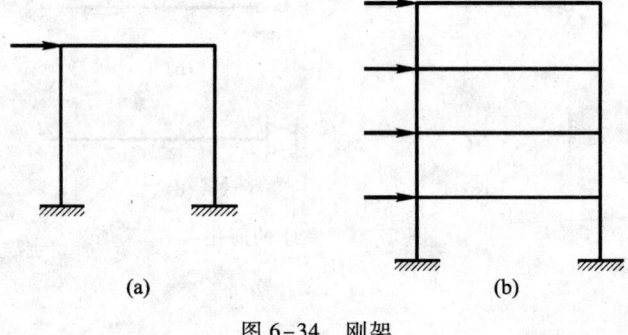

图 6-34 刚架

4. 组合结构

组合结构通常是指由桁架杆件和梁组合而成的结构。其中桁架杆件只产生轴力,梁主要产生弯矩和剪力,如图 6-35 所示。

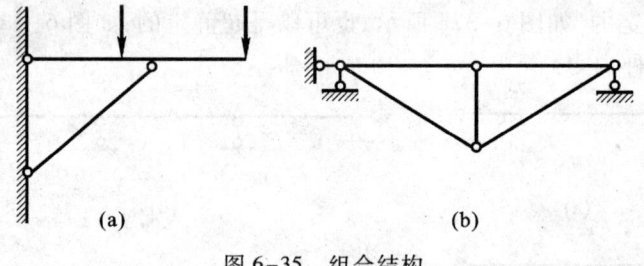

图 6-35 组合结构

5. 拱

拱是曲杆形的且在竖向荷载作用下将产生水平推力的结构。拱的内力在通常情况下有弯矩、剪力和轴力,如图 6-36 所示。

（三）静定平面刚架

刚架是由直杆组成的具有刚接点的结构。各杆轴线和外力作用线在同一平面内的刚架称平面刚架。刚架整体性好,内力较均匀,杆件较少,内部空间较大,所以在工程中得

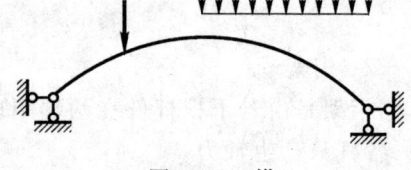

图 6-36 拱

到广泛应用。

静定平面刚架常见的形式有悬臂刚架、简支刚架及三铰刚架等，分别如图 6-37、图 6-38 和图 6-39。

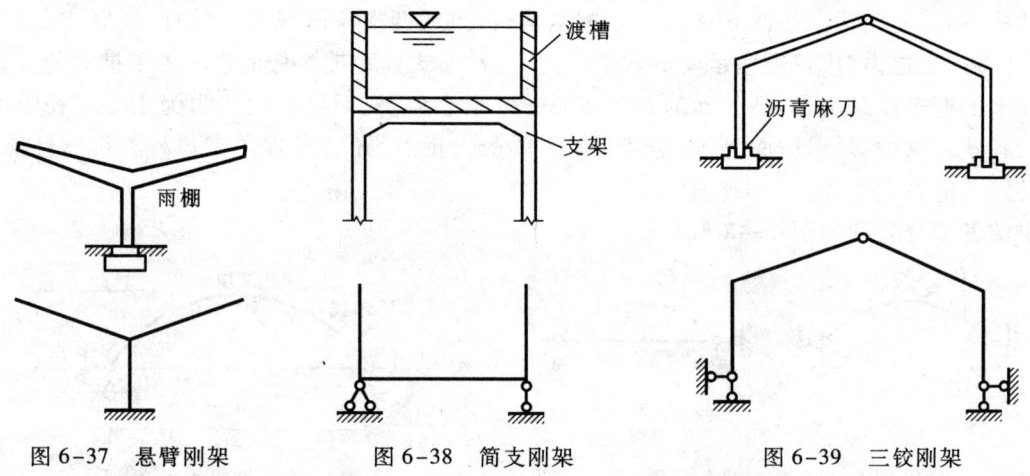

图 6-37　悬臂刚架　　　图 6-38　简支刚架　　　图 6-39　三铰刚架

从力学角度看，刚架可看作由梁式杆件通过刚接点连接而成。因此，刚架的内力计算和内力图绘制方法基本上与梁相同，但在梁中内力一般只有弯矩和剪力，而在刚架中除弯矩和剪力外，还有轴力。其剪力和轴力正负号规定与梁相同，剪力图和轴力图可画在杆件的任一侧，但必须注明正、负号。刚架中，杆件的弯矩通常不规定正、负符号，计算时可假设任一侧受拉为正，根据计算结果来确定受拉的一侧，弯矩图画在杆件受拉一侧而不需注明正、负符号。

静定刚架计算时，一般先求出支座约束力，然后求各控制截面的内力，再将各杆内力画竖标、连线即得最后内力图。

悬臂式刚架可不求支座约束力，由悬臂端至控制截面的已知外力即可求出各控制截面的内力。

简支刚架可由整体平衡条件求出支座约束力，再由控制截面一侧的外力即可求出各控制截面的内力。

三铰刚架可由整体平衡条件求出两个竖向支座约束力，再取半跨刚架为研究对象，对中间铰接点处列出弯矩平衡方程，即可求出水平支座约束力。

（四）静定拱

拱是杆轴为曲线且在竖向荷载下产生水平推力的结构。常见的拱有三铰拱、二铰拱和无铰拱，如图 6-40a、b 和 c 所示。三铰拱是静定的，后两种拱都是超静定的。

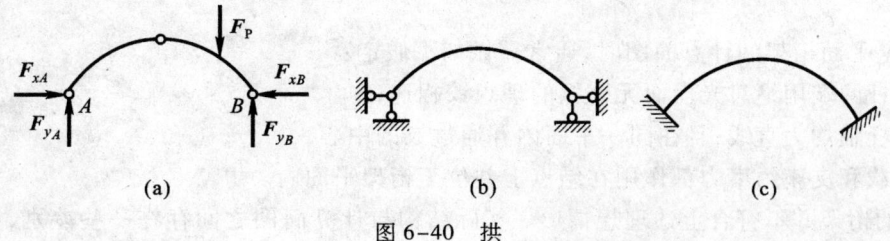

图 6-40　拱

拱与梁的区别不在于杆轴线的曲直,而在于其在竖向荷载作用下支座是否产生水平约束力(又称推力)。在竖向荷载下是否产生推力是区别梁与拱的主要标志。如图 6-41a 所示的结构,虽然其杆轴为曲线,但在竖向荷载作用下,支座并不产生水平约束力,所以它不是拱式结构而是梁式结构,称其为曲梁。如图 6-41b 所示的结构,在拱的两支座间设置了拉杆,在竖向荷载作用下,拉杆将产生拉力,代替支座承受的水平推力,这种形式称为带拉杆的拱。由于推力的存在,拱各截面上的弯矩比跨度、荷载相同的梁各截面的弯矩小得多,而以轴向压力为主。工程中用砖、石等材料建造拱桥、拱形屋面等,就是利用了拱的受力特点,充分发挥了砌体材料抗压性能好而抗拉性能差的力学性能。

拱的各部分名称如图 6-42 所示

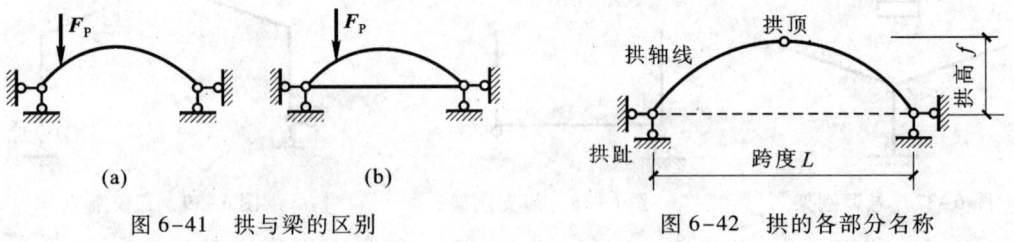

图 6-41　拱与梁的区别　　　　　图 6-42　拱的各部分名称

拱的两端支座称为拱趾,两拱趾间的水平距离称为拱的跨度,拱轴上的最高点称为拱顶。拱顶至两拱趾水平连线的竖向距离称为拱高。拱高与跨度之比 f/L 称为高跨比,是拱的基本参数。

(五) 静定平面桁架

梁主要承受弯矩,其内力沿轴线方向的分布是不均匀的,而梁横截面上的应力分布也是不均匀的。如图 6-43a 所示,因此,其材料并未得到充分利用,且自重较大。而桁架结构中的各杆主要承受轴力,每根杆上应力分布均匀,如图 6-43b 所示,因此,其材料得到了充分利用,由此可见,桁架比梁能节省材料,减轻自重,所以其在大跨结构中多被采用。如单层厂房的屋架和南京长江大桥的主体结构都是桁架结构。

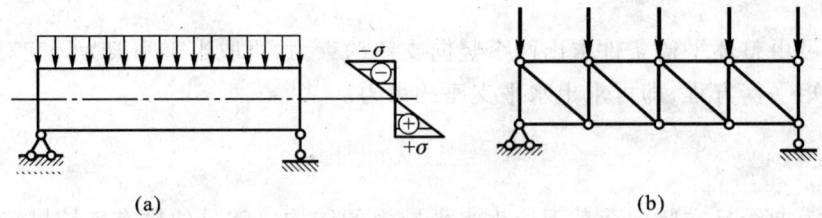

图 6-43　静定平面桁架

在确定平面桁架的计算简图时,通常需做如下假定:
① 各杆两端用绝对光滑而无摩擦的理想铰相连;
② 各杆轴均为直线,且在同一平面内并通过铰的中心;
③ 荷载和支座约束力都作用在结点上并位于桁架平面内。
实际的桁架并不符合上述理想情形。实际结构与计算简图之间存在一些差别,如结点的刚

性,杆轴不可能准确地交于一点,非结点荷载,结构的空间作用,等等。通常把按理想平面桁架算得的应力称为主应力,而把上述一些因素产生的附加应力称为次应力。理论计算和试验及实际量测的结果表明,在一般情况下次应力的影响较小,可以忽略不计。

桁架的杆件,依其所在位置不同,可分为弦杆和腹杆两大类。弦杆是指桁架上下外围的杆件,上边的杆件称为上弦杆,下边的杆件称为下弦杆。上弦杆和下弦杆之间的杆件称为腹杆。腹杆又分为斜杆和竖杆。弦杆上相邻两结点间的区间称为节间,其间距称为节间长度。两支座间的水平距离 L 称为跨度。

不同形式的桁架,其内力分布和适用场合亦不相同,要选择适当形式的桁架,必须明确桁架形式对其内力分布和构造上的影响,以及它们的应用范围。

图 6-44 就三种最常用的桁架——平行弦桁架、抛物线形桁架和三角形桁架的内力分布情况(内力系数)进行比较。由图可见,弦杆的外形对桁架内力分布有很大的影响。

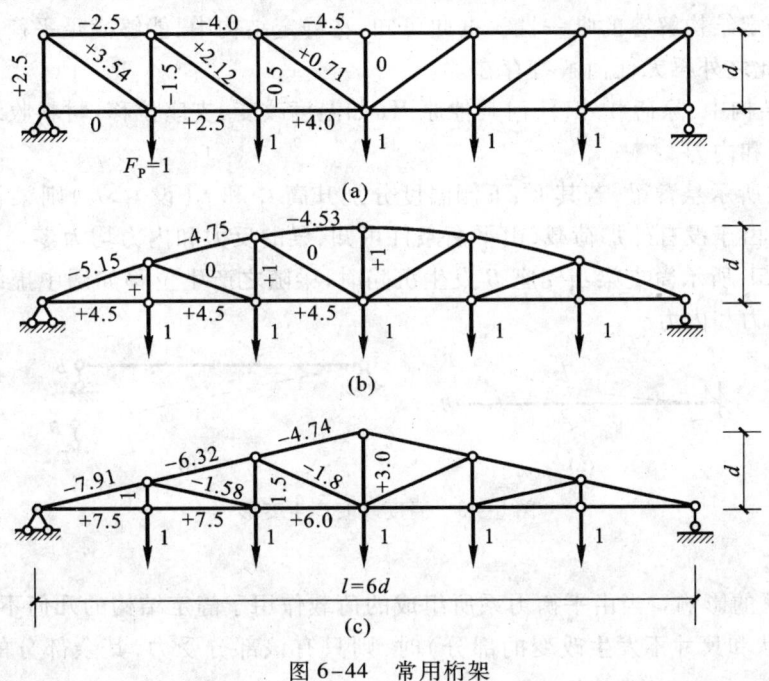

图 6-44 常用桁架

由这三种桁架的内力分布情况,可得出如下结论:

① 平行弦桁架(图 6-44a)的内力分布不均匀,弦杆内力由两端向跨中递增,腹杆内力由两端向跨中递减。因而各节间弦杆截面不一,增加拼接的困难;如采用同样的截面,则造成材料浪费。但平行弦桁架在构造上有许多优点,如所有弦杆、斜杆、竖杆长度都分别相等,所有结点处相应各杆的交角均相同等,因而有利于标准化。平行弦桁架一般常用于轻型桁架,这样便于采用相同截面的弦杆,而不致有很大的材料浪费。

② 抛物线形桁架(图 6-44b)的内力分布比较均匀,上弦杆的内力近乎相等,腹杆的内力较小,因而此形式的桁架受力情况合理,材料使用上最为经济。但其上弦杆在每一节间的倾角都不相同,结点构造较为复杂,施工不便。抛物线形桁架一般用于大跨度桥梁(例如 100~150 m)及

大跨度屋架(18～30 m)中。另外折线形桁架的受力介于抛物线形桁架和三角形桁架之间,多在跨度 18～24 m 的工业厂房中采用。

③ 三角形桁架(图 6-44c)的内力分布也不均匀,弦杆内力在两端最大,且支座结点处上下弦夹角较小,构造布置较为复杂。但三角形桁架两面斜坡的外形,符合某些屋面做法对屋面坡度的要求,故在跨度较小,坡度较大的屋盖结构中多采用三角形桁架。

(六) 静定结构的受力特性

静定结构是工程中常见的一种结构形式。静定结构从几何组成到内力分析均有许多特性,掌握这些特性对了解静定结构的性能和正确进行内力分析都是有益的。

1. 静定结构的静力特征

① 静定结构的全部约束力和内力均可由静力平衡方程求得,而且得到的解答是唯一的和有限的。这就是静定结构解答的唯一性。据此可知,在静定结构中,能够满足平衡条件的解答就是真正的解答,除此之外再无任何解答存在。

② 在静定结构中,除荷载外,任何其他原因(如温度改变、支座位移、材料收缩、制造误差等)均不产生约束力和内力。

如图 6-45a 所示悬臂梁,若其上、下侧温度分别升高 t_1 和 t_2(设 $t_1 > t_2$)则梁将产生如图中虚线所示的变形。由于没有外加荷载,由平衡条件可知,梁的反力和内力均为零。

又如图 6-45b 所示简支梁当支座 B 发生沉陷时,梁随之产生位移如图中虚线所示,同样,梁不产生任何约束力和内力。

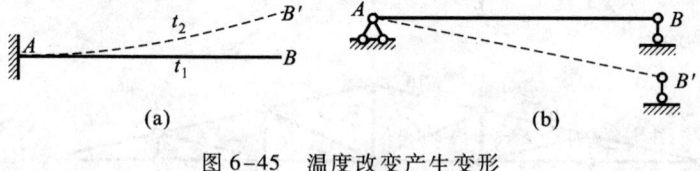

图 6-45 温度改变产生变形

③ 平衡力系的影响 当由平衡力系所组成的荷载作用于静定结构的几何不变部分(在荷载作用下,几何形状和尺寸不发生改变的部分)时,则只有该部分受力,其余部分的内力和约束力均为零。

例如图 6-46a 所示结构,仅 AB 部分有内力,其余部分内力以及支座约束力均为零。如图 6-46b 所示结构仅 CD 部分有内力,其余部分均不受力。这种情形具有普遍性,但当平衡力系所作用的部分本身不是几何不变部分时,则上述结论一般不能适用,如图 6-46c 所示,整个结构都有约束力和内力产生。

2. 静定结构受力分析

静定结构的受力分析,一般是利用整体平衡方程先求出支座约束力,然后由截面一侧已知的外力利用前述求内力的方法即可求出各截面的内力。

(1) 单元形式及未知力

从结构中截取的单元(脱离体)可以是结点、杆件或杆系。桁架的结点法即是以结点为单元;静定梁和静定刚架的计算一般以杆件为单元;桁架的截面法截取的单元则是一个杆件体系。

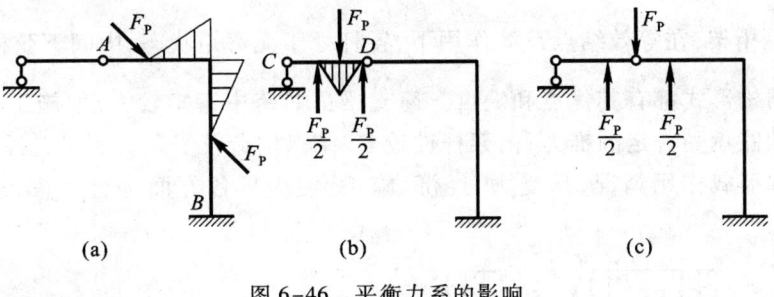

图 6-46 平衡力系的影响

如图 6-47a、b、c 所示分别表示了截取的结点单元、杆件单元以及杆系单元的计算方法。

(2) 计算的简化

选择建立不同的平衡方程有助于使计算简化。简化的目的在于尽量用一个方程求解一个未知力，避免解联立方程。另外，了解结构的内在规律，也能简化计算。例如在图 6-47a 中，如能认识到 AC 和 BC 都是链杆，只产生轴力，就可以取结点 C 点为脱离体解出内力。否则，必须通过整体平衡方程及半跨平衡方程先求出四个支座约束力，然后求解内力。在桁架计算中先识别零杆往往也能简化计算。利用对称结构在对称荷载作用下，约束力和内力是对称的这一规律，可以只计算半跨结构，另一半内力可利用对称性求出。

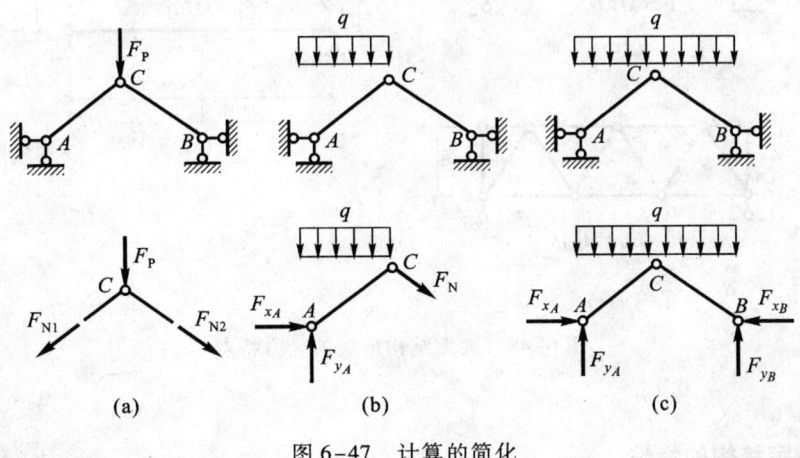

图 6-47 计算的简化

3. 几种典型结构形式的受力特点

图 6-48 中绘出了 5 种在相同跨度和相同荷载作用下的典型结构形式，现将其力学特点进行比较：

图 6-48a 是简支梁，其跨中弯矩 $M_C^0 = \dfrac{1}{8}ql^2$；

图 6-48b 是外伸梁，其弯矩峰值为 $1/6 M_C^0$；

图 6-48c 是带拉杆的三角形拱结构，其弯矩峰值为 $1/4 M_C^0$；

图 6-48d 是抛物线形三铰拱，由于拱轴为合理拱轴，故处于无弯矩的状态，杆件轴心受压；

图 6-48e 是桁架，在等效结点荷载作用下，各杆处于无弯矩状态，中间下弦杆的轴力为 $\dfrac{M_C^0}{h}$。

上述各种结构形式都有其优点和缺点。简支梁虽然跨中弯矩较大，但施工简单，使用方便；三铰拱要求基础能承受一定的推力；桁架杆件较多，结点构造较复杂。所以选择结构形式时应根据不同的跨度和荷载作用情况，从受力、经济、施工、使用等各方面综合考虑，进行全面分析和比较。

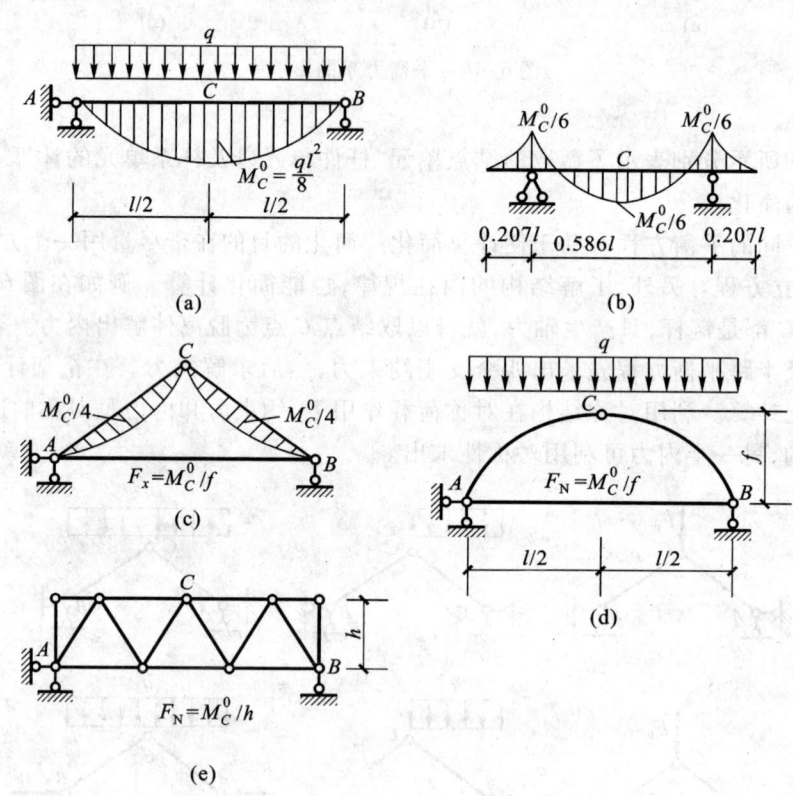

图 6-48　典型结构形式的受力特点

（七）超静定结构的特性

能由静力平衡条件计算出结构的全部支座约束力和杆件内力的结构称为静定结构，仅由静力平衡条件无法计算出结构的全部支座约束力和杆件内力的结构称为超静定结构。上述的静定结构如增加约束，则变成超静定结构。

超静定结构较之静定结构具有下列重要特性。

① 静定结构当有支座移动、温度改变、制造误差等因素影响时，都不会产生内力，而在超静定结构中，任何因素都可能引起内力。这是由于多余联系将阻碍由于上述因素而引起的结构变形，从而使结构产生内力。

② 静定结构的内力仅由静力平衡条件即可确定，其值与结构的材料性质和截面形状尺寸无关；而超静定结构的内力不能由静力平衡条件全部确定下来，还需要补充变形条件，因此，其内力

与结构的材料性质及截面形状尺寸有关。

③ 静定结构当其任一联系被破坏后即变为几何可变体系（在忽略材料变形的条件下，受力后，几何形状和位置改变的体系），而失去承载能力。而超静定结构任一多余联系遭到破坏后，仍可能为几何不变体系（在忽略材料变形的条件下，受力后，几何形状和位置不变的体系）。因此，从抵抗突然破坏的观点来说，超静定结构较静定结构具有较大的防御能力。

④ 在局部荷载作用下，超静定结构较静定结构影响范围大，从而减小了局部较大的内力和位移，例如图6-49a所示两跨连续梁，当左跨受一荷载作用时，右跨产生内力。整个结构都承受内力，从而使左跨内力、变形减小。而图6-49b所示两跨静定梁，当左跨受一荷载作用时，仅左跨产生内力，右跨不产生内力。从而使左跨受力及变形相对较集中。

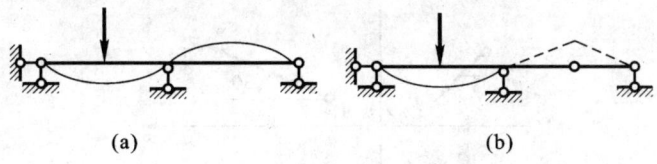

(a)   (b)

图6-49 静定结构和超静定结构

小　结

- 受力图应画出研究对象的全部外力，这些外力包括直接作用在研究对象上的已知外力和解除约束后的约束力。约束力一般是未知力，应根据约束类型来确定。
- 静力学的基本概念包括：刚体、力、平衡力系、力矩和力偶等。
- 判断作用在研究对象上的力系属于哪种力系，列出相应的平衡方程，根据相应的平衡方程可求得静定结构的约束反力。
- 杆件的基本变形形式及受力特点。杆件的变形是由受力情况决定的。根据杆件的受力情况可判断杆件的变形形式，从而确定横截面上的内力和应力。
- 以平行于杆件的轴线表示横截面的位置，垂直杆轴方向的坐标表示横截面的内力，即得到杆件的内力图。
- 杆件的强度、刚度条件和稳定性要求。杆件截面上的最大应力不能超出材料的容许应力，所以其必须满足相应的强度条件。杆件的变形应控制在容许变形范围以内，即应满足相应的刚度条件。对于细长的压杆，还需进行稳定性的验算。
- 能由静力平衡条件计算出结构的全部支座约束力和杆件内力的结构称为静定结构，仅由静力平衡条件无法计算出结构的全部支座约束力和杆件内力的结构称为超静定结构。

复　习　题

(1) 画出图6-50所示各物体的受力图。

(2) 已知 $F_1 = 100\text{ N}$，$F_2 = 60\text{ N}$，$F_3 = 40\text{ N}$，$F_4 = 50\text{ N}$，各力方向如图6-51所示，试分别求各力在 x 轴及 y 轴上的投影。

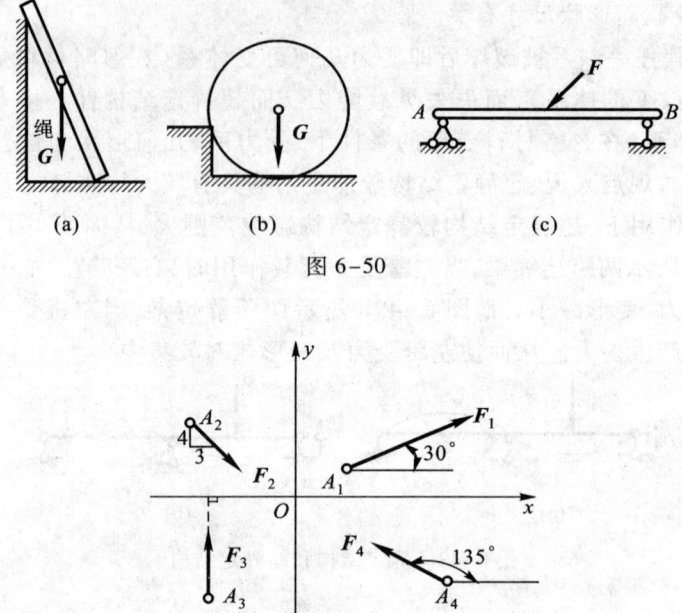

图 6-50

图 6-51

(3) 试求图 6-52 中力 F 对 O 点之矩。

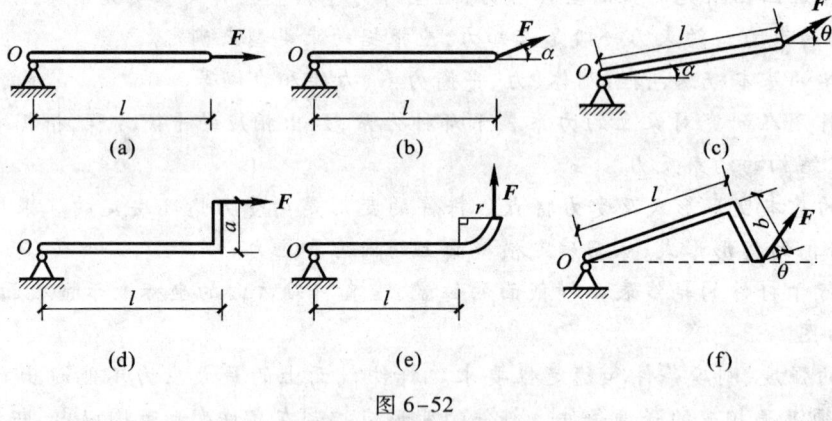

图 6-52

(4) 已知一简支梁,承受均布荷载作用,其大小为 1 kN / m,其跨度为 2 m,试求该简支梁的支座约束力。
(5) 试比较梁、刚架、拱的受力情况和内力有何异同。
(6) 试画出悬臂梁在均布荷载作用下的弯矩图。
(7) 判断下列说法是否正确。
① 力偶在任何坐标轴上的投影为零,因此力偶对物体的作用效应为零。
② 平衡状态中的两个力,作用和反作用公理中的两个力,与构成力偶的两个力相同。
③ 两个大小相等的力在同一坐标轴上的投影相等。
④ 内力在一点处的分布集度称为应力。
⑤ 轴向拉(压)杆横截面上的内力为轴力,横截面上的应力为正应力。

⑥ 在轴向拉(压)杆中,轴力最大的截面一定是危险截面。
⑦ 框架边梁和雨篷梁都属受扭构件,横截面上的内力有扭矩、弯矩和剪力。
⑧ 梁在外力作用下,既要满足强度要求,也要满足刚度要求。
⑨ 在静定结构和超静定结构中,支座位移和温度改变均不引起结构的反力和内力。
⑩ 力既可以使物体移动,也可以使物体转动。
(8) 力对物体的作用效应取决于哪些要素?
(9) 常见的约束类型有哪几种?其约束力有何特点?
(10) 什么是主动力?建筑结构荷载可分为哪几种?
(11) 力系平衡的条件是什么?
(12) 杆件有哪几种基本变形形式?
(13) 什么受力情况下,杆件发生轴向拉伸和压缩变形?其强度条件是什么?
(14) 在什么受力情况下,杆件发生扭矩变形?
(15) 在什么受力情况下,杆件发生剪切变形?
(16) 在什么受力情况下,杆件发生弯曲变形?梁的强度和刚度条件是什么?
(17) 单跨静定梁可分为哪几种类型?
(18) 什么是静定梁?什么是超静定梁?
(19) 静定梁和超静定梁的受力性能有何不同?
(20) 平面杆系结构根据受力性能可分为哪几种?其截面上的内力如何?
(21) 细长杆除了要满足强度、刚度条件外,还需满足什么条件?

第7章 建筑结构基础

学习目标

学完这一章应该能做到:
- 掌握建筑结构的分类及应用。
- 了解结构设计的基本知识和建筑结构抗震基本知识。
- 熟悉钢筋混凝土结构基本构件的受力特点和配筋要求及构造措施。
- 熟悉钢筋混凝土结构的常用体系及特点。

能力标准

能够理解常用建筑结构形式及其特点,具有利用结构知识分析和解决装饰工程中简单工程问题的初步能力。

一、建筑结构的分类及应用

建筑结构是指建筑物中用来承受各种作用的受力体系。通常又被称为建筑物的骨架。组成结构的各个部件称为结构构件。在房屋建筑中,组成结构的基本构件有板、梁、屋架、柱、墙、基础等。

结构上的作用是指能使结构产生效应(内力、变形)的各种原因的总称。作用可分为直接作用和间接作用。直接作用是指施加在结构上的各种荷载,如土压力、构件自重、楼面和屋面活荷载、风荷载等。它们能直接使结构产生内力和变形效应。间接作用则是指地基变形、混凝土收缩、温度变化和地震等。它们在结构中引起外加变形和约束变形,从而产生内力效应。

建筑结构有多种分类方法,现简述如下。

(一) 按所用材料分类

1. 混凝土结构

(1) 混凝土结构的分类及应用

混凝土结构包括素混凝土结构、钢筋混凝土结构和预应力混凝土结构三种。

素混凝土是不放钢筋的混凝土,其抗压强度比砌体高,但其抗拉强度很低,素混凝土构件只适用于受压构件,且破坏比较突然,故在工程中较少采用。

由配置受力的普通钢筋、钢筋网或钢筋骨架的混凝土制成的结构称为钢筋混凝土结构。

由配置预应力钢筋,再经过张拉或其他方法建立预加应力的混凝土制成的结构称为预应力混凝土结构。广义的钢筋混凝土结构包括普通钢筋混凝土结构和预应力混凝土结构。

与素混凝土构件相比,钢筋混凝土构件的受力性能大为改善。在钢筋混凝土梁、板中,利用混凝土的抗压能力较强而抗拉能力较弱,钢筋的抗拉能力很强的特点,用混凝土主要承受压力,钢筋主要承受拉力,二者共同工作,以满足工程结构的共同要求。在钢筋混凝土柱中,利用钢筋抗压能力高的特点,可减少柱的尺寸。同时,配置了钢筋还能增强受压构件的延性。因钢筋混凝土结构充分发挥了钢筋和混凝土这两种材料的优点,所以在工程中得到了非常广泛的应用。

(2) 钢筋和混凝土共同工作的基础

钢筋混凝土结构是由钢筋和混凝土这两种力学性能不同的材料组成的,这两种材料之所以能结合在一起共同工作是因为:

① 硬化后的混凝土与钢筋的接触面上会产生良好的粘结力,使两者可靠地结合在一起,从而保证构件受力后,钢筋和其周围混凝土能共同变形。

② 钢筋与混凝土的温度线膨胀系数接近,当温度变化时,不致产生较大的温度应力而破坏两者之间的粘结力。

③ 混凝土对钢筋有保护作用。混凝土是一种耐风化能力非常强的材料,混凝土对钢筋的包裹,可以防止钢筋锈蚀,从而保证了钢筋混凝土构件的耐久性。

(3) 钢筋混凝土结构的优缺点

钢筋混凝土结构具有以下优点:

① 易于就地取材。钢筋混凝土的主要材料——砂、石几乎到处都有,而水泥和钢材的产地在我国分布也较广,这有利于就地取材,降低工程造价。

② 耐久性好。在钢筋混凝土结构中,钢筋被混凝土紧紧包裹而不致锈蚀,也不被腐蚀性环境侵蚀。因此其具有很好的耐久性,几乎不用维修。

③ 抗震性能好。钢筋混凝土结构,特别是现浇结构具有很好的整体性,能减缓地震作用所带来的危害。

④ 可模性好。混凝土可根据工程需要制成各种形状和尺寸的构件,这给合理选择结构形式及构件的截面形式提供了便利。

⑤ 耐火性好。在钢筋混凝土结构中,钢筋被混凝土包裹着,而混凝土的导热性很差,因此钢筋不至于在发生火灾时很快软化而造成结构破坏。

由于上述优点,钢筋混凝土结构得到了广泛应用。

钢筋混凝土的主要缺点是自重大、抗裂性能差、现浇结构模板用量大、工期长等。但随着科学技术的不断发展,这些缺点可以逐渐克服。例如采用预应力混凝土就可以提高构件的抗裂性能。

2. 砌体结构

由砖、石材、砌块等块体通过砂浆砌筑而成的结构称为砌体结构。

砌体结构主要有以下优点:

① 取材方便,造价低廉,且能废物利用。

② 耐火性及耐久性好。一般情况下,砌体能耐受400 ℃左右的高温。砌体耐腐蚀性能也很好,完全能满足预期的耐久年限要求。

③ 具有良好的保温、隔热、隔声性能,节能效果好。

④ 施工方法简单,技术上易于掌握,也无需特殊设备。

砌体结构的主要缺点是自重大、整体性差、抗震性能差、砌筑劳动强度大。

砌体结构在多层建筑中应用相当广泛,尤其是在多层民用建筑中,砌体结构占绝大多数。

砌体的抗压能力较强而抗弯及抗拉能力较低,因此,在实际工程中,砌体结构主要用于房屋结构中以受压为主的竖向承重构件(如墙、柱等),而水平承重构件(如梁、板等)多为钢筋混凝土结构。这种由两种及两种以上材料作为主要承重结构的房屋称为混合结构,而竖向和水平承重构件都采用砌体的纯砌体结构是极少采用的。

3. 钢结构

钢结构是由钢材制成的结构。与其他结构相比,它具有以下优点:

① 材料强度高,自重轻,塑性和韧性好,材质均匀;
② 便于工厂生产和机械化施工,便于拆卸;
③ 抗震性能好;
④ 没有污染,可以再生、节能,符合建筑可持续发展的原则。

钢结构的缺点是易腐蚀,需经常油漆维护,故维护费用较高。钢结构的耐火性差。当温度达到 250 ℃时,钢结构的材质将会发生较大变化,强度只有常温下强度的一半左右;当温度达到 500 ℃时,钢材完全软化,结构会瞬间崩溃,承载能力完全丧失。

钢结构的应用正日益增多,尤其是在高层建筑及大跨度结构(如屋架、网架、悬索等结构)中。

4. 木结构

木结构是指全部或大部分用木材制作的结构。这种结构易于就地取材,由于制作简单,过去应用相当普遍。但木材用途广泛,用量日增,而产量却受自然条件的限制,因此已很少采用。

(二) 按承重结构类型分类

1. 砖混结构

砖混结构是指竖向的承重构件为砖,而水平承重构件为钢筋混凝土构件的结构。这种结构造价低、砌筑速度快,但因其强度低、抗震性差,所以只能用于层数不多的住宅、宿舍、办公楼、旅馆等民用建筑。

2. 框架结构

框架结构是指由梁和柱为主要构件组成的承受水平和竖向作用的结构。这种结构中的墙体为非承重墙,墙体只起围护和分隔的作用,也可称之为填充墙。所以其平面布置灵活,框架结构还有强度高、抗震性好等优点,但其侧向刚度小,抗侧移的能力差,所以建造高度一般为 30 m 左右。

3. 剪力墙结构

剪力墙结构是指由钢筋混凝土墙体即剪力墙承受水平和竖向作用的结构。这种结构的墙体较多,侧向刚度大,可建造比较高的建筑物,但其平面布置不灵活,所以一般用于住宅、旅馆等小开间的高层建筑中。

4. 框架–剪力墙结构

框架–剪力墙结构是指由若干个框架和局部剪力墙共同组成的多高层结构体系。这种结构兼有框架体系和剪力墙体系两者的优点,建筑平面布置灵活、使用方便,也能满足结构承载力和侧向刚度的要求,同时还可充分发挥材料的强度作用,具有较好的技术经济指标。常用于 15 ~

25层的办公楼、旅馆、公寓。

5. 筒体结构

筒体由实心钢筋混凝土墙或密集框架柱(框筒)构成。筒体结构是由单个或几个筒体作为竖向承重结构的高层房屋结构体系。其外形采用形状规则的几何图形,如圆形、方形、矩形、正多边形。筒体结构一般又可分为内筒体、外筒体、筒中筒和多筒体等几种。这种结构由钢筋混凝土墙围成侧向刚度很大的筒状结构。它将剪力墙集中到房屋的内部和外围,形成空间封闭筒体,使结构体系既有极大的抗侧力刚度,又能因为剪力墙的集中而获得较大的空间,使建筑平面设计获得良好的灵活性,特别适用于30层以上或100 m以上的超高层办公楼建筑。

6. 排架结构

排架结构是指由屋架(屋面梁)、柱和基础组成,且柱与屋架铰接、与基础刚接的结构,多采用装配式体系,可以用钢筋混凝土或钢结构建造,广泛应用于单层工业厂房建筑。

此外,按承重结构类型还可以分为深梁结构、拱结构、网架结构、钢索结构、空间薄壁结构等。

(三) 其他分类方法

① 按使用功能可分为建筑结构(如住宅、公共建筑、工业建筑等),特种结构(如烟囱、水塔、水池、筒仓、挡土墙等),地下结构(如隧道、涵洞、人防工事、地下建筑等)。

② 按外形特点可分为单层结构、多层结构、大跨度结构、高耸结构等。

③ 按施工方法可以分为现浇结构、装配式结构、装配整体式结构、预应力混凝土结构等。

二、结构设计的基本知识

(一) 建筑结构荷载

引起结构失去平衡或破坏的外部作用主要有直接施加在结构上的各种力,习惯上亦称为荷载。例如结构自重(恒载)、活荷载、积灰荷载、雪荷载、风荷载等。本书主要论述的是直接作用;另一类是间接作用,指在结构上引起外加变形和约束变形的其他作用,例如混凝土收缩、温度变化、焊接变形、地基沉陷等。

1. 荷载的分类

结构上的荷载可以按照不同的原则分类,它们适用于不同的场合。

(1) 按时间的变异分类

① 永久荷载(恒载)。长期作用于结构上的不变荷载,如结构自重、土压力等。

② 可变荷载(活荷载)。荷载值随时间发生变化的荷载,如楼面活荷载、风荷载、雪荷载、吊车荷载。

③ 偶然荷载。使用时不一定出现,而一旦出现其值很大,且持续时间很短的荷载。如地震、爆炸以及撞击等。

(2) 按荷载作用范围分类

① 集中荷载。荷载作用的面积相对于总面积而言很小,从而近似认为荷载是作用在一点上的,如次梁传给主梁的荷载。

② 分布荷载。荷载分布在一定的面积或长度上,如结构自重、风荷载、雪荷载等。

(3) 按作用性质分类

① 静力荷载。对结构或构件不产生加速度,或其加速度可以忽略不计的荷载,如结构自重等。

② 动力荷载。对结构或构件产生不可忽略的加速度的荷载,如吊车荷载、作用在高耸结构上的风荷载等。

(4) 按空间位置的变异分类

① 固定荷载。作用位置不变的荷载,如构件自重、固定设备荷载等。

② 移动荷载。可以在结构上自由移动的荷载,如楼面人群荷载、吊车荷载等。

(5) 按荷载作用方向分类

① 垂直荷载。如结构自重、雪荷载等。

② 水平荷载。如风荷载、水平地震作用等。

2. 荷载的简化和计算

(1) 体积荷载简化为均布线荷载计算

在工程结构计算中,梁的单位体积重为 γ,则沿梁轴方向的均布线荷载值 $q=\gamma A$。

(2) 体积荷载简化为均布面积荷载计算

在工程计算中,板的单位体积重为 γ,板的厚度为 h,则板单位面积上的荷载 $q'=\gamma h$。

(3) 均布面积荷载简化为均布线荷载计算

设一平板上的均布面荷载为 q',板宽为 b,则沿跨度方向板的均布线荷载 $q=q'b$。

3. 施工荷载

在施工过程中,将对建筑结构增加一定的施工荷载,如电动设备的振动、对楼面或墙体的撞击等,带有明显的动力荷载的特性;又如在房间放置大量的砂石、水泥等建筑材料,可能使建筑物局部面积上的荷载值远远超过设计允许的范围。

4. 建筑装饰装修变动对建筑结构的影响及对策

(1) 建筑装饰装修对建筑的影响

在建筑装饰装修过程中,如有结构变动,或增加荷载时,应注意:

① 在设计和施工时,必须了解结构能承受的荷载值是多少,将各种增加的装饰装修荷载控制在允许范围以内,如果做不到这一点,应对结构进行重新验算,必要时应采取相应的加固措施。

② 建筑装饰装修工程设计必须保证建筑物的结构安全和主要使用功能。当涉及主体和承重结构改动或增加荷载时,必须由原结构设计单位或具备相应资质的设计单位核查有关原始资料,对既有建筑结构的安全性进行核验、确认。

③ 建筑装饰装修工程施工中,严禁违反设计文件擅自改动建筑主体、承重结构或主要使用功能;严禁未经设计确认和有关部门批准擅自拆改水、暖、电、燃气、通信等配套设施。

(2) 建筑装修过程中增加荷载

① 在楼面上加铺任何材料属于对楼板增加了面荷载。

② 在室内增加隔墙、封闭阳台属于增加线荷载。

③ 在室内增加装饰性的柱子,特别是石柱,悬挂较大的吊灯,房间局部增加假山盆景,这些装修做法就是对结构增加了集中荷载,使结构构件局部受到较重荷载作用,引起结构的较大变形,造成安全隐患,应采取安全加固措施

（二）建筑结构的功能要求

任何结构设计都应在预定的设计使用年限内满足设计所预期的各种要求。建筑结构的功能要求包括结构的安全性、适用性和耐久性三个方面。

1. 安全性

即要求结构能承受正常施工和正常使用时可能出现的各种作用，以及在偶然事件发生时和发生后，仍能保持必需的整体稳定性，不致发生倒塌。

2. 适用性

即要求结构在正常使用过程中具有良好的工作性能。例如，不产生影响使用的过大变形或振幅，不出现足以让使用者不安的过宽的裂缝等。

3. 耐久性

即要求结构在正常使用及维护下能完好使用到设计规定的年限。例如，在设计使用年限内混凝土不发生严重风化腐蚀脱落，钢筋不发生锈蚀等。

安全、适用和耐久是结构可靠的标志，总称为结构的可靠性。结构的可靠性是用可靠度来衡量的。结构的可靠度是指结构在规定的时间内，在规定的条件下，完成预定功能的概率。规定时间是指结构的设计使用年限（一般建筑结构的使用年限为 50 年）。规定条件是指正常设计、正常施工、正常使用和维护的条件，不包括非正常的条件，例如人为的错误。

（三）建筑结构的极限状态

整个结构或结构的一部分超过某一特定状态就不能满足设计规定的某一功能要求，此特定状态称为该功能的极限状态。我国规范将结构的极限状态分为承载力极限状态和正常使用极限状态。

1. 承载力极限状态。

结构或结构构件达到最大承载能力或不适于继续承载的变形形态，为承载力极限状态。当结构或结构构件出现下列状态之一时，即认为超过了承载力极限状态：

① 整个结构或结构的一部分作为刚体失去平衡（如倾覆等）；
② 结构构件或连接因超过材料强度而破坏（包括疲劳破坏），或因过度变形而不适于继续承载；
③ 结构转变为机动体系；
④ 结构或结构构件丧失稳定（如压屈等）；
⑤ 地基丧失承载能力而破坏（如失稳等）。

2. 正常使用极限状态

结构或结构构件达到正常使用或耐久性能的某项规定限值的状态，为正常使用极限状态。当结构或结构构件出现下列状态之一时，即认为超过了正常使用极限状态：

① 影响正常使用或外观的变形；
② 影响正常使用或耐久性能的局部损坏（包括裂缝）；
③ 影响正常使用的振动；
④ 影响正常使用的其他特定状态。

在进行结构和构件设计时，既要保证它们不超过承载力极限状态，又要保证它们不超过正常使用极限状态。由于超过正常使用极限状态带来的后果不如超过承载力极限状态严重，所以在进行建筑结构设计时,通常是将承载力极限状态放在首位,通过承载力极限状态计算来保证结构或结构构件的安全,而对正常使用极限状态,往往是通过构造或构造加一部分正常使用极限状态验算来满足。

(四) 极限状态设计方法

以结构的极限状态作为设计依据,这种设计方法称为极限状态设计法。

建筑结构设计应根据使用过程中在结构上可能同时出现的荷载,按承载力极限状态和正常使用极限状态分别进行荷载(效应)组合,并应取各自的最不利效应组合进行设计。

1. 承载力极限状态计算

我国规范规定按承载力极限状态进行结构构件计算的一般公式为:

$$\gamma_0 S \leq R$$

式中　γ_0——结构重要性系数;

　　　S——结构效应组合的设计值;

　　　R——结构构件抗力的设计值,应按各有关建筑结构设计规范的规定确定。

(1) 结构构件重要性系数 γ_0

γ_0 需按结构构件安全等级取值。我国《建筑结构可靠度设计统一标准》(GB 50068—2001)根据建筑结构破坏后果的严重程度,将建筑结构划分为三个安全等级:影剧院体育馆和高层建筑等重要工业与民用建筑的安全等级为一级,大量一般性工业与民用建筑的安全等级为二级,次要建筑的安全等级为三级。各结构构件的安全等级一般与整个结构相同。各安全等级对应的重要性系数分别为 1.1、1.0、0.9。

(2) 内力(轴力、弯矩、剪力和扭矩)组合设计值 S

内力组合设计值,即考虑永久荷载和可变荷载共同作用所得的结构内力设计值,它们可以根据荷载的大小和方式,按力学的方法计算。但要考虑作用的性质和各种作用最大值不同时出现的可能性,将各种荷载的标准值分别乘以不同的荷载分项系数和组合系数。各种荷载标准值是建筑结构极限状态设计时采用的荷载基本代表值。它是结构在设计基准期内,在正常情况下可能出现的最大荷载值。在我国现行混凝土规范《混凝土结构设计规范》(GB 50010—2002)中,永久荷载一般是用数理统计的方法来确定其标准值的,为安全起见,永久荷载标准值具有较高保证率,一般为 95%。而可变荷载则是用数理统计加经验的方法来确定其标准值的,保证率低于永久荷载。考虑到荷载的变异性,应将其标准值乘以大于或等于1的荷载分项系数。如果结构上有多种荷载时,考虑到它们同时达到最大值的概率较小,除恒载和最大的可变荷载外,对其他可变荷载,应乘以小于或等于1的荷载组合系数。

(3) 承载力设计值 R

结构构件承载力设计值等于材料强度标准值除以材料分项系数。材料强度标准值由数理统计方法确定,其保证率为 95%。分项系数是按照目标可靠指标并考虑工程经验确定的,其值由规范可查得。

2. 正常使用极限状态验算

正常使用极限状态的验算包括对结构构件在正常使用情况下的变形或裂缝宽度进行验算。其目的是使结构构件的变形和裂缝不超过规范的允许值,以保证结构构件的正常使用。受弯构件变形验算的目的是使结构构件的挠度不超过其允许挠度。根据正常使用阶段对结构构件裂缝控制的不同要求,将裂缝控制等级分为三级:一级为正常使用阶段严格要求不允许出现裂缝;二级为正常使用阶段一般要求不允许出现裂缝;三级为正常使用阶段允许出现裂缝,但最大裂缝宽度不能超过规范规定的限值。抗裂等级为一、二级的构件一般都是预应力混凝土构件,对抗裂要求较高。对普通钢筋混凝土结构构件而言,其抗裂等级通常为三级。

三、建筑结构抗震基本知识

(一)地震基本知识

1. 地震的相关概念

地震是一种自然现象,但对人们的正常生活和生产却是一种灾难。地震分为陷落地震、火山地震、构造地震三类。最常见的构造地震是由于地球内部不断地运动,致使地壳内层内积聚了大量内能,这些内能所产生的巨大力作用在岩层上,使地壳发生变形,在脆弱部分发生断裂和错动引起地壳震动,并以波的形式传到地面形成地震。

(1) 震源

在地震学中,震源(hypocenter)是地震发生的起始位置,断层开始破裂的地方。它是有一定大小的区域,又称震源区或震源体。它是地震能量积聚和释放的地方。震源在地球表面上的垂直投影,叫震中。人为因素引起的地震的震源称人工震源,如人工爆破(炸药爆破、核弹试验)等。

(2) 震源深度

震源垂直向上到地表的距离是震源深度。震源深度在60公里以内的地震称为浅源地震;60~300公里的地震称为中源地震;300公里以上的地震称为深源地震。目前有记录的最深震源达720公里。其中浅源地震造成的危害最大。

(3) 震级

震级是衡量一次地震大小的等级,与震源释放的能量大小有关,国际上现分为九级。震级越大,影响就越大。一般小于2级的地震称微震,人们感觉不到;2~4级称为有感地震;5级以上称破坏性地震,会对地面上的东西包括建筑物造成不同程度的破坏;7~8级称为强烈地震或大地震;超过8级的地震称为特大地震。

(4) 地震烈度

地震烈度是指某一地区地面上各类建筑物等遭受一次地震影响的强烈程度。地震烈度不仅与震级大小有关。而且与震源深度、震中距离、地质构造等因素有关。一次地震只有一个震级,然而同一次地震却有很多个烈度区。

(5) 抗震设防烈度

按国家规定权限批准作为一个地区地震设防依据的地震烈度,称为抗震设防烈度。一般情况下,可采用中国地震动参数区划图的地震基本烈度,或采用与《建筑抗震设计规范》(GB 50011—2001)设计基本地震加速度对应的地震烈度。对已编制抗震设防区划的城市也可采用批准的抗震设防烈度或设计地震动参数进行抗震设防。

2. 地震对建筑物的破坏

在强烈地震作用下,各类建筑物会遭到程度不同的破坏,按其破坏形态及直接原因,可分为以下几类:

(1) 结构丧失整体性的破坏

房屋建筑或构筑物是由许多构件组成的,在强烈地震作用下,构件连接不牢,支承长度不够和支撑失稳等都会使结构丧失整体性而破坏。

(2) 承重构件强度不足引起局部破坏

任何承重构件都有各自的特定功能,以适应承受一定的外力作用。对于设计时未考虑抗震设防或抗震设防不足的结构,在强烈地震作用下,不仅构件的内力增大很多,其受力性质往往也将改变,致使构件因强度不足而破坏。

(3) 地基失效引起破坏

当建筑物地基内含饱和砂层、粉土层时,在强烈地面运动作用下,土中孔隙水压力急剧增高,致使地基土发生液化,地基承载力下降,甚至完全丧失,从而导致上部建筑物的破坏。

(4) 次生灾害

所谓次生灾害是指地震时给排水管网、煤气管道、供电线路破坏及易燃、易爆、有毒物质、核物质容器破裂造成的水灾、火灾、污染、瘟疫等严重灾害。同时,地震造成交通和通信的中断,医院、电厂、消防等部门工作无法正常进行,更加剧了抗震救灾工作的困难。这些次生灾害,有时比地震直接造成的损失还大。在城市,尤其是大城市这个问题已越来越引起人们的关注。

3. 抗震设防分类

抗震设计中,根据使用功能的重要性把建筑物分为甲、乙、丙、丁四个抗震设防类别。甲类建筑应属于重大建筑工程和地震时可能发生严重次生灾害的建筑,乙类建筑应属于地震时使用功能不能中断或需尽快恢复的建筑,丙类建筑应属于除甲、乙、丁类以外的一般建筑,丁类建筑应属于抗震次要建筑。

各抗震设防类别建筑的抗震设防标准,应符合下列要求。

(1) 甲类建筑

地震作用应高于本地区抗震设防烈度的要求,其值应按批准的地震安全性评价结果确定;抗震措施,当抗震设防烈度为6~8度时,应符合本地区抗震设防烈度提高一度的要求,当为9度时,应符合比9度抗震设防更高的要求。

(2) 乙类建筑

地震作用应符合本地区抗震设防烈度的要求;抗震措施,一般情况下,当抗震设防烈度为6~8度时,应符合本地区抗震设防烈度提高一度的要求,当为9度时,应符合比9度抗震设防更高的要求;地基基础的抗震措施,应符合有关规定。

对较小的乙类建筑,当其结构改用抗震性能较好的结构类型时,应允许仍按本地区抗震设防烈度的要求采取抗震措施。

(3) 丙类建筑

地震作用和抗震措施均应符合本地区抗震设防烈度的要求。

(4) 丁类建筑

一般情况下,地震作用仍应符合本地区抗震设防烈度的要求;抗震措施应允许比本地区抗震设防烈度的要求适当降低,但抗震设防烈度为6度时不应降低。

当抗震设防烈度为6度时,除规范有具体规定外,对乙、丙、丁类建筑可不进行地震作用计算,但仍采取相应的抗震措施。

4. 抗震设防的基本要求

进行抗震设计、施工及材料选择时,应遵守下列一些要求。

(1) 选择对抗震有利的场地、地基和基础

建筑抗震有利地段,一般是指稳定基岩,坚硬土或开阔平坦、密实均匀的中硬土等地段。不利地段,一般是指软弱土,液化土,条状突出的山嘴,高耸孤立的山丘,非岩质的陡坡,河岩和边坡边缘,在平面分布上成因、岩性、状态明显不均匀的土层(如故河道、断层破碎带、暗埋的塘浜沟谷及半填半挖地基)等地段。危险地段,一般是指地震时可能发生滑坡、崩塌、地陷、地裂、泥石流等及地震断裂带上可能发生地表位错的部位等地段。

确定建筑场地时,应选择有利地段;避开不利地段(无法避开时应适当采取措施);不应在危险地段建造甲、乙丙类建筑。

(2) 选择对抗震有利的建筑平面和立面

建筑及抗侧力结构的平面布置宜规则对称,并应具有良好的整体性;建筑的立面和竖向剖面宜规则,结构的侧向刚度宜均匀变化,竖向抗侧力构件的截面尺寸和材料强度宜自下而上逐渐减小,避免抗侧力结构的侧向刚度和承载力突变。体型复杂、平立面特别不规则的建筑结构,可按实际需要在适当部位设置防震缝,将建筑分成规则的抗侧力结构单元。防震缝应根据抗震设防烈度、结构材料种类、结构类型、结构单元的高度和高差情况,留出足够的宽度,选择技术上、经济上合理的抗震结构体系。

抗震结构体系应根据建筑的抗震设防类别、抗震设防烈度、建筑高度、场地条件、地基、结构材料和施工等因素,经技术、经济和使用条件综合比较确定。

(3) 结构各构件之间的连接

要求在设计结构各构件之间的连接时,应符合下列要求,施工时对这些节点也应特别重视:

① 构件节点的强度,不应低于其连接构件的强度。

② 预埋件的锚固强度,不应低于被连接件的强度。

③ 装配式结构的连接,应能保证结构的整体性。

④ 预应力混凝土构件的预应力钢筋,宜在节点核心区以外锚固。

(4) 处理好非结构构件和主体结构的关系

非结构构件如女儿墙、高低跨封墙、雨篷、贴面、顶棚、围护墙、隔墙等。在抗震设计中,处理好非结构构件与主体结构之间的关系,可防止附加震害,减少损失。

(5) 注意材料的选择和施工质量

抗震结构在材料选用、施工质量,特别是在材料代用上,有特殊要求的应特别注意。这是抗震结构施工中一个十分重要的问题,在抗震设计和施工中应当引起足够的重视。

混凝土结构材料应符合下列规定:

① 混凝土强度等级,框支梁、框支柱及抗震等级为一级的框架结构的梁、柱节点核心区,不应低于C30;构造柱、芯柱、圈梁及其他各类构件不应低于C20;由于高强混凝土具有脆性性质,故规定9度设防时不宜超过C60,8度时不宜超过C70。

② 钢筋宜优先采用延性、韧性和可焊性较好的钢筋;纵向受力钢筋宜选用HRB400级和

HRB335 级热轧钢筋。箍筋宜选用 HRB335、HRB400 和 HPB235 级热轧钢筋。

③ 对抗震等级为一、二级的框架结构,其纵向受力钢筋采用普通钢筋时,钢筋的抗拉强度实测值与屈服强度实测值的比值不应小于 1.25;且钢筋的屈服强度实测值与强度标准值的比值不应大于 1.3。

钢结构的钢材应符合下列规定:

① 钢材的抗拉强度实测值与屈服点强度实测值的比值不应小于 1.2;钢材应有明显的屈服台阶,且伸长率应大于 20%;钢材应有良好的可焊性和合格的韧性。

② 钢结构的钢材宜采用 Q235 等级 B、C、D 的碳素钢及 Q345 等级 B、C、D、E 的低合金钢;当有可靠依据时,尚可采用其他钢种钢号。

(二)建筑结构抗震构造措施

1. 震害及其分析

在强烈地震作用下,多层砌体房屋将可能在以下部位破坏:

① 墙体的破坏(尤其是窗间墙);
② 墙体转角处的破坏;
③ 楼梯间墙体的破坏;
④ 内外墙连接处的破坏;
⑤ 楼盖预制板的破坏;
⑥ 突出房屋的阳台、雨篷及屋顶间等附属结构的破坏。

2. 多层砖房抗震构造措施

(1)设置钢筋混凝土构造柱

构造柱设置部位,一般情况下应符合表 7-1 的要求。

外廊式或单面走廊式的多层砖房,应根据房屋增加一层后的层数,按表 7-1 要求设置构造柱,且单面走廊两侧的纵墙均应按外墙处理。

教学楼、医院等横墙较少的房屋,应根据房屋增加一层后的层数,按表 7-1 的要求设置构造柱。当教学楼、医院等横墙较少的房屋为外廊式或单面走廊式时,对于 6 度不超过四层、7 度不超过三层和 8 度不超过二层的多层房屋,应按增加二层后的层数对待。

表 7-1 砖房构造柱设置要求

房屋层数				设置部位	
6 度	7 度	8 度	9 度		
四、五	三、四	二、三		外墙四角;错层部位横墙与外纵墙交接处;大房间内外墙交接处;较大洞口两侧	7、8 度时,楼、电梯间的四角;隔 15 m 或单元横墙与外纵墙交接处
六、七	五	四	二		隔间横墙(轴线)与外墙交接处,山墙与内纵墙交接处;7~9 度时,楼、电梯间的四角
八	六、七	五、六	三、四		内墙(轴线)与外墙交接处,内墙的局部较小墙垛处;7~9 度时,楼、电梯间的四角;9 度时内纵墙与横墙(轴线)交接处

(2) 钢筋混凝土圈梁的设置

一般房屋也设置圈梁,但抗震地区的圈梁应比常规的多,通常每层都要设置。

圈梁设置要求为:

① 装配式钢筋混凝土楼、屋盖或木楼、屋盖的砖房,横墙承重时应按表7-2的要求设置圈梁;纵墙承重时每层均应设置圈梁,且抗震横墙上的圈梁间距应比表内要求适当加密。

② 现浇或装配整体式钢筋混凝土楼、屋盖与墙体有可靠连接的房屋,应允许不另设圈梁,但楼板沿墙体周边应加强配筋并应与相应的构造柱钢筋可靠连接。

表7-2 砖房现浇钢筋混凝土圈梁设置要求

墙体	烈度		
	6、7	8	9
外墙及内纵墙	屋盖处及每层楼盖处	屋盖处及每层楼盖处	屋盖处及每层楼盖处
内横墙	同上;屋盖处间距不应大于7 m;楼盖处间距不应大于15 m;构造柱对应部位	同上;屋盖处沿所有横墙,且间距不应大于7 m;楼盖处间距不应大于7 m;构造柱对应部位	同上,各层所有横墙

(3) 墙体之间的连接

墙体之间的连接要符合下列要求:

7度设防时层高超过3.6 m或长度大于7.2 m的大房间,及8度和9度设防时,外墙转角及内、外墙交接处,当未设构造柱时,应沿墙高每隔500 mm配置2φ6拉结钢筋,并每边伸入土墙内不应少于1 m,如图7-1所示。

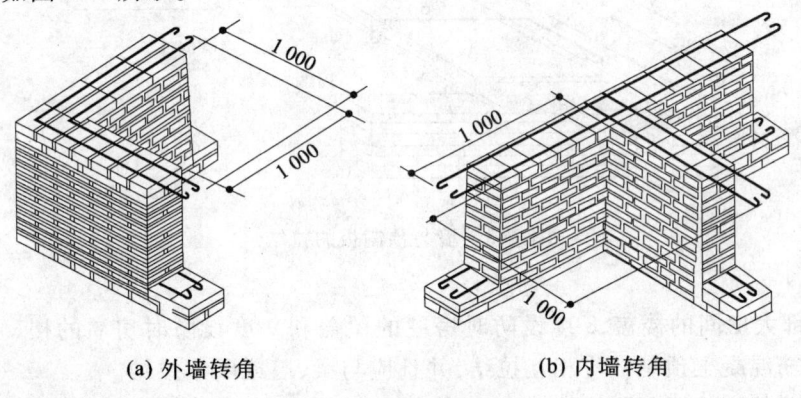

(a) 外墙转角　　　(b) 内墙转角

图7-1 墙体间的连接

后砌的非承重砌体隔墙应沿墙高每隔500 mm配置2φ6拉结钢筋与承重墙或柱拉结,并每边伸入墙内不应小于500 mm(图7-2);8度和9度时长度大于5 m的后砌非承重砌体隔墙的墙顶,尚应与楼板或梁拉结。

(4) 楼盖(屋盖)构件的连接

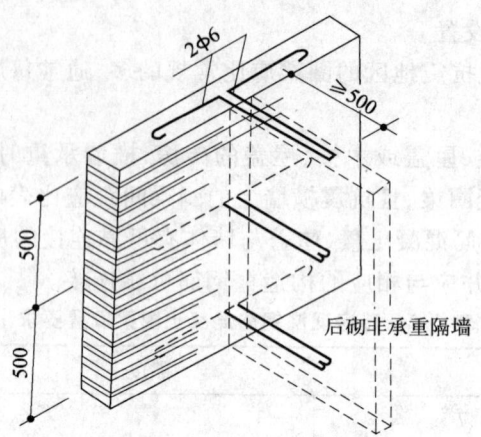

图 7-2　后砌非承重墙与承重墙的拉结

楼盖(屋盖)构件应具有足够的搭接长度和可靠的连接:
① 现浇钢筋混凝土楼板或屋面板伸进纵、横墙内的长度,均不应小于 120 mm。
② 装配式钢筋混凝土楼板或屋面板,当圈梁未设在板的同一标高时,板端伸进外墙的长度不应小于 120 mm,伸进内墙的长度不宜小于 100 mm,在梁上不应小于 80 mm。
③ 当板的跨度大于 4.8 m 并与外墙平行时,靠外墙的预制板侧边应与墙或圈梁拉结(图 7-3)。

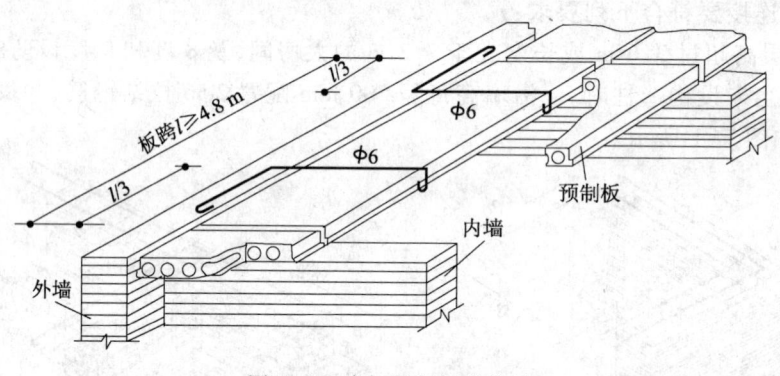

图 7-3　墙与预制板的拉结

④ 房屋端部大房间的楼盖,8 度设防时房屋的屋盖和 9 度设防时房屋的楼(屋)盖,当圈梁设在板底时,钢筋混凝土预制板应相互拉结,并且应与梁、墙或圈梁拉结。
⑤ 楼(屋)盖的钢筋混凝土梁或屋架,应与墙、柱(包括构造柱)或圈梁可靠连接,梁与砖柱的连接不应削弱柱截面,各层独立砖柱顶部应在两个方向均有可靠连接。
⑥ 坡屋顶房屋的屋架应与顶层圈梁可靠连接,檩条或屋面板应与墙及屋架可靠连接,房屋出入口的檐口瓦应与屋面构件锚固;8 度设防和 9 度设防时,顶层内纵墙顶宜增砌支撑端山墙的踏步式墙垛。
⑦ 预制阳台应与圈梁和楼板的现浇板带可靠连接。
⑧ 门窗洞处不应采用无筋砖过梁;过梁支承长度,6～8 度设防时不应小于 240 mm,9 度设

防时不应小于 360 mm。

(5) 对楼梯间的整体性要求

楼梯间的整体应符合以下几条：

① 8 度和 9 度设防时，顶层楼梯间横墙和外墙宜沿墙高每隔 500 mm 设 2φ6 通长钢筋。

② 8 度和 9 度设防时，楼梯间及门厅内墙阳角处的大梁支承长度不应小于 500 mm，并应与圈梁连接。

③ 装配式楼梯段应与平台板的梁可靠连接，不应采用墙中悬挑式踏步或踏步竖肋插入墙体的楼梯，不应采用无筋砖砌栏板。

④ 突出屋顶的楼梯、电梯、构造柱应伸到顶部，并与顶部圈梁连接，内外墙交接处应沿墙高每隔 500 mm 设 2φ6 拉结钢筋，且每边伸入墙内不应小于 1 m。

(6) 应采用同一类型的基础

同一结构单元的基础（或桩承台），宜采用同一类型的基础，底面埋在同一标高上，否则应增设基础圈梁并应按 1∶2 的台阶逐步放坡。

四、钢筋混凝土结构基本构件

(一) 钢筋混凝土受弯构件

1. 受力特点

受弯构件是指在荷载作用下，截面上同时承受弯矩和剪力作用的构件。在工业和民用建筑中，常见的梁、板为典型的受弯构件。梁和板的区别在于：梁的截面高度一般都大于其宽度，而板的截面高度则远小于其宽度。受弯构件是工业与民用建筑中数量最多、使用面最广的一类构件。

试验表明，钢筋混凝土受弯构件可能沿弯矩最大的截面发生破坏，也可能沿剪力最大或弯矩和剪力均较大的截面发生破坏。当受弯构件沿弯矩最大的截面破坏时，破坏截面与构件的轴线垂直，故称为正截面破坏；当受弯构件沿剪力最大的截面破坏时，破坏截面与构件的轴线斜交，故称为斜截面破坏。如图 7-4 所示。

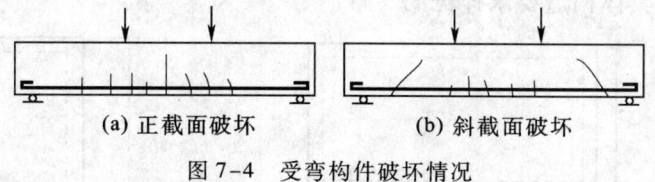

(a) 正截面破坏　　　　(b) 斜截面破坏

图 7-4　受弯构件破坏情况

为了防止构件发生正截面破坏，需进行正截面承载力计算，通过正截面承载力计算配置纵向受力钢筋来承受弯矩作用所产生的拉应力，保证构件的抗弯承载力 M_u 不小于构件截面的最大弯矩设计值；为了防止构件发生斜截面破坏，需进行斜截面承载力计算，通过斜截面承载力计算配置腹筋（弯起钢筋和箍筋的总称）来抗剪，保证构件的抗剪承载力 V_u 不小于其截面的最大剪力设计值 V。

受弯构件除进行正截面承载力计算外，还需按正常使用极限状态的要求进行构件变形和裂缝宽度验算。

受弯构件还需采取一系列构造措施,才能保证构件具有足够的抗力、必要的适用性和耐久性。

2. 钢筋混凝土梁的截面形式

梁常用的截面形式有矩形、T形、I形和倒L形梁等对称和不对称截面。

矩形截面的优点是施工方便,但由于混凝土的抗拉强度很低,在荷载不大时,由于弯矩在受拉区边缘产生的拉应力超过混凝土的抗拉强度而使混凝土开裂,开裂后的混凝土退出工作,拉力全部由钢筋来承担。随着荷载的增大,裂缝不断的扩展,当构件处于承载力极限状态时,受拉区只在靠近中和轴的地方存在少许混凝土抗拉,且其承受的弯矩很小,所以在计算中不考虑混凝土的抗拉作用。由此可见,采用矩形截面,其受拉区的混凝土未得到充分应用。因此,对于尺寸较大的矩形截面梁,可将受拉区两侧的一部分混凝土省掉,形成 T 形、I 形、和倒 L 形梁等不对称截面形式,由于这几种截面形式的受力特点和承载力计算公式相同,结构工程中把它们都归为 T 形截面。T 形截面相对于矩形截面而言,可以节约材料、减轻结构自重,取得经济效果。由于 T 形截面受力比矩形截面合理,所以 T 形截面梁在工程中的应用十分广泛。如在现浇整体式肋形楼盖中,梁板现浇在一起形成 T 形梁。许多预制的梁也常做成 T 形截面,如 T 形截面和 I 形截面的吊车梁。

钢筋混凝土梁的具体构造要求详见第 9 章。

3. 钢筋混凝土板的概念

楼板根据受力特点和支承情况的不同,分为单向板和双向板。

所谓单向板是指仅仅或主要在一个方向受弯的板。当板单向支承时,它仅仅在一个方向受弯,荷载也只沿一个方向传递,称之为单向板;当板四边支承,且其长跨与短跨之比大于 3 时,它虽然是两个方向均有弯曲,都有荷载传递,但主要在短跨方向受弯,而长跨方向的弯曲很小,传递的荷载很小,因而弯矩也很小,可忽略不计,故这种板也可按单向板考虑(图 7-5)。而双向板则是在两个方向均受弯,均传递荷载,且弯曲程度差距不大,弯矩的差值也不大的板。当板四边支承,且其长跨与短跨之比小于或等于 3 时,就应按双向板考虑(图 7-6)。

钢筋混凝土板的具体构造要求详见第 9 章。

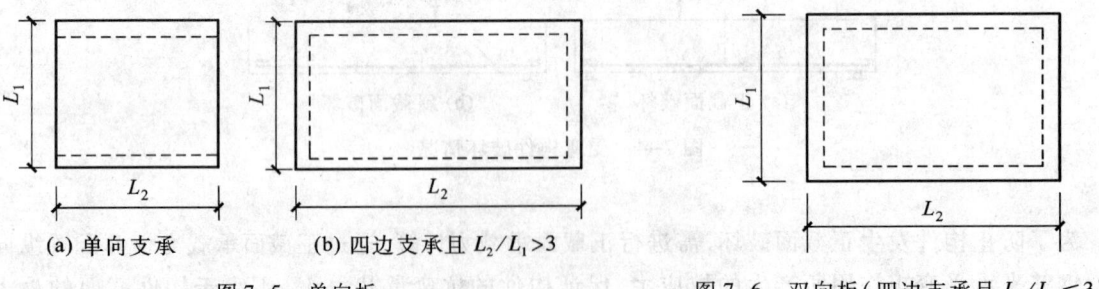

图 7-5 单向板　　　　　　　　　图 7-6 双向板(四边支承且 $L_2/L_1 \leqslant 3$)

4. 受弯构件的承载力计算

(1) 正截面承载力计算

试验表明,构件的正截面破坏特征取决于配筋率、混凝土的强度等级以及截面形式等许多因素,但是以配筋率 ρ 对构件破坏特征的影响最为明显。配筋率是指纵向受力钢筋截面面积 A_s 与截面有效面积的比值,即

$$\rho = A_s / bh_0$$

式中 b 为梁的截面宽度, h_0 为截面的有效高度,是从受压区边缘至纵向受拉钢筋截面形心的距离。

试验表明,随着配筋率的改变,构件的正截面破坏特征将发生本质的变化。当构件的配筋率太小时,构件不但承载力很低,而且只要一开裂,裂缝就会急速开展,裂缝截面处的拉力全部由钢筋承受,钢筋由于突然增大的应力而屈服,构件立即发生破坏,这种破坏称为少筋破坏。其破坏呈脆性性质,破坏前无明显预兆,破坏是突然发生的。

当构件的配筋率适当时,构件的破坏首先是由于受拉区纵向受力钢筋屈服,然后受压区混凝土被压碎,钢筋和混凝土的强度都得到充分利用,这种破坏称为适筋破坏。其破坏前有明显的塑性变形和裂缝预兆,破坏不是突然发生的,呈塑性性质。

当构件的配筋率过大时,构件的破坏是由于受压区混凝土被压碎而引起的,受拉区纵向受力钢筋并没屈服,这种破坏称为超筋破坏。受压破坏在破坏前虽然也有一定的变形和裂缝预兆,但不像适筋破坏那么明显,而且当混凝土压碎时,破坏突然发生,钢筋的强度得不到充分利用,破坏带有脆性性质。

由于少筋破坏和超筋破坏都具有脆性性质,材料的强度得不到充分利用,破坏前无明显预兆,破坏时将造成严重后果,因此应避免将受弯构件设计成少筋构件和超筋构件,只能设计成适筋构件。为了防止将构件设计成少筋构件,要求构件的配筋量不得低于最小配筋率的配筋量,即:

$$A_s \geqslant \rho_{\min} bh_0$$

最小配筋率是少筋构件和适筋构件的界限配筋率。它是根据受弯构件的破坏弯矩等于同样截面的素混凝土构件的破坏弯矩决定的,因此用全截面面积计算。为了防止将构件设计成超筋构件,则应满足:

$$\rho \leqslant \rho_{\max}$$

使得受拉钢筋达到屈服强度和受压区混凝土被压碎同时发生的配筋率为适筋梁的最大配筋率。

《混凝土结构设计规范》(GB 50010—2002)给出了适筋梁的正截面承载力计算公式,由公式可配置足够数量的纵向受力钢筋来抗弯。具体计算此处不述。

(2) 斜截面承载力计算

试验表明,斜截面破坏的主要形态有斜压破坏、斜拉破坏和剪压破坏三种。斜压破坏的特点是混凝土被斜向压坏,箍筋应力达不到屈服,设计时用限制截面尺寸不得过小来防止这种破坏。斜拉破坏的特点是梁被斜向拉裂成两部分,破坏过程急速而突然,设计时配置一定数量的箍筋(即控制最小配箍率)和限制箍筋的间距不能太大来避免。剪压破坏时箍筋首先达到屈服,然后剪压区混凝土被压坏,破坏时钢筋和混凝土的强度均被充分利用,设计时通过斜截面承载力计算来防止这种破坏。上述中的配箍率是指箍筋截面面积与对应的混凝土截面面积之比,用 ρ_{sv} 表示,即

$$\rho_{sv} = A_{sv} / bs$$

式中 A_{sv} 是指配置在同一截面内的箍筋截面面积之和,b 为截面宽度,s 为箍筋沿梁轴线方向的间距。

《混凝土结构设计规范》(GB 50010—2002)给出了发生剪压破坏梁的斜截面承载力计算公式,由公式可配置足够数量的箍筋来抗剪。具体计算此处不述。

(二) 钢筋混凝土受压构件

1. 受力特点

以承受轴向压力为主的构件称为受压构件。钢筋混凝土受压构件,依据轴向压力作用线与构件截面形心线间关系的不同,可分为轴心受压构件和偏心受压构件两大类。当纵向压力作用线与构件轴线重合时(截面上仅有轴心压力)称为轴心受压构件,如图7-7a所示。当纵向压力与构件轴线不重合时(截面上既有轴心压力,又有弯矩),称为偏心受压构件,如图7-7b所示。当纵向压力的作用点只对构件正截面的一个主轴有偏心矩时,为单向偏心受压构件;当纵向压力的作用点对构件正截面的两个主轴都有偏心矩时,为双向偏心受压构件。轴向压力的作用线到构件截面形心线之间的距离 e_0 称为轴向压力的偏心距。

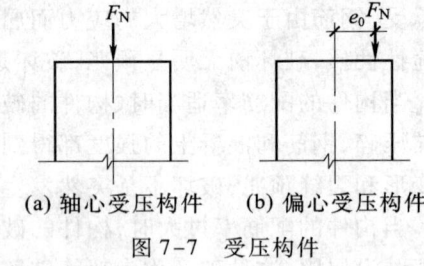

(a) 轴心受压构件　　(b) 偏心受压构件

图7-7　受压构件

工程中常见的柱即为受压构件。桁架的受压腹杆、高层建筑中的钢筋混凝土墙也属受压构件。下面简单介绍钢筋混凝土柱。

2. 柱的截面形状及尺寸

为了施工支模方便,受压构件一般采用矩形截面,如工程中常见的框架柱。其中,从受力合理考虑,轴心受压构件和在两个方向偏心矩大小接近的双向受压构件宜采用方形截面,单向偏心受压构件和主要在一个方向偏心的受压构件宜采用矩形截面,以使材料得到充分应用。在装配式单层工业厂房中,采用矩形截面柱,外形比较简单,施工方便,但自重大,经济指标较差,所以一般只作为受力较小的柱的截面形式,以及上柱的截面形式。对于有吊车厂房的柱来说,一般采用变截面形式,上柱因受力较小而采用矩形或方形截面,下柱因承受较大的吊车荷载一般采用I形截面。

柱截面尺寸,主要依据内力的大小和柱的计算长度而定。为了充分利用材料强度,使柱的承载力不致因长细比过大而降低太多,截面尺寸不宜太小。一般要求 $b \geq L_0/30$,$h \geq L_0/25$。对于现浇柱,截面尺寸不宜小于 250 mm×250 mm。柱截面尺寸还应符合模数要求,边长在 800 mm 以下时,以 50 mm 为模数;边长在 800 mm 以上时,以 100 mm 为模数。

3. 柱中的钢筋

(1) 纵向钢筋

纵向钢筋的作用是和混凝土一起承担外荷载,承受因温度改变及收缩而产生的拉应力,改善混凝土的脆性性能。为此,混凝土规范规定了纵向钢筋的最小配筋率 ρ_{min}。

纵向钢筋的直径不宜小于 12 mm,通常在 12~40 mm 范围内选择。

纵向钢筋的根数至少应保证在每个阳角处设置一根;圆柱中纵向钢筋根数不宜少于 8 根,且不应少于 6 根,轴心受压时,应沿截面四周均匀、对称设置。纵向钢筋的净距离不应小于 50 mm,中距不大于 350 mm。对于在水平位置上浇注的预制柱,其纵向钢筋的净距离要求与梁相同。当偏心受压柱的截面高度 $h \geqslant 600$ mm 时,在截面侧边应设置直径 10～16 mm 的纵向构造钢筋,用以承受由于温度变化及混凝土收缩产生的拉应力,同时,应相应设置附加箍筋或拉筋。

（2）箍筋

柱中配置箍筋,主要用来箍住纵向钢筋形成混凝土柱内的钢筋骨架,还可以防止纵向钢筋压屈,同时对剪力也有抵抗作用。柱中箍筋应做成封闭式。

箍筋一般采用 HPB235 级钢筋,其直径不应小于纵向钢筋直径的 1/4,且不应小于 6 mm。箍筋的间距一般为 200～300 mm,在加密区要减小到 100 mm。

箍筋的形式及布置应根据截面形状、尺寸及纵向受力钢筋的根数确定。当柱截面各边纵向钢筋不多于 3 根,或当柱子短边尺寸不大于 400 mm 且纵向钢筋不多于 4 根时,可设置单个箍筋,否则,应设置复合箍筋,使纵向钢筋每隔一根位于箍筋转角处。柱中不允许采用有内折角的箍筋。图 7-8 为几种常用的箍筋形式。

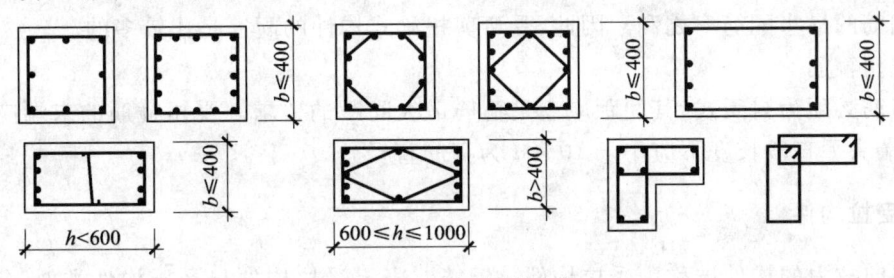

图 7-8　常用箍筋形式

（三）钢筋混凝土受扭构件

1. 受力特点

截面上作用有扭矩的构件即为受扭构件。受扭构件根据截面上存在的内力情况可分为纯扭、剪扭、弯扭、弯剪扭等多种受力情况。在土建工程中,前三种受力情况较少,弯剪扭的受力情况较多。即构件一般在受扭的同时还受弯、受剪。图 7-9 所示的雨篷梁、框架的边梁和厂房中的吊车就是这样的例子。

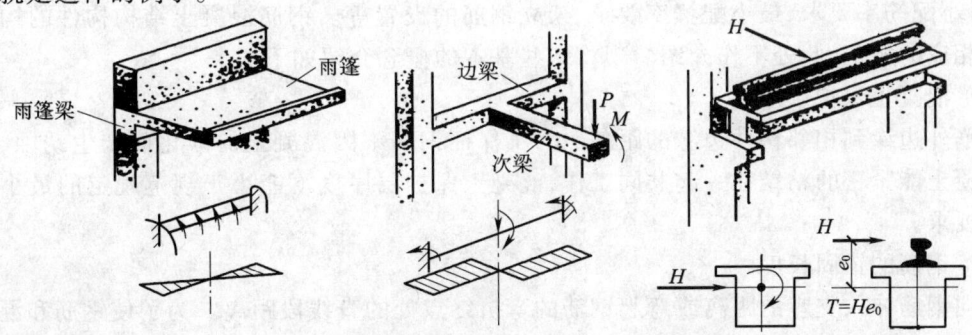

图 7-9　雨篷梁、框架的边梁和厂房中的吊梁

试验表明:对钢筋混凝土矩形截面纯扭构件,当扭矩增加时,构件首先在某一长边中点最薄

弱处产生一条倾角约为45°的斜裂缝,之后斜裂缝向两相邻面按45°螺旋方向延伸,同时又陆续出现更多条大体连续的螺旋裂缝,直到其中一条裂缝所穿越的钢筋先达到屈服强度,这条主裂缝急速扩展,最后另一个长边的混凝土压碎,构件破坏。

在实际工程中,一般采用横向封闭箍筋和纵向受力钢筋组成的钢筋骨架来抵抗扭矩的作用。对于同时承受弯矩、剪力和扭矩的构件,则应按受弯和受剪分别计算承受弯矩的纵向受力钢筋和承受剪力的箍筋,然后与受扭纵筋和受扭箍筋叠加进行配筋。

2. 配筋构造

(1) 抗扭纵筋

抗扭纵筋应沿构件截面周边均匀对称布置。矩形截面的四角以及T形和I形截面各分块矩形的四角,均必须设置抗扭纵筋。抗扭纵筋的间距不应大于200 mm,也不应大于梁截面短边长度。弯剪扭构件纵向钢筋的配筋率,不应小于受弯构件纵向受力钢筋的最小配筋率与受扭构件纵向受力钢筋的最小配筋率之和。因此,受弯剪扭梁式构件的配筋是比较多的。

(2) 抗扭箍筋

抗扭箍筋必须为封闭式,其间距应满足箍筋最大间距的要求。受扭箍筋的末端应做成135°弯构,弯构端头平直段长度不应小于$10d$(d为箍筋直径)。

(四) 受拉构件

承受轴向拉力的构件被称为受拉构件。钢筋混凝土受拉构件与受压构件类似,分为轴心受拉构件和偏心受拉构件两类。当轴心拉力作用在截面形心时,称为轴心受拉构件,如钢筋混凝土屋架的下弦杆。当纵向拉力作用偏离截面形心时,或截面上既作用有纵向拉力,又作用有弯矩的构件,称为偏心受拉构件,如工业厂房中双肢柱的肢杆。

在受拉构件中,需配置纵向受力钢筋和箍筋以满足承载力和构造方面的要求。

(五) 钢筋混凝土结构构件的构造措施

构造措施是指那些在结构计算中未能详细考虑或很难定量计算而忽略了其影响的因素,在保证构件安全、施工简便及经济合理等前提下所采取的技术补救措施。如前面所述的截面最小尺寸、最小配筋率要求、最小配箍率要求、架立钢筋的设置等。钢筋混凝土结构构件的构造措施可参照相应的规范,此处不作介绍。现将一些基本的概念介绍如下。

(1) 混凝土保护层厚度

钢筋外边缘到相邻构件边缘的距离。为了保证钢筋不因混凝土的碳化而产生锈蚀,保证钢筋和混凝土能紧密的粘结在一起共同工作,混凝土保护层厚度不能小于规范规定的最小混凝土保护层要求。

(2) 钢筋的锚固长度

纵向钢筋伸入支座的距离或弯起钢筋的弯折终点处的直线段距离。为了使钢筋和混凝土能可靠地一起工作、共同受力,钢筋的锚固长度不能小于规范规定的最小锚固长度要求。

(3) 纵筋的净距

相邻纵向钢筋外边缘的距离。为了便于浇灌混凝土,保证钢筋和混凝土能很好地粘结在一起,以及保证钢筋周围混凝土的密实性施工的要求,纵筋的净距不能小于规范规定的最小净距要求。

（4）钢筋的搭接长度

钢筋采用搭接接头时，其搭接长度不能小于规范规定的最小搭接长度。

（5）分布钢筋

板中垂直于受力钢筋方向上布置的构造钢筋。它与受力钢筋绑扎或焊接在一起，形成钢筋骨架。其作用是：将板面的荷载更均匀地传递给受力钢筋，施工过程中固定受力钢筋的位置，以及抵抗温度和混凝土的收缩应力。其配置应满足相应的构造要求。

（6）梁侧构造钢筋

当梁的腹板高度大于 450 mm 时，在梁的两个侧面沿高度配置的纵向构造钢筋。其作用是承受因温度变化、混凝土收缩在梁中间部位引起的拉应力，防止混凝土在梁中间部位产生裂缝。

（7）箍筋的肢数

同一横截面上箍筋垂直段的数目。箍筋的肢数由构造要求确定。

五、建筑结构变形缝

在工程实践中，常会遇到不同大小、不同体型、不同层高、建在不同地质条件上的建筑物，对某些建筑物，如果不考虑温度伸缩、沉降和地震的影响，就会产生裂缝，甚至破坏。为减少温度变化、地基不均匀沉降以及地震等因素对于结构的不利影响而设置的将建筑物垂直分割开来的预留缝即为变形缝。它包括伸缩缝、沉降缝和防震缝。

下面将变形缝的种类和设置原则分别阐述一下，以利于今后的工作。

（一）伸缩缝（温度变形缝）

为减少温度变化对结构内部产生的温度内力使墙面、屋面开裂，影响正常使用，沿建筑物长度方向每隔一定距离或结构变化较大处预留的缝隙即为伸缩缝。

伸缩缝的主要作用是避免由于温差和混凝土收缩而使房屋结构产生严重的变形和裂缝。为了防止房屋在正常使用条件下，由于温差和墙体干缩引起的墙体竖向裂缝，伸缩缝应设在因温度和收缩变形可能引起的应力集中、砌体产生裂缝可能性最大的地方。

伸缩缝的做法是从基础顶面开始将两个温度区段的上部结构完全分开，基础部位因受温度变化影响较小，不需断开。

（二）沉降缝

沉降缝是指在工程结构中，为避免因地基沉降不均导致结构沉降、裂缝而设置的永久性的变形缝。沉降缝主要控制剪切裂缝的产生和发展，通过设置沉降缝消除因地基承载力不均而导致结构产生的附加内力，自由释放结构变形，达到消除沉降的目的。实际上它将建筑物划分为两个相对独立的结构承重体系。

沉降缝的设置部位：

① 建筑平面的转折部位；

② 高度差异或荷载差异处；

③ 长高比过大的砌体承重结构或钢筋混凝土框架的适当部位;
④ 地基土的压缩性有显著差异处;
⑤ 建筑结构或基础类型不同处;
⑥ 分期建造房屋的交界处。

沉降缝的做法与伸缩缝不同,它要求在沉降缝处将基础连同上部结构完全断开,自成独立单元。必须注意,在沉降缝内不能填塞材料,以免妨碍建筑物两侧各单元的自由移动。不少工程,虽然设置了沉降缝,但由于施工时不慎缝内被砖块或砂浆等杂物堵塞,往往失去沉降缝的作用。在寒冷地区,因保暖需要,可在缝的侧面充填保温材料,但必须保证墙体能自由沉降。

(三) 防震缝

为了提高房屋的抗震能力,避免或减轻破坏,在《建筑抗震设计规范》(GB 50011—2001)中规定:多层砌体房屋结构有下列情况之一时,应设置防震缝,缝两侧均应设置墙体。

① 房屋立面高差在 6 m 以上;
② 房屋有错层且楼板高差较大;
③ 各部分结构刚度、质量截然不同;

高层钢筋混凝土房屋当需要设置防震缝时,防震缝最小宽度应符合下列规定:

① 框架结构房屋的防震缝宽度,当高度不超过 15 m 时可采用 70 mm;超过 15 m 时,6 度、7 度、8 度和 9 度设防相应每增加高度 5 m、4 m、3 m 和 2 m,宜加宽 20 mm。

② 框架-抗震墙结构房屋的防震缝宽度可采用①项规定的数值的 70%;抗震墙结构房屋的防震缝宽度可采用①项规定的数值的 50%;且均不小于 70 mm。

③ 防震缝两侧结构类型不同时,宜按需要较宽防震缝的结构类型和较低房屋高度确定缝宽。

设置防震缝时,应将建筑物分隔成独立、规则的结构单元,防震缝两侧的上部结构应完全分开,防震缝与伸缩缝、沉降缝应综合考虑,协调布置伸缩缝、沉降缝应符合防震缝的要求。沉降缝的宽度尚应考虑基础内倾使缝宽减小后仍能满足防震缝的宽度。

此外,凡是需做伸缩缝、沉降缝的地方均应做成防震缝,防震缝应沿房屋全高设置,两侧应布置墙。一般防震缝的基础可不断开,只是兼做沉降缝时才将基础断开。

防震缝宽度按房屋高度和设计烈度的不同,一般可取 50 ~ 100 mm。

(四) 后浇带

后浇带是指现浇整体钢筋混凝土结构中,在施工期间保留的临时性温度和收缩变形缝,着重解决钢筋混凝土结构在强度增长过程中因温度变化、混凝土收缩等产生的裂缝,以达到释放大部分变形,减小约束力,避免出现贯通裂缝。后浇带应设在对结构无严重影响的部位,即结构构件内力相对较小的位置,通常每隔 30 ~ 40 m 一道,缝宽 70 ~ 100 cm。一般在两部分混凝土浇灌后两周至一个月再用比原结构强度高 5 ~ 10 N/mm² 的微膨胀水泥或无收缩水泥混凝土补浇成为连续、整体、无伸缩缝的结构。

应该指出,设置结构缝会增加造价,施工也不方便,因此,在确定房屋的造型和布置时,建筑设计和结构设计必须结合起来考虑结构缝的设置问题,尽可能不设或少设结构缝。

现代建筑中,由于建筑使用和立面要求,在尽管平面形状复杂、立面体型不均衡的情况下,也要求不设沉降缝、抗震缝和伸缩缝。因为设置这种结构缝,防水处理较困难,材料用量较多,结构复杂,施工困难,特别是剪力墙结构,结构缝的施工更为困难。在地震区,由于结构缝将房屋分成几个部分,在地震力的作用下,各个部分相互碰撞,易造成震害,不但引起结构局部破坏,还使建筑装饰材料也造成破坏,增加了震后修复工作。目前,一般在结构总体布置上采取一些相应措施,减少房屋沉降差,防止因温度变化使结构产生伸缩而引起温度应力,加强在地震力的作用下产生应力集中和结构薄弱的部位,以减少或不设沉降缝、抗震缝和伸缩缝。

六、钢筋混凝土结构常用体系

(一) 钢筋混凝土框架结构

框架结构是由梁和柱连接而成的,梁柱交接处的框架节点通常为刚接。国外多以钢为框架材料,国内主要为钢筋混凝土框架结构。

钢筋混凝土框架结构因其平面布置灵活、适应性强、承载性能可靠而在工程中得到广泛应用,如商场、住宅、医院、餐厅、会议厅等房屋都可采用钢筋混凝土框架结构。但其在水平荷载作用下抗侧移的能力较差。

1. 钢筋混凝土框架结构类型

钢筋混凝土框架结构按照施工方法的不同,有装配式、装配整体式、半现浇式、现浇式四种。

装配式框架结构即全部构件为预制的框架结构;装配整体式框架结构即将预制梁柱装配就位后,通过局部现浇混凝土使构件连接成整体的钢筋混凝土框架结构;现浇整体式框架结构即全部构件在现场整体浇注,因其整体性和抗震性能好,能较好地满足要求而在工程中应用得最为广泛;半现浇框架一般是指现浇梁柱、预制楼板或者是现浇柱、预制梁板的结构。

2. 钢筋混凝土框架结构承重方案

钢筋混凝土框架结构就承重方式而言,有横向主框架承重、纵向主框架承重和纵横向框架混合承重三种。

(1) 横向主框架承重方案

横向主框架承重方案的特点是:由柱和梁组成的主框架沿房屋的横向布置,楼板支承在横向主框架梁上,竖向荷载主要由横向框架承受,而在纵向布置连系梁,如图7-10a所示。这种方案可以加强房屋的横向刚度和承载力,且楼板跨度小,因而楼盖用才省。而在纵向仅需按构造要求布置较小的连系梁,因而有利于房屋室内的采光与通风。但由于横向框架梁截面高度大,房屋净空高度减少,不利于房屋开间的灵活布置和纵向通风管道的布置。

(2) 纵向主框架承重方案

纵向主框架承重方案的特点是:由柱和梁组成的主框架沿房屋的纵向布置,楼板支承在纵向主框架梁上,竖向荷载主要由纵向框架承受,而在横向布置连系梁,如图7-10b所示。这种方案因为楼面荷载由纵向主梁传至柱子,所以横梁高度较小,可使房屋有较大的净高和室内空间,房屋的开间布置较灵活,且有利于设备管线的穿行。该方案的缺点是房屋的横向刚度较差,进深尺寸受预制板长度的限制。

（3）纵横向框架混合承重方案

纵横向框架混合承重方案的特点是：在两个方向上均布置框架主梁以承受楼面荷载，如图7-10c、d 所示。当采用现浇楼盖且楼盖为双向板，或楼面上作用有较大荷载，或框架结构房屋考虑地震作用时，宜采用这种方案。纵横向框架混合承重方案具有较好的整体工作性能，目前采用较多。

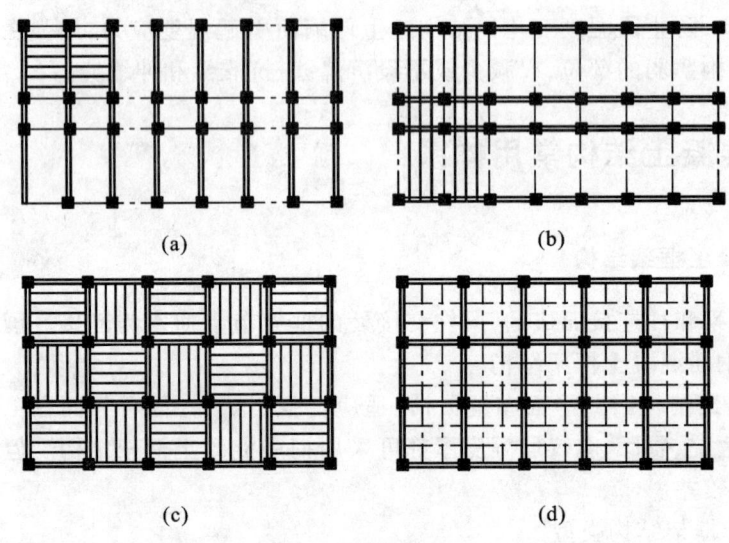

图 7-10 框架结构

（二）剪力墙结构

剪力墙是利用建筑外墙和内隔墙位置布置的钢筋混凝土结构墙，在高层房屋中其宽度和高度可与整个房屋相同，相对而言，厚度很薄（一般厚度 140 ~ 250 mm）。

剪力墙结构体系是由剪力墙同时承受竖向荷载和侧向力的结构，因为它能承受较大的水平剪力，故称剪力墙，其体系的特点是剪力墙在自身平面内有很大的侧向刚度，在出平面方向有刚性楼盖的支承。故整个房屋的刚度较大，建筑层数可达 30 层。但房屋被剪力墙分隔成较小的空间，故一般用于高层住宅及旅馆、写字楼建筑（图 7-11）。

（三）框架-剪力墙结构

框架-剪力墙结构体系是由若干个框架和局部剪力墙共同组成的多高层结构体系。当房屋层数超过 15 层，房屋的侧向位移和底层柱内力明显增大，这时可在框架结构内局部设剪力墙。竖向荷载主要由框架承受，水平荷载则主要由剪力墙承受。

该体系兼有框架体系和剪力墙体系两者的优点，建筑平面布置灵活、使用方便，也能满足结构承载力和侧向刚度的要求，同时还可充分发挥材料的强度作用，具有较好的技术经济指标。常用于 15 ~ 25 层的办公楼、旅馆、公寓（图 7-12）。

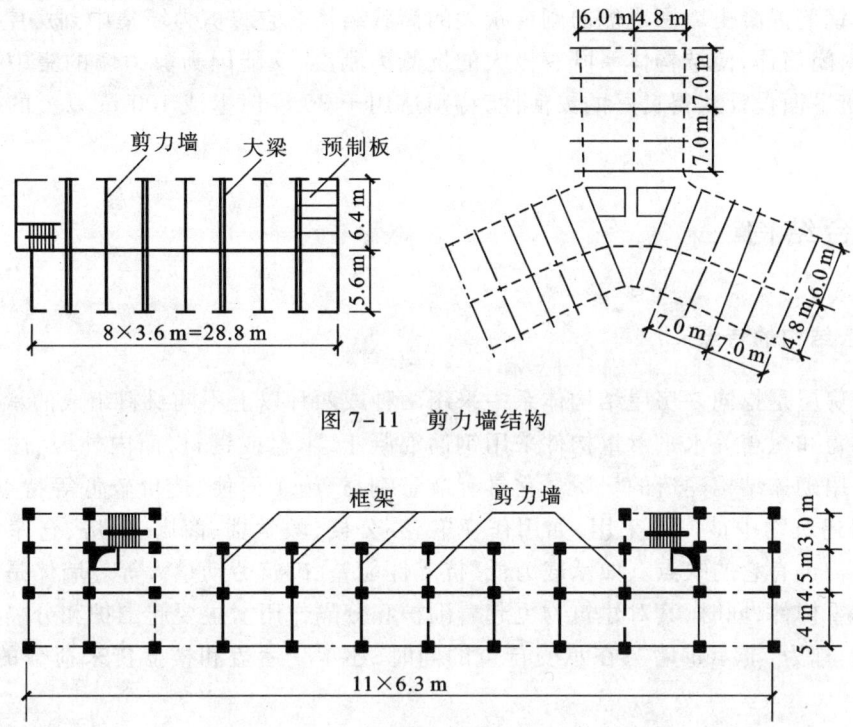

图 7-11 剪力墙结构

图 7-12 框架-剪力墙结构

（四）筒体结构

筒体是由实心钢筋混凝土墙或密集框架柱（框筒）构成。筒体结构是由单个或几个筒体作为竖向承重结构的高层房屋结构体系。其外形采用形状规则的几何图形，如圆形、方形、矩形、正多边形。筒体结构一般又可分为内筒体、外筒体、筒中筒和多筒体等几种（图 7-13）。

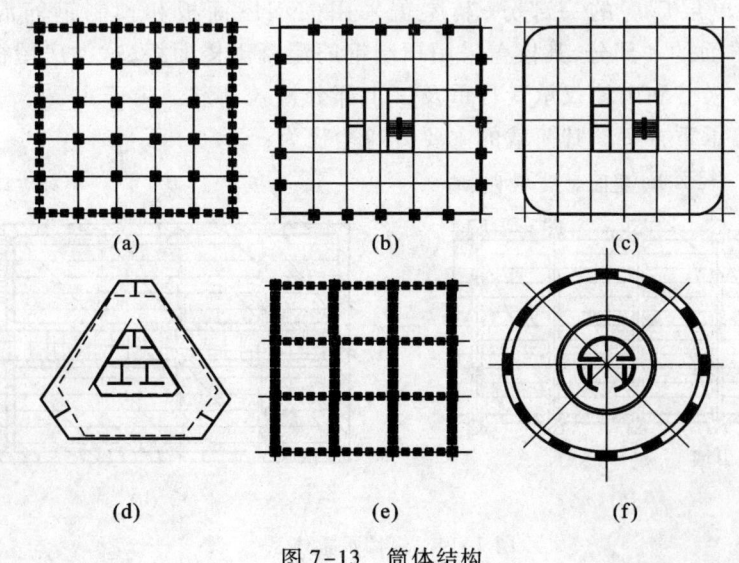

图 7-13 筒体结构

该体系由钢筋混凝土墙围成侧向刚度很大的筒状结构。它将剪力墙集中到房屋的内部和外围,形成空间封闭筒体,使结构体系既有极大的抗侧力刚度,又能因为剪力墙的集中而获得较大的空间,使建筑平面设计获得良好的灵活性,特别适用于30层以上或100 m以上的超高层办公楼建筑。

七、混合结构

(一)混合结构的特点

混合结构房屋是指同一房屋结构体系中采用两种或两种以上不同材料组成的承重结构。目前一般是指楼盖和屋盖等水平承重构件采用钢筋混凝土、木材或钢材,而内外墙、柱和基础等竖向承重构件采用砌体结构建造的房屋。它具有节省钢材、施工简便、造价较低等特点,因此在一般工业与民用建筑物中被广泛采用,如用作住宅、办公楼、教学楼、商店、厂房、仓库、食堂、剧场等。但混合结构也有它的缺点。如承载力低、抗震性能差、砌筑劳动量大等。墙体是混合结构建筑物的主要承重构件,同时,其对建筑物也起着围护和分隔作用。主要起围护和分隔作用且只承受自重的墙体,称为"非承重墙";在承受自重的同时,还承受屋盖和楼盖传来荷载的墙体,称为"承重墙"。

在混合结构房屋设计中,承重墙体的布置是首要的。承重墙体的布置直接影响着房屋总造价、房屋平面的划分和空间的大小,并且还涉及楼(屋)盖结构的选择及房屋的空间刚度。通常称沿房屋长向布置的墙为纵墙,沿房屋短向布置的墙为横墙。

(二)混合结构的承重方案

按结构承重体系和荷载传递路线,房屋的承重墙体的布置大致可分为以下几种方案。

1. 纵墙承重方案

图7-14a为某单层厂房的一部分,其屋盖采用大型屋面板和预制钢筋混凝土大梁。图7-14b为某教学楼平面的一部分,其楼盖采用预制钢筋混凝土楼面板,这类房屋楼盖和屋盖荷载大部分由纵墙承受,横墙和山墙仅承受自重及一小部分楼盖荷载。由于主要承重墙沿房屋纵向布置,因此称为纵墙承重方案。其荷载的主要传递途径为:

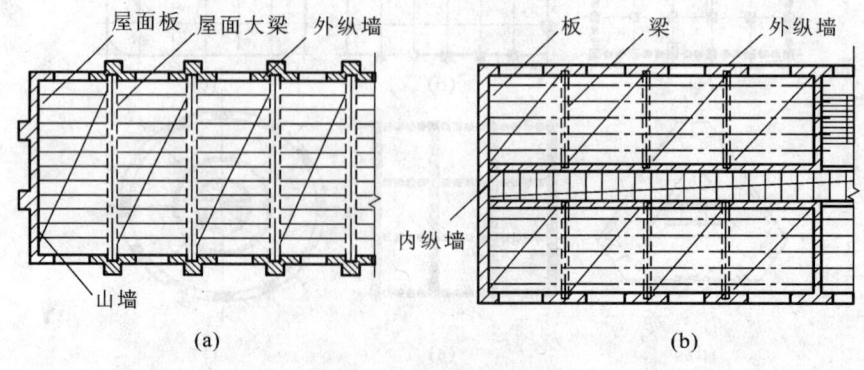

图7-14 纵墙承重体系

楼(屋)盖荷载→板→横向梁→纵墙→基础→地基。

纵墙承重方案的特点是：

① 纵墙是主要承重墙,横墙只承受小部分荷载,横墙的设置主要是为了满足房屋空间刚度和整体性的要求,其间距可根据使用要求而定。这类建筑物的室内空间较大,有利于在使用上灵活布置和分隔。

② 由于纵墙承受的荷载较大,因此纵墙上门窗洞口的位置和大小受到一定的限制。

③ 与横墙承重体系比较,楼(屋)盖的材料用量较多,墙体材料用量较少。且因横墙数量少,故房屋横向刚度相对较差。

纵墙承重体系适用于有较大室内空间要求的房屋,如教学楼、实验楼、办公楼、医院等。

2. 横墙承重方案

图 7-15 为某集体宿舍平面的一部分,其楼(屋)盖采用钢筋混凝土预制板,支承在横墙上。外纵墙仅承受自重,内纵墙承受自重和走道板的荷载。楼(屋)盖荷载主要由横墙承受,属横墙承重体系。横墙承重方案的荷载传递途径为：

楼(屋)盖荷载→板→横墙→基础→地基。

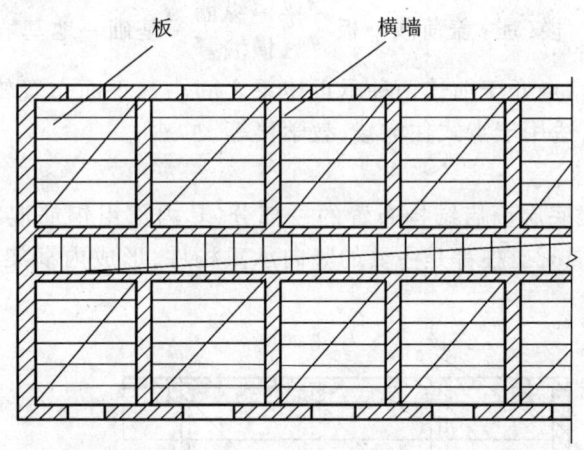

图 7-15　横墙承重体系

横墙承重方案的特点是：

① 横墙是主要的承重墙。纵墙主要起围护、分隔室内空间和保证房屋整体性与总体刚度的作用。由于纵墙为非承重墙,因此在纵墙上可以开设较大的门窗洞口。但由于横墙间距密,房间布置灵活性较差。

② 由于横墙间距小,多道横墙与纵墙拉结,因此房屋的空间刚度大,整体性好。这种承重体系对水平荷载及地基的不均匀沉降有较好的抵抗能力。

③ 楼(屋)盖结构比较简单,施工比较方便。与纵墙承重体系比较,楼(屋)盖材料用量较少,但墙体材料用量较多。横墙承重方案适用于开间不大、墙体位置比较固定的房屋,如住宅、宿舍、旅馆等。

3. 纵横墙承重方案

图 7-16 为某教学楼平面的一部分,其楼(屋)盖荷载一部分由纵墙承受,另一部分由横墙承

受,形成纵横墙共同承重方案。其荷载的传递途径为:

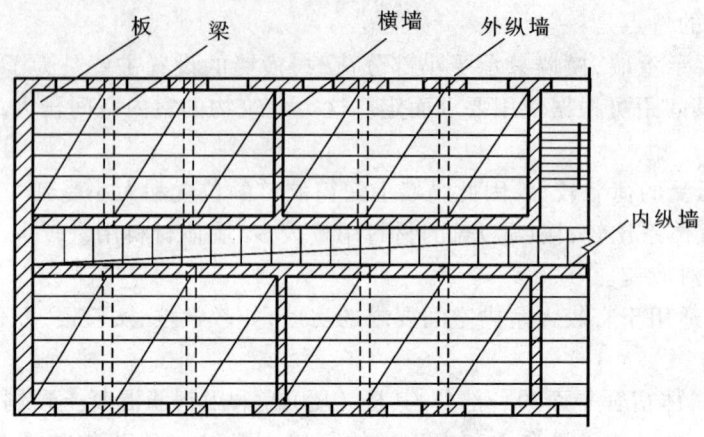

图 7-16 纵横墙承重体系

$$楼(屋)盖荷载 \to 板 \begin{matrix} \nearrow 梁 \to 纵墙 \searrow \\ \searrow 横墙 \nearrow \end{matrix} 基础 \to 地基$$

纵横墙承重方案的特点介于前述两种承重体系之间。其平面布置较灵活,能更好地满足建筑物使用功能上的要求,适用于点式住宅楼、教学楼等。

4. 内框架承重方案

图 7-17 为某商住楼底层商店结构布置的一部分,其内部由钢筋混凝土柱和楼盖梁组成内框架。外墙和内部钢筋混凝土柱都是主要的竖向承重构件,形成内框架承重体系。其荷载传力途径为:

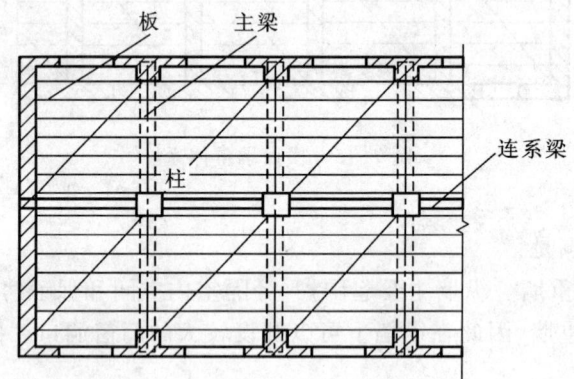

图 7-17 内框架承重体系

$$楼(屋)盖荷载 \to 板 \begin{matrix} \nearrow 外纵墙 \to 外纵墙基础 \searrow \\ \searrow 梁 \to 柱 \to 柱基础 \nearrow \end{matrix} 地基$$

内框架承重方案的特点是:
① 房屋的使用空间较大,平面布置比较灵活,可节省材料,结构较为经济。
② 由于横墙较少,房屋的空间刚度和建筑物抗震能力均较差。由于钢筋混凝土和砌体的压

缩性不同,以及基础也可能产生不均匀沉降,如设计、施工不当,结构容易产生不均匀竖向变形,从而引起较大的附加应力,并产生裂缝。

内框架承重方案一般用于教学楼、医院、商店、旅馆等建筑。

职业活动与训练

组织学生参观常见结构类型的建筑。

1. 目的

通过参观不同结构类型的建筑,了解建筑结构的不同结构类型;熟悉不同结构类型的房屋的不同特点;增强对不同结构类型的房屋平面布置、立面布置、构件组成、传力途径的感性认识,从而使力学和结构的基本知识得到巩固和应用。

2. 环境要求

选取几种典型结构的建筑,如砖混结构的住宅、框架结构的住宅、框架结构的商场、剪力墙结构的旅馆,在其建筑工程完成的基础上,组织参观。

3. 能力标准及要求

(1) 了解建筑结构的不同结构类型及其特点;
(2) 熟悉不同结构类型的房屋平面布置、立面布置情况;
(3) 弄清房屋变形缝、后浇带的设置情况及其位置;
(4) 弄清建筑结构的组成构件及其传力途径;
(5) 弄清构件所用的材料及其特点;
(6) 能判别承重墙和非承重墙。

4. 步骤提示

(1) 明确活动目的和要求;
(2) 了解所参观工程结构类型概况;
(3) 参观现场。

5. 讨论与训练题

比较所参观工程与身边所见工程结构类型有何不同。

小 结

- 建筑结构是指建筑物中用来承受各种作用的受力体系。在房屋建筑中,组成结构的构件有板、梁、屋架、柱、墙、基础等。
- 建筑结构按所用材料分类;可分为混凝土结构、砌体结构、钢结构、木结构等。
- 结构的极限状态分为承载能力的极限状态和正常使用的极限状态。
- 抗震设计中,根据使用功能的重要性把建筑物分为甲、乙、丙、丁四个抗震设防类别。
- 变形缝包括伸缩缝、沉降缝和防震缝。
- 钢筋混凝土框架结构就承重方式而言,有横向主框架承重、纵向主框架承重和纵横向主框架混合承重三种。
- 混合结构按结构承重体系和荷载传递路线,房屋的承重墙体的布置大致可分为纵墙承重、横墙承重、纵横墙承重、内框架承重体系等。

复 习 题

（1）什么是建筑结构？建筑结构上的作用可分为哪几种？
（2）按照所用材料的不同，建筑结构可分为哪几种？各有何特点？
（3）建筑结构构件按照受力特点可分为哪几种？
（4）钢筋混凝土结构的受力体系有哪几种？各有何特点？
（5）钢筋混凝土框架结构有哪几种受力体系？
（6）什么是混合结构？混合结构有哪几种承重方案？其传力途径是什么？

单元五　房屋构造与识图

第8章　基　　础

在学习了工程材料及力学和结构的基本知识以后,了解到一个构件要保持原有空间位置,必须要有空间平衡力系,即至少要有三个力的合力与竖向建筑的重力方向相同,并且能抵抗各个方向水平力(如风载),然后将建筑物的重力保证垂直地传递到地层,那么地层能承担如此大的荷载吗?如何保证地层能承担如此大的荷载呢?这就需要基础结构,基础就是能保证建筑物荷载传递给地层的建筑物的最下部的结构。基础出现问题,将造成整个建筑物的不能正常使用或破坏(倒塌),基础在建筑物中处于非常重要的地位,任何施工过程中均应给予高度重视。本章将介绍地基的基本概念,然后利用地基的基本概念,结合力学与结构的基本知识,学习建筑物(也包括构筑物)基础的基本概念及一般基础的特性,从力学与结构的角度分析各类基础在不同的建筑装饰工程中要注意的有关工程技术问题。

学习目标

学完这一章应该能做到:
- 了解地基基础的基本概念。
- 了解各种常见基础的受力特性。
- 掌握各种常见基础的构造特点。
- 能了解各种常见基础在装饰工程中应注意的问题。

能力标准

具备识读基础工程施工图的能力,能看懂各种常见基础的施工图。

一、概述

通常将埋入土层一定深度的建筑物下部承重结构称为基础。建筑物荷载通过基础传至土层,使土层产生附加应力和变形(与原应力和变形的差),并向四周土中扩散而逐渐减弱。我们把土层中附加应力与变形不能忽略的部分称为地基。地基有一定的深度与范围。

(一)地基基础设计要求

地基基础设计必须满足下列要求:
① 地基的强度应满足荷载作用的要求,不会发生剪切破坏或失稳;
② 建筑物产生的基础底面荷载不使地基产生过大的沉降和不均匀沉降,保证建筑物的正常使用;
③ 基础结构本身应有足够的强度和刚度,在地基反力作用下不会产生强度破坏,并具有改善沉降与不均匀沉降的能力。

上述第三点是装饰施工中应注意的主要方面。

地基的工程力学性质主要包括承载力、压缩性、渗透性等方面,提高和保证地基的工程力学性质就是从不同的方面保证不降低地基的工程力学性质。

(二)土的工程特性的主要影响因素

土的工程特性的主要影响因素有如下几个方面。

1. 粘性土的含水量

含水量是指土中水的质量和土颗粒质量之比。土中存在不同状态的水,含水量的不同直接影响土的工程力学性质。粘性土根据含水量的不同,可分为三种状态,即固态、液态和流动状态。当然,不同土体的含水量界限不同,总体来讲,装饰施工中应保证地基含水量不产生剧烈变化,否则会导致地基承载力急剧下降,造成建筑物破坏。

2. 矿物颗粒组成

矿物颗粒是土的主要组成部分,是由岩石风化而来,颗粒组成是指颗粒大小的组成,不是化学成分的组成。颗粒大小不均匀可以保证土有较高的密实度,其承载力也相应较高,而压缩性较低。

3. 土的结构

土体中土粒的排列形式主要有单粒结构、蜂窝结构和絮状结构三种,如图 8-1 所示。蜂窝结构和絮状结构又称海绵结构。这两种结构的土体在破坏后,承载力会下降(或急剧下降),不足原来地基承载力的 10%;压缩性会提高(或高压缩性),提高到原来地基的 2~10 倍。因此,在施工中需特别注意这类土体,使其结构不受扰动。

4. 土的构造

不同和相同土体形成地基土时,其排列特征即土的构造。因地基土是不同历史时期堆积而成的,受气候等条件的影响,造成土具有成层性,即层状排列,如图 8-2 所示。不同土层的力学性质不同,基础应放置在承载力高、压缩性低的土层上。

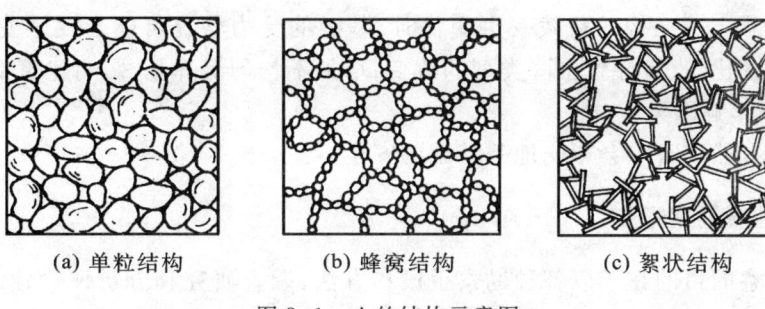

(a) 单粒结构　　(b) 蜂窝结构　　(c) 絮状结构

图 8-1　土的结构示意图

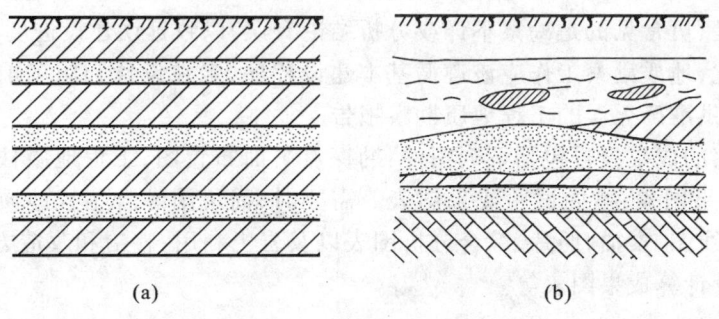

(a)　　　　　　　　　　(b)

图 8-2　土的构造示意图

5. 土的渗透性

土的渗透性是指土中水消散的速度,速度越快,建筑物稳定得越快,在施工结束时即可达到稳定。反之,需要花费很长时间(有的长达10年以上)才能使建筑物的沉降变形稳定。地基基础设计是按勘察中土的渗透系数设计的,如果原有土的渗透性发生变化,将造成建筑物的不均匀沉降加剧,影响正常使用。因此,在装饰施工中,应注意不向地层排泄影响地基土渗透性的物质。

(三) 地基基础安全的影响因素

1. 地基土的影响

土中的含水量、土的颗粒级配、土的结构的变化及渗透性变化都可能造成地基强度不足,引起地基不均匀沉降,使地基不能满足要求。

2. 基础底面尺寸的影响

基础底面尺寸是保证地基能承担上部荷载的主要参数。所以,任何工程施工中不得减小基础底面尺寸,否则会直接导致建筑物因地基承载力不足而偏斜或倒塌。

3. 基础结构的破坏

基础是传递荷载的主要结构,基础结构的破坏将直接导致基础不能将上部荷载有效地传递给地基,即中间结构出现破坏,直接造成建筑物的破坏。所以,在装饰施工中不得破坏基础的原有结构。

4. 上部结构荷载的变化

上部结构荷载的变化是指上部结构因某种原因增加荷载或改变荷载的特性(如弯矩增加、

剪切力减小等),当上部结构的荷载发生变化时,基础的受力状况可能会发生变化,将导致地基的承载状况发生变化,直接导致沉降类型的改变,增加不均匀沉降量,影响建筑物的正常使用。

5. 其他外部影响因素

地震等其他自然灾害均会影响地基基础的安全。

（四）工程地质勘察报告

工程地质勘察的目的在于以各种勘察手段和方法,调查研究和分析评价建筑场地和地基的工程地质条件,为设计和施工提供所需的工程地质资料。

在工程实践中,有不少因不经过调查研究而盲目进行地基基础设计和施工而造成严重工程事故的例子。但是,更常见的是勘察不详或分析结论有误,以致延误建设进度,浪费大量资金,甚至遗留后患。因此,地质勘察工作应该遵循基本建设程序,走在设计和施工前面,采取必要的勘察手段和方法,提供准确无误的工程地质勘察报告。

工程地质勘察的成果报告包括下列图件:勘探点平面布置图,工程地质柱状图,工程地质剖面图,原位测试成果图表,室内试验成果图表。需要时,尚可附综合工程地质图,综合地质柱状图,地下水等水位线图,素描,照片,综合分析图表以及岩土利用、整治和改造方案的有关图表,岩土工程计算简图及计算成果图表等。

（五）基础的类型

在工程实践中,基础可分为浅基础和深基础两大类,但无明显界限,主要视基础埋深和施工方法不同来区分:一般埋深在5 m以内且用常规方法施工的基础称为浅基础;当基础需要埋在较深的土层上,并采用特殊方法(需要一定的机械设备)施工的基础称为深基础。

浅基础的类型见表8-1。

表8-1 浅基础分类

无筋扩展基础	砖基础
	毛石基础
	混凝土和毛石基础
	灰土基础
	三合土基础
扩展基础	墙下钢筋混凝土条形基础
	柱下钢筋混凝土独立基础
柱下钢筋混凝土条形基础	
柱下十字交叉基础	
筏型基础	
箱型基础	

天然地基浅基础的设计,应根据上述资料和建筑物类型及结构特点,按下列步骤进行:选择

基础的材料和构造型式;确定基础的埋置深度;确定地基土的承载力特征值;确定基础底面尺寸,必要时进行下卧层强度验算;对设计等级为甲级、乙级的建筑物,以及部分丙级建筑物,进行地基变形验算;对建于斜坡上的建筑物及经常承受较大水平荷载的构筑物,进行地基稳定性验算;确定基础的剖面尺寸,进行基础结构计算;绘制基础施工图。

二、无筋扩展基础

无筋扩展基础系指由砖、毛石、混凝土或毛石混凝土、灰土和三合土等材料组成的,且不需配置钢筋的墙下条形基础或柱下独立基础。

(一) 无筋扩展基础的材料

无筋扩展基础的材料必须满足如下要求:

① 基础砖采用高强度的实心砖,砖的强度等级不低于 MU10;砌筑砂浆应采用水泥砂浆,水泥品种一般为硅酸盐水泥和普通硅酸盐水泥;砌筑砂浆强度等级不低于 M5。

② 毛石强度等级不低于 MU20,砌筑毛石砂浆的强度等级不低于 M5。

③ 混凝土强度等级一般可采用 C15。

④ 灰土中的石灰与土的体积比为 3:7 或 2:8,其最小干密度为:粉土 1.55 t/m^3,粉质粘土 1.5 t/m^3,粘土 1.45 t/m^3。

⑤ 三合土中的石灰:砂:骨料的体积比为 1:2:4 或 1:3:6,骨料(碎砖)的粒径为 20~60 mm。

(二) 无筋扩展基础的构造

1. 砖基础

多用于低层建筑的墙下基础。其优点是可就地取材,砌筑方便,但强度低且抗冻性差。因此,在寒冷而又潮湿地区采用不理想。砖基础剖面一般砌成阶梯形,通常称其为大放脚。大放脚从垫层上开始砌筑,为保证大放脚的刚度应采用两皮一收与一皮一收相间砌筑(即二·一间隔收砌筑法),每砌一阶,基础两边各收 1/4 砖长。一皮即一层砖,标志尺寸为 60 mm。

2. 毛石基础

毛石基础(图 8-3)是采用毛石和砂浆砌筑而成。毛石基础的抗冻性较好,在寒冷潮湿地区可用于 6 层以下建筑物基础。由于毛石尺寸差别较大,为保证砌筑质量,毛石基础每台阶高度和基础墙厚不宜小于 400 mm,每阶两边各伸出宽度不宜大于 200 mm。石块应错缝搭砌,缝内砂浆应饱满,且每步台阶不应少于两皮毛石。

3. 混凝土基础

混凝土基础(图 8-4)的强度、耐久性和抗冻性均较好,常用于荷载较大的墙柱基础。当浇筑较大基础时,为了节约混凝土用量,可在混凝土内掺入 15%~25%(体积比)的毛石做成毛石混凝土基础,掺入毛石的尺寸不得大于 30 mm,使用前须冲洗干净。

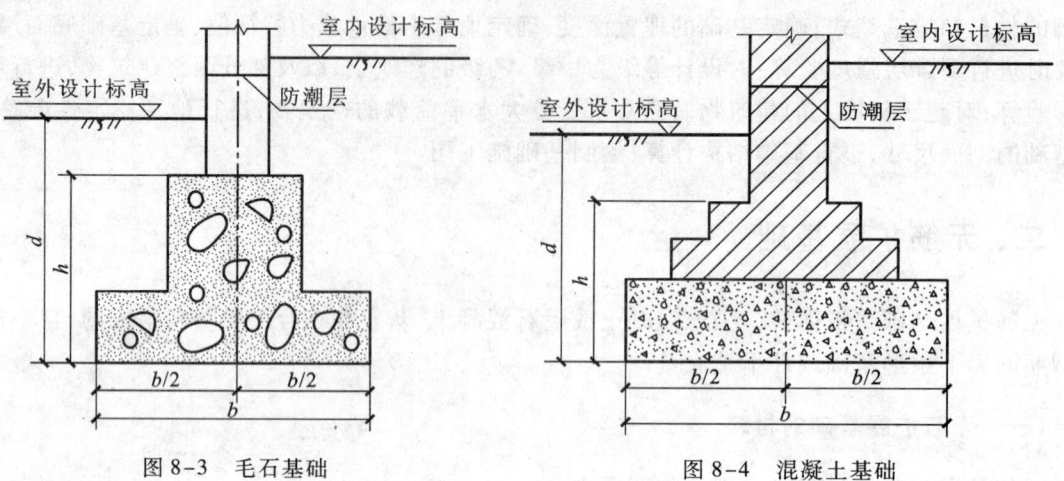

图 8-3 毛石基础　　　　　　　图 8-4 混凝土基础

4. 灰土基础

灰土用熟化石灰和粉土或粘性土拌和而成。按体积配合比为 3∶7 或 2∶8 加适量水拌和均匀,铺在基槽内分层夯实(每层虚铺 220~250 mm 厚,夯实至 150 mm)。灰土基础造价低,可节约水泥和砖石材料,多用于 5 层及 5 层以下的民用建筑。

5. 三合土基础

三合土是由石灰、砂和骨料(矿渣、碎砖或石子),按体积比为 1∶2∶4 或 1∶3∶6 拌和均匀后分层夯实而成(每层虚铺 220 mm 厚,夯实至 150 mm)。三合土基础强度较低,一般用于 4 层及 4 层以下的民用房屋。

(三) 无筋扩展基础的受力特点

上述介绍的砖、石、三合土等材料都是抗弯性能较差、抗压强度较高而抗拉强度很低的材料,在受弯时很容易因弯曲变形过大而拉坏。因此,必须限制基础的悬挑长度。

无筋扩展基础的受压不属于局部抗压,在上部墙体的荷载作用下,沿锥体向下传递,因此其主要结构体是一锥体,在施工中不得破坏其锥体部分或造成锥体部分的开裂,否则将导致结构分离引起受力变化。

(四) 无筋扩展基础的结构要求

根据大量试验研究和实践表明,对无筋扩展基础,当材料及基础底面积确定后,只要限制基础台阶宽高比 b_2/H_0 小于允许值,就可以保证基础不会因受弯、受剪而破坏。b_2/H_0 的比值,就是基础斜面与垂直线所构成的角度 α 的正切值。

基础高度应满足下式要求:

$$H_0 \geqslant \frac{b-b_0}{2\tan\alpha}$$

式中 b 为基础底面宽度,m;b_0 为基础顶面的墙体宽度或柱脚宽度,m;H_0 为基础高度,m;b_2 为基础台阶宽度,m;$\tan\alpha$ 为基础台阶宽高比 b_2/H_0,其允许值根据规范选用。

采用无筋扩展基础的钢筋混凝土柱,其柱脚高度不得小于柱的短边尺寸,并不应小于

300 mm,且不小于 20d(d 为柱中的纵向受力钢筋的最大直径)。当柱纵向钢筋在柱脚内的竖向锚固长度不满足锚固要求时,可沿水平方向弯折,弯折后的水平锚固长度不应小于 10d 也不应大于 20d。

(五)无筋扩展基础施工图

某砖基础详图如图 8-5 所示。

三、扩展基础

扩展基础系指柱下钢筋混凝土独立基础和墙下钢筋混凝土条形基础。这类基础抗压、抗弯、抗剪强度都很高,耐久性和抗冻性都较理想,

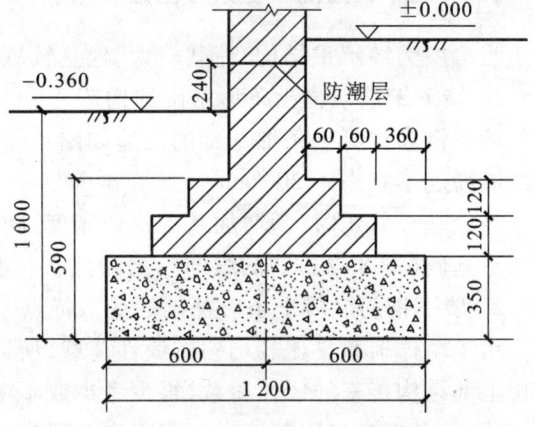

图 8-5 无筋扩展基础施工图

而且费用并不高,施工简单,特别适用于荷载大、土质较软弱且需要基底面积较大又必须浅埋的情况。扩展基础一般做成无肋式(图 8-6)。如果地基土质分布不均匀,在水平方向压缩性差异较大,为了减小基础的不均匀沉降,增加基础的整体性,也可做带肋式的扩展基础(图 8-7)。

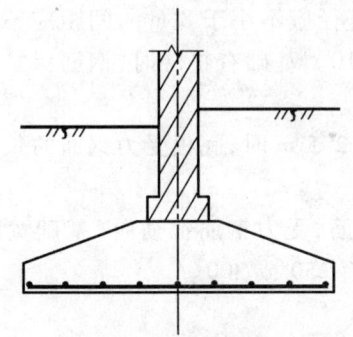
图 8-6 无肋式钢筋混凝土条形基础

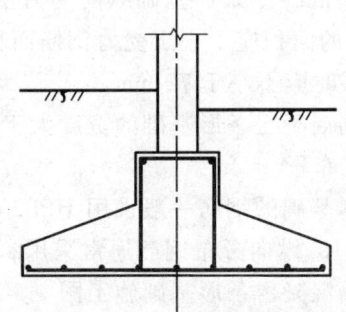
图 8-7 肋式钢筋混凝土条形基础

(一)扩展基础的材料

1. 钢筋

一般情况下,扩展基础钢筋混凝土内受力钢筋宜选用 HRB400 级和 HRB335 级钢筋,箍筋和分布钢筋宜选用 HRB335、HRB400 和 HPB235 级钢筋。

2. 混凝土

(1)扩展基础混凝土的强度等级不应低于 C20,垫层混凝土强度等级不应低 C10。

(2)水泥品种一般选用硅酸盐水泥和普通硅酸盐水泥。

(3)细集料要选用颗粒级配好,细度模数大,含泥量和泥块含量小的河沙。

(4)粗集料选择抗压强度高,颗粒级配好,针片状含量少的石料,且注意骨料的潜在碱活性,以防止碱-集料反应。

(二)墙下钢筋混凝土条形基础

当房屋为墙承重结构,荷载较大,地基较软弱时,宜采用墙下钢筋混凝土条形基础。

1. 墙下钢筋混凝土条形基础的构造

墙下钢筋混凝土条形基础的构造如图8-6所示。当基础高度$h>250$ mm时,截面采用锥形,其边缘高度不宜小于200 mm。当基础高度$h \leqslant 250$ mm时,宜采用平板式。

当地基较软弱时,为增加基础抗弯刚度,减少基础不均匀沉降的影响,基础剖面也可采用肋式条形基础(图8-7),肋的纵向钢筋和箍筋一般按经验确定。

2. 墙下钢筋混凝土条形基础的受力特点

由于墙体荷载是比较均匀的线性荷载,所以钢筋混凝土条形基础的作用是保证基础能承担上部结构传来的线性荷载,很少考虑或不考虑线性荷载的变化带来的沿基础长度方向的弯曲变化,只考虑横向因基础底面宽度增加所带来的弯矩。

因钢筋混凝土条形基础的宽度比无筋扩展基础的大,所以其弯矩较大;基础的受力主要在横向,如果上部结构荷载均匀且地基土比较均匀,则不考虑纵向弯矩,否则采用肋式的条形基础。

3. 墙下钢筋混凝土条形基础的结构配筋

① 墙下钢筋混凝土条形基础纵向受力钢筋的直径应不小于8 mm,间距应不大于200 mm,每延米分布钢筋的面积应不小于受力钢筋面积的1/10。基础有垫层时,钢筋保护层厚度应不小于40 mm,无垫层时应不小于70 mm。

② 墙下钢筋混凝土条形基础的宽度大于或等于2.5 m时,底板受力钢筋的长度可取宽度的0.9倍,并且交错布置。

③ 墙下条形基础的钢筋一般采用HPB235级钢筋,受力钢筋在横向(基础宽度方向)布置,其直径为$\phi 8 \sim \phi 16$,纵向分布钢筋通常采用$\phi 6 \sim \phi 8 @ 250$或300。

4. 墙下钢筋混凝土条形基础施工图

图8-8为某墙下钢筋混凝土条形基础的施工图。

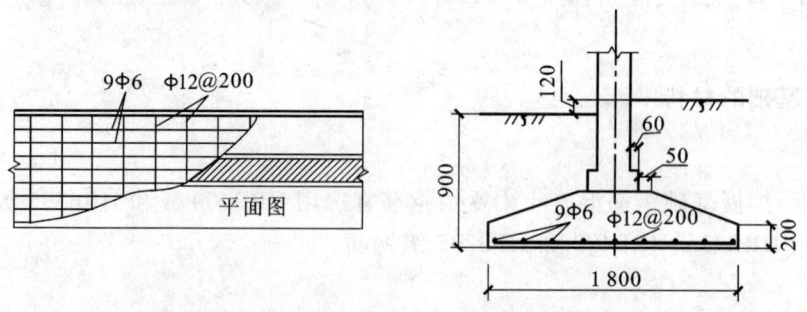

图8-8 墙下钢筋混凝土条形基础施工图

(三)柱下独立基础

当房屋为骨架承重结构或内骨架承重结构时,承重柱下扩大形成独立基础。

独立基础是柱下基础的基本形式。现浇柱下独立基础的截面可做成阶梯形(图 8-9)和锥形(图 8-10),预制柱一般采用杯形基础。

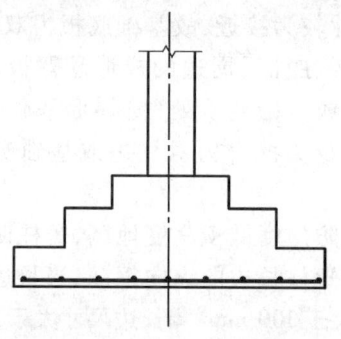

图 8-9 阶梯形柱下独立基础

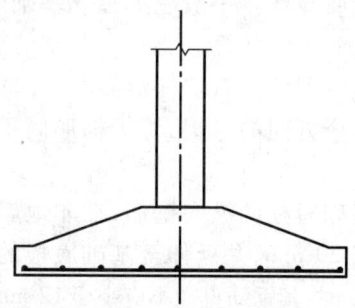

图 8-10 锥形柱下独立基础

1. 独立基础的构造

① 锥形基础的截面形式如图 8-10 所示。锥形基础的边缘高度不宜小于 200 mm;顶部做成平台,每边从柱边缘放出不少于 50 mm,以便于柱支模。

② 阶梯形基础的每阶高度宜为 300~500 mm。当基础高度 $h \leqslant 500$ mm 时,宜用一阶;当 500 mm$< h \leqslant 900$ mm 时,宜用两阶;当 $h > 900$ mm 时,宜用三阶。阶梯形基础尺寸一般采用50 mm 的倍数。由于阶梯形基础的施工质量容易保证,宜优先考虑采用。

③ 当柱为轴心受压或小偏心受压时,$h \geqslant 1200$ mm。

④ 当柱为大偏心受压时,$h \geqslant 1400$ mm。

⑤ 预制柱与杯形基础的连接,应符合下列要求:

a. 柱插入杯口深度可按规范选用,并应满足钢筋锚固长度要求及吊装时柱的稳定性。

b. 当柱为轴心受压或小偏心受压,且 $t/h_2 \geqslant 0.65$ 时,或大偏心受压且 $t/h_2 \geqslant 0.75$ 时,杯壁可不配筋;当柱为轴心受压或偏心受压,且 $0.5 \leqslant t/h_2 < 0.65$ 时,杯壁可按规范规定配筋;其他情况下,应按计算配筋。

c. 双杯口基础用于厂房伸缩缝处的双柱下,或者考虑厂房扩建而设置的预留杯口情况。当中间杯壁的宽度小于 400 mm 时,宜在杯壁内配筋。

⑥ 高杯口基础是带有短柱的杯形基础。一般用于上层土较软弱或有坑、穴、井等不宜作持力层以及必须将基础深埋的情况。高杯口基础柱的插入深度应符合杯形基础的要求,杯壁厚度应符合规范的规定和有关要求。

2. 独立基础的受力特点

柱下钢筋混凝土独立基础的底板厚度(即基础高度)主要由受冲切承载力确定。在柱轴心荷载作用下,如果基础底板厚度不足,将沿柱周边(或基础变阶处)产生冲切破坏,形成45°斜裂面的锥体。为防止基础发生这种破坏,由冲切破坏锥体以外的地基净反力所产生的冲切力应小于冲切面处混凝土的抗冲切能力。

阶梯形基础尚需验算变阶处的受冲切承载力,此时可将上阶底周边视为柱周边,用台阶的平面尺寸代替柱截面尺寸。当基础底面在45°冲切破坏线以内时,可不进行冲切验算。

3. 独立基础的结构配筋

基础底板的配筋,应按受弯承载力确定。柱下独立基础在轴心荷载或单向偏心荷载作用下,基础底板由于地基净反力的作用而沿柱周边向上弯曲,当弯曲应力超过基础受弯承载力时,基础底板将发生弯曲破坏。一般柱下独立基础的长短边尺寸较为接近,故基础底板为双向弯曲,其内力可采用简化的方法计算。将独立基础的底板视为嵌固在柱子周边的梯形悬臂板,近似地将基底面积按对角线划分成四块梯形面积,计算截面取柱边或基础变阶处(阶梯形基础)。矩形基础沿基础长短两个方向的弯矩,等于梯形面积上的地基净反力的合力对柱边或基础变阶处截面的力矩。

高杯口基础短柱的纵向钢筋,在非地震区及抗震设防烈度低于9度地区,短柱四角纵向钢筋直径不宜小于20 mm,并延伸至基础底板的钢筋网上。短柱长边的纵向钢筋,当长边尺寸小于或等于1000 mm时,其钢筋直径不应小于12 mm,间距不应大于300 mm;当长边尺寸大于1000 mm时,其钢筋直径不应小于16 mm,间距不应大于300 mm,每隔一半左右伸下1根并做150 mm的直钩支承在基础底部的钢筋网上,其余钢筋锚固至基础底板顶面下l_a(锚固长度)处。短柱短边每隔300 mm应配置直径不少于12 mm的纵向钢筋,且每边的配筋率不少于0.05%短柱的截面面积。短柱中的箍筋直径不应小于8 mm,间距不应大于300 mm;当抗震设防烈度为8度和9度时,箍筋直径不小于8 mm,间距不应大于150 mm。

4. 独立基础施工图

图8-11为某独立基础的施工图。

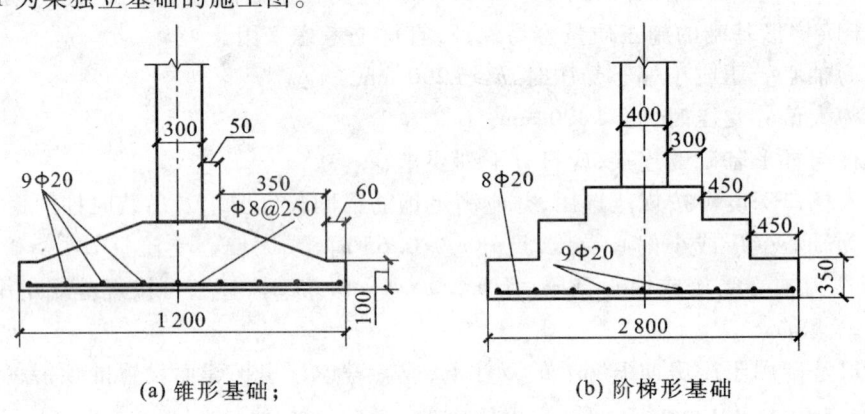

(a) 锥形基础; (b) 阶梯形基础

图8-11 独立基础施工图

(四)柱下钢筋混凝土条形基础

当柱承受荷载较大而地基土软弱,采用柱下独立基础时,基础底面积很大而几乎相互连接,为增加基础的整体性和抗弯刚度,可将同一柱列的柱下基础连通做成钢筋混凝土条形基础。这种基础常在框架结构中采用。

柱下条形基础是指布置成单向或双向的钢筋混凝土条状基础,也称为基础梁。它由肋梁及其横向伸出的翼板组成,其断面呈倒T形。由于肋梁的截面相对较大且配置一定数量的纵筋和腹筋,因此具有较大的抗弯及抗剪能力。

1. 柱下钢筋混凝土条形基础的构造

柱下钢筋混凝土条形基础的构造除满足扩展基础的要求外,尚应符合下列规定:

① 柱下条形基础梁的高度宜为柱距的 1/4 ~ 1/8,肋宽 b_1 应比该方向的柱截面稍大些,翼板宽 b 应按地基承载力计算确定。

② 翼板厚度不应小于 200 mm。当翼板厚度大于 250 mm 时,宜采用变厚度翼板,其坡度宜小于或等于 1:3;当柱荷载较大时,可在柱位处加腋。

③ 条形基础的端部宜向外伸出,其长度宜为第一跨距的 0.25 倍。

④ 基础垫层的厚度不宜小于 70 mm,垫层混凝土强度等级为 C10。

⑤ 现浇柱与条形基础梁的交接处的平面尺寸应符合规定要求。

2. 柱下钢筋混凝土条形基础的受力特点

因基础受上部柱荷载作用,则荷载表现为集中力作用在连续梁上,或存在作用于基础纵向(沿基础长方向)的弯矩,故相对墙下条形基础而言,柱下条形基础上增加了纵向弯矩作用,基础各断面上不再独立而是有纵向弯矩的变化。因此,在进行柱下条形基础的结构设计时,必须考虑纵向弯矩。

又因地基土是不均匀的介质(或材料),承载力和压缩性不同,压缩模量也不相同。因此,不同荷载作用下,地基反力(地基对基础的反作用力)不同,变形量不同,将引起荷载重新分配,故柱下条形基础一般按地基梁设计。

3. 柱下钢筋混凝土条形基础的结构配筋

因荷载性质发生变化,柱下钢筋混凝土条形基础的配筋与墙下钢筋混凝土条形基础不相同,纵向钢筋根据地基梁计算,不再是分布钢筋,主要起协调和抵抗纵向弯矩的作用,横向配筋主要承担横截面的弯矩和剪力。具体结构配筋要求如下:

① 扩展基础底板受力钢筋最小直径不宜小于 10 mm,间距不宜大于 200 mm,也不宜小于 100 mm。当有垫层时钢筋保护层的厚度不小于 40 mm;无垫层时不小于 70 mm。

② 柱下钢筋混凝土独立基础的边长大于或等于 2.5 m 时,底板受力钢筋的长度可取边长或宽度的 0.9 倍,并宜交错布置。

③ 钢筋混凝土条形基础底板在 T 形及十字交叉形交接处,底板横向受力钢筋仅沿一个主要受力方向通长布置,另一方向的横向受力钢筋可布置到主要受力方向底板宽度 1/4 处。在拐角处底板横向受力钢筋应沿两个方向布置。

④ 条形基础肋梁顶部和底部的纵向受力筋除满足计算要求外,顶部钢筋按计算配筋全部贯通,底部通长钢筋不应少于底部受力钢筋总面积的 1/3。

⑤ 翼板受力钢筋按计算确定,直径不宜小于 10 mm,间距宜为 100 ~ 200 mm。箍筋直径为 6 ~ 8 mm,在距支座轴线为 $0.25l$ ~ $0.3l$(l 为柱距)范围内箍筋应加密布置。当肋宽 $b \leqslant 350$ mm 时采用双肢箍;当 350 mm $< b \leqslant 800$ mm 时采用四肢箍;当 $b > 800$ mm 时采用六肢箍。

4. 柱下钢筋混凝土条形基础施工图

图 8-12 为柱下钢筋混凝土条形基础的施工简图。

(五) 十字交叉基础

对于荷载较大的高层建筑,如果地基土软弱且在两个方向分布不均,需要基础纵横两向都具有一定的抗弯刚度来调整基础的不均匀沉降。可在柱网下沿纵横两个方向都设置钢筋混凝土条

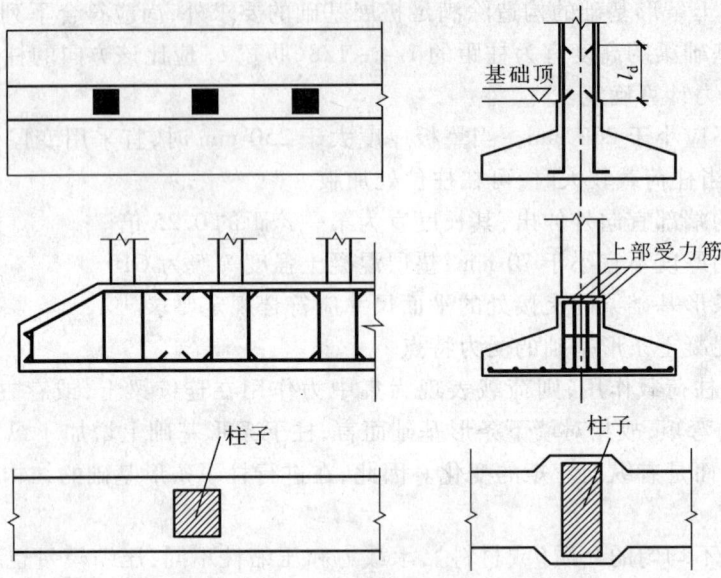

图 8-12 柱下钢筋混凝土条形基础施工简图

形基础,即形成柱下十字交叉基础或叫柱下交梁基础(图 8-13)。

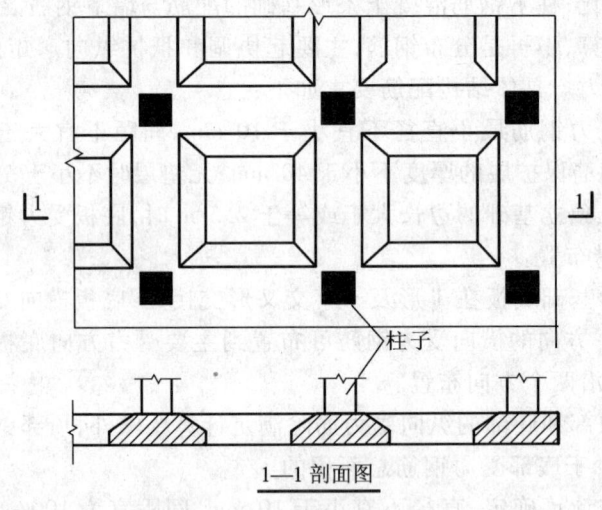

1—1 剖面图

图 8-13 柱下十字交叉基础

(六)筏形基础

当地基很软弱,荷载很大,采用十字交叉基础仍不能满足要求时,或相邻基础距离很小,或设置地下室时,可把基础底板做成一个整体的等厚度的钢筋混凝土连续板,形成无梁式(平板式)筏形基础。当在柱间设有梁时则为梁板式筏形基础(图 8-14)。筏形基础整体性好,刚度大,能有效地调整基础各部分的不均匀沉降。平板式筏形基础常做成等厚度的钢筋混凝土板,适用于柱荷载不大、柱距较小且等柱距的情况。梁板式筏形基础是沿柱轴线纵横两个方向设肋梁,一般用于柱荷载很大且不均匀、柱距又较大的情况。

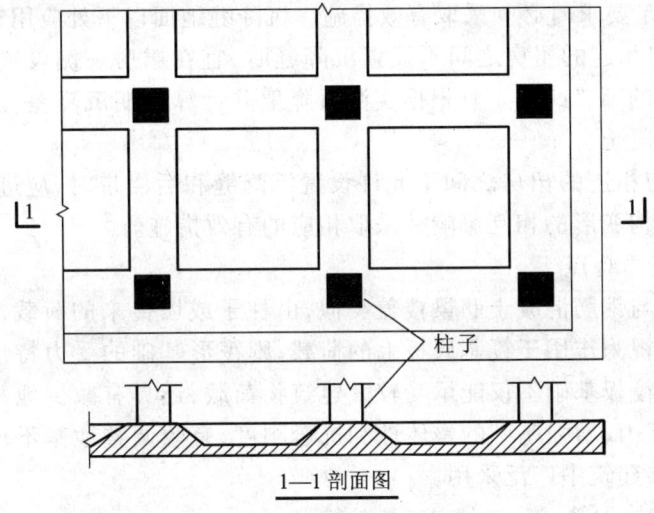

图 8-14 梁板式筏形基础简图

1. 筏形基础的构造

① 平板式筏形基础的底板厚度应满足受冲切承载力要求,最小厚度不宜小于 400 mm。梁板式筏形基础的板厚不应小于 300 mm,且板厚与板格的最小跨度之比不宜小于 1/20。有悬臂筏板时可做成坡度,但边端厚度不宜小于 200 mm,且悬臂长不宜大于 1 000 mm,纵向不宜大于 600 mm。对 12 层以上建筑的梁板式筏基,其底板厚度与最大双向板格的短边净跨之比不应小于 1/4,且板厚不应小于 400 mm。

梁板式筏形基础的底板除计算正截面受弯承载力外,其筏板厚度应满足受冲切承载力、受剪承载力的要求。

② 筏形基础的混凝土强度等级不应低于 C30。当有地下室时应采用防水混凝土,防水混凝土的抗渗等级应根据地下水的最大水头与防渗混凝土厚度的比值,按现行《地下工程防水技术规范》(GB 50108—2001)选用,但不应小于 0.6 MPa,必要时宜设架空排水层。

③ 筏板与地下室外墙的接缝、地下室外墙沿高度处的水平接缝应严格按施工缝要求施工,必要时可设通长止水带。

④ 地下室底层柱、剪力墙与梁板式筏形基础的基础梁连接的构造应符合下列要求:

a. 柱、墙的边缘至基础梁边缘的距离不应小于 50 mm。

b. 当交叉基础梁宽度小于柱截面边长时,交叉基础梁连接处应设置八字角,柱角与八字角之间的净距不宜小于 50 mm。

c. 单向基础梁与柱的连接,可按规范采用。

d. 基础梁与剪力墙的连接,亦可按规范采用。

⑤ 筏形基础地下室施工完毕后,应及时进行基坑回填。回填基坑时,应先清除基坑中的杂物,并应在相对的两侧或四周同时回填并分层夯实。

⑥ 高层建筑筏形基础与裙房基础之间的构造应符合下列要求：

a. 当高层建筑与相连的裙房之间设置沉降缝时，高层建筑的基础埋深应至少比裙房基础的埋深大 2 m。当不满足要求时必须采取有效措施。沉降缝地面以下处应用粗砂填实。

b. 当高层建筑与相连的裙房之间不设置沉降缝时，宜在裙房一侧设置后浇带，后浇带的位置宜设在距主楼边柱的第二跨内。宜根据实测沉降值并计算后期沉降差，能满足设计要求后方可进行浇注后浇带混凝土。

c. 当高层建筑与相连的裙房之间不允许设置沉降缝和后浇带时，应进行地基变形计算，验算时需考虑地基与结构变形的相互影响并采取相应的有效措施。

2. 筏形基础的受力特点

筏形基础的结构与钢筋混凝土肋梁楼盖类似，由柱子或墙传来的荷载，经主、次梁及板传给地基。若将地基反力视为作用于筏基底板上的荷载，则筏形基础的受力特点相当于一倒置的钢筋混凝土平面楼盖。筏板基础不仅能承受较大建筑物荷载，还具有减少地基土单位面积上的压力，显著提高地基承载力，增强基础的整体性和抗弯刚度，有效调整地基不均匀沉降的能力等特点，因而在多层和高层建筑中广泛采用。

3. 筏形基础的结构配筋

筏板配筋由计算确定，按双向配筋。

筏板配筋除应符合计算要求外，纵横两个方向支座筋尚应分别有 0.15%、0.10% 配筋率，跨中钢筋按实际配筋率全部连通。底板受力钢筋最小直径不宜小于 8 mm。筏形基础垫层厚度一般为 100 mm。当有垫层时，钢筋保护层厚度不宜小于 35 mm。

筏板配筋还应考虑下列要求：

① 平板式筏形基础柱下板带和跨中板带的配筋分别计算，以柱下板带的正弯矩计算底部钢筋，用跨中板带的负弯矩计算顶部钢筋，用柱下和跨中板带正弯矩的平均值计算跨中板带的底部钢筋。平板式筏形基础柱下板带和跨中板带的底部钢筋应有 1/2～1/3 贯通全跨，且配筋率不应小于 0.15%；顶部钢筋应按计算配筋全部贯通。

② 梁板式筏形基础，在用四边嵌固双向板计算跨中和支座弯矩时，应适当予以折减。对肋梁取柱下板带宽度等于柱距，按 T 形梁计算。肋板也应适当挑出 1/6～1/3 柱距。梁板式筏形基础的底板和基础梁的配筋除满足计算要求外，纵横方向的底部钢筋尚应有 1/2～1/3 贯通全跨，其配筋率不应小于 0.15%，顶部钢筋按计算配筋全部贯通。筏板分布钢筋在板厚小于或等于 250 mm 时，钢筋直径为 8 mm，间距为 250 mm；当板厚大于 250 mm 时，钢筋直径为 10 mm，间距为 200 mm。对于双向悬臂挑出但基础梁不外伸的筏板，应在板底布置放射状附加钢筋，附加钢筋直径与边跨主筋相同，间距不大于 200 mm，一般为 5～7 根。

③ 墙下筏形基础，一般为等厚度的钢筋混凝土平板，混凝土强度等级采用 C20。对地下水位以下的地下室筏形基础，必须考虑混凝土的抗渗等级，并进行抗裂验算。

4. 筏形基础施工图

筏形基础施工图如图 8-15 所示。

（七）箱形基础

当柱荷载很大，地基又特别软弱时，基础可做成由钢筋混凝土底板、顶板、侧墙及纵横墙组成

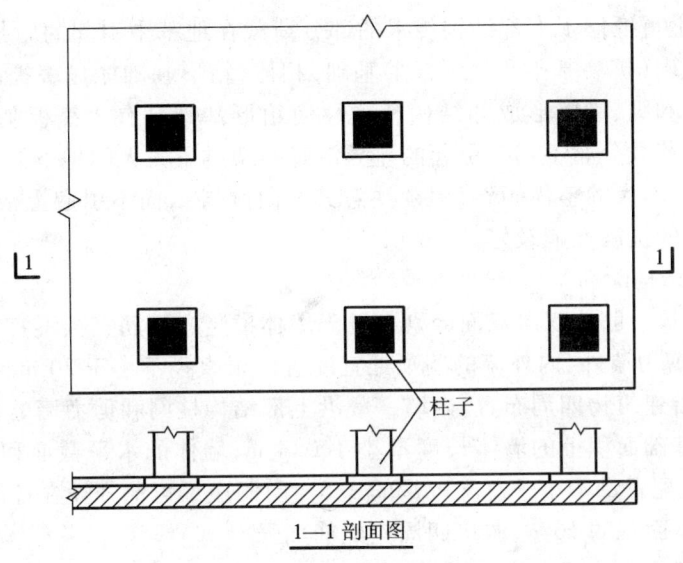

图 8-15 筏形基础施工简图

的箱形基础。

箱形基础具有整体性好,抗弯刚度大,且空腹深埋等特点,可相应增加建筑物层数,基础空心部分可作为地下室,可以减少基底附加应力,从而减小地基的变形。但箱形基础的用料多、工期长、造价高、施工技术比较复杂,尤其当须进行深基坑开挖时,要考虑人工降低地下水位,坑壁支护和对邻近建筑物的影响问题。此外,还要对箱形基础地下室的防水、通风采取周密的措施。综上所述,箱形基础的采用与否,应该慎重地综合考虑各方面因素,通过方案比较后确定,才能得到技术和经济上的最大收益。箱形基础适用于软弱地基上的高层建筑、重型建筑或对不均匀沉降有严格要求的建筑物。

1. 箱形基础的构造

箱形基础顶、底板及墙身的厚度应根据受力情况、整体刚度及防水要求确定。一般底板及外墙的厚度不小于 250 mm,内墙厚度不小于 200 mm,顶板厚度不小于 150 mm。

箱形基础从底板底面到顶板顶面的高度应满足结构承载力、整体刚度和使用功能的要求,一般可取建筑物高度的 1/12~1/8,也不宜小于箱形基础长度的 1/8,并应不小于 3 m。

箱形基础埋置深度,一方面应满足建筑物对地基承载力、基础抗倾覆、滑移稳定性以及建筑物整体倾斜的要求,另一方面也受深基坑开挖极限深度、人工降低地下水位施工可能性以及邻近建筑物影响等因素的制约,一般可取等于箱形基础的高度,在地震区不宜小于建筑物高度的 1/10。

箱形基础的平面尺寸应根据地基承载力、地基变形允许值以及上部结构的布局和荷载分布等条件确定。平面形状应力求简单,以便获得较好的整体刚度。对单幢建筑物,在均匀地基条件下,竖向荷载合力对基底形心的偏心距要求与筏板基础相同,必要时可调整箱形基础的平面尺寸或调整箱形基础的底板外伸尺寸以满足要求。

2. 箱形基础的受力特点

箱形基础是一种由钢筋混凝土的底板、顶板、侧墙组成的有一定高度的整体性结构。箱形基础宽阔的基础底面使地基受力层范围扩大;较大的埋置深度(埋深大于等于 3 m)和中空的结构形式使开挖卸去的土重抵偿了上部结构传来的部分荷载在地基中引起的附加应力(补偿效应)。所以,与一般实体基础(扩展基础和柱下条形基础)相比,箱形基础能显著提高稳定性,降低基础沉降量。由顶、底板和纵、横墙形成的结构整体性使箱形基础具有比筏板基础大得多的空间刚度,用以抵抗地基或荷载分布不均匀引起的差异沉降和架越不太大的地下洞穴,而建筑物却只发生大致均匀的下沉或不大的整体倾斜(但须注意其横向倾斜),而不引起上部结构中过大的次应力。此外,箱形基础的抗震性能较好。

3. 箱形基础的结构配筋

箱形基础顶、底板一般按双向双面分别布置。墙体横竖向钢筋直径不宜小于 10 mm,间距为 200 mm。除上部为剪力墙外,内外墙的墙顶处宜配置两根直径不小于 20 mm 的钢筋。

箱形基础外墙沿建筑物四周布置,内墙一般沿上部结构柱网和剪力墙的位置纵横均匀布置。平均每平方米箱形基础面积上的墙体长度不小于 0.4 m;墙体的水平截面积不小于箱形基础面积的 1/10,其中纵墙配置量不小于总配置量的 3/5。门洞应尽可能开设在柱间中部,其面积不宜大于柱距之间的墙体面积的 16%,洞口四周应配筋加强。

箱形基础大多埋置于地下水位以下,其外围一般采用密实混凝土刚性防水方案,混凝土强度等级不低于 C20,并应考虑其防渗等级。

4. 箱形基础施工图

箱形基础施工图如图 8-16 所示。

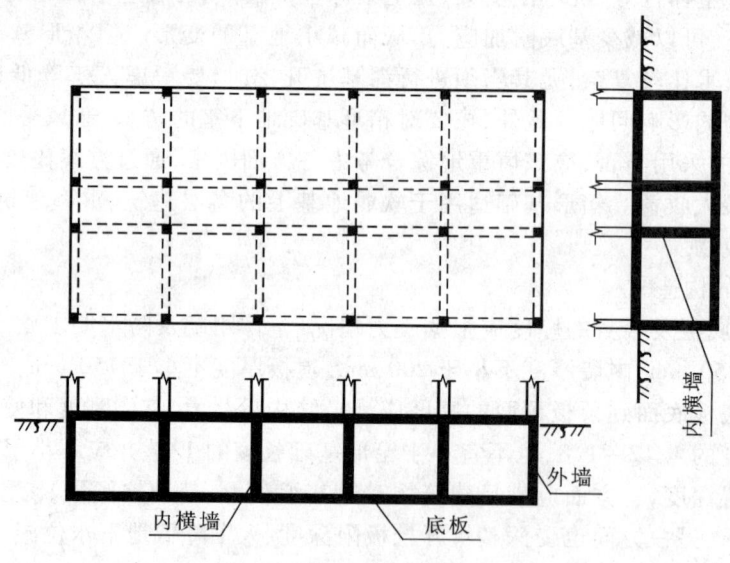

图 8-16 箱形基础施工简图

四、基础工程图识读

1. 基础平面图识读

现以某宿舍楼基础平面图(图 8-17)为例,说明基础平面图的内容和图示要求。

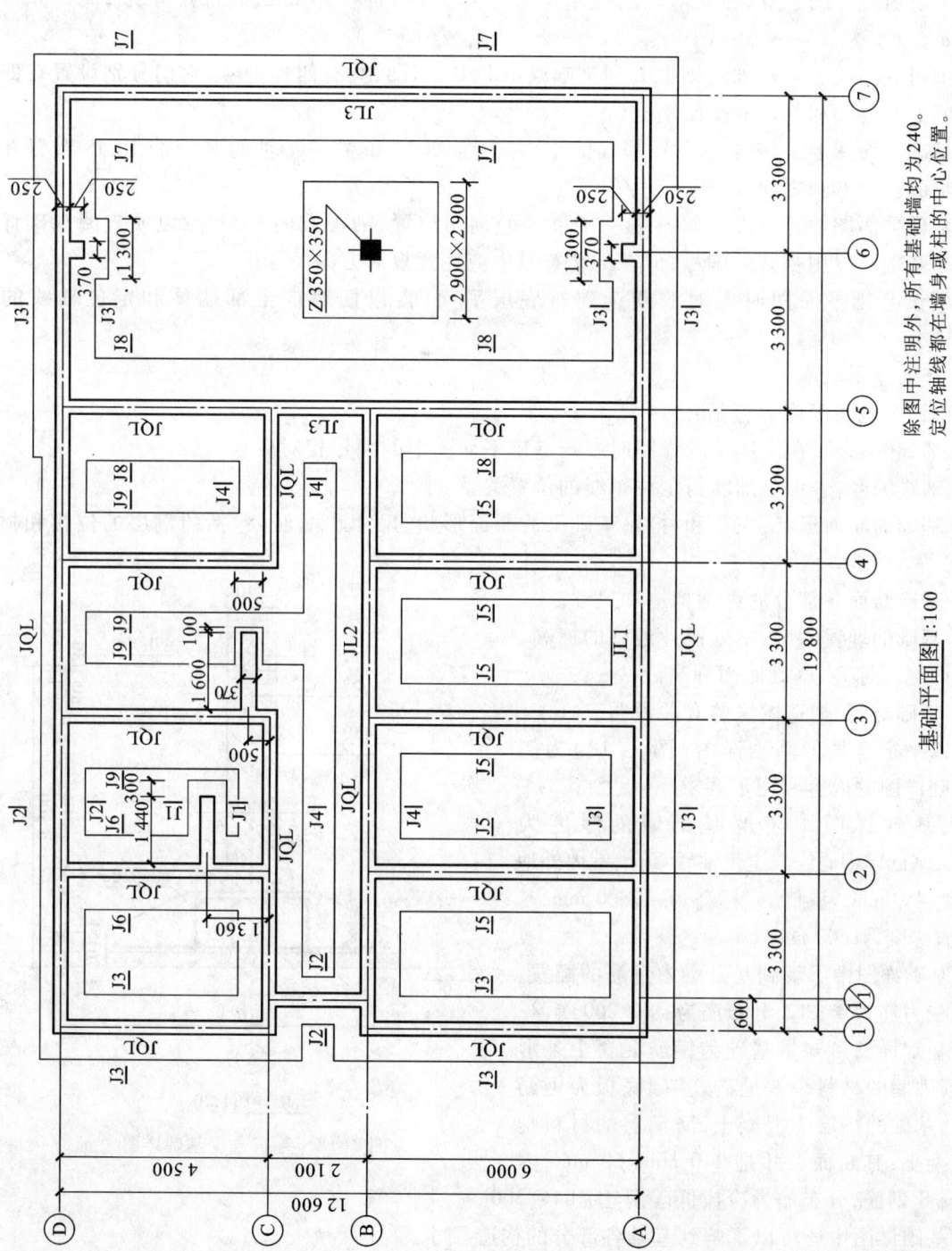

图 8-17 某宿舍楼基础平面图

从基础平面图中可知,本基础的类型有两种:条形基础和独立基础。基础墙的厚度和基础底面宽度可以通过详图了解,独立基础的柱断面尺寸为 350 mm×350 mm,底部尺寸为 2 900 mm×2 900 mm。

图中粗点画线表示基础圈梁 JQL 和基础梁 JL1、JL2、JL3,共有四种型号,它们分别设置在四周基础墙上及Ⓑ轴和⑤轴的基础墙上。

从基础平面图上了解各种型号基础的平面布置,如 J7 布置在⑦轴的基础墙上,J5 布置在②~④轴的Ⓐ~Ⓑ轴之间。

从基础平面图中还可以了解不同基础型号的剖切位置、剖视方向和编号,以便查阅基础详图。相同基础可以用相同的编号,但在剖切符号中应注意投射方向。

在阅读基础平面图时要对照阅读建筑底层平面图,以便对应上部墙体和定位轴线的位置。

2. 基础详图识读

基础详图的主要内容包括:

① 基础的编号,在阅读基础详图时要与基础平面图中的编号相对应。

② 轴线编号,表示基础墙与定位轴线的位置关系。

③ 基础的断面形状、大小和材料;基础梁的断面形状、尺寸和配筋(包括防潮层的位置和材料作法)等。

④ 基础断面各部分的详细构造和尺寸。

⑤ 基础的埋置深度,室外设计地坪的标高,底层室内地坪标高,基础底面标高。

⑥ 基础材料、构造做法的有关说明。

现以某宿舍楼的基础详图(图 8-18)为例说明基础详图的内容和图示要求。

从基础详图中了解基础墙的厚度为 240 mm,基础墙中心线与定位轴线重合,室内外地坪高差为 450 mm,基础的底标高为-1.500 mm,基础的埋置深度为1 500 mm。

从基础详图中了解到基础梁中钢筋的配置,如 JL1,受力筋为 4 φ12,分布筋为φ8@200 等。

从基础详图可知本基础为钢筋混凝土条形基础,基础墙的材料是普通砖,基础底板为钢筋混凝土,基础的垫层为混凝土,防潮层的材料是钢筋混凝土,其断面尺寸是 240 mm×60 mm,内部配 3 φ8 钢筋,分布筋为冷拔低碳钢丝φb4@300。

从基础详图中还可以了解到基础各部分的构造尺寸。

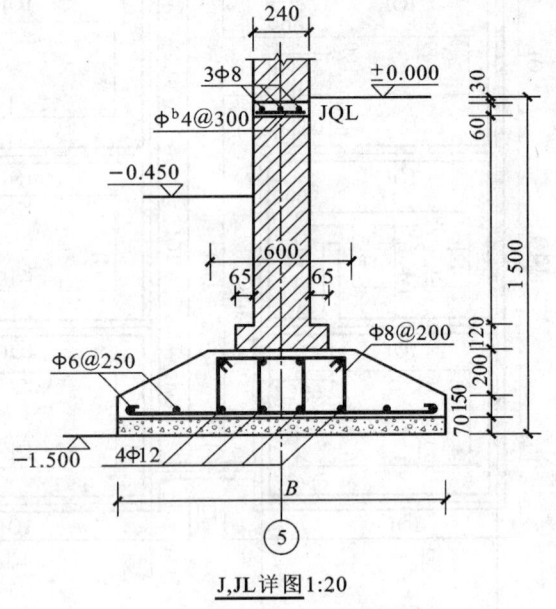

图 8-18 某宿舍楼基础详图

职业活动与训练

组织下列参观活动。

1. 目的

(1) 通过模型,了解基础结构在建筑物中的重要地位,并明确上部结构受力变化或基础破坏对建筑物的影响。
(2) 通过地质试验或参观,了解地基土工程特性的变化对强度的影响。
(3) 通过地质试验或参观,了解基础的材料特点。
(4) 通过参观墙下条形基础的施工过程,对照施工图,了解其结构特点。
(5) 通过参观筏板基础的施工过程,对照施工图,了解其结构特点。

2. 环境要求

在建房屋建筑工程混合结构或框架结构的基础施工现场。

3. 能力标准及要求

能够初步读懂基础工程施工图。

4. 步骤提示

(1) 明确职业活动的目的和要求。
(2) 了解基础施工现场工程概况。
(3) 参观现场。
(4) 小结。

5. 讨论与训练题

绘制所参观基础工程施工平面图。

小 结

● 本章所介绍的是浅基础的基本要点,基础还有深基础类型,而基础也不全是建在天然地基上的,部分需要对地基进行处理后才能满足要求,这部分知识是地基处理,而基础建设中需要考虑建设中会发生的地基及周边土的强度和稳定性问题。在装饰工程施工中,主要要考虑保护基础结构及地基土的结构,以及不造成荷载的急剧变化或增加,避免发生因基础结构或地基破坏引起的建筑物破坏。

● 完成本章学习,将进入上部结构的学习,基础的荷载来源就是上部结构,施工是从下到上,而荷载是从上到下,基础是为上部结构服务的,需要满足上部结构的要求,所以学习本章后会更加明确建筑物受力的特点。

复 习 题

(1) 土的哪些工程力学特性影响浅基础地基的工程特性?
(2) 浅基础有哪些类型?各采用了哪些材料?其材料特性如何?
(3) 无筋扩展基础的构造要求是什么?画出其结构主体示意图。
(4) 钢筋混凝土墙下条形基础的构造要点有哪些?其结构主体为什么不能破坏?
(5) 柱下钢筋混凝土独立基础的构造要点有哪些?其结构主体为什么不能破坏?

(6) 筏板基础的构造要点有哪些？
(7) 箱形基础有何特点？其构造要点有哪些？
(8) 墙下条形基础的结构特征是什么？
(9) 独立基础的结构特征是什么？柱下独立基础有哪些类型？
(10) 比较分析筏板基础和箱形基础在受力特点及使用上有哪些不同。

第 9 章 砌体结构

砌体结构是房屋的一种主体结构形式。其造价、施工耗时、工程量和自重往往是房屋所有构件当中所占份额最大的。因此人们长期以来一直围绕着墙体的技术和经济问题进行着不懈的努力和探索,收到了一定的效果。

 学习目标

学完这一章应该能做到:
- 懂得墙的类型和构造布置,能正确选用;
- 掌握砖墙细部构造和常用隔墙构造;
- 了解楼板的分类;
- 了解常用钢筋混凝土楼板的结构布置;
- 了解常用钢筋混凝土楼板的受力特点;
- 熟悉常用钢筋混凝土楼板的构造要求;
- 了解钢筋混凝土阳台、雨篷的受力特点和破坏形式;
- 熟悉钢筋混凝土阳台、雨篷的构造要求;
- 熟读钢筋混凝土阳台、雨篷的施工图。

 能力标准

具有识读砌体结构工程施工图的能力,能熟读墙体施工图、结构平面布置图及结构构件施工图。

一、墙体

(一) 墙体的类型和要求

1. 墙体的分类

(1) 按砌墙材料分类

常见的有砖墙、砌块墙、石墙、混凝土墙等。

(2) 按墙体的承重分类

可分为承重墙和非承重墙。凡是承担建筑上部构件传来荷载的墙称为承重墙;不承担建筑

上部构件传来荷载的墙称为非承重墙。非承重墙包括自承重墙和隔墙,自承重墙下部墙体只负责上部墙体的自重,而隔墙的重量是由梁或楼板分层承担的。

(3) 按墙体的位置分类

可分为外墙、内墙等。沿建筑四周边缘布置的墙体称为外墙;被外墙所包围的墙体称为内墙;沿着建筑物横向布置的墙体称为横墙,首尾两端的横墙称山墙;在同一道墙上门窗洞口之间的墙体称为窗间墙,门窗洞口上下的墙体称为窗上或窗下墙,如图 9-1 所示。

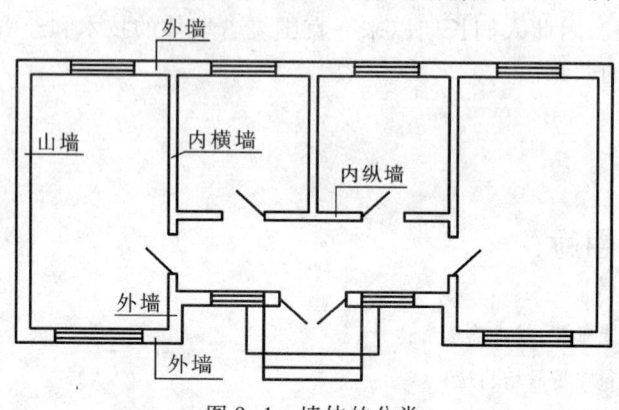

图 9-1 墙体的分类

墙体是建筑物中重要的构件,它的作用主要有三个方面:承重、围护和分隔。

2. 墙体的要求

(1) 具有足够的强度和稳定性

墙体的强度与构成墙体的材料有关,在确定墙体材料的基础上应通过结构计算来确定墙体的厚度,以满足强度的要求。

墙体的稳定性与墙体的长度、高度、厚度有关,在墙体的长度和高度确定之后,一般可以采取增加墙体厚度,设置刚性横墙,加设圈梁、壁柱、墙垛等方法增加墙体稳定性。

(2) 满足热工要求

外墙是建筑围护结构的主体,其热工性能的好坏会对建筑的使用及能耗带来直接的影响,按照《民用建筑热工设计规范》(GB 50176—1993)的规定:北方寒冷地区要求建筑的外墙应具有良好的保温能力,在采暖期尽量减少热量损失,降低能耗,保证室内温度不致过低,不出现墙体内表面产生冷凝水的现象。为此,应尽量选择导热系数小的墙体材料。南方炎热地区要求建筑的外墙具有良好的隔热能力,以隔阻太阳的辐射热传入室内,防止室内温度过高。除了可以采用导热系数小的墙体材料之外,还可以采用中空墙体。另外,合理的选择建筑朝向,良好的通风条件,浅颜色的外墙表面,也是提高墙体隔热降温效果的有效措施。

(3) 满足防火要求

作为建筑墙体的材料及其厚度,应满足有关防火规范中对燃烧性能和耐火极限的要求。当建筑的单层建筑面积或长度达到一定指标时,应划分防火分区,以防止火灾蔓延。防火分区一般利用防火墙进行分隔。

(4) 满足隔声要求

墙体是在建筑水平方向划分空间的构件,为了使人们获得安静舒适的工作和生活环境,提高私密性,避免相互干扰,墙体必须要有足够的隔声能力,并应符合国家有关隔声标准的要求。

(二)砖墙

1. 砖墙的材料

砖墙材料是指用来砌筑砌体结构的块状材料及砌筑砂浆。在一般房屋建筑中,砖墙材料起承重、围护、隔断、保温、隔热、隔声、挡风雨雪等作用。目前大量生产和应用的砌筑块材主要是烧结砖、蒸养砖、中小型砌块;砌筑砂浆主要有水泥砂浆、石灰砂浆、混合砂浆。

(1) 烧结普通砖

1)烧结普通砖的技术要求

按使用的原料不同,烧结普通砖可分为:烧结普通粘土砖(N)、烧结粉煤灰砖(F)、烧结煤矸石砖(M)和烧结页岩砖(Y)。

砖应满足强度、耐久性、抗冻性、吸水性和外观质量等要求。

2)烧结普通砖的应用

烧结普通砖是传统的墙体材料,具有较高的强度和耐久性,又有保温绝热、隔声吸声等优点,因此适宜做建筑围护结构,大量应用于砌筑建筑物的内墙、外墙、柱、拱、烟囱、沟道及其他构筑物中,也可在砌体中放置适当的钢筋或钢丝以代替混凝土柱和过梁。

(2) 新型墙体材料

1)烧结多孔砖、空心砖

随着高层建筑的发展,对普通粘土砖提出了减轻自重,进一步改善绝热和隔声等要求。使用多孔砖及空心砖在一定程度上能达到此要求。

烧结多孔砖因其强度较高,绝热性能优于普通砖,一般用于砌筑6层以下建筑物的承重墙;烧结空心砖主要用于非承重的填充墙和隔墙。

2)蒸压(养)砖

蒸压(养)砖又称免烧砖。这类砖的强度不是通过烧结获得,而是制砖时掺入一定胶凝材料或在生产过程中形成一定的胶凝物质使砖具有一定强度。根据所用原料不同有灰砂砖、粉煤灰砖、煤渣砖等。

① 蒸压灰砂砖。蒸压灰砂砖(简称灰砂砖)是以石灰和砂为主要原料,经坯料制备、压制成型,再经高压饱和蒸汽养护而成的砖。

灰砂砖的外形为矩形体。规格尺寸为 240 mm×115 mm×53 mm。根据抗压强度及抗折强度,强度等级分为 MU25、MU20、MU15、MU10 四个等级。根据尺寸偏差和外观质量分为优等品(A)、一等品(B)和合格品(C)三个质量等级。

灰砂砖在高压下成型,又经过蒸压养护,砖体组织致密,具有强度高、大气稳定性好、干缩率小、尺寸偏差小、外形光滑平整等特性。灰砂砖色泽淡灰,如配入矿物颜料,则可制得各种颜色的砖,有较好的装饰效果,主要用于工业与民用建筑的墙体和基础。其中,MU15、MU20、MU25 的灰砂砖可用于基础及其他部位,MU10 的灰砂砖可用于防潮层以上的建筑部位。

② 蒸压粉煤灰砖。蒸压粉煤灰砖是以粉煤灰和石灰为主要原料,配以适量的石膏和炉渣,加水拌和后压制成型,经常压或高压蒸汽养护而制成的实心砖。

蒸压粉煤灰砖的外形为矩形体，规格尺寸为 240 mm×115 mm×53 mm。根据抗压强度及抗折强度分为 MU30、MU25、MU20、MU15、MU10 五个强度等级。根据外观质量、尺寸偏差、强度、抗冻性和干缩值分为优等品（A）、一等品（B）和合格品（C）三个质量等级。

蒸压粉煤灰砖可用于工业与民用建筑的基础、墙体。

3）墙用砌块

砌块是一种比砌墙砖大的新型墙体材料，可分为实心和空心两种；按大小分为中型砌块（高度为 400 mm、800 mm）和小型砌块（高度为 200 mm），前者用小型起重机械施工，后者可用手工直接砌筑；按原材料分为硅酸盐砌块和混凝土砌块，前者用炉渣、粉煤灰、煤矸石等材料加石灰、石膏制成，后者用混凝土制作。

砌块具有适应性强，原料来源广，不毁耕地，可充分利用地方资源和工业废料，砌筑方便灵活等特点，同时可提高施工的机械化程度，减轻房屋自重，改善建筑物功能，降低工程造价。砌块的推广和使用是墙体材料改革的一条有效途径。

（3）砌筑砂浆

1）对砂浆的基本要求

砂浆的作用是将块材连接成整体而共同工作，保证砌体结构的整体性；还可找平块体接触面，使砌体受力均匀。此外，砂浆填满块体缝隙，减小了砌体的透气性，提高了砌体的隔热性。对砂浆的基本要求是：

① 满足和易性要求。

② 满足强度等级要求。

③ 满足粘结力要求。

2）砂浆的分类与应用

按组成材料的不同，砂浆可分为水泥砂浆、石灰砂浆及混合砂浆。

① 水泥砂浆。由水泥、砂和水拌和而成。它具有强度高、硬化快、耐久性好的特点，但和易性差，水泥用量大。适用于砌筑受力较大或潮湿环境中的砌体。

② 石灰砂浆。由石灰、砂和水拌和而成。它具有保水性、流动性好的特点，但强度低、耐久性差。只适用于低层建筑和不受潮的地上砌体中。

③ 混合砂浆。由水泥、石灰、砂和水拌和而成。它的保水性能和流动性比水泥砂浆好，强度高于石灰砂浆，适用于砌筑一般墙、柱砌体。

④ 砌块专用砂浆。由水泥、砂、水及根据需要掺入的掺和料和外加剂按一定比例采用机械拌和制成。专门用于砌筑混凝土砌块。

（4）对砌体材料的耐久性要求

建筑物所采用的材料，除满足承载力要求外，尚需提出耐久性要求。耐久性是指建筑结构在正常维护下，材料性能随时间变化，仍应能满足预定的功能要求。当块体的耐久性不足时，在使用期间，因风化、冻融等会引起面部剥蚀，有时这种剥蚀相当严重，会影响到建筑物的承载力。

砌体材料的选用应本着因地制宜、就地取材、充分利用工业废料的原则，并考虑建筑物耐久性要求、工作环境、受力特点、施工技术力量等各方面因素。对 5 层及 5 层以上房屋的墙以及受震动或层高大于 6 m 的墙、柱所用材料的最低强度等级，应符合下列要求：

① 砖采用 MU10。
② 砌块采用 MU7.5。
③ 石材采用 MU30。

2. 砖墙的建筑构造

（1）砖墙的尺寸和组砌方式

1）砖墙的厚度尺寸

用普通砖砌筑的墙称为实心砖墙。由于普通粘土砖的尺寸是 240 mm×115 mm×53 mm,所以实心砖墙的尺寸应为砖宽(115 mm)的倍数加灰缝(10 mm)的倍数。砖墙的厚度尺寸见表 9-1。

表 9-1 砖墙的厚度尺寸   mm

墙厚名称	1/4 砖	1/2 砖	3/4 砖	1 砖	$1\frac{1}{2}$ 砖	2 砖	$2\frac{1}{2}$ 砖
标志尺寸	60	120	180	240	370	490	620
构造尺寸	53	115	178	240	365	490	615
习惯称呼	60墙	12墙	18墙	24墙	37墙	49墙	62墙

2）墙的组砌方式

砖墙在砌筑时应遵循"内外搭接、上下错缝"的组砌原则,砖在砌体中相互咬合使砌体不出现连续的垂直通缝以增加砌体的整体性,确保砌体的强度。砖与砖之间搭接和错缝的距离一般不小于 60 mm。

常见的组砌方式有全顺式、一顺一顶式、多顺一顶式、两平一侧式,每皮顶顺相间式等。如图 9-2 所示。

用普通砖侧砌或平砌与侧砌相结合砌成的墙体称为空斗墙。全部采用侧砌方式的称为无眠空斗墙。采用平砌与侧砌相结合方式的称为有眠空斗墙。空斗墙具有节省材料、自重轻、隔热效果好的特点,但整体性稍差,施工技术水平要求较高。

（2）砖墙的细部构造

1）散水和明沟

为了保证建筑地下部分不受雨水侵蚀,控制基础周围土壤的含水率,确保基础的使用安全,经常采用在建筑物外墙根部四周设置散水或明沟的办法,把建筑物上部下落的雨水排走。

① 散水。散水是沿建筑物外墙四周设置的向外倾斜的坡面。散水的作用是把屋面下落的雨水排到远处,进而保护建筑四周的土壤,降低基础周围土壤的含水率。散水的宽度一般为 600~1000 mm。为保证屋面雨水能够落在散水上,当屋面采用无组织排水方式时,散水的宽度应比屋檐的挑出宽度大 200 mm 左右。散水表面应向外侧倾斜,坡度一般为 3%~5%。

散水采用不透水的材料作面层,如混凝土、砂浆等,在降水量较少的地区或临时建筑也可采用砖、块石做散水的面层。散水一般采用混凝土或碎砖混凝土做垫层,土壤冻深在 600 mm 以上的地区,宜在散水垫层下面设置砂垫层,以免散水被土壤冻胀所破坏。通常砂垫层的厚度在 300 mm 左右。散水构造如图 9-3 所示。

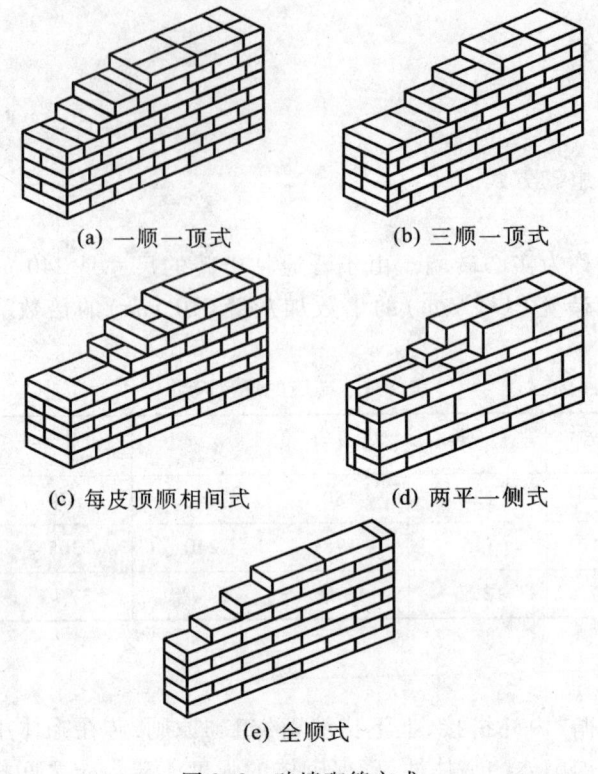

图 9-2 砖墙砌筑方式

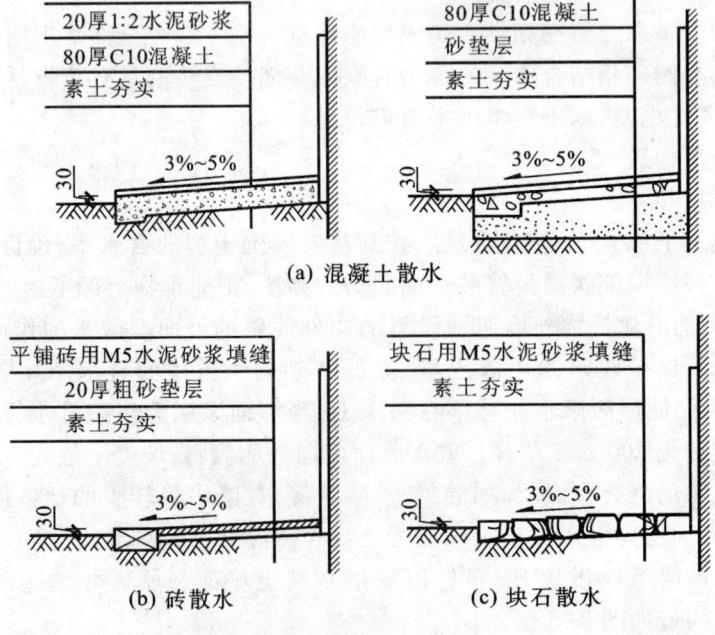

图 9-3 散水构造举例

② 明沟。明沟一般在降雨量较大的地区采用，布置在建筑物的四周，其作用是把屋面下落的雨水引导至排水管道。明沟通常采用混凝土浇筑，也可以用砖、石砌筑，并用水泥砂浆抹面。明沟的断面尺寸一般不少于宽 180 mm，深 150 mm，沟底应有不少于 1% 的纵向坡度。明沟的构造如图 9-4 所示。

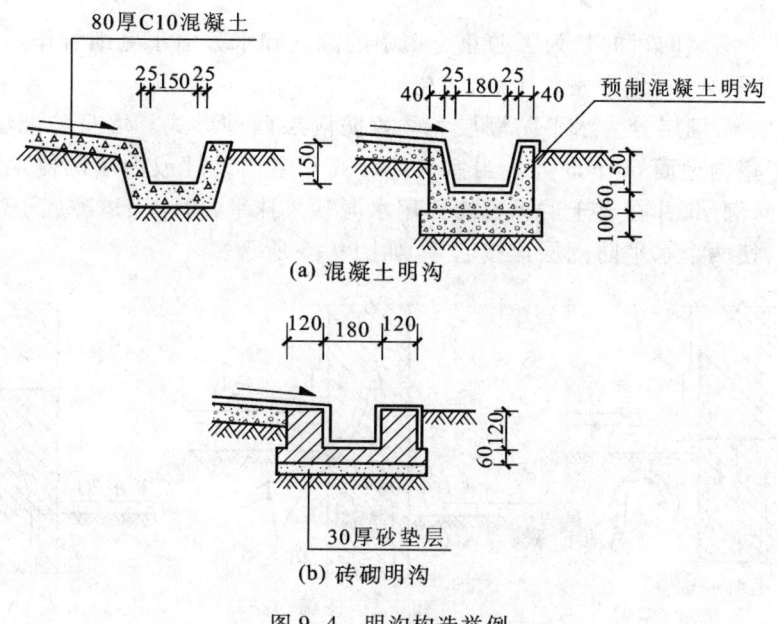

图 9-4　明沟构造举例

2）勒脚

勒脚是外墙外侧与室外地面接近的部位。其作用有三方面：一是保护近地墙身不因外界雨雪的侵蚀而受潮、受冻以致破坏；二是加固墙身，防止因外界机械性破坏而使墙身受损；三是对建筑物立面处理产生一定效果。常见的做法有以下几种（图 9-5）。

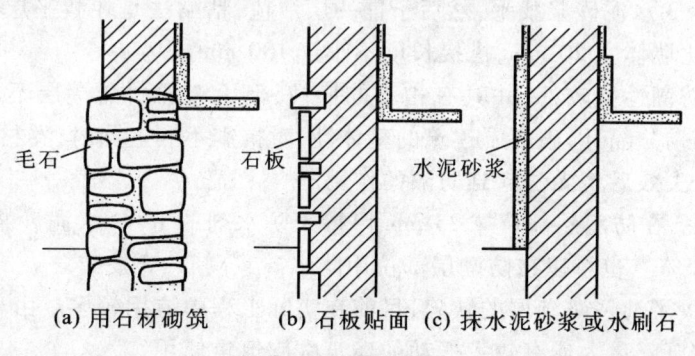

图 9-5　勒脚的构造

① 在勒脚部位抹 20~30 mm 厚 1∶2 或 1∶2.5 水泥砂浆，或做水刷石。
② 在勒脚部位将墙加厚 60~120 mm，再做水泥砂浆或水刷石罩面。

③ 在勒脚部位镶贴天然石材等防水和耐久性能好的材料。

④ 用天然石材砌筑勒脚。

勒脚的高低、形式、质地、色彩等可结合立面设计的要求确定,高度应不低于 500 mm。有时为了建筑立面形象的要求,可以把勒脚顶部提高至首层窗台处。

3) 墙身防潮层

① 设置墙身防潮层的目的是为了防止土壤中的潮气和水分由于毛细管作用沿墙面上升,提高墙身的坚固性与耐久性,保证室内干燥、卫生。

② 设置位置。防潮层分为水平防潮层和垂直防潮层两种形式。墙身防潮层的位置应在室外地面以上,低于室内地面 60 mm 处。当室外地坪高于室内地坪或内墙两侧地层有高差时,应分别设两个水平防潮层,并在靠土的垂直墙面用水泥砂浆抹平,再涂一道冷底子油,两道热沥青,形成垂直防潮层,使两个水平防潮层连接起来,如图 9-6 所示。

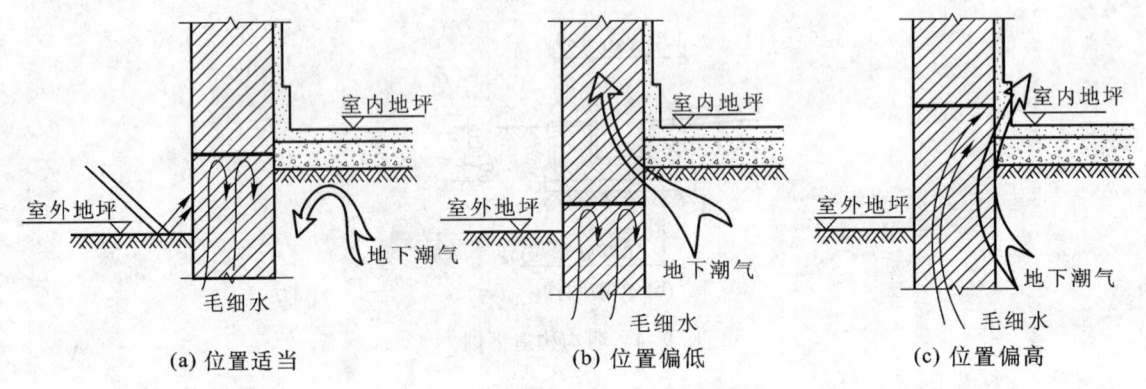

图 9-6 水平防潮层的位置

③ 防潮层的做法。防潮层有以下几种常见做法:

a. 卷材防潮层。多采用沥青油毡,分为干铺和粘贴两种做法。干铺法是在防潮层部位的墙体上用 20 mm 厚 1∶3 水泥砂浆找平,然后干铺一层油毡,粘贴法是在找平层上做一毡二油防潮层。卷材的宽度应比墙体宽 20 mm,搭接长度不小于 100 mm。

卷材防潮层的防潮性能较好,并具有相当的韧性,但由于卷材防潮层不能与砂浆有效地粘结,会把上下墙体结构分隔开,破坏了建筑的整体性,对抗震不利。同时,卷材的使用寿命往往低于建筑的耐久年限,失效后将无法起到防潮的作用。

b. 砂浆防潮层。在防潮层部位抹 25 mm 厚掺入防水剂的 1∶2 水泥砂浆,防水剂的掺入量一般为水泥重量的 5%。也可以在防潮层部位用防水砂浆砌 3~5 皮砖。

砂浆防潮层解决了油毡防潮层的缺陷,目前在实际工程中应用较多。由于砂浆属刚性材料,易产生裂缝,在基础沉降量大或有较大振动的建筑中应慎重使用。

c. 细石混凝土防潮层。在防潮层部位设置 60 mm 厚与墙体宽度相同的细石混凝土带,内配 3φ6 或 3φ8 钢筋。

细石混凝土防潮层的优点较多,它不破坏建筑的整体性,抗裂性能好,防潮效果也好,但施工较复杂。在条件允许时,细石混凝土防潮层可以与基础圈梁一并设置。

4）窗台

窗台是位于窗洞口下部的建筑构件,分外窗台和内窗台两种。外窗台的作用主要是排水,同时也会是建筑的立面细部的重要组成部分;内窗台用以排除内侧的冷凝水,且便于清洗。当墙很薄时,窗框沿墙内皮安设,可不设内窗台。

① 外窗台。有悬挑和不悬挑两种。悬挑窗台挑出长度一般为 60 mm 左右,常用砖平砌或侧砌(虎头砖),坡度由斜砌的砖形成或以水泥砂浆抹面形成,并在下面抹出滴水槽(或滴水线)。此外也可用预制钢筋混凝土窗台板。当外墙饰面为瓷砖、石材等易冲洗材料时,可做不悬挑窗台,窗下的脏污可借不断流下的雨水冲洗干净。

② 内窗台。内窗台的构造比较简单,当窗台下设暖气槽时,多用预制水磨石或木制窗台板。无暖气槽时可直接抹灰(1∶2 水泥砂浆)。

图 9-7 是几种常见窗台的例子。

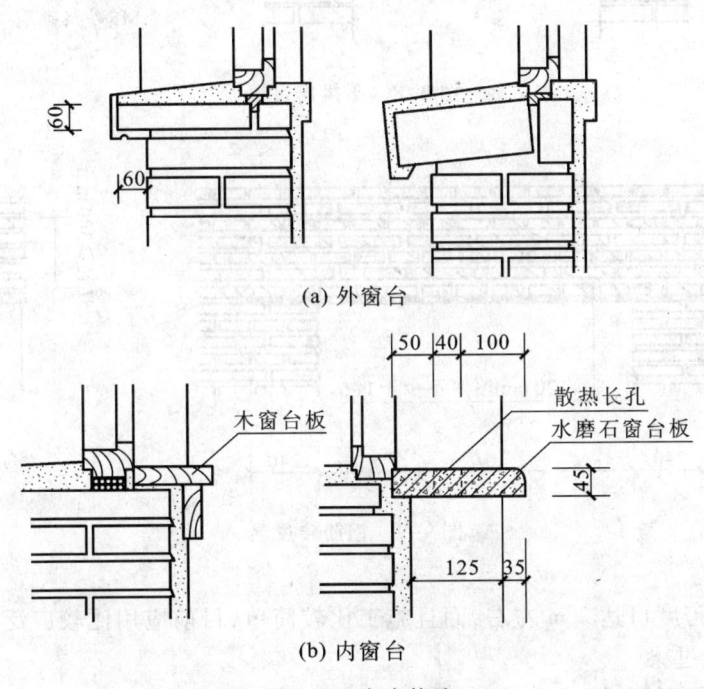

图 9-7 窗台构造

5）过梁

为了满足建筑的使用要求,要在墙体中开设门窗洞口。为了承担洞口上传来的荷载,并把这些荷载传递给洞口两侧的墙体,常在门窗洞口上设置横梁,称为门窗过梁。过梁的种类有砖拱过梁、钢筋砖过梁和钢筋混凝土过梁三种。

① 砖拱过梁。砖拱过梁有平拱、弧拱两种类型。砖拱过梁应事先设置胎模,由砖侧砌而成,拱中央的砖垂直放置,称为拱心。两侧砖对称拱心分别向两侧倾斜,灰缝上宽下窄,靠材料之间产生的挤压摩擦力来支撑上部墙体。为了使砖拱能更好地工作,平拱的中心应比拱的两端略高,约为跨度的 1/50 ~ 1/100,如图 9-8 所示。

砖砌平拱过梁的适用跨度多在 1.2 m 之内。不适用于过梁上部有集中荷载或建筑有振动荷载的情况,目前只在简易建筑中采用。

② 钢筋砖过梁。钢筋砖过梁是由平砖砌筑,并在砌体中加设适量钢筋而形成的过梁。其构造要求:采用强度较高的砖砌体,砖的强度等级不小于 MU7.5,砌筑砂浆强度等级不小于 M2.5;梁高应在 5 皮砖以上,并不小于洞口宽度的 1/5;在砖砌体下部设置钢筋,钢筋两端伸入墙内 240 mm,并做 60 mm 高的垂直弯钩,钢筋的根数不少于 2 根,同时不少于每 1/2 砖 1 根;底面砂浆的厚度应不小于 30 mm,如图 9-9 所示。

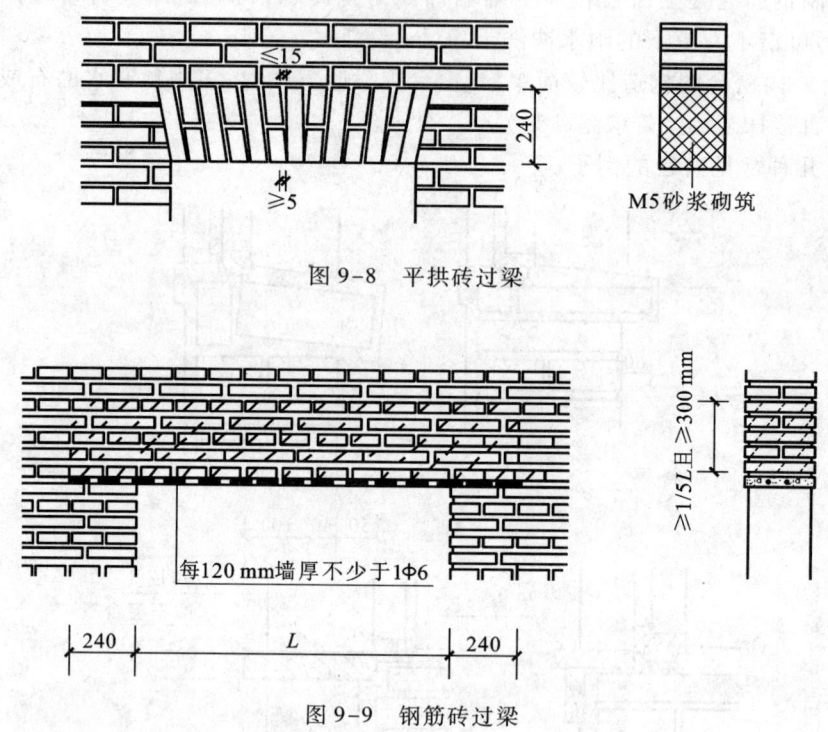

图 9-8 平拱砖过梁

图 9-9 钢筋砖过梁

钢筋砖过梁的跨度可达 2 m 左右,而且施工比较简单,目前应用比较广泛。

③ 钢筋混凝土过梁

按照施工方式的不同,钢筋混凝土过梁分成现浇和预制两种。

钢筋混凝土过梁的截面尺寸和材料的配置,应根据上部荷载及过梁的跨度通过结构计算确定。过梁的高度应与砖的皮数尺寸相配合,如 120 mm、180 mm、240 mm。过梁的宽度通常与墙厚相同,当墙面不抹灰(俗称清水墙)时,过梁的宽度应比墙厚小于 20 mm。过梁两端伸入墙体的长度应在 240 mm 以上。

钢筋混凝土过梁的截面形式有矩形和 L 形两种,如图 9-10 所示。矩形截面的过梁,一般用于内墙或南方地区的抹灰外墙(俗称混水墙)。L 形截面的过梁,多在严寒或寒冷地区外墙中采用。

6) 圈梁

圈梁是沿建筑物外墙、内纵墙和部分横墙设置的连续封闭的梁。它的作用是加强房屋的空间刚度及整体性,防止由于基础不均匀沉降、振动荷载等引起的墙体开裂。常见的有钢筋混凝土

圈梁和钢筋砖圈梁,其构造要求如下:

① 圈梁的设置位置和数量。圈梁不仅在地震区的建筑物上设置,而且在非地震区的建筑物上也要设置。其数量和位置与建筑物的高度、层数、地基状况和地震烈度有关。在非地震区比较空旷的单层房屋(如食堂),当墙厚不超过一砖,檐高为 5～8 m 时,应在檐口处设一道圈梁;当檐高大于 8 m 时,宜在中部增设一道圈梁。对多层民用房屋(如宿舍、办公楼),当墙厚不超过一砖,层数少于三层时,宜在檐口标高处设一道圈梁;当层数超过四层时,可适当增设。当地基较为软弱或组成复杂时,需在基础顶面设置一道地圈梁,其他各层可隔层设置,必要时也可层层设置。圈梁除应通过外墙和内纵墙外,还应与横墙加以连接,其间距依楼盖及屋盖类别不同为 16～32 m。连接方式可将圈梁伸入横墙 1.5～2 m,或在该横墙上设置贯通圈梁。在地震区比较空旷的单层房屋,墙顶标高处应设置现浇圈梁,并沿墙高每隔 3 m 左右增设一道。

② 圈梁的设置。圈梁应连接设置在同一水平面上,应尽量封闭。若被洞口切断时,应在洞口上部搭接补强,设一附加圈梁,其截面与圈梁相同,搭接长度 L 应大于 $2h$,且不小于 1 000 mm (图 9-11)。圈梁宜与预制板设在同一标高处或紧靠板底。

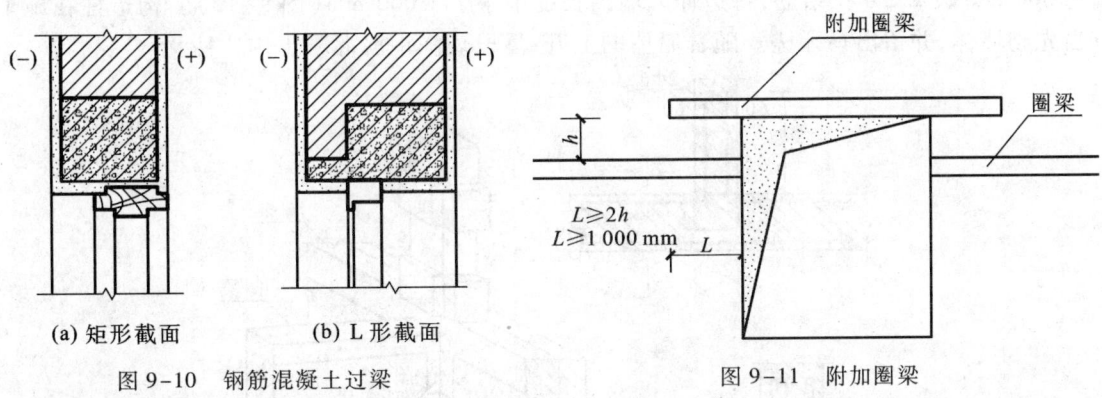

(a) 矩形截面　　(b) L 形截面

图 9-10　钢筋混凝土过梁　　　　图 9-11　附加圈梁

③ 圈梁的截面尺寸及配筋。对于钢筋混凝土圈梁,其宽度宜与墙厚相同,当墙厚超过一砖时其宽度可窄些,但不宜小于墙厚的三分之二,高度不小于 120 mm。圈梁一般均按构造要求配置钢筋,一般纵向钢筋不应小于 4ϕ8,箍筋间距不大于 300 mm,纵向钢筋应当对称布置。

7) 构造柱

构造柱是从构造角度考虑而设置的,它与从承重角度考虑设置的柱在作用上完全不同,构造柱在墙体内部与水平设置的圈梁相连,形成了具有较大刚度的空间骨架,极大地增强了建筑的整体刚度,提高了墙体抗变形的能力。

① 构造柱的设置。多层砖房构造柱的设置要求见表 9-2。

表 9-2　多层砖房构造柱的设置要求

层数				设置部位	
6度	7度	8度	9度	外墙四角，错层部位，横墙与外纵墙交接处，较大洞口两侧，大房间内外墙交接处	7~8度时，楼、电梯的四角
四、五	三、四	二、三			
六~八	五、六	四	二		隔一开间（轴线）横墙与外墙交接处，山墙与内纵墙交接处。7~9度时，楼、电梯的四角
	七	五、六	三、四		内墙（轴线）与外墙交接处，内墙局部较小墙垛处，7~9度时，楼、电梯间的四角；8度时，无洞口内横墙与内纵墙交接处；9度时，内纵墙与横墙（轴线）交接处

② 构造柱的构造。构造柱的下端应锚固在钢筋混凝基础或基础圈梁中，上部与楼层圈梁连接。如圈梁为隔层设置时，应在不设圈梁的楼层设置配筋砖带。构造柱应通至女儿墙顶部，并与女儿墙顶部的钢筋混凝土压顶相连，而且女儿墙中的构造柱间距应当加密。构造柱的截面尺寸应不小于 180 mm×240 mm。主筋采用 4φ12 为宜，箍筋间距不大于 250 mm。墙与柱之间应沿墙每 500 mm 设 2φ6 拉结筋，每边伸入墙内长度不小于 1 000 mm（图 9-12）。构造柱在施工时应当先砌墙体，并留出马牙槎。随着墙体的上升，逐段现浇钢筋混凝土构造柱。

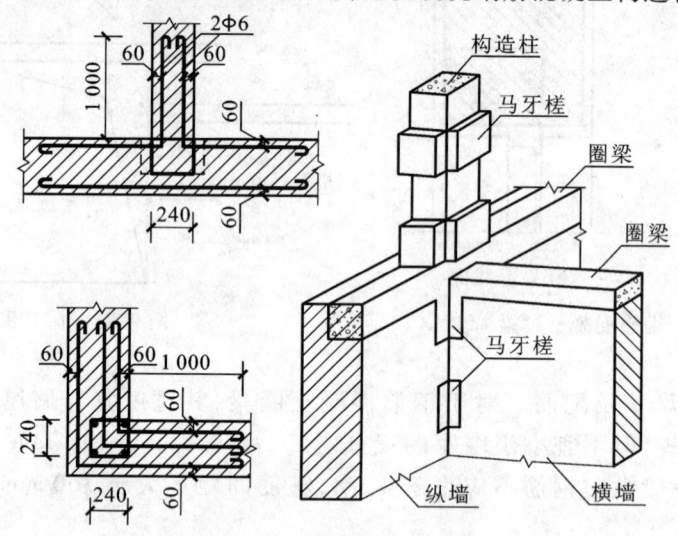

图 9-12　构造柱的设置

3. 砌体的种类及受力特点

（1）砌体的种类

1）砖砌体

由砖和砂浆砌筑而成的砌体称为砖砌体，它是采用最普遍的一种砌体。在房屋建筑中，砖砌体大量用作内外承重墙及隔墙。其厚度根据承载力及稳定性等要求确定，但外墙厚度还需考虑保温和隔热要求，承重墙一般多采用实心砌体。

2）砌块砌体

由砌块和砂浆砌成的砌体称为砌块砌体。目前采用较多的有混凝土小型空心砌块砌体及轻集料混凝土小型砌块砌体。

3）天然石材砌体

由天然石材和砂浆砌筑的砌体称为石砌体。石砌体分为料石砌体和毛石砌体。

4）配筋砌体

为了提高砌体的承载力和减小构件的截面尺寸，可在砌体内配置适量的钢筋形成配筋砌体。配筋砌体有横向配筋砖砌体和组合砌体等。在砖柱或墙体的水平灰缝内配置一定数量的钢筋网，称为横向配筋砖砌体（图9-13a）。在竖向灰缝内或在预留的竖槽内配置纵向钢筋和浇筑混凝土，形成组合砌体，也称为纵向配筋砌体（图9-13b）。这种砌体适用于承受偏心压力较大的墙和柱。

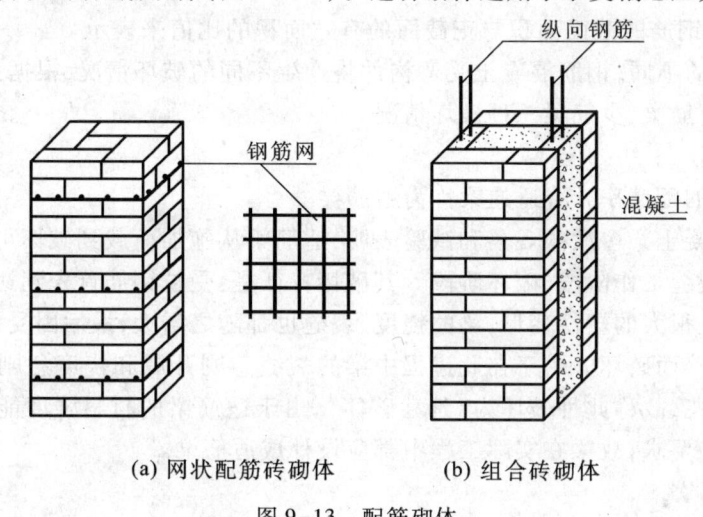

(a) 网状配筋砖砌体　　　(b) 组合砖砌体

图 9-13　配筋砌体

(2) 砌体的抗压强度

1）砌体受压破坏机理

轴心受压砌体在短期荷载作用下的破坏过程大致经历了以下三个阶段。

第一阶段：从开始加载到极限荷载的50%～70%时，首先在单块砖中产生细小裂缝。以竖向短裂缝为主，也有个别斜向短裂缝。

第二阶段：随着外载增加，单块砖内的初始裂缝将向上、向下扩展，形成穿过若干皮砖的连续裂缝，同时产生一些新的裂缝。此时即使不增加荷载，裂缝也会继续发展。砌体已接近破坏。

第三阶段：继续加载，裂缝急剧扩展，沿竖向发展成上下贯通整个试件的纵向裂缝。裂缝将砌体分割成若干半砖小柱体。最后导致整个构件破坏。

可见，砌体的破坏是由于砖块受弯、剪、拉而开裂及最后小柱体失稳引起的，所以砖块的抗压强度并没有真正发挥出来，故砌体的抗压强度总是远低于砖的抗压强度。

2）影响砌体抗压强度的主要因素

① 块体的强度。因为块体是构成砌体的主体，试验表明，砌体的抗压强度不只取决于块体的受压强度，还与块体的抗弯强度有关。

② 块体的高度。块体高度越大，其本身抗弯、剪能力越强，会推迟砌体的开裂。且灰缝数量

减少,砂浆变形对块体影响减小,砌体抗压强度相应提高。

③ 块体外形平整,使砌体强度相对提高。

④ 砂浆强度等级越高,砌体强度提高。砂浆强度等级越高,则其在压应力作用下的横向变形与块材的横向变形差会相对减小,因而改善了块材的受力状态,这将提高砌体强度。

⑤ 砂浆和易性与保水性。砂浆和易性与保水性越好,则砂浆容易铺砌均匀,灰缝饱满程度就越高,块体在砌体内的受力就越均匀,减少了砌体的应力集中,故砌体强度得到提高。

4. 梁的破坏特征及构造要求

(1) 梁的破坏特征

如第7章所述,梁的破坏特征主要由纵向受拉钢筋的配筋率 ρ 的大小确定。受弯构件的配筋率 ρ,用纵向受拉钢筋的截面面积与正截面的有效面积的比值来表示。

由于配筋率 ρ 的不同,钢筋混凝土受弯构件将产生不同的破坏情况,根据其正截面的破坏特征可分为适筋梁、超筋梁、少筋梁三种破坏情况。

1) 适筋梁破坏

纵向受力钢筋的配筋率 ρ 合适的梁称为适筋梁。

通过对钢筋混凝土梁多次的观察和试验表明,适筋梁从施加荷载到破坏可分为三个阶段:即弹性工作阶段、带裂缝工作阶段、破坏阶段。其破坏特征是:受拉钢筋首先到达屈服强度 f_y,继而进入塑性阶段,产生很大的塑性变形,梁的挠度、裂缝也都随之增大,最后因受压区的混凝土达到其极限压应变被压碎而破坏。由于在此过程中梁的裂缝急剧开展和挠度急剧增大,将给人以梁即将破坏的明显预兆,故称此种破坏为"延性破坏",由于适筋梁的材料强度能充分发挥,符合安全可靠、经济合理的要求,故梁在实际工程中都应设计成适筋梁。

2) 超筋梁破坏

纵向受力钢筋的配筋率 ρ 过大的梁称为超筋梁。

由于纵向受力钢筋过多,故当受压区边缘纤维应变到达混凝土受弯时的极限压应变时,钢筋的应力尚小于屈服强度,但此时梁已因受压区混凝土被压碎而破坏。试验表明,钢筋在梁破坏前仍处于弹性工作阶段,由于钢筋过多,导致钢筋的应力不大,从而钢筋的应变也很小,梁裂缝开展不宽,延伸不高,梁的挠度亦不大。因此,超筋梁的破坏特征是:当纵向受拉钢筋还未达到屈服强度时,梁就因受压区的混凝土被压碎而破坏。因为这种梁是在没有明显预兆的情况下由于受压区混凝土突然压碎而破坏,故称为"脆性破坏"。

超筋梁虽配置了很多的受拉钢筋,但由于其应力小于钢筋的屈服强度,不能充分发挥钢筋的作用,造成浪费,且梁在破坏前没有明显的征兆,破坏带有突然性,故工程实际中不允许设计成超筋梁。

3) 少筋梁破坏

纵向受力钢筋的配筋率 ρ 过小的梁称为少筋梁。

少筋梁在受拉区的混凝土开裂前,截面的拉力由受拉区的混凝土和受拉钢筋共同承担,当受拉区的混凝土一旦开裂,截面的拉力几乎全部由钢筋承受,由于受拉钢筋过少,所以钢筋的应力立即达到受拉屈服强度,并且可能迅速经历整个流幅而进入强化阶段,若钢筋的数量很少的话,钢筋甚至可被拉断。其破坏特征是:少筋梁破坏时,裂缝往往集中出现一条,不仅展开宽度很大,且沿梁高延伸较高,梁的挠度也很大,已不能满足正常使用的要求,即使此时受压区混凝土还未被压碎,也认为梁已破坏。

由于受拉钢筋过少,从单纯满足梁的抗弯承载力需要出发,少筋梁的截面尺寸必然过大,故不经济,且它的承载力主要取决于混凝土的抗拉强度,破坏时受压区混凝土强度未能充分利用,梁破坏时没有明显的预兆,属于"脆性破坏"性质。故在实际工程中不允许采用少筋梁。

(2) 梁的构造要求

1) 截面形式及尺寸

① 截面形式。梁最常用的截面形式有矩形和T形。此外还可根据需要做成花篮形、十字形、I(工字)形、倒T形、倒L形等。现浇整体式结构,为了便于施工,常采用矩形或T形截面;而在预制装配式楼盖中,为了搁置预制板可采用矩形,为了不使室内净高降低太多,也可采用花篮形、十字形截面;薄腹梁则可采用I形截面。

② 截面尺寸。梁的截面尺寸通常沿梁全长保持不变,以方便施工。在确定截面尺寸时,应满足下述的构造要求。

a. 按挠度要求的梁最小截面高度。在设计时,对于一般荷载作用下的梁可参照表9-3初定梁的高度,此时,梁的挠度要求一般能得到满足。

表9-3 梁的截面高度

项次	构件种类		简支	两端连续	悬臂
1	整体肋形梁	次梁	$L_0/20$	$L_0/25$	$L_0/8$
		主梁	$L_0/12$	$L_0/15$	$L_0/6$
2	独立梁		$L_0/12$	$L_0/15$	$L_0/6$

注:1. L_0 为梁的计算跨度;
2. 梁的计算跨度 $L_0 \geq 9$ m 时,表中数值应乘以1.2的系数。

b. 常用梁高。常用梁高为 200 mm、250 mm、300 mm、350 mm、…、750 mm、800 mm、900 mm、1000 mm 等。当截面高度 $h \leq 800$ mm 时,取 50 mm 的倍数;当 $h > 800$ mm 时,取 100 mm 的倍数。

c. 常用梁宽。梁高确定后,梁宽度可由常用的高宽比来确定:矩形截面:$h/b = 2.0 \sim 3.5$;T形截面:$h/b = 2.5 \sim 4.0$。常用梁宽为 150 mm、180 mm、200 mm、……,如宽度 $b > 200$ mm,应取 50 mm 的倍数。

③ 支承长度。当梁的支座为砖墙或砖柱时,梁伸入砖墙、柱的支承长度 d 应满足梁下砌体的局部承压强度,且当梁高 $h \leq 500$ mm 时,$d \geq 180$ mm;当 $h > 500$ mm 时,$d \geq 240$ mm,当梁支承在钢筋混凝土梁(柱)上时,其支承长度 $d \geq 180$ mm。钢筋混凝土桁条支承在砖墙上时,$d \geq 120$ mm,支承在钢筋混凝土梁上时,$d \geq 80$ mm。

2) 钢筋

在一般的钢筋混凝土梁中,通常配置有纵向受力钢筋、箍筋、弯起钢筋及架立钢筋。当梁的截面高度较大时,尚应在梁侧设置构造钢筋。

① 纵向受力钢筋。纵向受力钢筋的作用主要是承受弯矩在梁内所产生的拉力,应设置在梁的受拉一侧,其数量应通过计算来确定。通常采用Ⅰ级、Ⅱ级或Ⅲ级钢筋,当混凝土的强度等级大于或等于C20时,从经济性及钢筋与混凝土的粘结力较好这一方面出发,宜优先采用Ⅱ级及

Ⅲ级钢筋。

a. 直径。梁中常用的纵向受力钢筋直径为 10~25 mm,一般不宜大于 28 mm,以免造成梁的裂缝过宽。另外,同一构件中钢筋直径的种类不宜超过三种,其直径相差不宜小于 2 mm,以便施工时肉眼能够识别,同时直径也不应相差太悬殊,以免钢筋受力不均匀。

b. 间距。梁上部纵向受力钢筋的净距,不应小于 30 mm,也不应小于 $1.5d$(d 为受力钢筋的最大直径);梁下部纵向受力钢筋的净距,不应小于 25 mm,也不应小于 d。构件下部纵向受力钢筋的配置多于两层时,自第三层时起,水平方向的净距应比下面两层的净距大 1 倍(图 9-14)。

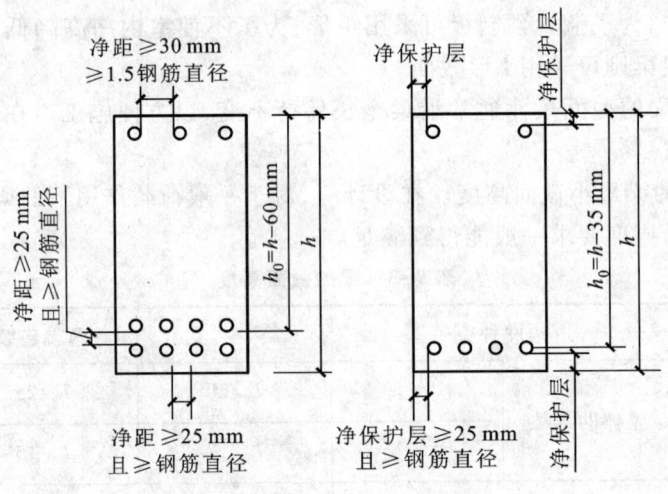

图 9-14 纵向受力钢筋的净距

c. 钢筋的根数及层数。梁内纵向受力钢筋的根数,不应少于两根,当梁宽 $b<100$ mm 时,也可为一根。在确定钢筋根数时需注意,如选用钢筋的直径较大,则钢筋的数量势必减少,而钢筋的直径大会使得梁的裂缝宽度增大,同时在梁的抗剪计算中,当剪力较大时,会造成无纵筋可弯的情况。但钢筋的根数也不宜太多,否则不能满足受力钢筋的净距要求,同时也会给混凝土的浇筑工作带来不便。

纵向受力钢筋的层数,与梁的宽度、钢筋根数、直径、间距及混凝土保护层的厚度等因素有关,通常要求将钢筋沿梁宽均匀布置,并尽可能排成一排,以增大梁截面的内力臂,提高梁的抗弯能力。只有当钢筋的根数较多,排成一排不能满足钢筋净距、混凝土保护层厚度时,才考虑将钢筋排成两排,但此时梁的抗弯能力将较钢筋排成一排时为低(当钢筋的数量一样时)。

d. 受力钢筋的混凝土保护层最小厚度 c,按表 9-4 确定。

e. 配筋形式。分为简支梁和外伸梁两种情况。

(a)简支梁。单跨简支梁在荷载作用下只产生跨中正弯矩,故应将纵向受力钢筋置于梁的下部,其数量按最大正弯矩计算求得。当梁砌筑于墙内时,在梁的支座处将产生少量的负弯矩,此时可利用架立钢筋作为构造负筋或将部分跨中受力钢筋在支座附近弯起至梁的上面,以承担支座处的负弯矩,余下的纵向受力钢筋应全部伸入支座,其数量当 $b \geq 150$ mm 时,不应少于两根;当 $b<150$ mm 时可为一根(图 9-15)。

表 9-4　纵向受力钢筋的混凝土保护层最小厚度　　　　　mm

环境类别		板、墙、壳			梁			柱		
		≤C20	C25~C45	≥C50	≤C20	C25~C45	≥C50	≤C20	C25~C45	≥C50
一		20	15	15	30	25	25	30	30	30
二	a	—	20	20	—	30	30	—	30	30
	b	—	25	20	—	35	30	—	35	30
三		—	30	25	—	40	35	—	40	35

注：1. 基础中纵向受力钢筋的混凝土保护层厚度不应小于 40 mm；当无垫层时不应小于 70 mm。

2. 处于一类环境且由工厂生产的预制构件，当混凝土强度等级不低于 C20 时，其保护层厚度可按表中规定减少 5 mm，但预应力钢筋的保护层厚度不应小于 15 mm；处于二类环境且工厂生产的预制构件，当表面采取有效保护措施时，保护层厚度可按表中一类环境的数值取用。

3. 预制钢筋混凝土受弯构件钢筋端头的保护层厚度不应小于 10 mm；预制肋形板主肋钢筋的保护层厚度应按梁的数值考虑。

4. 板、墙、壳中分布钢筋的保护层厚度不应小于表中相应数值减 10 mm，且不应小于 10 mm；梁、柱中箍筋和构造钢筋的保护层厚度不应小于 15 mm。

5. 当梁、柱中纵向受力钢筋的混凝土保护层厚度大于 40 mm 时，应对保护层采取有效的防裂构造措施。处于二、三类环境中的悬臂板，其上表面应采取有效的保护措施。

6. 对有防火要求的建筑物，其混凝土保护层厚度尚应符合国家现行有关标准的要求。处于四、五类环境中的建筑物，其混凝土保护层厚度尚应符合国家现行有关标准的要求。

（b）外伸梁。在荷载作用下简支跨中产生正弯矩，纵向受力钢筋应置于梁的下部；悬臂部分产生负弯矩，故纵向受力钢筋应配置在梁的上部，并应伸入简支跨上部一定距离，以承担简支跨支座附近的负弯矩。其延伸长度应根据弯矩图的分布情况确定（图 9-15）。

② 弯起钢筋。

a. 弯起钢筋的锚固。梁中弯起钢筋的弯起角度一般宜取 45°，当梁截面高度大于 800 mm 时，宜采用 60°。为了防止弯起钢筋因锚固不善而发生滑动，导致斜裂缝开展过大及弯起钢筋本身的强度不能充分发挥，弯起钢筋的弯折终点处的直线段应留有足够的锚固长度，其长度在受拉区应不小于 $20d$，在受压区不小于 $10d$；对光圆钢筋在末端应设置弯钩，如图 9-16 所示。

b. 弯起钢筋的间距。为了防止因弯起钢筋间距过大，使得在相邻两排弯起钢筋之间出现的斜裂缝可能与弯起钢筋相交不到，导致弯起钢筋不能发挥抗剪作用。故按抗剪计算需设置两排或两排以上弯起钢筋时，第一排（从支座算起）弯起钢筋的弯起点到第二排弯起钢筋的弯终点之间的距离（见图 9-17 中的 S_2）不应大于表 9-6 箍筋的最大间距 S_{max}。为了避免由于钢筋尺寸误差而使弯起钢筋的弯终点进入梁的支座内，以致不能充分发挥其抗剪作用，且不利于施工，靠近支座的第一排弯起钢筋的弯终点到支座边缘的距离（见图 9-17 中的 S_1）不宜小于 50 mm，亦不应大于箍筋的最大间距 S_{max}。

c. 弯起钢筋的设置。对于采用绑扎骨架的主梁、跨度大于 6 m 的次梁、吊车梁以及挑出 1 m 以上的悬臂梁，均宜设置弯起钢筋。当梁宽度 $b>350$ mm 时，同一截面上弯起的钢筋不宜少于两根。梁底层钢筋中的角部钢筋不应弯起，顶层钢筋中的角部钢筋不应弯下。弯起钢筋不应采用浮筋。当充分利用弯起钢筋强度时，宜将其配置在靠梁侧面不小于 $2d$ 的位置处，以防止弯转点处的混凝土过早破坏，使弯起钢筋强度不能充分发挥。

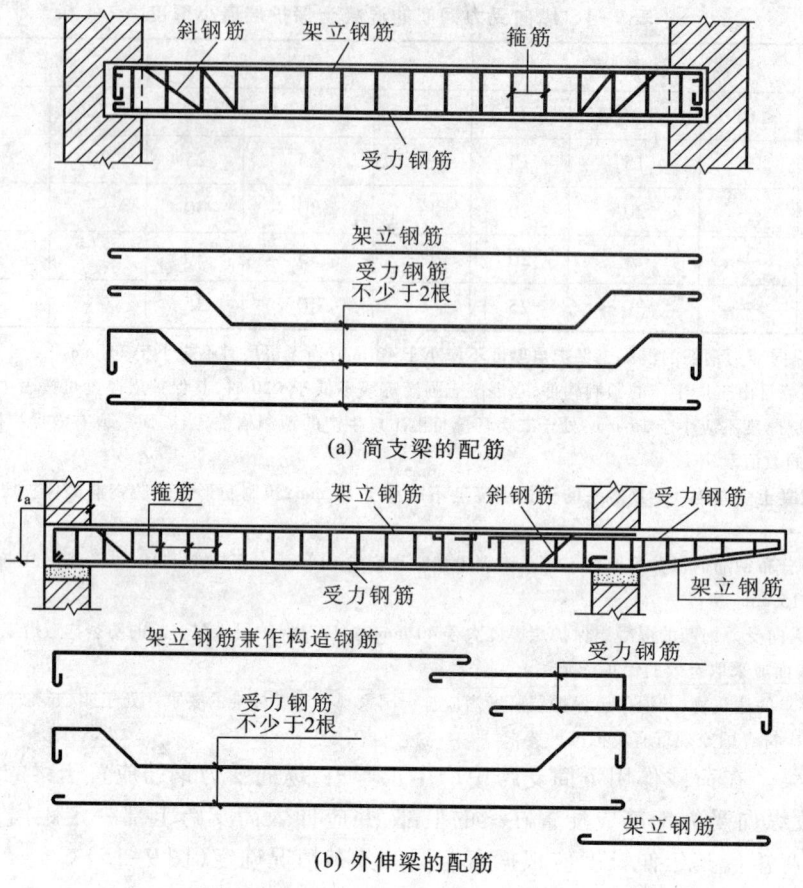

图 9-15 单跨梁的配筋构造

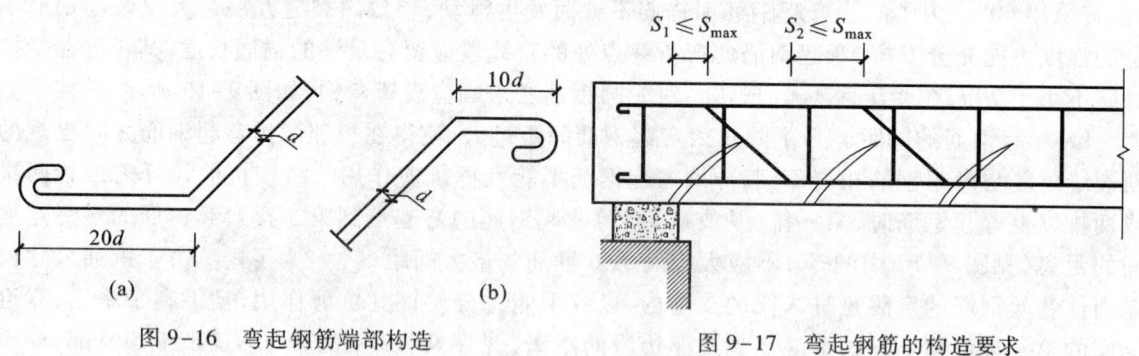

图 9-16 弯起钢筋端部构造　　　图 9-17 弯起钢筋的构造要求

③ 箍筋。

a. 箍筋的形式和肢数。箍筋的形式通常有封闭式和开口式两种，如图 9-18。箍筋的主要作用是作为腹筋承受剪力，除此之外，还起到固定纵筋位置，形成钢筋骨架的作用。由于箍筋属于受拉钢筋，因此箍筋必须有很好的锚固。为此，应将箍筋端部锚固在受压区内。对封闭式箍筋，其在受压区的水平肢将约束混凝土的横向变形，有助于提高混凝土的强度。所以，在一般的梁中通常都采用封闭式箍筋。对于现浇 T 形截面梁,当不承受扭矩和动荷载时,在承受正弯矩的区段内,为节约钢筋可采用开口式箍筋。

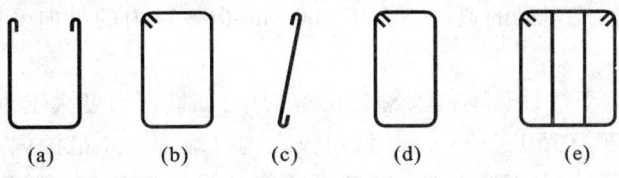

图 9-18 箍筋的形式和肢数

箍筋的肢数取决于箍筋垂直段的数目,最常用的是双肢,除此还有单肢、四肢等。通常按下列原则确定箍筋的肢数:当梁的宽度 b<350 mm 且 b>150 mm,以及一层中受拉钢筋不超过 5 根,按计算配置的受压钢筋不超过 3 根时,采用双肢箍筋;当梁的宽度 $b \geqslant 350$ mm,以及一层受拉钢筋超过 5 根或按计算纵向配置的纵向受压钢筋超过 3 根(或 $b \leqslant 400$ mm,一层内的纵向受压钢筋多于 4 根)时,宜采用四肢箍筋;当 $b \leqslant 150$ mm 时,才采用单肢箍数。

b. 箍筋的直径。箍筋一般采用 HPB235 级或 HRB335 级钢筋,为了使钢筋骨架具有一定的刚性,箍筋的直径不宜太小,其最小直径与梁高 h 有关。《混凝土结构设计规范》(GB 50010—2002)规定箍筋的最小直径如表 9-5 所示。

表 9-5 箍筋的最小直径

梁 高 h/mm	箍筋直径/mm
$h \leqslant 800$	6
$h > 800$	8

c. 箍筋的间距。箍筋的间距对斜裂缝的开展宽度有显著的影响。如果箍筋的间距过大,则斜裂缝可能不与箍筋相交,或者相交在箍筋不能充分发挥作用的位置,使得箍筋不能有效地抑制斜裂缝的开展,从而也就起不到箍筋应有的抗剪能力。因此,一般宜采用直径较小、间距较密的箍筋。当然,若箍筋的间距过小,则箍筋的数量就会过多,导致施工效率降低。《混凝土结构设计规范》(GB 50010—2002)规定的梁中箍筋的最大间距 S_{max} 见表 9-6。

表 9-6 梁中箍筋的最大间距 S_{max} mm

梁高 h/mm	$y > 0.7 f_t b h_0$	$y \leqslant 0.7 f_t b h_0$
$150 < h \leqslant 300$	150	200
$300 < h \leqslant 500$	200	300
$500 < h \leqslant 800$	250	350
$h > 800$	300	400

当梁中按计算配有纵向受压钢筋时,箍筋应为封闭式;此时箍筋的间距不应大于15d,(d为纵向受压钢筋中的最小直径),同时在任何情况下均不应大于400 mm;当一层内的纵向受压钢筋多于5根且直径大于18 mm时,箍筋间距不应大于10d;当梁的宽度大于400 mm且一层内的纵向受压钢筋多于3根时,或当梁的宽度不大于400 mm但一层内的纵向受压钢筋多于4根时,应设置复合箍筋。

d. 箍筋的布置。对于按计算不需要箍筋抗剪的梁,如截面高度大于300 mm时,仍应沿梁全长设置箍筋,对截面高度为150~300 mm时,可仅在构件端部1/4范围内设置箍筋,但当在构件中部1/2跨度范围内有集中荷载作用时,则应沿梁全长设置箍筋;对截面高度小于150 mm时,可不设箍筋。

④ 架立钢筋。架立钢筋一般为两根,布置在梁截面受压区的角部。架立钢筋的作用是:固定箍筋的正确位置,与纵向受力钢筋构成钢筋骨架,并承受因温度变化、混凝土收缩而产生的拉力,以防止发生裂缝,另外在截面的受压区布置钢筋对改善混凝土的延性亦有一定的作用。

架立钢筋的直径:当梁的跨度 L_0 小于4 m时,直径不宜小于8 mm;当 L_0 等于4~6 m时,直径不宜小于10 mm,当 L_0 大于6 m时,直径不宜小于12 mm。

⑤ 梁侧构造钢筋。当梁的腹板高度 h_w >450 mm时,在梁的两个侧面应沿高度配置纵向构造钢筋,每侧纵向构造钢筋的截面面积不应小于腹板截面面积的0.1%,间距不宜大于200 mm。

梁侧构造钢筋的作用是:承受因温度变化、混凝土收缩在梁的中间部位引起的拉应力,防止混凝土在梁中间部位产生裂缝。

梁两侧的纵向构造钢筋宜用拉筋联系,拉筋的直径与箍筋直径相同,间距为300~500 mm,通常取为箍筋间距的2倍,如图9-19所示。

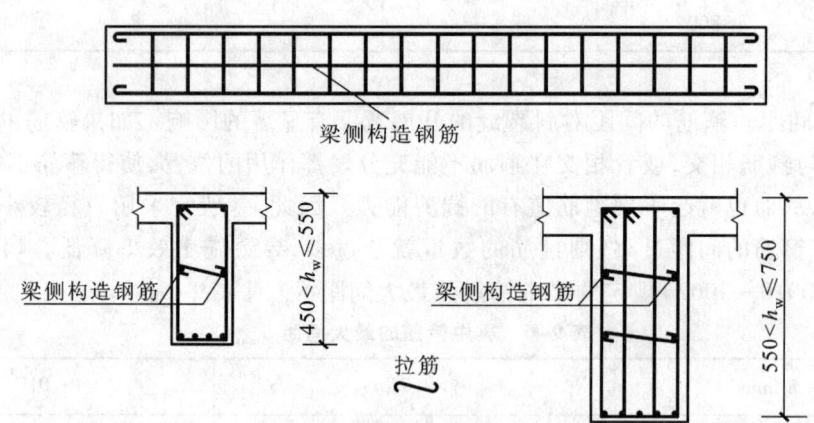

图9-19 梁侧构造钢筋及拉筋布置

5. 砖墙施工图识读

(1) 砖墙的剖面详图

1) 墙身剖面详图的形成

墙身剖面详图通常是由几个墙身节点详图组合而成的。它实际上是建筑剖面图的局部放大图。主要用来详细表达地面、楼面、屋面和檐口等处的构造,楼板与墙体的连接形式,以及门窗洞口、窗台、勒脚、防潮层、散水和雨水口等的细部做法。

2) 墙身剖面详图的用途

墙身剖面详图与平面图配合,作为砌墙、室内外装修、门窗立口的重要依据。

3) 墙身剖面详图的内容

墙身剖面详图可根据底层平面图的剖切线的位置和投影方向来绘制,也可在剖面图的墙身上取各节点放大绘制。常用绘图比例为1∶20。为了简化作图,节约图纸,通常将窗洞中部用折断符号断开。对一般的多层建筑,当中间各层的情况相同时,可只画底层、顶层和一个中间层即可。但在标注标高时,应在中间层的节点处标注出所代表的各中间层的标高。墙身剖面详图包括以下内容:

① 图名,墙身的位置。
② 墙身与定位轴线的关系。
③ 各层楼中梁、板的位置及与墙身的关系。
④ 各层地面、楼面、屋面的构造做法。
⑤ 门窗立口与墙身的关系。
⑥ 各部位的细部装修及防水、防潮做法(如散水、防潮层、窗台、窗檐等)。
⑦ 各主要部位的标高、高度尺寸及墙身突出部分的细部尺寸。

4) 墙身剖面详图的阅读

图9-20为墙身剖面详图。该图详细表明了墙身从墙脚到屋顶面之间各节点的构造形式及做法。从图中可以看出该建筑物的散水、防潮层、砖墙、窗洞口、过梁等的做法以及墙身与定位轴线的关系,各层楼中梁、板的位置及与墙身的关系,具体做法如图9-20所示。

(2) 钢筋混凝土梁施工图识读

图9-21是现浇楼面梁(L1)的结构详图。梁的两端搁置在砖墙上,一端搭入370 mm,另一端搭入240 mm。有两个断面图,2—2为跨中断面,1—1为近支座处断面。对照立面图和断面图,可以看出矩形梁的底部配有四根受力筋,编号为③的两根(2 ϕ 20)位于两侧,是一端折角、直径为20 mm的HRB335级钢筋;编号为②的两根(2 ϕ 20)位于中间,在近支座处按45°方向弯起,弯起钢筋上部弯起点的位置离墙或柱边缘距离为50 mm,弯起钢筋伸入到靠近梁的端部(留一保护层厚度)。梁的上面配置了二根编号为①的通长钢筋(2 ϕ 10)。箍筋为ϕ6@200,编号为④。立面图中还注明了梁底的结构标高。

立面图的正下方配有钢筋详图,在该图中不仅画出了每种钢筋的形状,同时还注明了每种钢筋的编号、根数、直径、等级、各段长度及弯起尺寸等。

梁的钢筋用量表(表9-7)是统计用料和编制施工预算的依据。

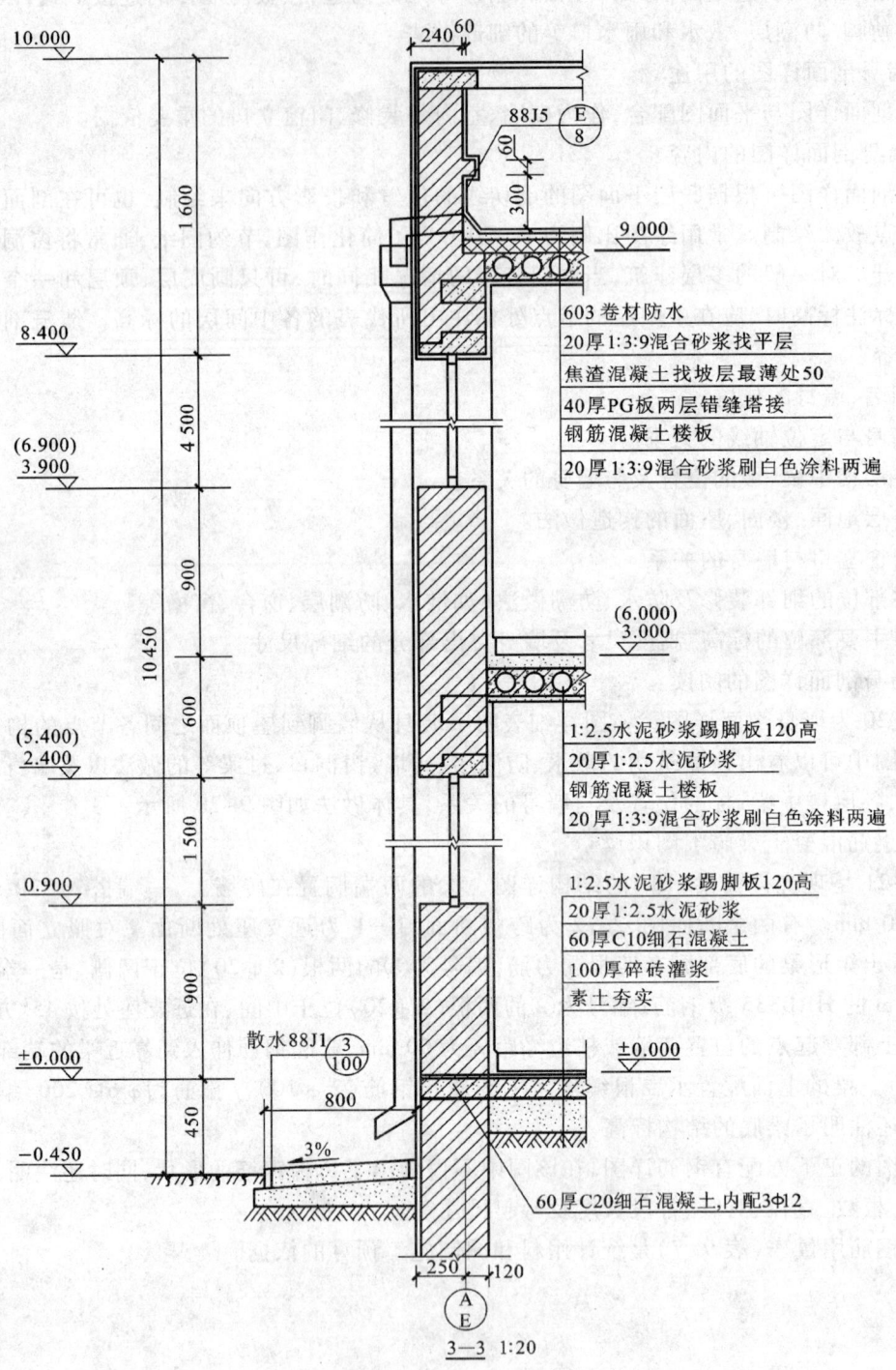

图 9-20 墙身剖面图

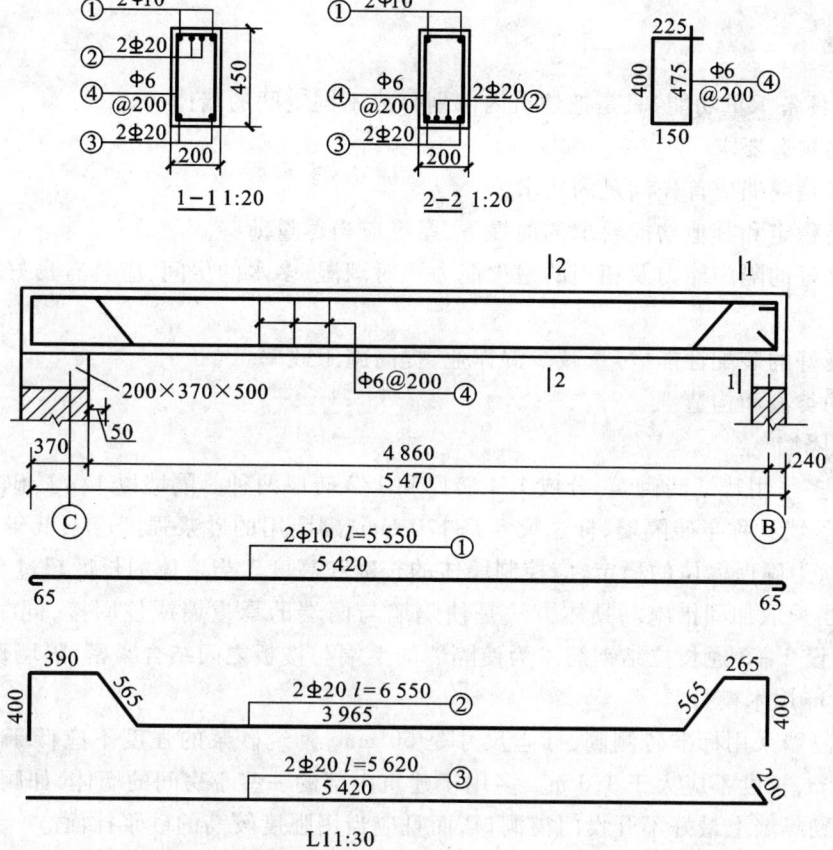

图 9-21 钢筋混凝土梁的结构详图

表 9-7 梁的钢筋用量表

构件代号	钢筋编号	钢筋简图	直径/mm	长度/mm	根数	总长/m	重量/kg
L1	1	2ɸ10, l=5 550 ① 5 420 65 65	ɸ10	5 550	2	11.100	
	2	2⌽20, l=6 550 ② 390 565 265 400 3 965 565 400 65	⌽20	6 550	2	13.100	
	3	2⌽20, l=5 620 ③ 5 420 200	⌽20	5 620	2	11.240	
	4	225 400 475 150	ɸ6	1 250	28	35.000	

(三) 隔墙

隔墙是不具备承重功能，只是把建筑内部划分成不同空间的墙体。

1. 隔墙的构造要求

① 自重轻是隔墙应首先满足的要求。

② 在满足稳定和其他功能要求的前提下，厚度应当尽量薄些。

③ 具有良好的隔声能力及相当的耐火能力。对潮湿、多水的房间，应具有良好的防潮、防水性能。

④ 具有良好的装配性能，尽量减少湿作业，提高施工效率。

2. 隔墙的类型和构造

（1）砖砌隔墙

砖砌隔墙多采用普通砖砌筑，分成1/4砖厚和1/2砖厚两种。隔墙以1/2砖砌为主。1/2砖砌隔墙又称半砖隔墙，标志尺寸是120 mm，砌墙用的砂浆强度应不低于M5。由于隔墙的厚度较薄，为确保墙体的稳定，应控制墙体的长度和高度。当墙体的长度超过5 m或高度超过3 m时，应当采取加固措施。具体方法是使隔墙与两端的承重墙或柱固接，同时在墙内每隔500~800 mm设2φ6通长拉结钢筋。为使隔墙的上端与楼板之间结合紧密，隔墙顶部采用斜砌立砖或每隔1 m用木楔打紧。

1/4砖砌隔墙采用标准砖侧砌，标志尺寸是60 mm，砌筑砂浆的强度不应低于M5。其高度不应大于2.8 m，长度不应大于3.0 m。多用于建筑内部的一些小房间的墙体，如厕所、卫生间的隔墙。1/4砖砌隔墙上最好不开设门窗洞口，而且应当用强度较高的砂浆抹面。

（2）砌块隔墙

采用轻质砌块来砌筑隔墙，可以把隔墙直接砌在楼板上，不必再设承墙梁。目前应用较多的砌块有：炉渣混凝土砌块、陶粒混凝土砌块、加气混凝土砌块。炉渣混凝土砌块和陶粒混凝土砌块的厚度通常为90 mm，加气混凝土砌块多采用100 mm厚。由于加气混凝土防水防潮的能力较差，因此在潮湿环境应慎重采用，或在表面做防潮处理。

（3）立筋隔墙

立筋隔墙一般采用木材、薄壁型钢做骨架，用灰板条、钢丝网抹灰，纸面石膏板、吸声板或其他装饰面板做罩面的隔墙。这种隔墙具有自重轻、占地小、表面装饰较方便的特点，是建筑中应用较多的一种隔墙。

（4）条板隔墙

条板隔墙是采用在构件生产厂家生产的轻质板材，在现场装配而成的隔墙。这种隔墙装配性好，属于干作业施工，施工速度快、防火性能好，但价格普遍偏高。目前，条板隔墙的材料及种类较多，常见的主要有石膏条板、水泥玻璃纤维空心条板、泰柏板等。

二、楼板

楼板是房屋中的水平承重构件，它把房屋分隔成若干层。楼板层的使用荷载连同楼板的自重通过楼板传递给墙或柱,再由墙或柱传给基础。楼板支承在墙或柱上,它不仅向墙或柱传递荷载,同时也是墙或柱在水平方向的支撑。楼板层不仅承受楼层的荷载,它还要起层间的隔声作用,有时还要起保温(隔热)作用,所以楼板层也有围护功能。

(一) 楼板的种类与构造组成

1. 楼板的种类

根据所用材料的不同,楼板可分为木楼板、钢筋混凝土楼板和压型钢板组合楼板等几种类型(图9-22)。

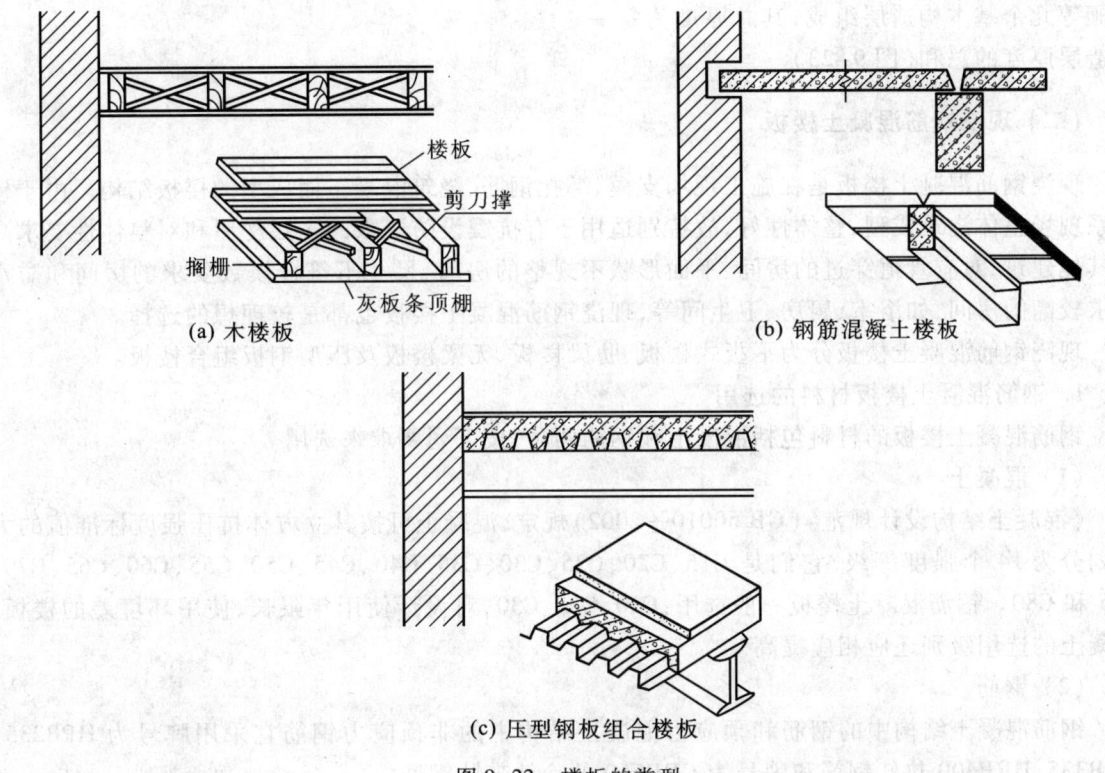

图9-22 楼板的类型

(1) 木楼板

木楼板是我国的一种传统做法,是在由墙或梁支撑的木搁栅上铺钉木板,木搁栅之间利用相互交叉的剪刀撑增强其整体性,下做板条抹灰顶棚,从而形成木楼板。木楼板的自重轻,保温隔热性能好,舒适、有弹性,但耐火性和耐久性均较差,且造价偏高,为节约木材和满足防火及耐久要求,现基本上不采用。

(2) 钢筋混凝土楼板

钢筋混凝土楼板是以钢筋混凝土为结构层的楼板。钢筋混凝土楼板按其施工方法不同可分为现浇式、装配式、装配整体式三种类型。钢筋混凝土楼板具有强度高、刚度好、耐火性和耐久性好等优点,并且可以需要的尺寸浇筑,便于工业化生产,其应用最为广泛。

(3) 压型钢板组合楼板

压型钢板组合楼板是在钢筋混凝土基础上发展起来的。它是利用钢衬板抵抗由弯矩引起的拉应力,并且作为楼板的底模,在其上面浇筑混凝土形成的楼板层。这样,既提高了楼板的强度和刚度,又节省了模板,加快了施工进度,是目前正大力推广的一种新型楼板。

2. 钢筋混凝土楼板的构造组成

为了满足楼板层各项功能要求,楼板层形成了多层构造的做法,由面层、附加层、楼板、顶棚等几个基本构造层组成,其总厚度为每一构造层厚度的总和(图9-23)。

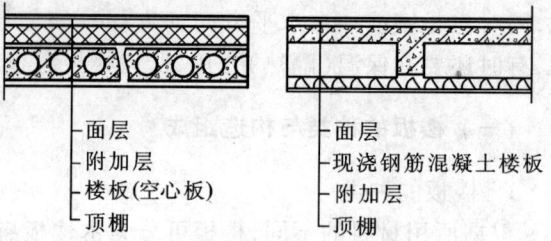

图 9-23　楼板层构造层组成

(二) 现浇钢筋混凝土楼板

现浇钢筋混凝土楼板是在施工现场支模、绑扎钢筋、浇筑混凝土而成型的楼板结构。由于楼板系现场整体浇筑成型,整体性好,故特别适用于有抗震设防要求的多层房屋和对整体性要求高的其他建筑,对有管道穿过的房间、平面形状不规整的房间、尺寸不符合模数要求的房间和防水要求较高的房间,如浴室、厨房、卫生间等,现浇钢筋混凝土楼板也都是较理想的选择。

现浇钢筋混凝土楼板分为平板式楼板、肋梁楼板、无梁楼板及压型钢板组合楼板。

1. 钢筋混凝土楼板材料的选用

钢筋混凝土楼板的材料包括混凝土和钢筋两种,按下列要求来选用。

(1) 混凝土

《混凝土结构设计规范》(GB 50010—2002)规定,混凝土可按其立方体抗压强度标准值的大小划分为14个强度等级,它们是C15、C20、C25、C30、C35、C40、C45、C50、C55、C60、C65、C70、C75和C80。钢筋混凝土楼板一般选用:C20、C25、C30,对设计使用年限长、使用环境差的楼板,混凝土的选用级别还应相应提高。

(2) 钢筋

钢筋混凝土结构中的钢筋和预应力混凝土结构中的非预应力钢筋宜采用牌号为HPB235、HRB335、HRB400热轧钢筋和牌号为CRB550的冷轧带肋钢筋。

预应力钢筋宜采用消除应力钢丝、钢绞线和热处理钢筋,也可采用冷拉HRB335、HRB400、HRB540钢筋;对中小型构件中的预应力钢筋,宜采用牌号为CRB650或CRB800的冷轧带肋钢筋。

2. 平板式楼板

在墙体承重建筑中,当房间较小时,楼面荷载可直接通过楼板传给墙体,而不需要另外设置梁来支承板,可设置为厚度一致的楼板即平板式楼板。这种楼板多用于厨房、卫生间、走廊等较小空间的房屋。平板式楼板根据受力特点和支承情况的不同,分为单向板和双向板。为了满足施工的要求并考虑其经济合理性,对各种平板式楼板的最小厚度和最大厚度,作出了如下规定:

当为单向板时,其厚度为:

屋面板厚 60 ~ 80 mm;

民用建筑楼板厚 70 ~ 100 mm;

工业建筑楼板厚 80~180 mm；

当为双向板时,其厚度均为 80~160 mm。

另外,对板的支承长度也作出了具体规定:当板支承在砖石墙体上,其支承长度不小于 120 mm,同时不小于板厚;当板支承在钢筋混凝土梁上时,其支承长度不小于 60 mm;当板支承在钢梁或钢屋架上时,其支承长度不小于 50 mm。

3. 单向板肋梁楼板

由单向板及其支承梁现浇而成的钢筋混凝土楼板,称为单向板肋梁楼板。单向板肋梁楼板由板、次梁和主梁组成(图 9-24)。

(1) 结构平面布置

结构平面布置就是选定板、次梁、主梁的数量和相互位置。结构平面布置的原则是:适用、经济、整齐。例如:在礼堂、教室内不宜设置柱,以免遮挡视线,造成使用不便。而在商场、仓库内则可以设置柱,以减小梁的跨度,达到经济的目的;在较重的隔墙或设备下方则宜设置梁,由梁来承受隔墙或设备所传来的荷载,避免由于楼板过厚而造成不经济。

如图 9-25 所示的单向板肋梁楼板由单向板、次梁和主梁组成。其中,单向板为 6 跨连续板,以次梁和纵墙为支座;次梁为 4 跨连续梁,以主梁和横墙为支座;主梁为两跨连续梁,以柱和纵墙为支座。

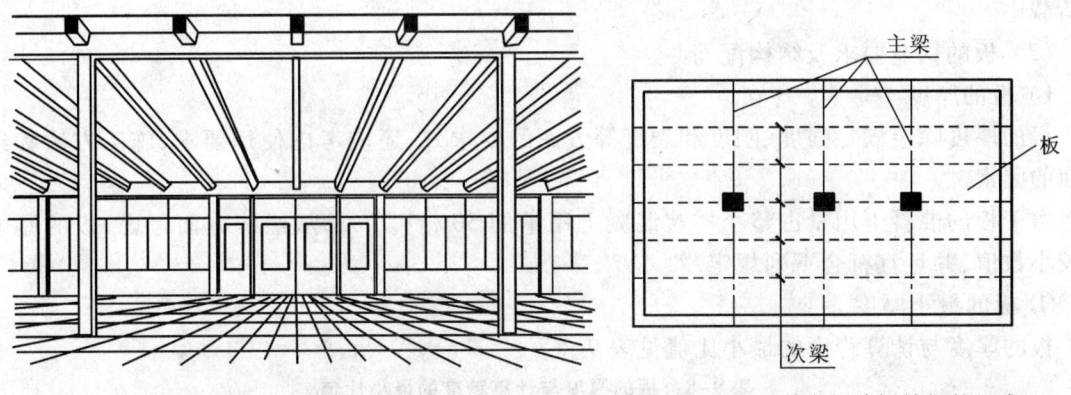

图 9-24 单向板肋梁楼板　　　　图 9-25 单向板肋梁楼板的组成

从图 9-25 中可看出,柱或墙在主梁方向的间距即为主梁的跨度,主梁的间距即为次梁的跨度,次梁的间距即为板的跨度。构件的跨度太大或太小均不经济,为了降低成本,单向板肋梁楼盖各种构件的经济跨度可选为:板 1.7~2.5 m,次梁 4~6 m,主梁 5~8 m。

主梁的布置方向有沿房屋横向布置和沿房屋纵向布置两种(图 9-26)。

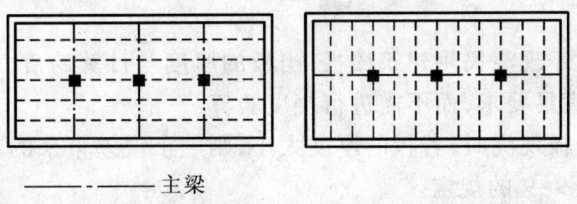

(a) 主梁沿房屋横向布置　　(b) 主梁沿房屋纵向布置

图 9-26 主梁的布置方向

工程中,常将主梁沿房屋横向布置,这样房屋的横向刚度容易得到保证。有时为满足某些特殊需要(如楼盖下吊有纵向设备管道)也可将主梁沿房屋纵向布置,以减小层高。

一般情况下,主梁的跨中宜布置两根次梁,这样可使主梁的弯矩图较为平缓,有利于发挥钢筋的力学性能,节约钢筋。

(2)结构受力特点与荷载取值

单向板肋梁楼板由板、次梁及主梁组成。其荷载传递路径则为:板→次梁→主梁→柱(或墙)。

作用于楼板上的荷载有永久荷载和可变荷载两种。永久荷载包括结构自重、构造层重(楼面面层、板底粉刷或吊顶等)、永久性设备和隔墙重等。而可变荷载则包括人群、物品和临时性设备等重量。

计算单向板时,通常取 1 m 宽的板带为计算单元,故其均布线荷载的数值就等于其均布面荷载的数值。

次梁也承受均布线荷载。除梁自重和粉刷外,还有板传来的荷载,其负荷范围的宽度即为次梁间距。板传给次梁的线荷载等于板的面荷载乘以次梁的负荷范围的宽度,即一个板的宽度。

主梁承受次梁所传来的集中荷载。为简化计算,主梁的自重也可分段并入次梁所传来的集中荷载中。

(3)板的构造要求及结构配筋

1)板的厚度

板的厚度除应满足强度、刚度和裂缝等方面的要求外,还应考虑使用要求、施工方法和经济方面的因素。

由于板的混凝土用量占整个楼盖混凝土用量的 50% ~ 70%,从经济方面考虑,板的厚度宜取较小数值,并且宜符合下列规定:

① 板的最小厚度。

板的厚度与计算跨度的最小比值见表 9-8。

表 9-8 板的厚度与计算跨度的最小比值

项次	板的支承情况	板的种类		
		单向板	双向板	悬臂板
1	简支	1/35	1/45	—
2	连续	1/40	1/50	1/12

按挠度要求确定:对于现浇民用建筑楼板,当板的厚度与计算跨度之比值满足表 9-8 时,则可以认为板的刚度基本满足要求,而不需进行挠度验算。

按施工要求确定:楼板现浇时,若板的厚度太小,则施工误差带来的影响就很大,故对现浇楼板的最小厚度,应符合表 9-9 的规定。

表 9-9　现浇钢筋混凝土楼板的最小厚度

板的类别		最小厚度
单向板	屋面板	60
	民用建筑楼板	60
	工业建筑楼板	70
	行车道下的楼板	80
双向板		80
密肋板	肋间距小于或等于 700 mm	40
	肋间距大于 700 mm	50
悬臂板	板的悬臂长度小于或等于 500 mm	60
	板的悬臂长度大于 500 mm	80
无梁楼板		150

② 板常用厚度。

工程中单向板常用的板厚有 60 mm、70 mm、80 mm、100 mm、120 mm，预制板的厚度可比现浇板小一些，且可取 5mm 的倍数。

2）板中钢筋

板中一般配有受力钢筋和分布钢筋两种。

① 受力钢筋。

直径：板中的受力钢筋通常采用 HPB235 级或 HRB335 级钢筋，常用的直径为 6 mm、8 mm、10 mm、12 mm。在同一构件中，当采用不同直径的钢筋时，其种类不宜多于 2 种，以免施工不便。

间距：板内受力钢筋的间距不宜过小或过大，过小则不易浇筑混凝土且钢筋与混凝土之间的可靠粘结难以保证；过大则不能正常分担内力，板的受力不均匀，钢筋与钢筋之间的混凝土可能会引起局部损坏。板内受力钢筋中至中的距离，当板厚≤150 mm 时，不宜大于 200 mm；当板厚 >150 mm 时，不宜大于 1.5 h，且不宜大于 250 mm。

混凝土保护层厚度：为了保证钢筋不致因混凝土的碳化而产生锈蚀，保证钢筋和混凝土能紧密地粘结在一起共同工作，受力钢筋的表面必须有一定厚度的混凝土保护层。根据构件种类、构件所处的环境条件和混凝土强度等级等规定了混凝土保护层的最小厚度按表 9-10 确定。同时，混凝土保护层的厚度还应不小于受力钢筋的直径。

② 分布钢筋。

表 9-10　纵向受力钢筋的混凝土保护层最小厚度

环境类别	板、墙、壳			梁			柱		
	≤C20	C25~C45	≥C50	≤C20	C25~C45	≥C50	≤C20	C25~C45	≥C50
一	20	15	15	30	25	25	30	30	30

续表

环境类别		板、墙、壳			梁			柱		
		≤C20	C25~C45	≥C50	≤C20	C25~C45	≥C50	≤C20	C25~C45	≥C50
二	a	—	20	20	—	30	30	—	30	30
	b	—	25	20	—	35	30	—	35	30
三		—	30	25	—	40	35	—	40	35

注：1. 基础中纵向受力钢筋的混凝土保护层厚度不应小于 40 mm；当无垫层时不应小于 70 mm。

2. 处于一类环境且由工厂生产的预制构件，当混凝土强度等级不低于 C20 时，其保护层厚度可按表中规定减少 5 mm，但预应力钢筋的保护层厚度不应小于 15 mm；处于二类环境且由工厂生产的预制构件，当表面采取有效保护措施时，保护层厚度可按表中一类环境的数值取用。

3. 预制钢筋混凝土受弯构件钢筋端头的保护层厚度不应小于 10 mm；预制肋形板主肋钢筋的保护层厚度应按梁的数值考虑。

4. 板、墙、壳中分布钢筋的保护层厚度不应小于表中相应数值减 10 mm，且不应小于 10 mm；梁、柱中箍筋和构造钢筋的保护层厚度不应小于 15 mm。

5. 当梁、柱中纵向受力钢筋的混凝土保护层厚度大于 40 mm 时，应对保护层采取有效的防裂构造措施。处于二、三类环境中的悬臂板，其上表面应采取有效的保护措施。

6. 对有防火要求的建筑物，其混凝土保护层厚度尚应符合国家现行有关标准的要求。处于四、五类环境中的建筑物，其混凝土保护层厚度尚应符合国家现行有关标准的要求。

垂直于板的受力钢筋方向上布置的构造钢筋称为分布钢筋，配置在受力钢筋的内侧。分布钢筋的作用是将板面上承受的荷载更均匀地传给受力钢筋，并用来抵抗温度、收缩应力沿分布钢筋方向产生的拉应力，同时在施工时可固定受力钢筋的位置。

分布钢筋可按构造配置。《混凝土结构设计规范》(GB 50010—2002) 规定：分布钢筋的截面面积不宜小于受力钢筋截面面积的 15%，且不宜小于该方向板截面面积的 0.15%；其间距不宜大于 250 mm。分布钢筋的直径不宜小于 6 mm，若受力钢筋的直径为 12 mm 或以上时，直径可取 8 mm 或 10 mm，对集中荷载较大的情况，分布钢筋的截面面积应适当增加，其间距不宜大于 200 mm。

③ 连续板的配筋构造。

连续板除应满足一般构造要求外，还有其自身的特点：

a. 受力钢筋的配置方式。连续板受力钢筋的配筋方式有分离式和弯起式两种（图 9-27）。采用弯起式配筋时，板的整体性好，且节约钢筋，但施工复杂，仅在楼面有较大振动荷载时使用。而分离式配筋施工简单，在工程中常用。

b. 板面构造负筋的配置要求。嵌固于墙内的板在内力计算时通常按简支计算。但实际上，距墙一定范围内的板内存在负弯矩，需在此设置板面构造负筋。另外，四边支承的单向板在长边方向也并非毫不受弯，在主梁两侧一定范围内的板内存在负弯矩，需设置板面的构造负筋。

板面构造负筋的数量不得少于单向板受力钢筋的 1/3，且不少于 φ8@200。它伸出主梁梁边的长度为 $l_n/4$，伸出墙边的长度为 $l_n/7$，但在墙角处，伸出墙边的长度应增加到 $l_n/4$，l_n 为单向板的净跨度。

单向板内的受力钢筋、分布钢筋和板面构造负筋的布置情况如图 9-28 所示。

(4) 次梁的构造要求及结构配筋

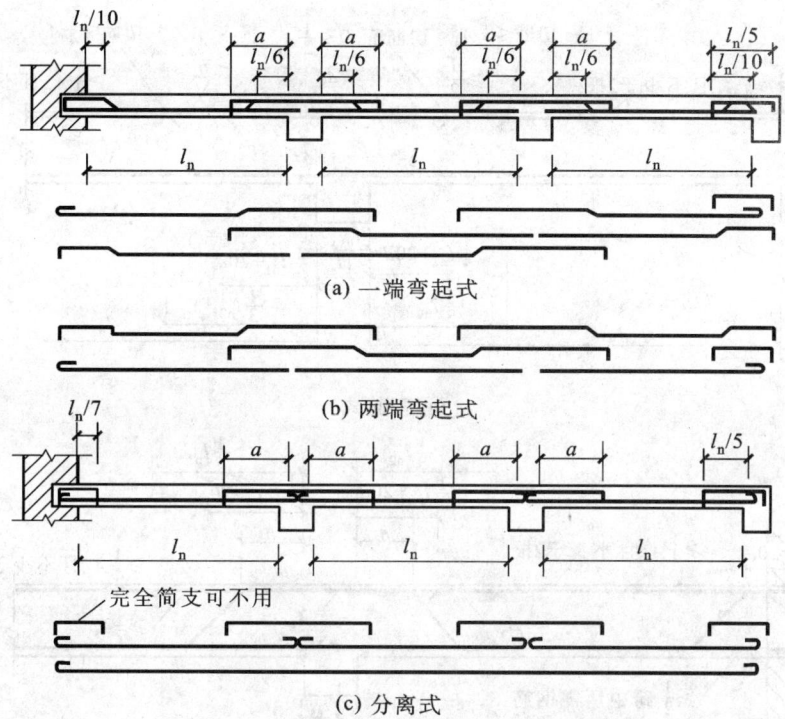

图 9-27 连续板受力钢筋的配筋方式

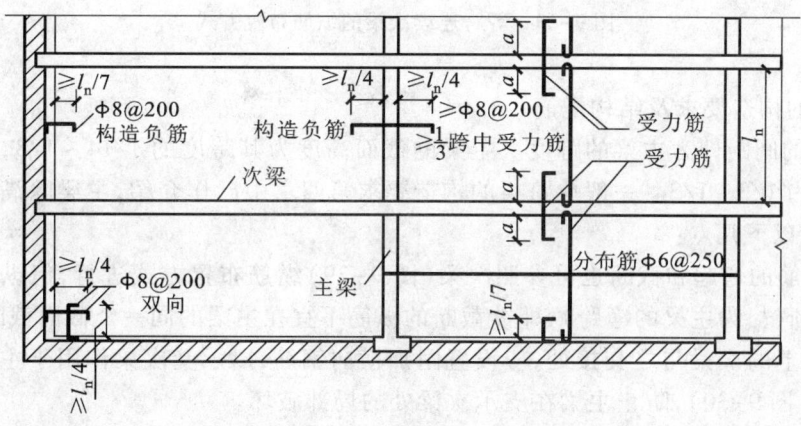

图 9-28 单向板内受力筋与构造负筋的布置情况

次梁的截面尺寸也应满足强度、刚度及施工的要求。主梁的间距即为次梁的跨度。次梁的经济跨度为 4~6 m，次梁的截面高度为其跨度的 1/18~1/12，宽度为次梁高度的 1/3~1/2。其截面尺寸、支承长度和单跨梁的配筋都已在第四章中介绍过。现仅补充多跨连续梁纵筋布置方式。与连续板类似，多跨连续次梁的纵筋布置方式也有分离式和弯起式两种（图 9-29），工程中一般采用分离式配筋。如图 9-29 所示纵筋布置方式适用于跨度相差不超过 20%，承受均布荷载，且活载与恒载之比不大于 3 的连续次梁。

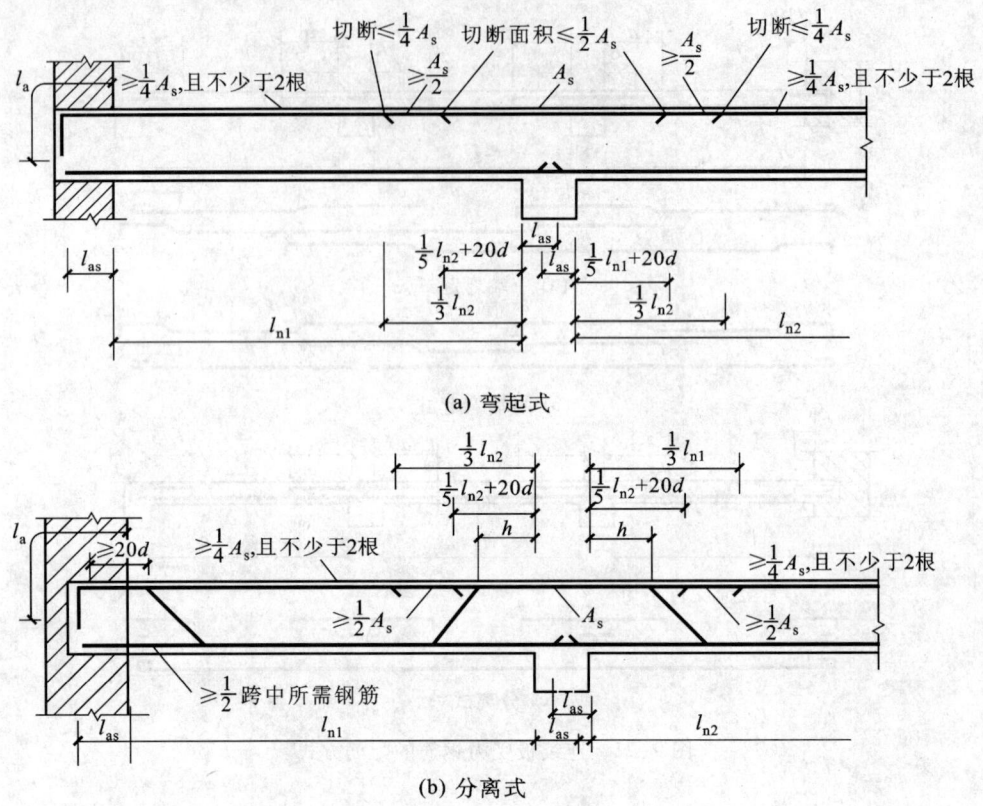

(a) 弯起式

(b) 分离式

图9-29 等跨连续次梁的纵筋布置方式

(5) 主梁的构造要求及结构配筋

柱(或墙)的间距即为主梁的跨度。主梁的截面高度为其跨度的1/14~1/8,主梁的截面宽度与高度之比为1/3~1/2。一般单跨梁的构造要求第四章中已作介绍,主梁除满足一般构造要求外,还应注意以下几点:

① 主梁纵筋的弯起和截断也可参照次梁(图9-29)纵筋布置方式进行,但纵筋宜伸出支座$l_n/3$后逐渐截断(l_n为主梁的净跨),即欲截断的纵筋不宜在主梁的同一个截面截断。

② 在主梁上的次梁与之交接处,应设置附加横向钢筋,以承受次梁作用于主梁截面高度范围内的集中力(图9-30),防止主梁在支承次梁处的局部破坏。

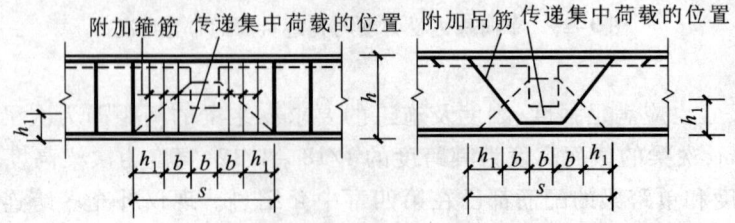

图9-30 主梁附加横向钢筋

③ 梁的受剪钢筋宜优先采用箍筋,但当主梁剪力很大,仅用箍筋间距过小时也可在靠近支座处设置弯起钢筋或鸭筋,与箍筋共同抗剪。

④ 当主梁的腹板高度超过 450 mm 时,在梁的两侧面应设置纵向构造钢筋和相应的拉结钢筋。

(6) 单向板肋梁楼板施工图识读

单向板肋梁楼板施工图包括建筑施工平面图和结构施工图。下面以某宿舍工程为例分别予以介绍。

1) 建筑施工平面图

图 9-31 为某宿舍楼底层平面图,其建筑平面图的表示内容包括:

① 底层平面图表明了建筑物的平面形状。此宿舍楼为长方形;底层共有宿舍四间,门厅、盥洗、厕所、活动室各一间,楼梯一部。

② 底层平面图尺寸标注分为外部尺寸和内部尺寸。外部尺寸标注表明:外墙上门、窗洞口的大小,如 C283(C 为窗的代号,283 为窗的型号)洞口的宽度为 1 800 mm;横向轴线间尺寸为 3 300 mm(即房屋的开间为 3 300 mm);竖向轴线间尺寸分别为 6 000 mm、4 500 mm、2 100 mm(即房屋的进深分别为 6 000 mm、4 500 mm、2 100 mm);房屋的总长度、总宽度分别为 20 040 mm、12 840 mm。内部尺寸标注则表明:墙体厚度为 240 mm,墙体与轴线之间的关系等。

③ 底层平面图标高反映了各房间地坪的标高,如门厅、宿舍、走廊、活动室的地坪为±0.000,男厕所、盥洗室的地坪为-0.020 m,楼梯平台下面的地坪为-0.450 m,M1(M 表示门,1 为编号)处外平台面标高为-0.050 m,室外设计地坪标高为-0.450 m。

④ 底层平面图表明,在 M1 和 M2 处各有一个台阶,建筑物的四周设有三根落水管及明沟等。底层平面图还表明建筑剖面图的剖切位置,从图中可知 1—1 剖面图的剖切位置为通过门厅、楼梯间剖切,投射方向为由东向西。

2) 单向板肋梁楼板结构施工图识读

图 9-32、图 9-33、图 9-34 为某单向板肋梁楼板的结构施工图,现以该图为例说明单向板肋梁楼板结构施工图的表示内容。

① 楼面结构布置和板配筋图。

图 9-32 中横向虚线表示主梁,纵向虚线表示次梁,它反映了楼板中主梁、次梁及板之间的相互位置关系和主梁、次梁的编号(L2 和 L1);图 9-32 反映了板中钢筋的配置情况,并进行了编号,分别为①、②、③、④、⑤、⑥号钢筋,其直径为ϕ8 和ϕ6、间距 150、125 和 200、级别为 HPB235 级。另外,混凝土的强度等级为 C25,保护层厚度为 15 mm,分布钢筋的配置情况为ϕ6@250。

② 次梁 L1 施工图。

图 9-33 反映了次梁的轴线跨度(6 000 mm)和净跨(5 750 mm 和 5 755 mm)、截面尺寸(200 mm×450 mm)和配筋情况,列出了钢筋材料表(包括钢筋编号、简图、直径、长度、根数、质量),同时还反映了混凝土的强度等级(C25)、保护层厚度(25 mm)以及次梁的编号(L1)和根数(8 根)。

③ 主梁 L2 施工图。

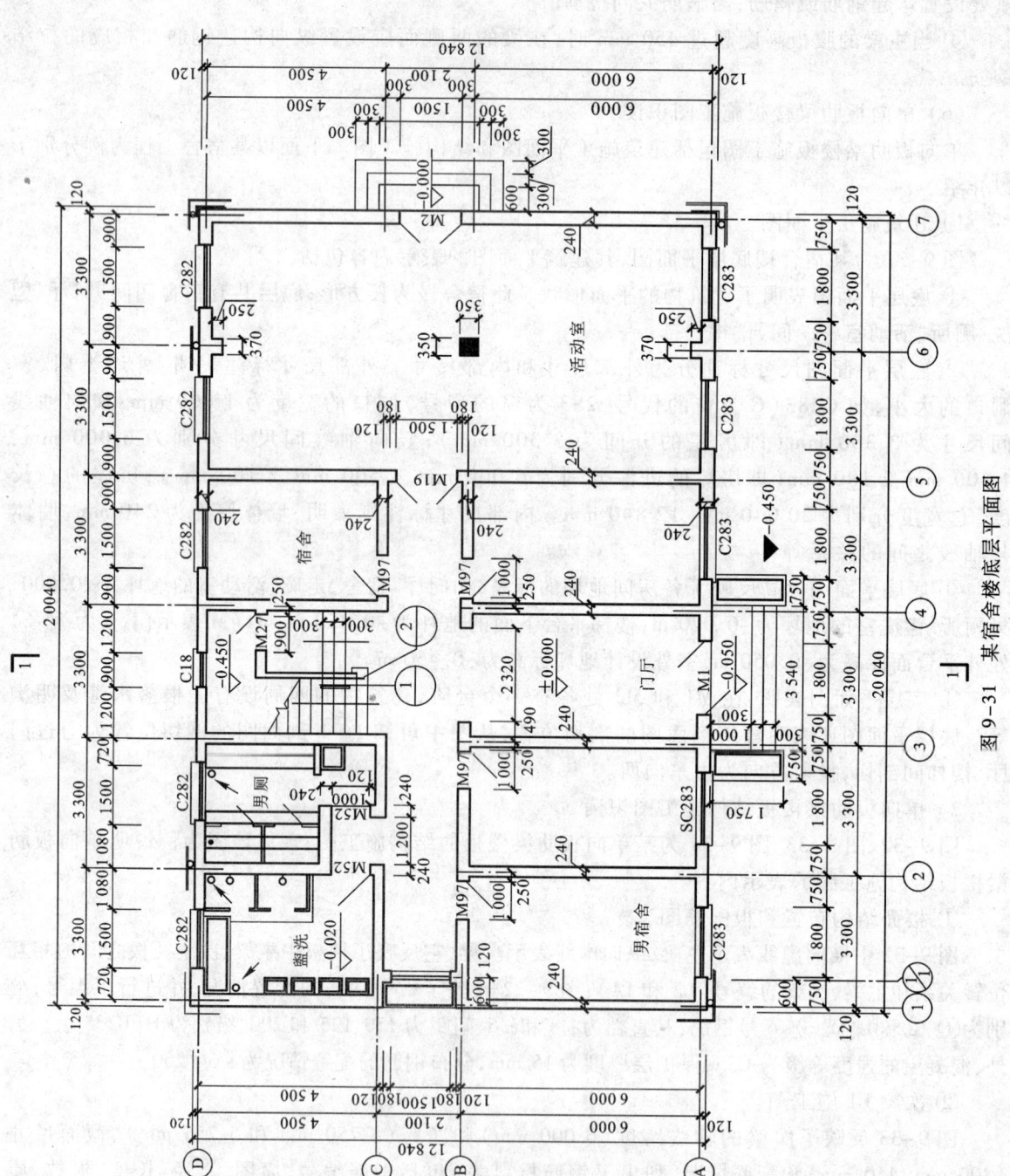

图 9-31 某宿舍楼底层平面图

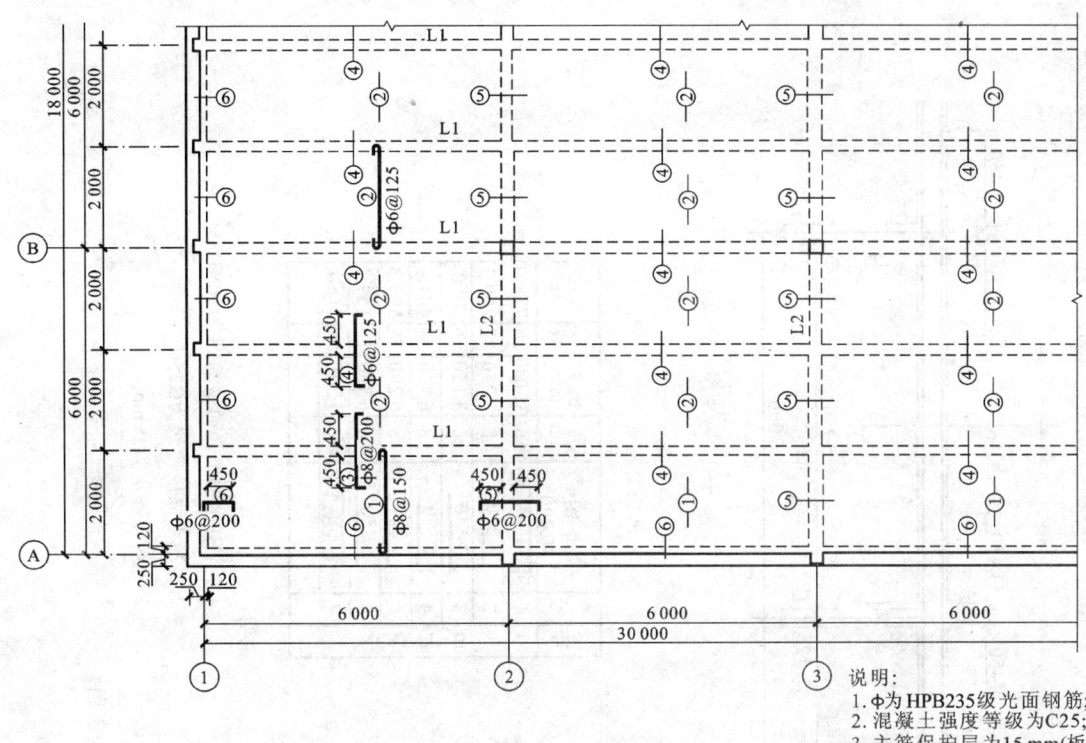

图 9-32　楼面结构布置和板配筋图

图 9-34 反映了主梁的轴线跨度（6 000 mm）和净跨（5 700 mm 和 5 730 mm）、截面尺寸（250 mm×650 mm）和配筋情况，同时还反映了混凝土的强度等级（C25）、保护层厚度（25 mm）以及主梁的编号（L2）和根数（4 根）。

4．双向板肋梁楼板

双向板肋梁楼板通常无主次梁之分，由板和梁组成，荷载传递路线为板→梁→柱（或墙）。双向板肋梁楼板梁较少，顶棚整齐美观，但当板跨较大时，板厚也明显增加，造价也增加，因而一般用在小柱网的住宅、旅馆等建筑中。

如果双向板肋梁楼板的板跨相同，且两个方向的梁截面也相同，这就形成了井式楼板（图 9-35）。井式楼板实际上是一块扩大了的双向板，梁则是板内的加劲肋，适用于正方形平面或长宽之比不大于 1.5 的矩形平面，井式楼板中板的跨度在 3.5～6 m 时，梁的跨度可达 20～30 m，梁截面高度不小于梁跨的 1/15，宽度为梁高的 1/4～1/2，且不少于 120 mm。井式楼板可用于空间较大的无柱楼板，而且楼板底部的井格整齐划一，很有韵律，稍加处理就可形成艺术效果很好的顶棚，所以常用在门厅、大厅、会议室、餐厅、小型礼堂、歌舞厅等处的楼板中。也有的将井式楼板中的板去掉，将井格设在中庭的顶棚上，采光和通风效果很好，同时也美化了中庭。

（1）双向板的受力特点

① 双向板沿两个方向弯曲和传递荷载，即两个方向共同受力，所以两个方向均需配置受力钢筋。

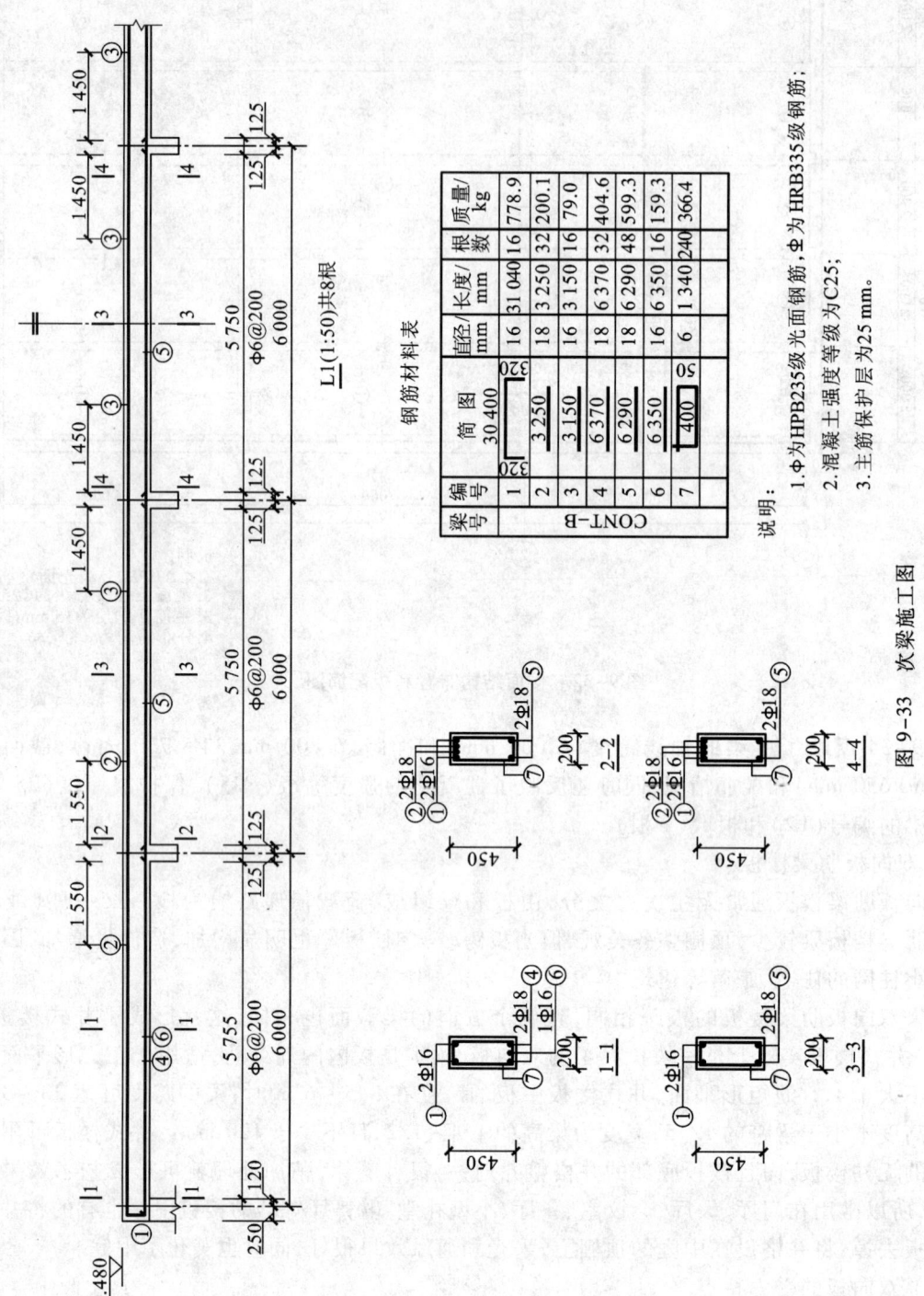

图 9-33 次梁施工图

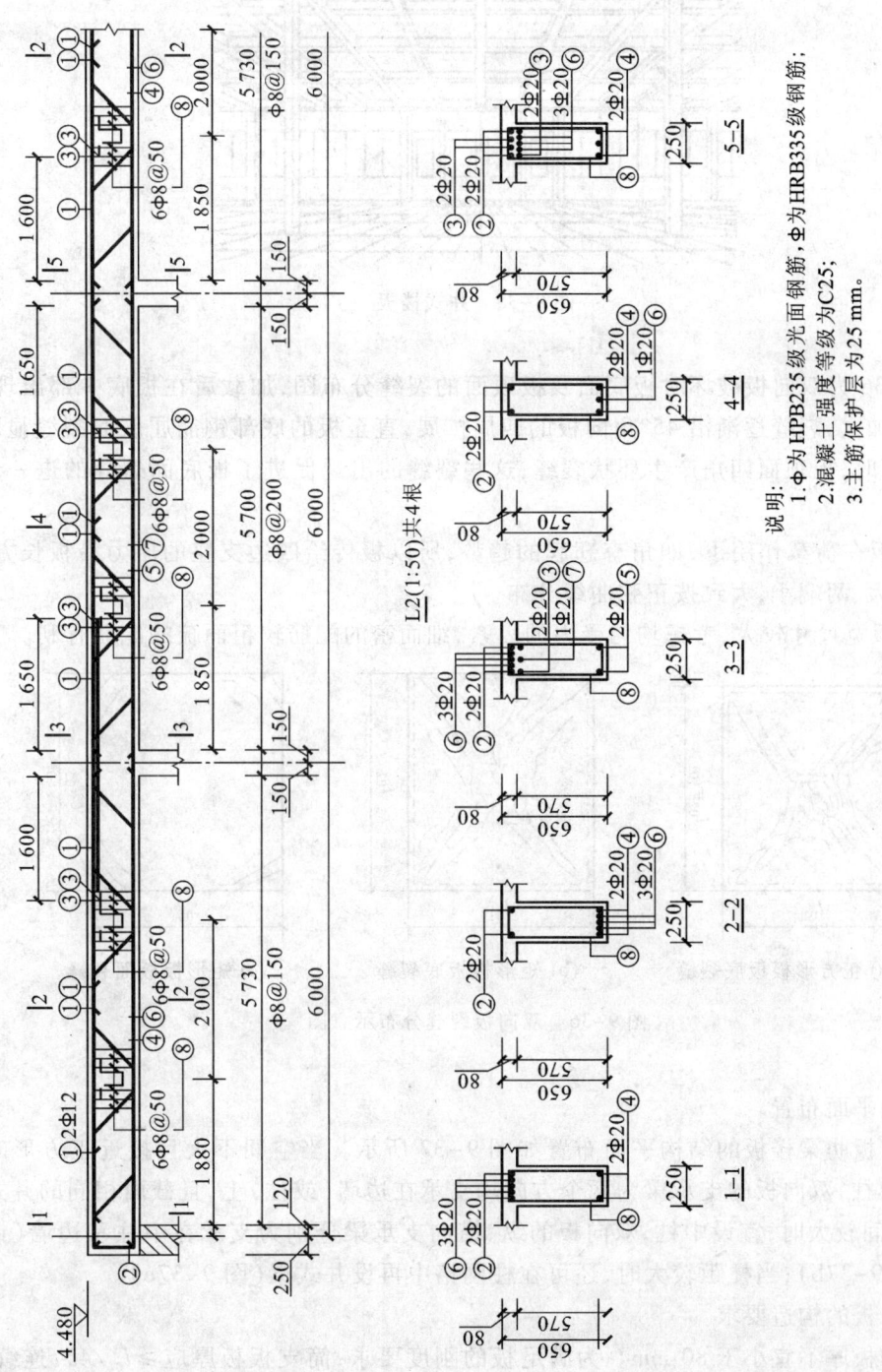

图 9-34 主梁施工图

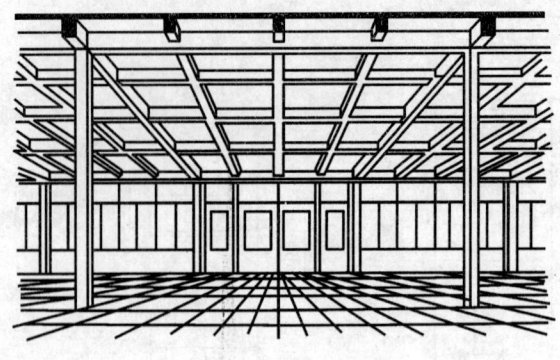

图 9-35 井式楼板

② 图 9-36 为双向板破坏时板底面及板顶面的裂缝分布图,加载后在板底中部出现第一批裂缝,随荷载加大,裂缝逐渐沿 45°角向板的四周扩展,直至板的底部钢筋屈服而裂缝显著增大。当板即将破坏时,板顶面四角产生环状裂缝,这些裂缝的出现促进了板底面裂缝的进一步扩展,最后板破坏。

③ 双向板在荷载作用下,四角有翘起的趋势,所以板传给四边支座的压力沿板长方向不是均匀的,中部大、两端小,大致按正弦曲线分布。

④ 由于板宽尺寸较大,考虑均匀受力的因素,细而密的配筋较粗而疏的配筋有利。

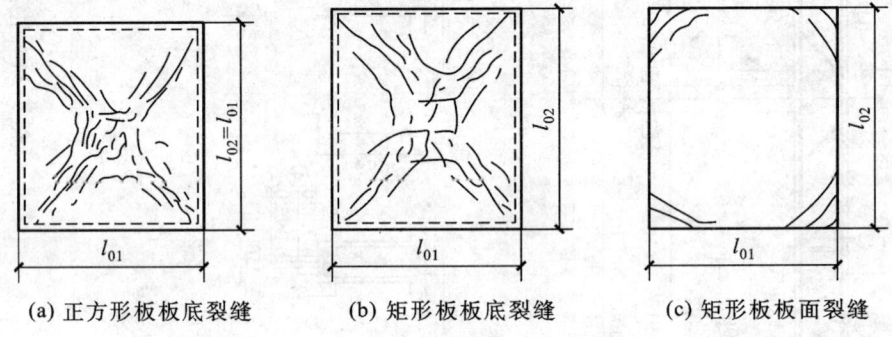

(a) 正方形板板底裂缝　　(b) 矩形板板底裂缝　　(c) 矩形板板面裂缝

图 9-36 双向板裂缝分布示意图

(2) 结构平面布置

现浇双向板肋梁楼板的结构平面布置如图 9-37 所示。当空间不大且接近正方形时(如门厅),可不设中柱,双向板的支承梁为两个方向均支承在边墙(或柱)上,且截面相同的井式梁(图 9-37a);当空间较大时,宜设中柱,双向板的纵、横向支承梁分别为支承在中柱和边墙(或柱)上的连续梁(图 9-37b);当柱距较大时,还可在柱网格中再设井式梁(图 9-37c)。

(3) 双向板的构造要求

双向板的板厚不宜小于 80 mm。为满足板的刚度要求,简支板板厚应 $\geq l_{01}/45$,连续板板厚应 $\geq l_{01}/50$(l_{01} 为短边的计算跨度)。

双向板的配筋方式与单向板一样,也有弯起式和分离式两种。

双向板按跨中正弯矩求得的钢筋数量为板的中央处的数量,靠近板的两边,其弯矩减小,钢

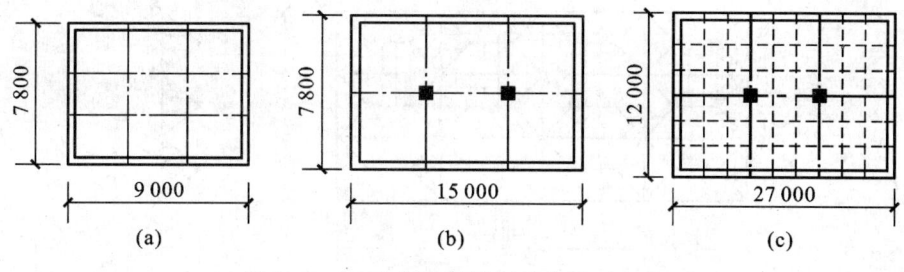

图9-37 双向板肋梁楼板结构平面布置

筋数量也可逐渐减少。为方便施工,可将板在 l_{01} 和 l_{02} 方向各划分为两个宽为 $l_{01}/4$ 的边缘板带和一个中间板带,如图 9-38 所示。边缘板带的配筋量按中间板带钢筋数量一半均匀布置,但每米不得少于三根。对于连续板支座上承受负弯矩的钢筋,应按计算值沿支座均匀布置,并不在板带内减少。

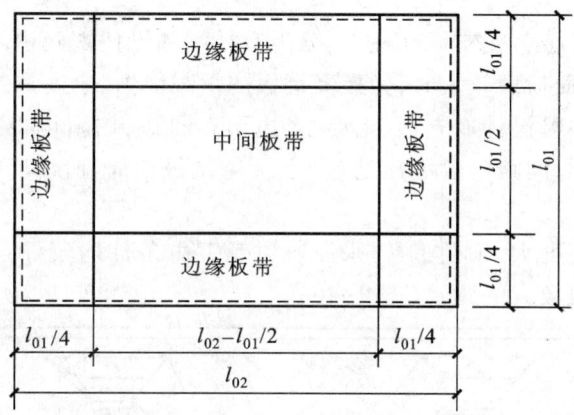

图9-38 板带的划分

双向板中受力钢筋的直径、间距和弯起点、切断点的位置,以及沿墙边、墙角处的构造钢筋要求,均与单向板的有关规定相同。

(4)双向板支承梁的受力特点

双向板沿两个方向传递给支承梁的荷载可采用近似方法确定,即从每一区格板的四角作 45°分角线,把整块板分为四小块,每块面积上的荷载就近传至其支承梁上,如图 9-39 所示。沿短跨方向的支承梁承受板面传来的三角形荷载,沿长跨方向的支承梁承受板面传来的梯形荷载。

(5)双向板支承梁的构造要求

连续梁的截面尺寸和配筋方式一般参照次梁,但当柱网中再设井式梁时应参照主梁。

井式梁的截面高度可取为 $(1/12 \sim 1/18)l$,l 为短梁的跨度;纵筋通长布置。考虑到活荷载仅作用在某一梁上时,该梁在节点附近可能出现负弯矩,故上部纵筋数量宜不小于 $A_s/4$,且不少于 $2\phi12$。在节点处,纵、横梁均宜设置附加箍筋,防止活荷载仅作用在某一方向的梁上时,对另一方向的梁产生间接加载作用。

(6)双向板肋梁楼板施工图识读

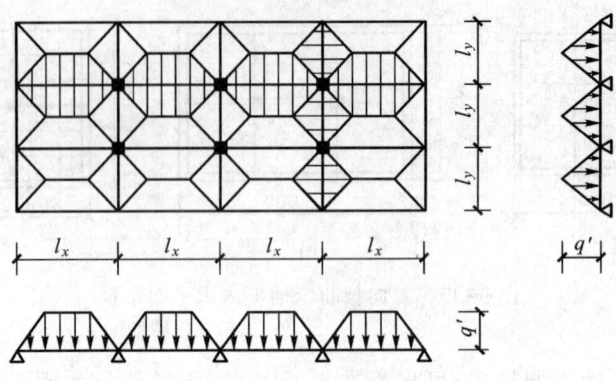

图 9-39 双向板支承梁所承受的荷载

参照单向板肋梁楼板施工图识读方法,这里不详述。

5. 无梁楼板

无梁楼板为等厚的平板直接支承在柱上,分为有柱帽和无柱帽两种。当楼面荷载比较小时,可采用无柱帽楼板;当楼面荷载较大时,为提高楼板的承载能力、刚度和抗冲切能力,必须在柱顶加设柱帽。无梁楼板的柱可设计成方形、矩形、多边形和圆形;柱帽可根据室内空间要求的柱网一般布置为正方形或矩形,间跨一般不超过 6 m。无梁楼板四周应设圈梁,梁高不小于 2.5 倍的板厚和 1/15 的板跨。

无梁楼板具有净空高度大,顶棚平整,采光通风及卫生条件均较好,施工简便等优点。适用于商店、书库、仓库等荷载较大的建筑(图 9-40)。

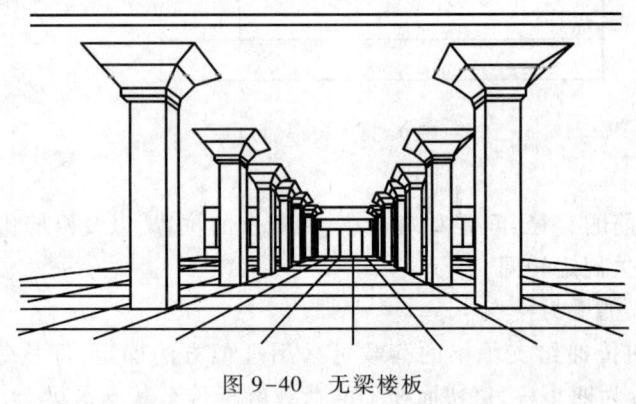

图 9-40 无梁楼板

(三)装配式钢筋混凝土楼板

1. 结构平面布置

根据墙体的支承情况,装配式楼板的平面布置有以下几种布置方案。

(1)横墙承重的布置

将楼板直接搁置在横墙上,如图 9-41 所示。这类布置方案楼盖横向刚度较大,由于板跨较小,比较节省材料,但平面布置较受局限。

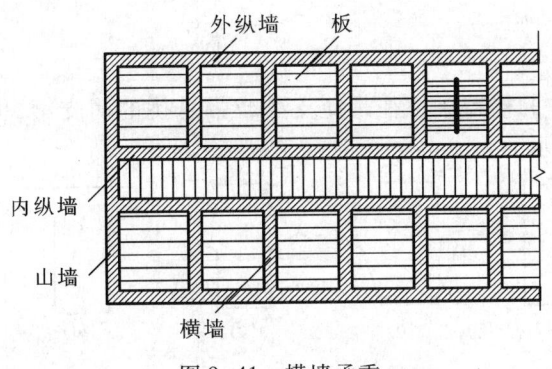

图 9-41 横墙承重

(2) 纵墙承重的布置

将楼板直接搁置在纵向承重墙上或将楼板铺设在梁上,如图 9-42 所示。这类布置方案结构平面布置灵活,但楼盖横向刚度较小,由于板跨较大,板材比横墙承重方案耗费多。

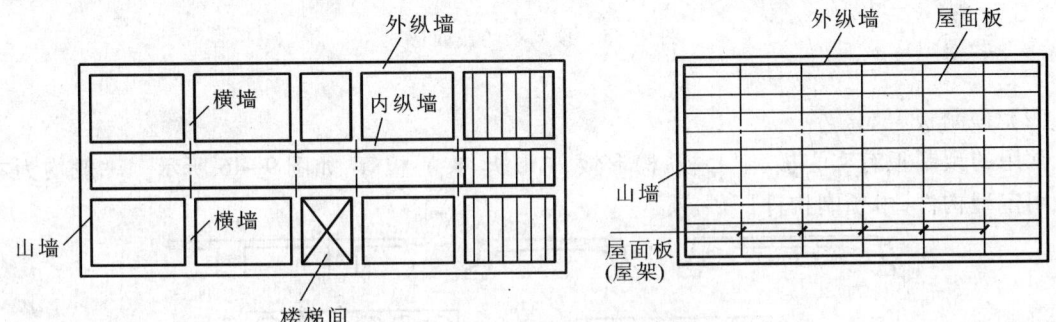

图 9-42 纵墙承重

(3) 纵横墙承重的布置

如图 9-43 所示,楼板一部分搁置在横墙上,一部分搁置在大梁上,而大梁则搁置在纵墙上,这类布置方案称为纵横墙承重方案。这类布置方案能根据墙体间距灵活确定是横墙还是纵墙承重,最大限度的满足结构平面布置和节省板材的需要。

(4) 内框架承重的布置

如图 9-44 所示,楼板沿纵向搁置在大梁上,大梁一端搁置在纵墙上,另一端则与柱整体相连,形成内框架。这类布置方案常用于仓库、商店等要求有较开阔平面的建筑。

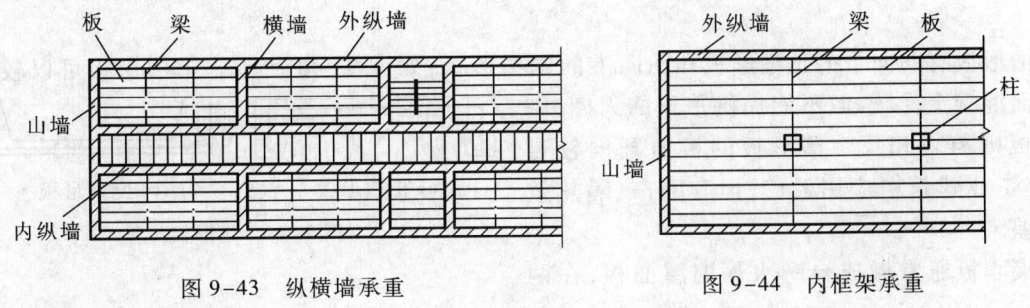

图 9-43 纵横墙承重　　　　图 9-44 内框架承重

2. 预制梁板的形式

（1）预制梁

一般混合结构房屋中的楼盖梁往往是简支梁或带悬挑的简支梁，也常采用连续梁。预制梁的截面形式如图 9-45 所示。

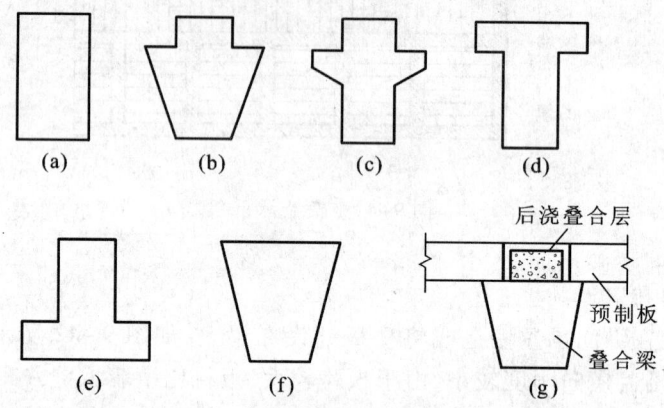

图 9-45 预制梁的截面形式

（2）预制板

常用的预制板有实心板、空心板、槽形板、T 形板、夹心板等，如图 9-46 所示。一般均为本地区通用定型构件，由预制构件厂供应。

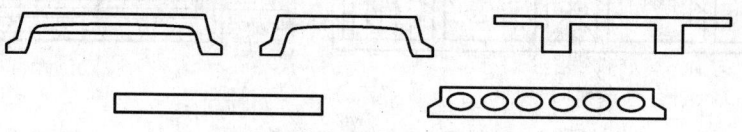

图 9-46 常用预制板类型

实心板上下表面平整，制作简单，适用于荷载及跨度较小的走廊板、楼梯平台板、地沟盖板等。

空心板较实心板的自重轻，节省材料，且刚度大，隔声、隔热效果亦好，但其板面不能任意开洞。空心板的空洞可为圆形、正方形、长方形、椭圆形等，如图 9-47 所示。

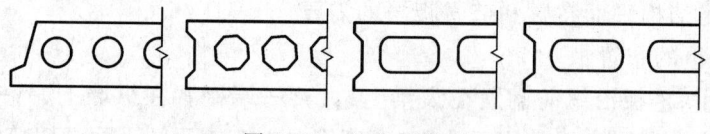

图 9-47 空心板类型

槽形板有肋向下的正槽形板和肋向上的倒槽形板，如图 9-48 所示。正槽形板可以较好利用板面混凝土受压，但不能提供平整的天棚，倒槽形板则与之相反。槽形板的板面开洞较自由，在工业建筑中应用较广，但其隔声、隔热效果较差。

(a) 正槽形板　　(b) 倒槽形板

图 9-48 槽形板类型

夹心板通常做成自防水保温屋面板，在两

层混凝土中间填充泡沫混凝土等保温材料,将承重、保温、防水三者结合在一起。

3. 装配式楼板的连接

装配式楼盖由单个预制构件装配而成。构件间的连接,对于保证楼盖的整体工作以及楼盖与其他构件间的共同工作至关重要。

装配式楼盖的连接包括板与板之间、板与墙(梁)之间以及梁与墙之间的连接。

(1) 板与板的连接

板与板的连接,一般应采用不低于 C15 的细石混凝土或 M15 的水泥砂浆灌缝(图 9-49a)。当楼板有振动荷载或不允许开裂以及对楼盖整体性要求较高时,可在板缝内加短钢筋(图 9-49b)。

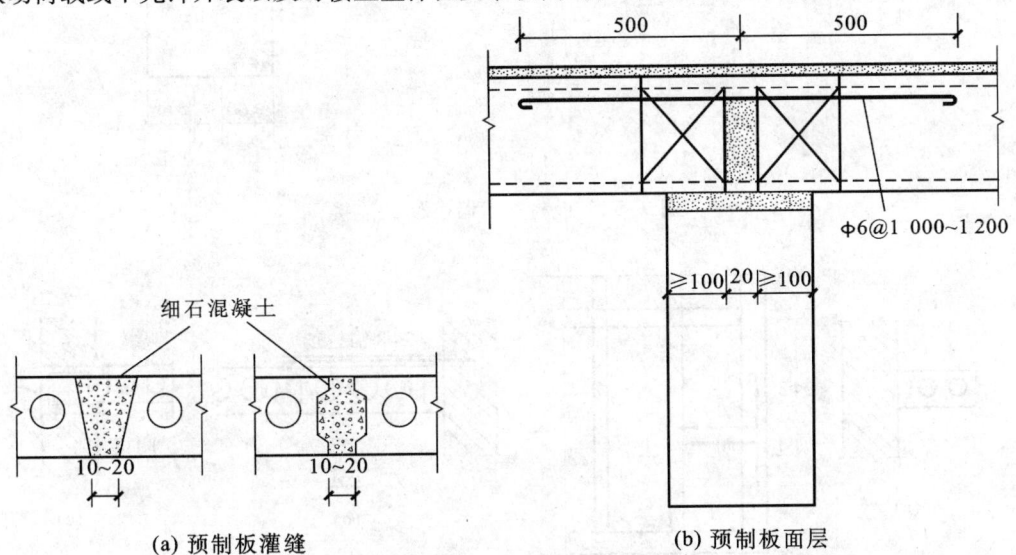

图 9-49 预制板灌缝及面层

(2) 板与墙或板与梁的连接

1) 板与支承墙或支承梁的连接

可采用在支座上坐浆 10~20 mm 厚,且板在砖墙上的支承长度不应小于 100 mm,在混凝土梁上不应小于 60~80 mm,如图 9-50 所示。空心板两端的孔洞应用混凝土块或砖块堵实,避免在灌缝或浇筑混凝土面层时漏浆。

2) 与非支承墙的连接

一般采用细石混凝土灌缝(图 9-51a);当板长≥5m 时,应配置锚拉筋,以加强其与墙的连接(图 9-51b);若横墙上有圈梁,则可将灌缝部分与圈梁连成整体,其整体性更好(图 9-51c)。

(3) 梁与墙的连接

梁在砖墙上的支承长度,应满足梁内受力纵筋在支座处的锚固要求及支承处砌体局部受压承载力的要求。预制梁的支承处应坐浆,必要时可在梁端设拉结钢筋。

(4) 抗震设防区的处理

对于抗震设防区的多层砌体房屋,当圈梁设在板底时,预制板应相互拉结,并与梁、墙或圈梁拉结,如图 9-52 所示。

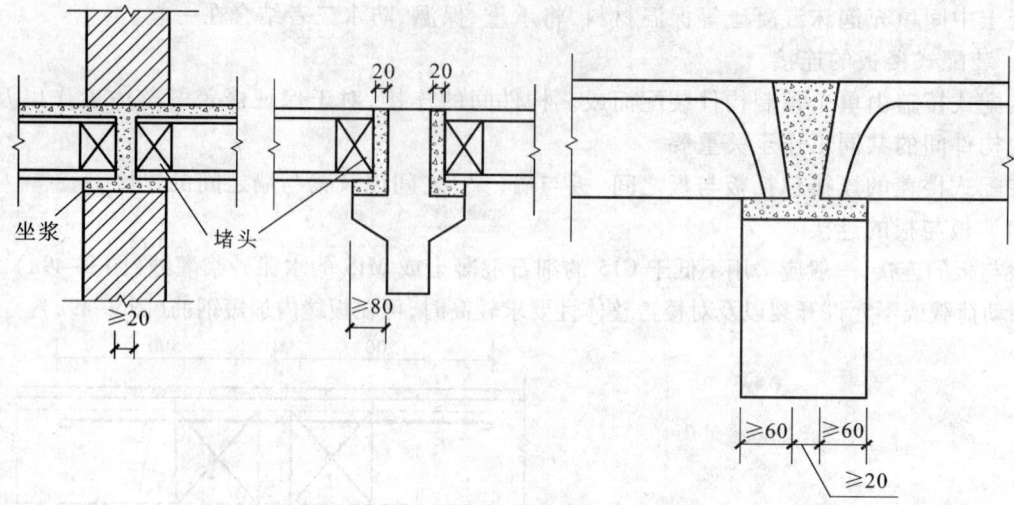

图 9-50　板与支承墙(梁)的连接

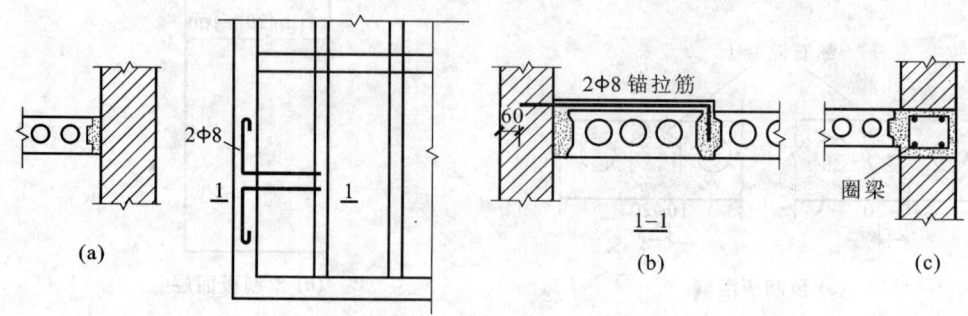

图 9-51　板与非支承墙的连接

4. 板缝处理

为了便于板的安装,板的标志尺寸和构造尺寸之间有 10～20 mm 的差值,这样就形成了板缝,为了加强其整体性,必须在板缝填入水泥砂浆或细石混凝土(即灌缝)。(图 9-53)为三种常见的板间侧缝形式:V 形缝具有制作简单的优点,但易开裂,连接不够牢固;U 形缝上面开口较大易于灌浆,但仍不够牢固;凹槽缝连接牢固,但灌浆捣实较困难。

预制板板缝起着连接相邻两块板协同工作的作用,使楼板成为一个整体。在具体布置房间的楼板时,往往出现不足以排一块板的缝隙,其处理措施为:

① 当缝隙小于 60 mm 时,可调节板缝,当缝隙在 60～120 mm 之间时,可在灌缝的混凝土中加配 2ϕ6 通长钢筋。

② 当缝隙在 120～200 mm 之间时,设现浇钢筋混凝土板带,且将板带设在墙边或有穿管的部位。

③ 当缝隙大于 200 mm 时,调整板的规格如图 9-54 所示。

板的端缝处理,一般只需将板缝内填实细石混凝土,使之相互连接。为了增强建筑物抗水平力的能力,可将板端外露的钢筋交错搭接在一起,然后浇筑细石混凝土灌缝,以增强板的整体性

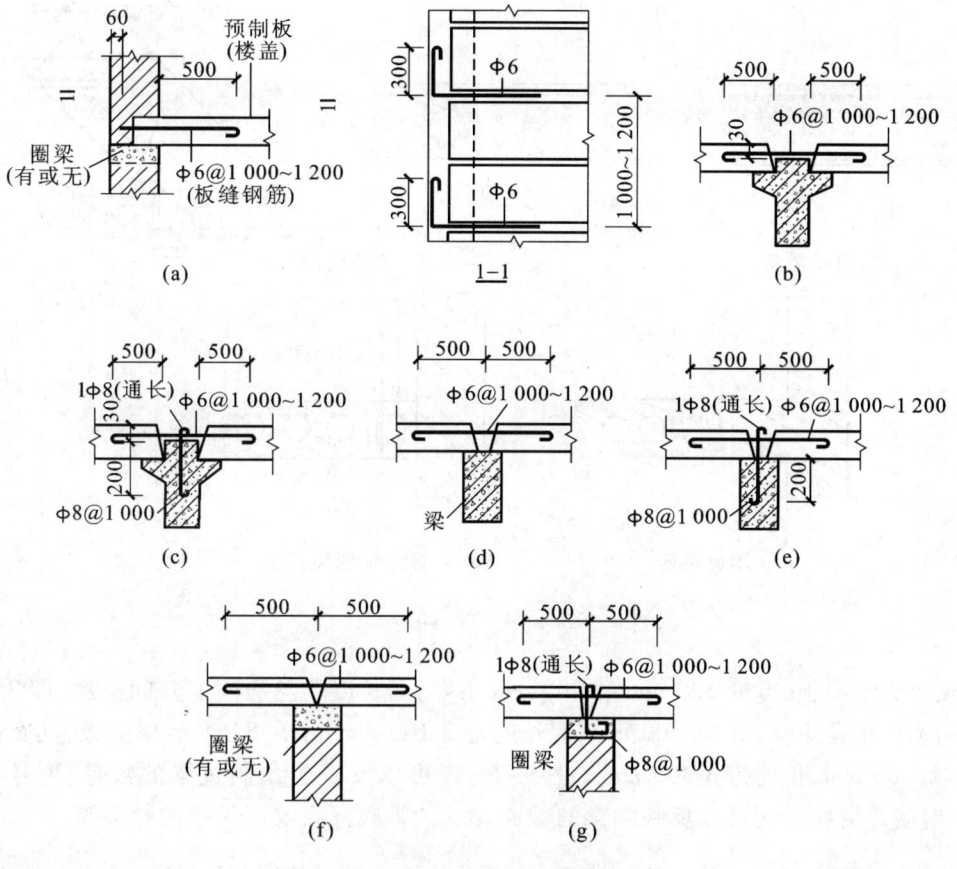

图 9-52 板底有圈梁时板端头连接

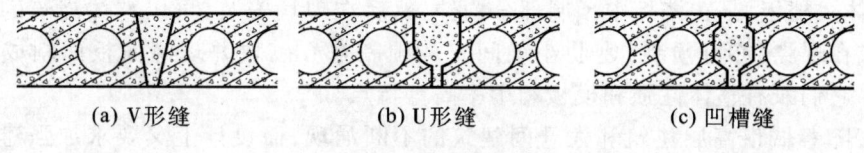

(a) V形缝　　(b) U形缝　　(c) 凹槽缝

图 9-53 侧缝接缝形式

和抗震能力。

5. 装配式钢筋混凝土楼板施工图识读

(1) 建筑施工图

参照单向板肋梁楼板建筑施工图识读。

(2) 结构平面施工图

图 9-55 为某宿舍楼楼板结构平面图,现以该图为例说明装配式钢筋混凝土楼板结构平面施工图有哪些内容。

图中粗点画线表示各种梁,从图中可以反映出该楼层各个构件(如 QL、YGL)及它们的位置。

关于空心板的标注形式,按南方地区的标注方法作一说明。例如,6-YKB-5-33-2 分别为 6 块预应力空心板,宽度为 500 mm,长度为 3 300 mm,活荷载等级为 2。从图中可知,各房间布置

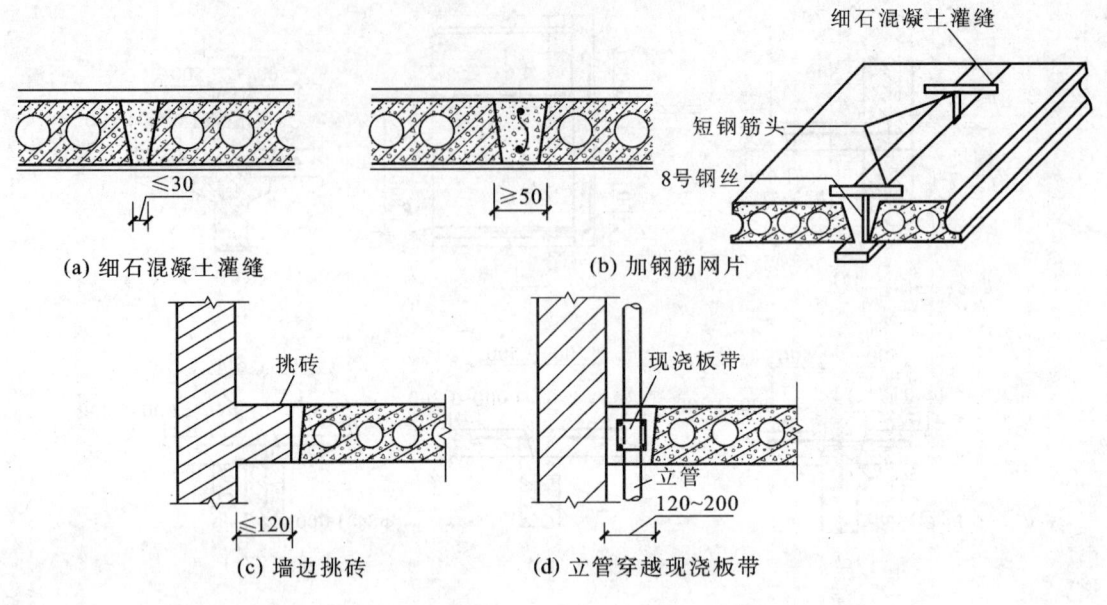

图 9-54 板缝的处理

了若干预应力空心板,宽度 500 mm 和 400 mm 不等,而长度均与房间的开间一致,即 3 300 mm。走廊板的宽度也是 500 mm 和 400 mm,但长度是 2 100 mm。B1、B2 表示现浇板,其宽度分别为 600 mm 和 500 mm,长度为 3 300 mm。图 9-55 还可以反映出预制过梁的数量、型号、截面、梁长、受力钢筋等情况。还可以反映圈梁的截面、配筋、梁底标高及雨篷板的标高等。

(四) 装配整体式钢筋混凝土楼板

装配整体式楼板,是在楼板中预制部分构件,然后在现场安装,再以整体浇筑的办法连接而成的楼板;或在现浇(亦可预制)密肋小梁间安放预制空心砌块并现浇面板而制成的楼板结构(图 9-56)。它们兼有整体性强和模板利用率高等特点。

近年来,随着城市高层建筑和大开间建筑的不断涌现,而设计上又要求加强建筑物的整体性,施工中现浇楼板愈来愈多,这样会耗费大量模板,很不经济。为解决这一矛盾,于是出现了预制薄板(预应力)与现浇混凝土面层叠合而成的装配整体式楼板,又称预制薄板叠合楼板。

这种楼板以预制混凝土薄板为永久模板而承受施工荷载,板面现浇混凝土叠合层,所有楼板层中的管线等均事先埋在叠合层内,现浇层内只需配置少量支座负筋。预制薄板底面平整,不必抹灰,作为顶棚可直接喷浆或粘贴装饰墙纸。

由于预制薄板具有结构、模板、装修三方面的功能,因而叠合楼板具有良好的整体性和连续性,对结构有利。这种楼板跨度大、厚度小,结构自重可以减轻。目前已广泛应用于住宅、宾馆、学校、办公楼、医院以及仓库等建筑中。

叠合楼板跨度一般为 4~6 m,最大可达 9 m,通常以 5.4 m 以内较为经济。预应力薄板厚 50~70 mm,板宽 1.1~1.8 m。为了保证预制薄板与叠合层有较好的连接,薄板上表面需做处理,常见的有两种:一是在上表面作刻槽处理(图 9-57a),刻槽直径 50 mm,深 20 mm,间距 150 mm;另一种是在薄板表面露出较规则的三角形的结合钢筋(图 9-57b)。

第 9 章 砌体结构

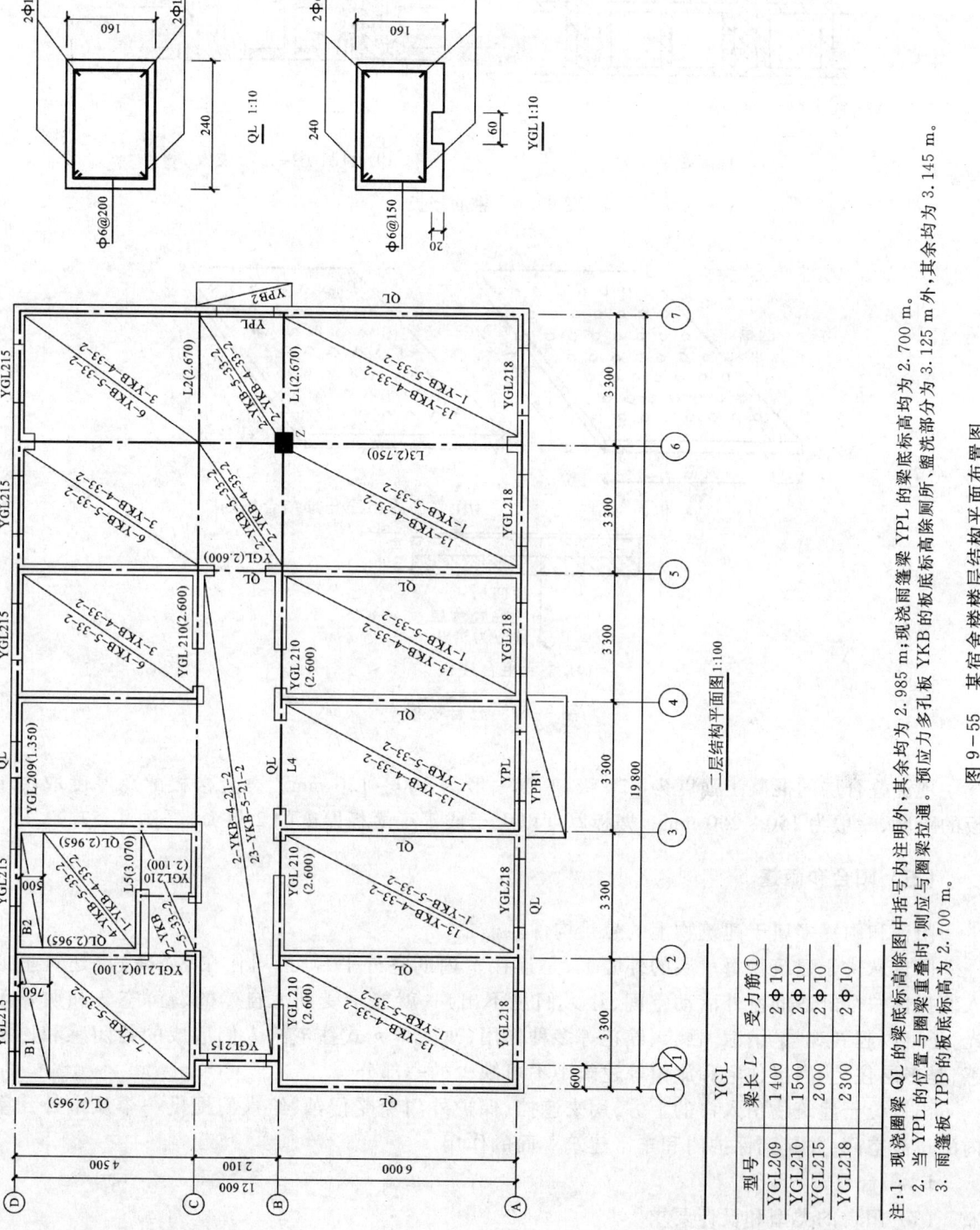

图 9-55 某宿舍楼层结构平面布置图

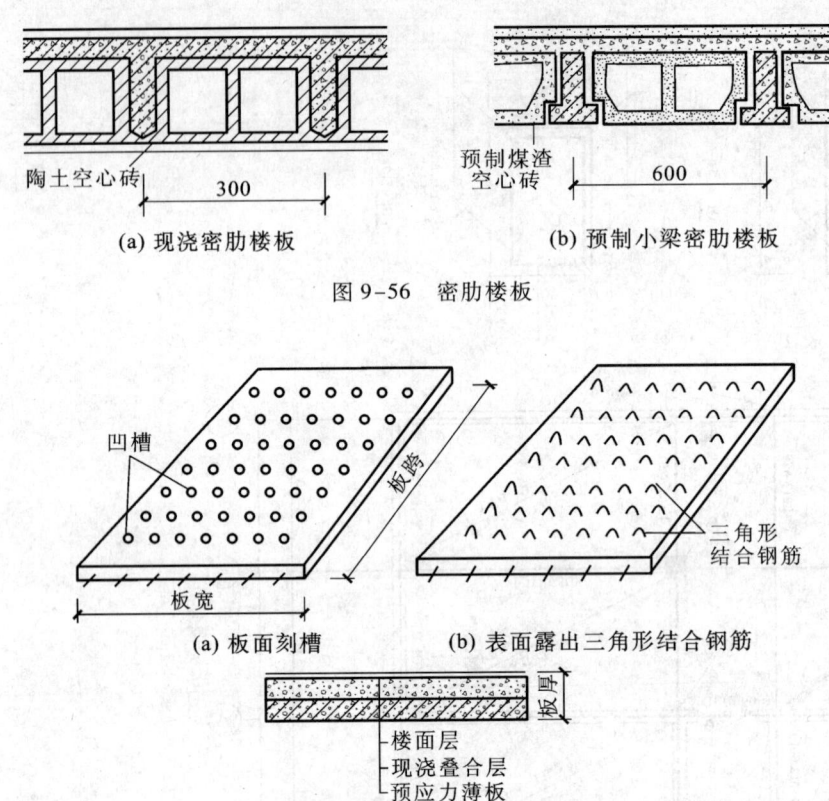

图 9-56 密肋楼板

图 9-57 叠合楼板

现浇叠合层的混凝土强度为 C20 级,厚度一般为 100～120 mm。叠合楼板的总厚度取决于板的跨度,一般为 150～250 mm。楼板厚度以大于或等于薄板厚度的 2 倍为宜(图 9-57c)。

(五) 阳台和雨篷

阳台和雨篷多属于建筑物上的悬挑构件。

阳台悬挑于建筑物每一层的外墙上,是连接室内的室外平台,给居住在多(高)层建筑里的人们提供一个舒适的室外活动空间,让人们足不出户,就能享受到大自然的新鲜空气和明媚阳光,还可以起到观景、纳凉、晒衣、养花等多种作用,改变单元式住宅给人们造成的封闭感和压抑感,是多层住宅、高层住宅和旅馆等建筑中不可缺少的一部分。

雨篷位于建筑物出入口的上方,用来遮挡,保护外门免受侵蚀,给人们提供一个从室外到室内的过渡空间,并起到保护门和丰富建筑立面的作用。

1. 阳台

(1) 阳台的类型和设计要求

阳台按其与外墙面的关系分为挑阳台、凹阳台、半挑半凹阳台;按其在建筑中所处的位置可分为中间阳台和转角阳台(图 9-58)。

阳台按使用功能不同又可分为生活阳台(靠近卧室或客厅)和服务阳台(靠近厨房)。阳台

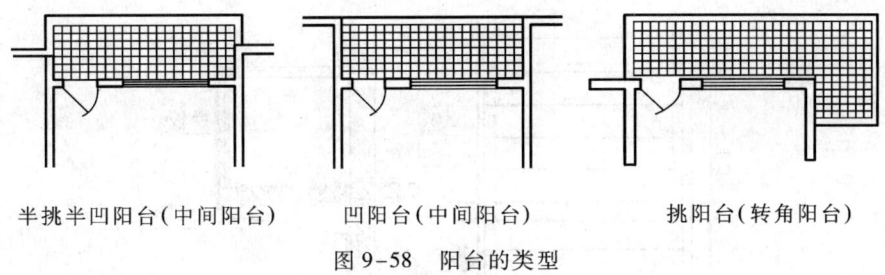

半挑半凹阳台(中间阳台)　　凹阳台(中间阳台)　　挑阳台(转角阳台)

图 9-58　阳台的类型

由承重梁、板和栏杆组成。设计时应满足下列要求。

1) 安全适用

悬挑阳台的挑出长度不宜过大,应保证在荷载作用下不发生倾覆现象,以 1~1.5 m 为宜,过小不便使用,过大增加结构自重。低层、多层住宅阳台栏杆净高不低于 1.05 m,中高层住宅阳台栏杆净高不低于 1.1 m,但也不大于 1.2 m。阳台栏杆形式应防坠落(垂直栏杆间净距不应大于 110 mm),防攀爬(不设水平栏杆),以免造成恶果。放置花盆处,也应采取防坠落措施。

2) 坚固耐久

阳台所用材料和构件措施应经久耐用,承重结构宜采用钢筋混凝土,金属构件应做防锈处理,表面装修应注意色彩的耐久性和抗污染性。

3) 排水顺畅

为防止阳台上的雨水流入室内,设计时要求将阳台地面标高低于室内地面标高 60 mm 左右,并将地面抹出 5‰的排水坡将水导入排水孔,使雨水能顺利排出。

还应考虑地区气候特点。南方地区宜采用有助于空气流通的空透式栏杆,而北方寒冷地区和中高层住宅应采用实体栏杆,并满足门面美观的要求,为建筑物的形象增添风采。

(2) 阳台结构布置方式

1) 挑梁式

当楼板为预制楼板,结构布置为横墙承重时,可选择挑梁式。即从横墙内外伸挑梁,其上搁置预制楼板,阳台荷载通过挑梁传给纵横墙,由压在挑梁上的墙体和楼板来抵抗阳台的倾覆力矩。这种结构布置简单、传力直接明确、阳台长度与房间开间一致,也可将阳台长度延长几个房间形成通长阳台。挑梁根部截面高度 H 为 $(1/5 \sim 1/6)L$,L 为悬挑净长,截面宽度为 $(1/2 \sim 1/3)h$。为美观起见,可在挑梁端头设置面梁,既可以遮挡挑梁头,又可以承受阳台栏杆重量,还可以加强阳台的整体性(图 9-59a)。

2) 挑板式

当楼板为现浇楼板时,可选择挑板式。即从楼板外延挑出平板,板底平整美观而且阳台平面形式可做成半圆形、弧形、梯形、斜三角等各种形状。挑板厚度不小于挑出长度的 1/12(图 9-59b)。

3) 压梁式

阳台板与墙梁现浇在一起,墙梁的截面应比圈梁大,以保证阳台的稳定,而且阳台悬挑不宜过长,一般为 1.2 m 左右,并在墙梁两端设拖梁(图 9-59c)。

(3) 阳台细部构造

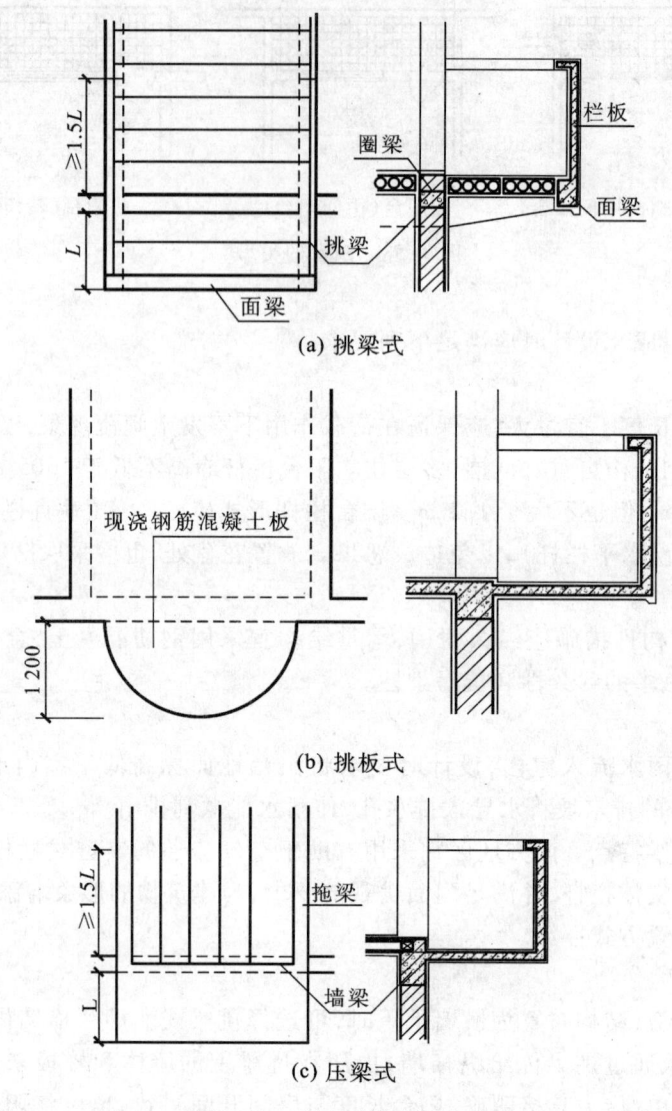

图 9-59 阳台结构布置方式

1）栏杆

阳台栏杆是设置在阳台外围的垂直构件。主要供人们扶倚之用,以保障人身安全,且对整个建筑物起装饰美化作用。栏杆的形式有实体式、空花式和混合式(图 9-60)。按材料可分为砖砌、钢筋混凝土和金属栏杆(图 9-61)。

砖砌栏板一般为 120 mm 厚,在挑梁端部浇 120 mm×120 mm 钢筋混凝土小立柱,并从中向两边伸出 2 φ6@500 mm 的拉结筋 300 mm 长与砖砌栏板拉结以保证其牢固性(图 9-61a),钢筋混凝土栏板为现浇和预制两种。现浇栏板厚 60~80 mm,用 C20 细石混凝土现浇(图 9-61b);预制栏杆有实体和空心两种,实体栏杆厚为 40 mm,空心栏杆厚度为 60 mm,下端预埋铁件,上端伸出钢筋可与面梁和扶手连接(图 9-61c),应用较为广泛。

金属栏杆一般采用□18 方钢、φ18 圆钢、40×6 扁钢、40×4 扁钢等焊接成各种形式的漏花(图

第 9 章 砌 体 结 构

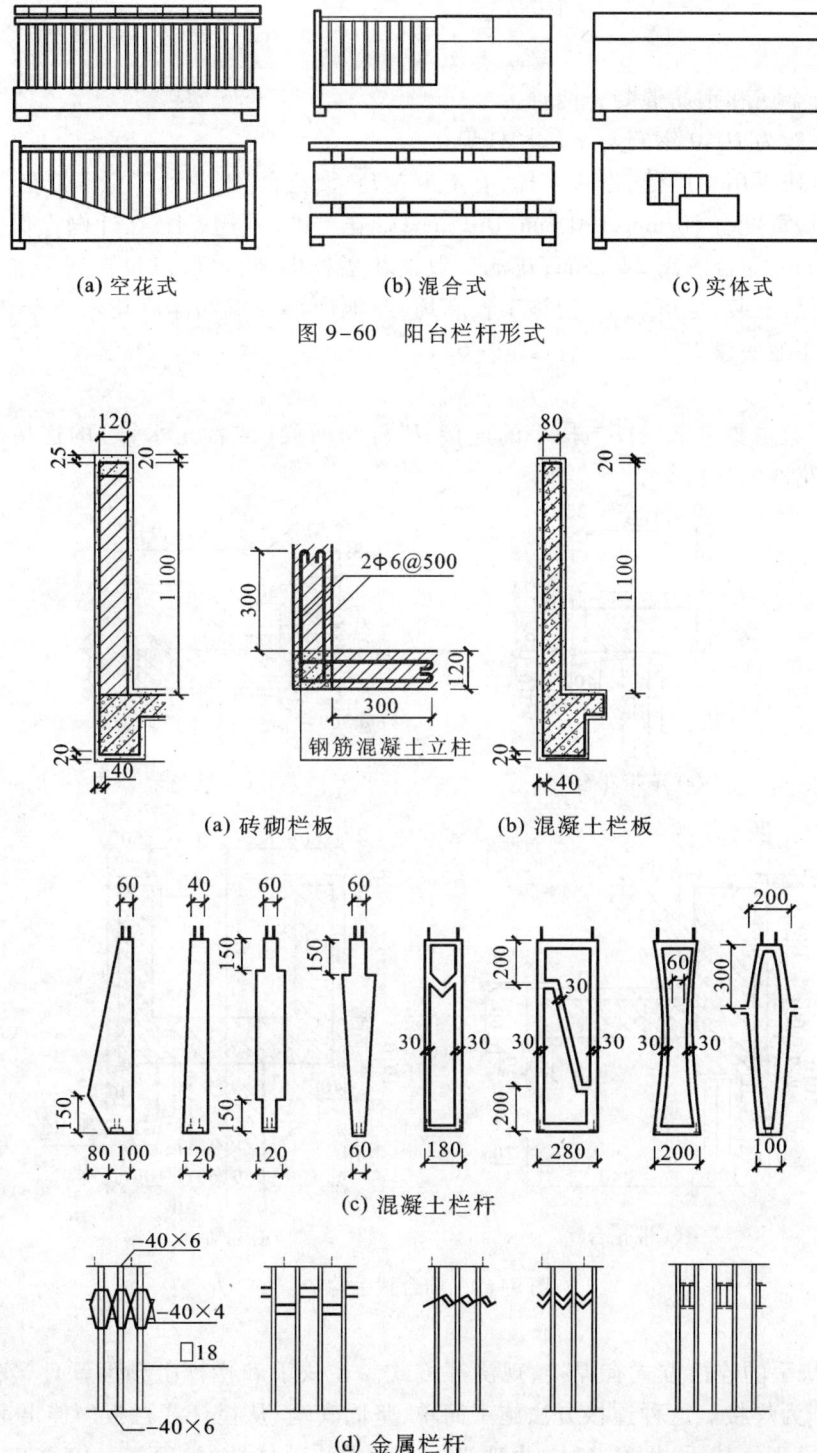

(a) 空花式　　(b) 混合式　　(c) 实体式

图 9-60　阳台栏杆形式

(a) 砖砌栏板　　(b) 混凝土栏板

(c) 混凝土栏杆

(d) 金属栏杆

图 9-61　栏杆构造

9-61d)。

2) 扶手

栏杆扶手有金属和钢筋混凝土两种。

金属扶手一般为 D_g50 钢管与金属栏杆焊接。

钢筋混凝土扶手用途广泛,形式多样,有不带花台、带花台、带花池等。不带花台栏杆扶手直接用作栏杆压顶,宽度有 80 mm、120 mm、160 mm;带花台的栏杆扶手,在外侧设保护栏杆,一般高为 180~200 mm,花台净高 240 mm;花池一般设在栏杆中部,也可以设在底部和上部,用 C20 细石混凝土预制后安装,也可现浇,但施工较麻烦,花池内部净宽和净高均不小于 240 mm,壁厚为 40~60 mm,在池底设 D_g32 泄水管(图 9-62)。

3) 细部构造

阳台细部构造主要包括栏杆与扶手的连接、栏杆与面梁(或称止水带)的连接、栏杆与墙体的连接、栏杆与花池的连接等。

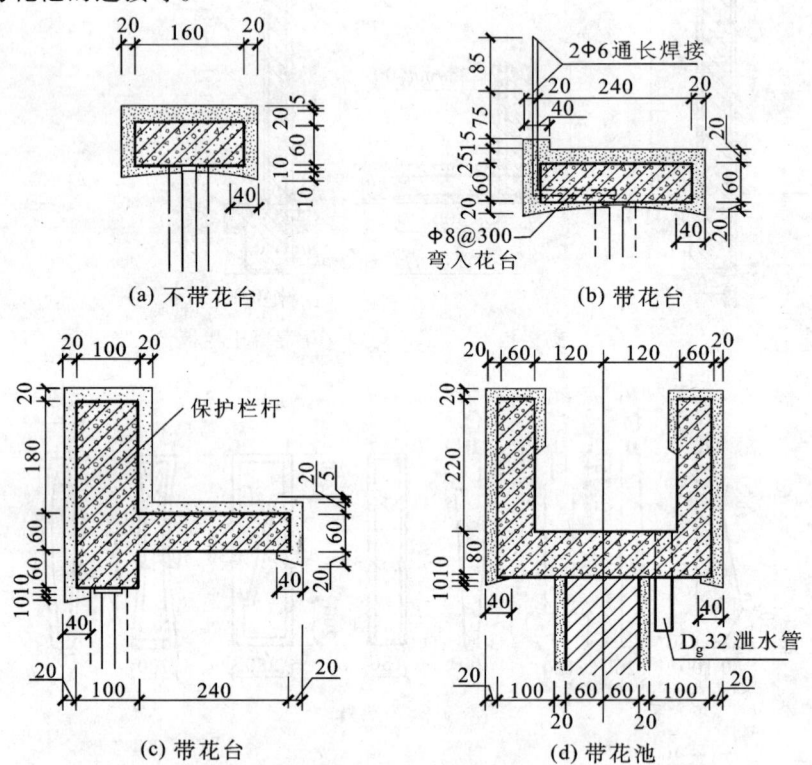

图 9-62 阳台扶手构造

① 栏杆与扶手的连接方式有焊接、现浇等方式。在扶手和栏杆上预埋铁件,安装时焊在一起(图 9-63a)即为焊接。这种连接方法施工简单,坚固安全;从栏杆或栏板内伸出钢筋与扶手内钢筋相连,再支模现浇扶手(图 9-63b)为现浇。这种做法整体性好,但施工较复杂;当栏杆与扶手均为钢筋混凝土时,适于现浇的方法(图 9-63c);当栏板为砖砌时,可直接在上部现浇混凝土扶手、花台或花池(图 9-63d)。

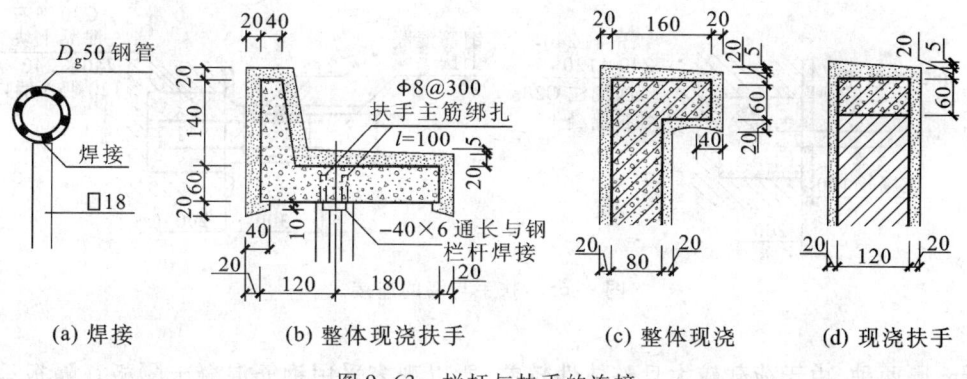

图 9-63 栏杆与扶手的连接

② 栏杆与面梁或阳台板的连接方式有焊接、连接坐浆、现浇等。当阳台为现浇板时必须在板边现浇 100 mm 高混凝土挡水带,当阳台板为预制板时,其面梁顶应高出阳台板面 100 mm,以防积水顺板边流淌,污染表面。金属栏杆可直接与面梁上预埋件焊接;现浇钢筋混凝土栏板可直接从面梁内伸出锚固筋,然后扎筋、支模、现浇细石混凝土;砖砌栏板可直接砌筑在面梁上;预制的钢筋混凝土栏杆可与面梁中预埋件焊接,也可预留插筋插入预留孔内,然后用水泥砂浆填实固牢(图 9-64)。

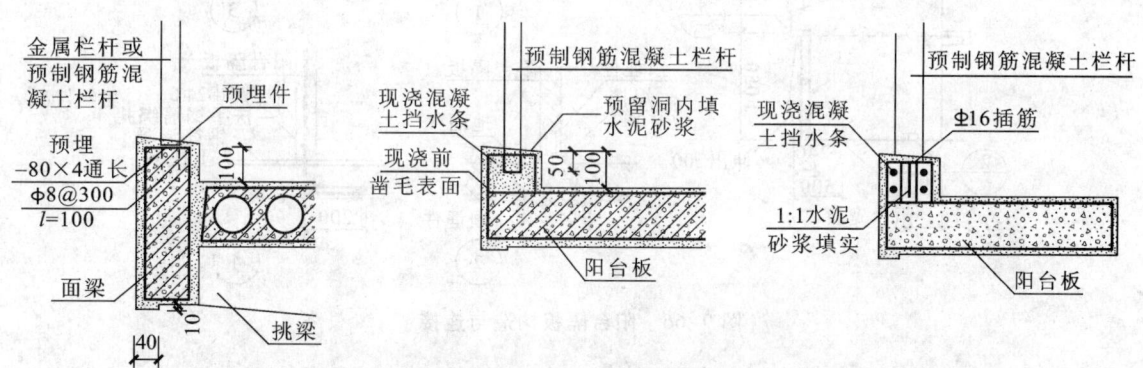

图 9-64 栏杆与面梁及阳台板的连接

③ 扶手与墙的连接,应将扶手或扶手中的钢筋伸入外墙的预留洞中,用细石混凝土或水泥砂浆填实牢固;现浇钢筋混凝土栏杆与墙连接时,应在墙体内预埋 240 mm×240 mm×120 mC20 细石混凝土块,从中伸出 2φ6 钢筋,长 300 mm,与扶手中的钢筋绑扎后再进行现浇(图 9-65)。

④ 花池与栏杆的连接有现浇和插筋两种。当花池较小,可先预制,在与样板交接处预留 2~3 根长 300 mm φ6 钢筋,与栏杆钢筋绑扎,然后整浇;当花池较大时,必须现浇,且在花池两端设 120 mm×120 mm 钢筋混凝土立柱,立柱内伸出拉结筋与池壁相连,且伸入侧壁不小于 200 mm。

4)隔板

阳台隔板用于连接双阳台,有砖砌隔板和钢筋混凝土隔板两种。砖砌隔板一般采用 60 mm

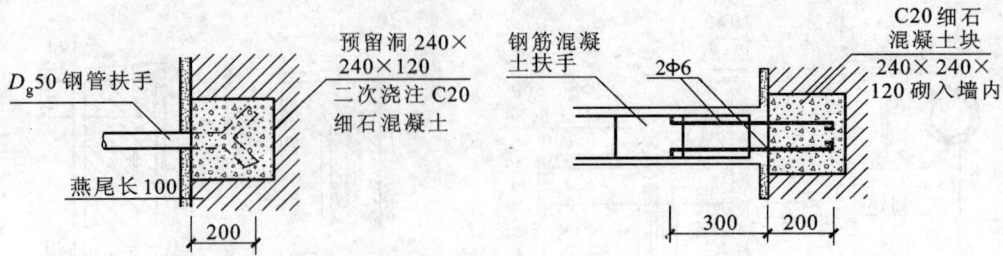

图 9-65 扶手与墙的连接

和 120 mm 厚两种,由于荷载较大且整体性较差,所以现多采用钢筋混凝土隔板。隔板采用 C20 细石混凝土预制 60 mm 厚,下部预埋铁件与阳台预埋铁件焊接,其余各边伸出 $\phi 6$ 钢筋与墙体、挑梁和阳台栏杆、扶手相连(图 9-66)。

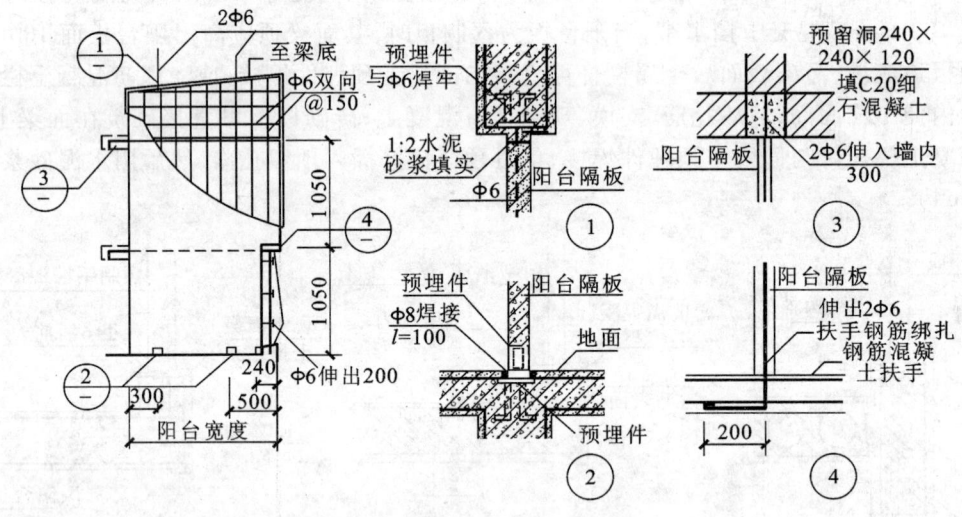

图 9-66 阳台隔板构造与连接

5) 排水

由于阳台为室外构件,每逢雨雪天易于积水,为保证阳台排水通畅,防止雨水倒灌室内,必须采取一些排水措施。阳台排水有外排水和内排水两种。外排水适用于低层和多层建筑,即在阳台外侧设置泄水管将水排出。泄水管可采用 $D_g 40 \sim D_g 50$ 镀锌铁管和塑料管。外挑长度不少于 80 mm,以防雨水溅到下层阳台(图 9-67a)。内排水适用于高层建筑和高标准建筑,即在阳台内侧设置排水立管和地漏,将雨水直接排入地下管网,保证建筑立面美观(图 9-67b)。

2. 雨篷

(1) 雨篷的种类

由于建筑物的性质,出入口的大小和位置,地区气候差异,以及立面造型要求等因素的影响,雨篷的形式是多种多样的。根据雨篷板的支承方式不同,有悬板式和梁板式两种。当钢筋混凝土雨篷的外挑长度不大于 3 m 时,一般可不设外柱而做成悬挑结构。其中,如果外挑长度大于

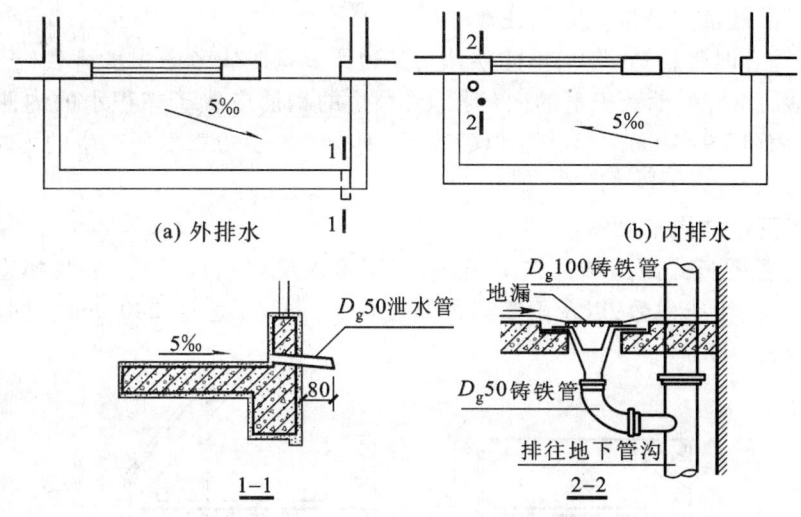

(a) 外排水 (b) 内排水

1—1 2—2

图 9-67 阳台排水构造

1.5 m 时,宜设计成含有悬臂梁的梁板式雨篷;如果外挑长度不大于 1.5 m 时,则可设计成悬臂板式雨篷。本节重点介绍后者(图 9-68)。

（2）悬臂板式雨篷

1）破坏形式

悬臂板式雨篷可能发生的破坏有三种:雨篷板根部断裂、雨篷梁弯剪扭破坏和雨篷整体倾覆。为防止以上破坏,应对悬臂板式雨篷进行三方面的计算:雨篷板的承载力计算、雨篷梁的承载力计算和雨篷抗倾覆验算。

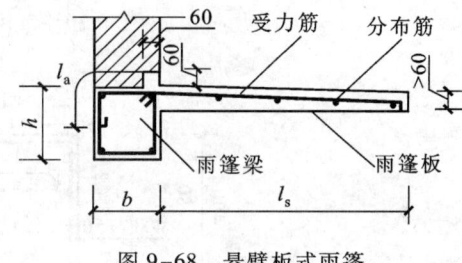

图 9-68 悬臂板式雨篷

2）构造要求

悬臂板式雨篷外挑长度一般为 0.9~1.5 m,板根部厚度不小于挑出长度的 1/12,雨篷宽度比门洞每边宽 250 mm,雨篷排水方式可采用无组织排水和有组织排水两种。雨篷顶面距过梁顶面 250 mm 高,板底抹灰可抹 1:2 水泥砂浆内掺 5% 防水剂的防水砂浆 15 mm 厚(图 9-69),多用于次要出入口。

悬臂板式雨篷还应满足以下构造要求:板的根部厚度不少于 $l_s/12$ 和 80 mm,端部厚度不小于 60 mm;板的受力筋必须置于板上部,伸入支座长度 l_s(l_s 为钢筋的锚固长度);梁的箍筋必须良好搭接。

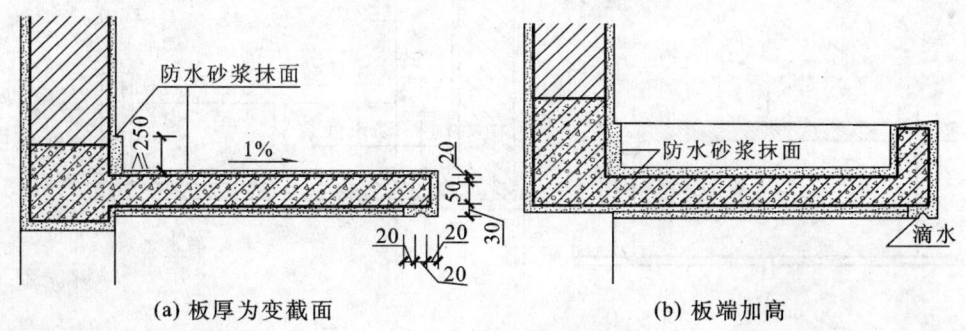

(a) 板厚为变截面 (b) 板端加高

图 9-69 悬臂板式雨篷构造

3）悬臂板式雨篷带构造翻边时的注意事项

悬臂板式雨篷有时带构造翻边,不能误认为是边梁。这时应考虑积水荷载(至少取 1.5 kN/m²)。当为竖直翻边时,为承受积水的向外推力,翻边的钢筋应置于靠积水的内侧,且在内折角处钢筋应良好锚固(图 9-70a)。但当为斜翻边时,则应考虑翻边重量所产生的力矩,将翻边钢筋置于外侧,且应弯入平板一定的长度(图 9-70b)。

4）悬臂板式雨篷结构施工图

图 9-71 为一悬臂板式雨篷结构施工图,从该图可以反映出雨篷板、梁及翻边的尺寸,所用钢筋的级别、直径、间距或根数,以及雨篷梁的高度(400 mm)、宽度(240 mm),同时还表明了雨篷板板底的标高(3.200 m)。

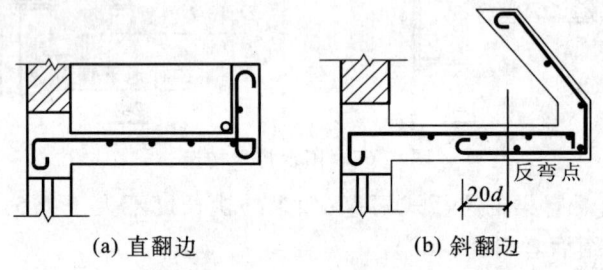

(a) 直翻边　　　　(b) 斜翻边

图 9-70　带构造翻边悬臂板式雨篷的配筋

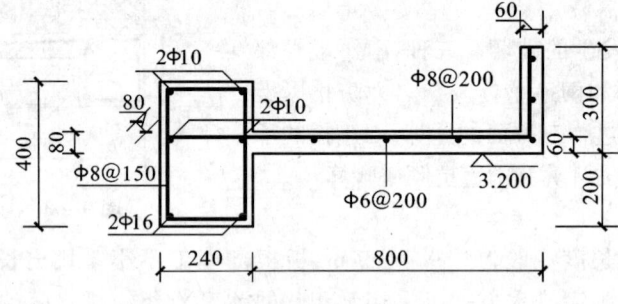

图 9-71　悬臂板式雨篷结构施工图

3. 梁板式雨篷

梁板式雨篷多用在宽度较大的入口,如影剧院、商场等主要出入口处悬挑梁从建筑物的柱上挑出,为使板面平整,多做成倒梁式(图 9-72)。

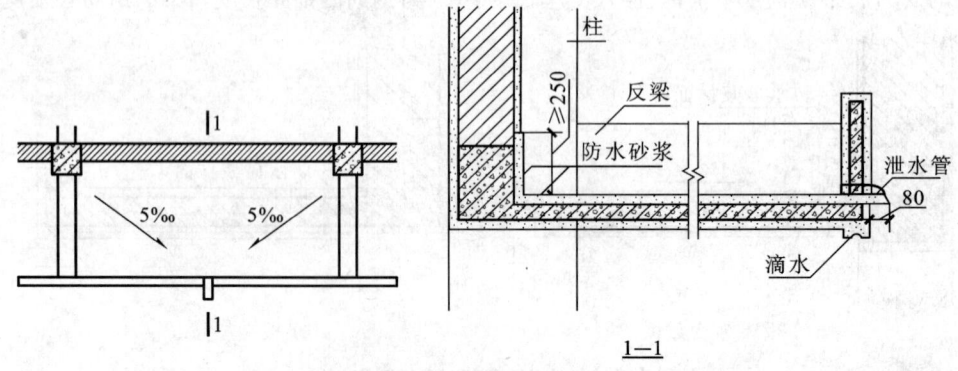

图 9-72　梁板式雨篷构造

三、砌体结构工程施工图识读

掌握结构施工图的内容、识读步骤、识读方法。本章附有建筑平面施工图(图9-73)和结构平面施工图(图9-74),作识读训练之用。

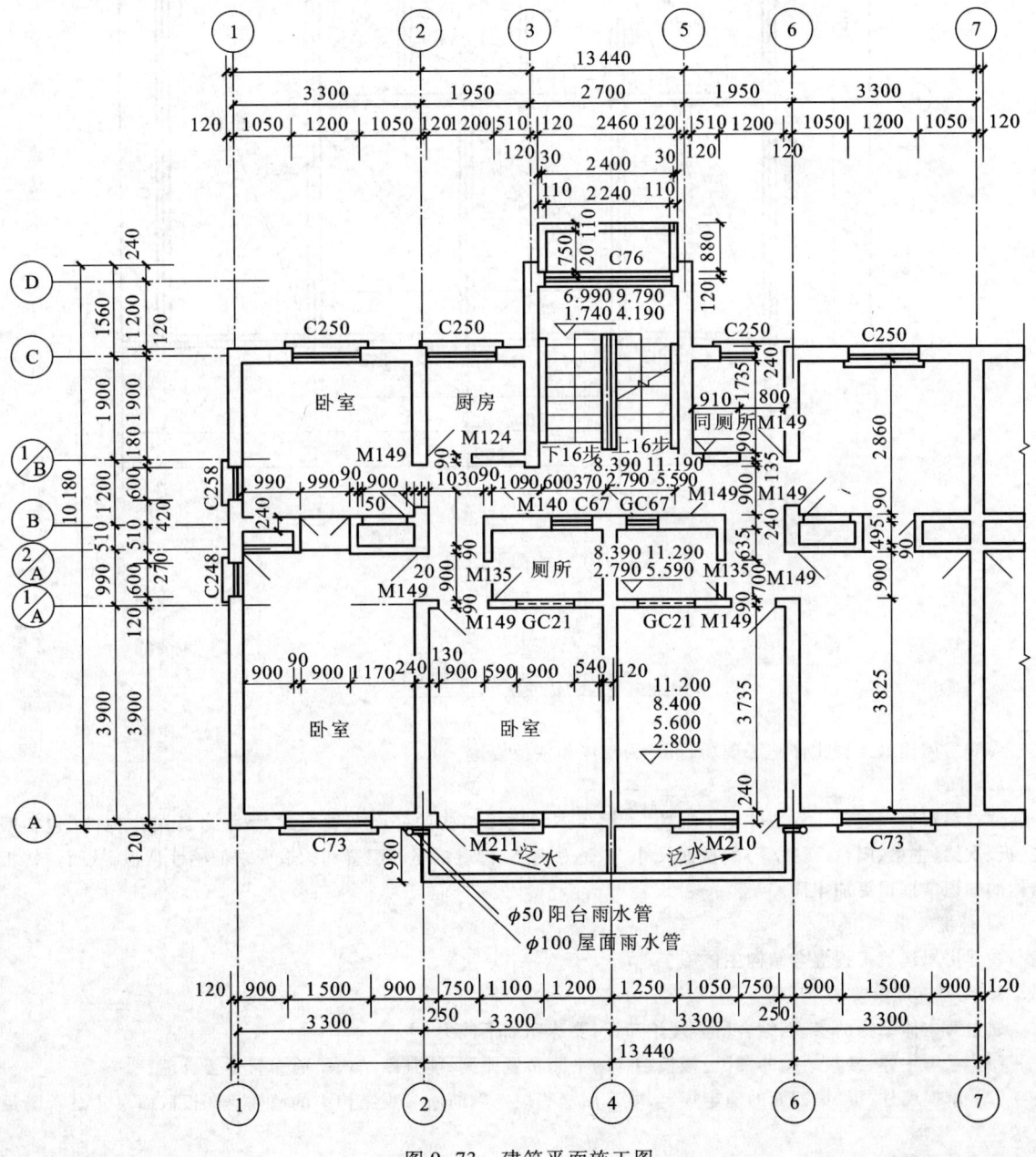

图9-73 建筑平面施工图

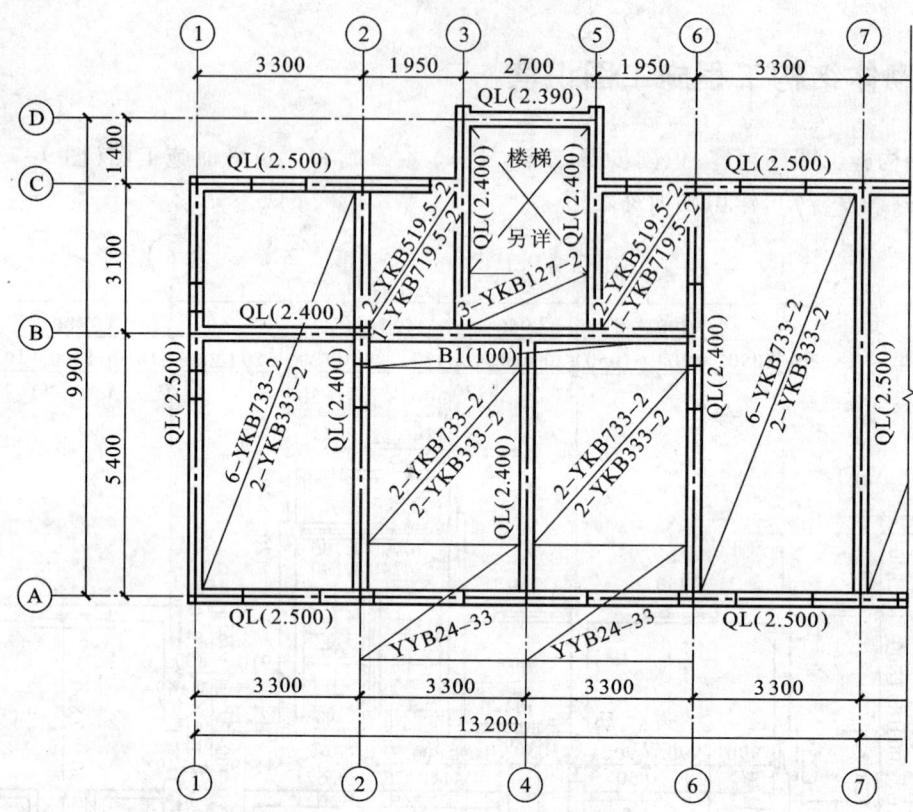

图 9-74 结构平面施工图

职业活动与训练

参观房屋建筑工程主体施工现场,重点为墙体和楼板构造。

1. 目的

通过参观房屋建筑工程主体施工现场,了解墙体和楼板结构的平面布置方式,增强对各结构构件(包括墙柱、板、次梁、主梁、阳台、雨篷等)的截面尺寸、各受力钢筋、构造钢筋的配置和构造要求的感性认识,从而使楼板结构的知识掌握得更加牢固。

2. 环境要求

在建房屋建筑工程混合结构主体施工现场。

3. 能力标准及要求

通过对主体结构的参观,结合所学理论知识,要达到如下能力:

(1) 了解主体、楼板结构的种类,楼板结构的平面布置原则,能判断结构平面布置是否合理;

(2) 掌握墙柱、板、梁截面的确定规定,能运用这些规定判断所参观结构中的墙柱、梁、板截面尺寸是否满足要求;

(3) 了解各构件中钢筋的种类,掌握各种钢筋的作用及构造要求(包括直径、级别、根数或间距、截断位置等),能看懂施工图;

(4) 了解阳台的类型,掌握栏杆与各连接部分的细部构造;

(5) 了解悬臂板式雨篷的构造特点;
(6) 了解楼板和雨篷板中受力钢筋与分布钢筋的位置关系。

4. 步骤提示

(1) 明确职业活动的目的和要求;
(2) 了解主体施工现场工程概况;
(3) 参观现场:
① 参观板的配筋构造,分出板中钢筋的种类和相互位置;观察板厚是否符合构造要求;
② 参观次梁的配筋构造,分出次梁中钢筋的种类和相互位置;观察次梁截面尺寸是否符合构造要求;
③ 参观主梁的配筋构造,分出主梁中钢筋的种类和相互位置;观察主梁截面尺寸是否符合构造要求;
④ 参观墙柱的配筋构造,分出墙柱中钢筋的种类和相互位置;观察墙柱截面尺寸是否符合构造要求;
⑤ 参观阳台的配筋构造,分出阳台中钢筋的种类和相互位置;观察栏杆与各连接部分的细部构造;
⑥ 参观雨篷的配筋构造,分出雨篷中钢筋的种类和相互位置;观察悬臂板式雨篷受力钢筋的位置。

5. 讨论与训练题

(1) 绘制所参观楼板及雨篷中板的截面配筋图,分小组讨论两者的受力钢筋在截面的位置有何异同?为什么有此异同?
(2) 绘制所参观楼板中次梁的截面配筋图,分小组讨论各种钢筋的作用,纵向受力钢筋应在何处截断?
(3) 绘制所参观楼板中主梁、墙柱的截面配筋图,分小组讨论主梁中钢筋与次梁中的钢筋有哪些不同?

小　结

- 墙体是建筑物中重要的构件,它的作用主要有承重、围护、分隔三个方面。墙的承重方案有以下四种:横墙承重、纵墙承重、纵横墙混合承重、墙与柱混合承重。
- 砖墙材料是指用来砌筑砌体结构的块状材料及砌筑砂浆。砖墙的细部构造包括:散水和明沟、勒脚、墙身防潮层、窗台、过梁、圈梁及构造柱等。
- 墙身剖面详图通常是由几个墙身节点详图组合而成的。它实际上是建筑剖面图的局部放大图。
- 梁的破坏特征主要由纵向受拉钢筋的配筋率 ρ 的大小确定。梁的构造要求包括:梁的截面形式及尺寸、支承长度及梁的配筋。
- 楼板层是多层建筑中分隔楼层的水平构件,它承受并传递楼板上的荷载(包括永久荷载和可变荷载),同时亦对墙体起着水平支撑作用。它由面层、楼板和顶棚等几个部分组成。
- 楼板按所用材料的不同分为木楼板、钢楼板、钢筋混凝土楼板等,其中钢筋混凝土楼板应用最为广泛,而钢筋混凝土楼板按施工方法不同又分为现浇式、装配式和装配整体式钢筋混凝土楼板。现浇式楼板有板式楼板、肋梁式楼板、井式楼板和压型钢板组合楼板等。
- 只在一个方向受弯、荷载只沿一个方向传递的板称为单向板;而在两个方向受弯、荷载沿两个方向传递的板称为双向板;但如果双向板的长短边之比大于3,则可将该板按单向板看待。
- 整体式单向板肋梁楼板由板、次梁、主梁组成。连续单向板的配筋方式有弯起式和分离式;次梁的纵向受力钢筋可按图9-29确定弯起与截断的位置;主梁中纵筋的弯起与截断位置原则上应按弯矩包络图确定。在次梁与主梁的交接处,主梁应设置附加横向钢筋。
- 双向板因双向弯曲和双向传递荷载,所以在两个方向均须配置受力钢筋。连续双向板也有弯起式和分离式两种配筋方式。

- 装配式楼板有横墙承重、纵墙承重、纵横墙承重及内框架承重等几种承重方式。预制钢筋混凝土板有预制实心板、槽形板、空心板等几种板型。当出现板缝差时，可采用调整板缝、挑砖或现浇板带等方法解决。
- 装配整体式钢筋混凝土楼板兼有现浇楼板和装配式楼板两者的共同优点。
- 阳台有挑阳台、凹阳台、半挑半凹阳台及转角阳台等几种形式。阳台构造主要包括栏杆、栏板、扶手及阳台排水等部分的细部构造。
- 雨篷有悬臂板式和梁板式两种。悬臂板式雨篷的破坏形式有雨篷板受弯破坏、雨篷梁受弯扭破坏及整个雨篷倾覆破坏等几种形式。由于悬臂板式雨篷承受负弯矩，所以受力纵筋应配在截面上部。

复 习 题

1. 常见的砖墙砌式有哪些？
2. 常见的过梁有几种，它们的适用范围和构造特点是什么？
3. 窗台构造中应考虑哪些问题？
4. 勒脚的处理方法有哪几种？试说出各自的构造特点。
5. 墙身水平防潮层有哪几种做法？各有何特点？水平防潮层应设在何处为好？
6. 墙体的加固措施有哪些？
7. 什么叫圈梁，有何作用？
8. 什么叫构造柱，有何作用？
9. 影响砌体抗压强度的主要因素是什么？
10. 梁的破坏特征及构造要求有哪些？
11. 试述隔墙的类型和构造。
12. 楼板层由哪几部分组成？各起什么作用？
13. 现浇钢筋混凝土楼板结构有哪几种类型？
14. 结构平面布置的原则是什么？板、次梁、主梁的常用跨度是多少？
15. 什么是单向板肋梁楼板？其组成构件中的板、次梁、主梁各有哪些受力钢筋和构造钢筋？
16. 双向板的板厚有何构造要求？支座负筋伸出支座边的长度是多少？
17. 装配式楼板的平面布置有哪几种方式？常用的预制板有哪几种？预制板较大板缝的处理措施有哪些？
18. 常用阳台有哪几种类型？阳台的设计应满足哪些要求？阳台结构的布置方式有哪几种？
19. 栏杆与扶手、面梁、墙体及花池的连接有哪些细部构造要求？
20. 悬臂板式雨篷可能发生哪几种破坏？应满足哪些细部构造要求？
21. 当悬臂板式雨篷带构造翻边时应注意哪些事项？

第10章 钢筋混凝土结构

钢筋混凝土框架结构及围护结构共同构成房屋的另一种主体结构形式。其造价、施工耗时、工程量和自重等都超过砌体结构,具有非常好的结构整体性和抗震性,常用于高层建筑中。

 学习目标

学完这一章应该能做到:
- 了解框架结构的常用类型及其布置;
- 理解框架结构的受力特点;
- 理解现浇框架结构配筋构造要求;
- 理解装配式框架结构的构造要求。
- 理解墙的类型和构造布置,能正确选用;
- 掌握砖墙细部构造和常用隔墙构造;
- 掌握平开木门窗、铝合金门窗、塑钢门窗的构造;
- 了解各类门框、窗框的安装方法;
- 了解围护结构的围护结构要点。

 能力标准

具有识读钢筋混凝土框架结构施工图的能力,能熟读钢筋混凝土主体结构施工图,会识读钢筋混凝土框架及各类门窗详图。

一、框架结构

(一)框架的材料

1. 钢筋

(1)钢筋的分类

钢筋可按化学成分、外形、加工方法和供货形式进行分类。

钢筋按化学成分的不同可分为碳素钢筋和合金钢筋,碳元素和合金元素的含量还有低、中、高之分。

钢筋按外形的不同分为光面钢筋、带肋钢筋、刻痕钢筋和钢绞线(图10-1)。带肋是指表面带有凸纹。目前带肋钢筋的凸纹一般为月牙纹。刻痕是将表面刻出椭圆形的浅坑。钢绞线则是由多股高强度光面钢筋绞合而成。

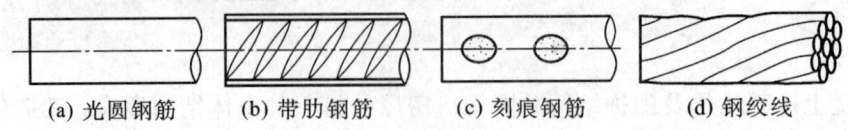

(a) 光圆钢筋　　(b) 带肋钢筋　　(c) 刻痕钢筋　　(d) 钢绞线

图 10-1　钢筋按外形分类

钢筋按加工的方法不同可分为热轧钢筋、冷拉钢筋、冷轧钢筋和热处理钢筋等。

热轧钢筋是用低碳钢或低合金钢在高温下轧制而成。根据其强度不同,热轧钢筋又分为Ⅰ、Ⅱ、Ⅲ、Ⅳ个级别。级别越高,钢筋的强度也越高,但塑性越差。Ⅰ级钢筋用普通低碳钢(含碳量不大于0.25%)制成,表面光滑,最小直径为6 mm。Ⅱ、Ⅲ、Ⅳ级钢筋用低、中碳的低合金钢(含碳量不大于0.6%,其他合金含量不大于5%)制成,表面有肋纹,最小直径一般为10 mm。

冷拉钢筋是在常温下,把热轧钢筋拉伸至强化阶段所得到的钢筋。热轧钢筋经冷拉后屈服强度有较大的提高,但塑性则有所下降。冷拉钢筋也分Ⅰ、Ⅱ、Ⅲ、Ⅳ四个级别,符号为Φ^l。

冷拔钢筋是在常温下,使热轧光圆钢筋通过硬质合金拔丝模上比钢筋直径稍小的锥形孔,强行拉拔而成的。拉拔次数越多,直径就越小,强度就越高。冷拔低碳钢筋用Ⅰ级热轧钢筋冷拔而成,分为甲、乙两级;甲级强度较高,但必须逐盘检验,并根据检验所得的抗拉强度分为Ⅰ、Ⅱ两组,其直径有两种;乙级强度较低,仅要求分批检验,直径为3~5 mm。冷拔低碳钢筋的符号为Φ^b。冷拔钢筋强度虽高,但表面光滑,与混凝土之间的粘结力较差。

冷轧钢筋是在常温下,将光滑的普通低碳钢筋或合金钢(HPB235、HRB335、HRB400)经过轧制,使其减小直径,并且表面带肋(一般为三面带有月牙纹肋)的钢筋。冷轧钢筋强度较高,且表面带肋,可用来取代小直径的Ⅰ级光面钢筋或冷拔低碳钢丝。

热处理钢筋是将强度与Ⅳ级热轧钢筋大致相同的某些特定品种的热轧钢筋(如40Si2Mn、48Si2Mn、45Si2Cr)经过加热、淬火和回火等调质处理以后得到的钢筋,其强度比Ⅳ级钢筋高得多,而塑性却降低不多。该种钢筋的符号为Φ^{HT}。

(2) 钢筋的强度和变形

钢筋的强度和变形方面的性能主要用钢筋拉伸试验所得的应力-应变曲线来表示。钢筋的种类、级别不同,其应力-应变曲线也不同。热轧和冷拉钢筋的应力-应变具有明显的流幅,该类钢筋又被称为软钢;冷拔、冷轧、热处理钢筋、高强钢丝和钢绞线的应力-应变曲线则无明显流幅,该类钢筋又被称为硬钢。

钢筋的变形性能除伸长率以外,还有冷弯性能。它是指钢筋在常温下承受弯曲的能力,采用冷弯试验测定。冷弯试验的合格标准为:在规定的弯心直径 D 和冷弯角度 α 下弯曲后,在弯曲处钢筋应无裂纹、鳞落或断裂现象。

(3) 框架结构中钢筋的选用

一般情况下,框架梁、柱内纵筋宜选用HRB335级和HRB400级钢筋,箍筋宜选用HPB235、HRB335、HRB400级钢筋。

2. 混凝土

混凝土是由多种性能不同的材料组合而成的复合材料。其品种很多,使用最多的普通混凝土是由水泥、砂、石、水及外加剂等多种材料组成的水泥基复合材料。其中砂、石在混凝土中起骨架作用,故称为骨料。水泥和水形成水泥浆,包裹在砂粒表面并填充砂粒间的空隙而形成水泥砂浆,水泥砂浆又包裹石子,并填充石子间的空隙而形成混凝土。在混凝土硬化之前,水泥浆起润滑作用,赋予混凝土拌和物一定的流动性,便于施工。水泥浆硬化后,起胶结作用,把砂石骨料胶结在一起,成为坚硬的人造石材,并产生力学强度。

(1) 混凝土的强度

混凝土基本的强度指标有立方体抗压强度、轴心抗压强度和轴心抗拉强度三种。其中,立方体抗压强度是最基本的强度指标,以此为依据确定混凝土的强度等级,即如果混凝土的立方体抗压强度值为 30 MPa,则混凝土的强度等级就是 C30。

混凝土按照强度等级可分为普通混凝土、高强混凝土及超高强混凝土,普通混凝土一般是指强度等级在 C60 以下。其中抗压强度小于 30 MPa 的混凝土为低强混凝土,抗压强度为 30 ~ 60 MPa(C30 ~ C60)的混凝土为中强混凝土;高强混凝土其抗压强度大于或等于 60 MPa;超高强混凝土其抗压强度在 100 MPa。

(2) 混凝土的变形

混凝土的变形有两类:一类是荷载作用下的变形,包括一次短期加荷时的变形、多次重复加荷时的变形和长期荷载作用下的变形。另一类是体积变形,包括收缩、膨胀和温度变形。其中长期荷载作用下的变形(也称徐变)对构件的受力和变形情况有重要影响,如导致构件的变形增大,在预应力混凝土构件中引起预应力损失等。所以应采取有效的措施,以减少混凝土的徐变;另外混凝土收缩、膨胀变形,是指在空气中结硬时会产生体积收缩,而在水中结硬时会产生体积膨胀,前者数值较大,对结构有不利影响要予以注意,后者数值较小,且对结构有利。混凝土的热胀冷缩变形称为混凝土的温度变形,温度变形对大体积混凝土结构不利。

(3) 混凝土的选择

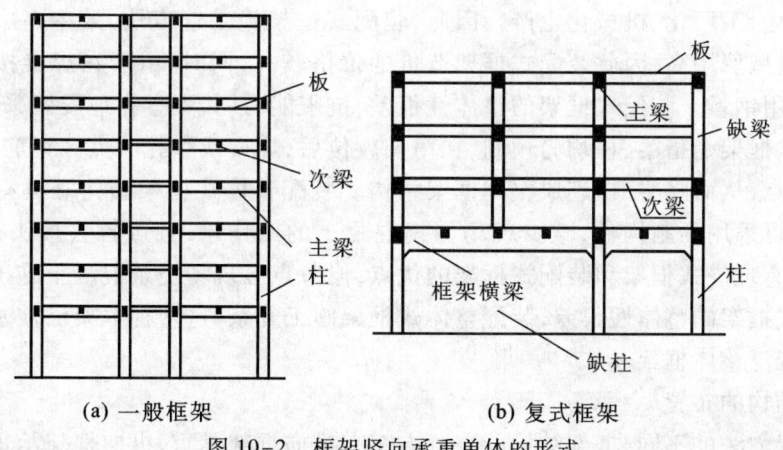

图 10-2 框架竖向承重单体的形式

非抗震设计时,现浇框架的混凝土强度等级不应低于 C20。抗震设计时,设防烈度为 9 度时,混凝土强度等级不宜超过 C60;设防烈度为 8 度时,混凝土强度等级不宜超过 C70。

框支梁、框支柱以及一级抗震等级的框架梁、柱、节点,混凝土强度等级不应低于 C30,其他各类结构构件,混凝土强度等级不应低于 C20。

(二)框架结构体系简介

1. 框架结构的组成

钢筋混凝土框架结构,是指由钢筋混凝土横梁和柱等构件所组成的结构,墙不承重,根据建筑需要可形成多层多跨框架(图 10-2)。框架可以是等跨的或不等跨的,层高相等的或不相等的,有时因工艺或使用要求而在某层缺柱或某跨缺梁(图 10-2b)。

2. 多层框架的类型及布置

(1) 框架结构的类型

框架结构按施工方法可分为现浇整体式、装配式和装配整体式三种(图 10-3)。

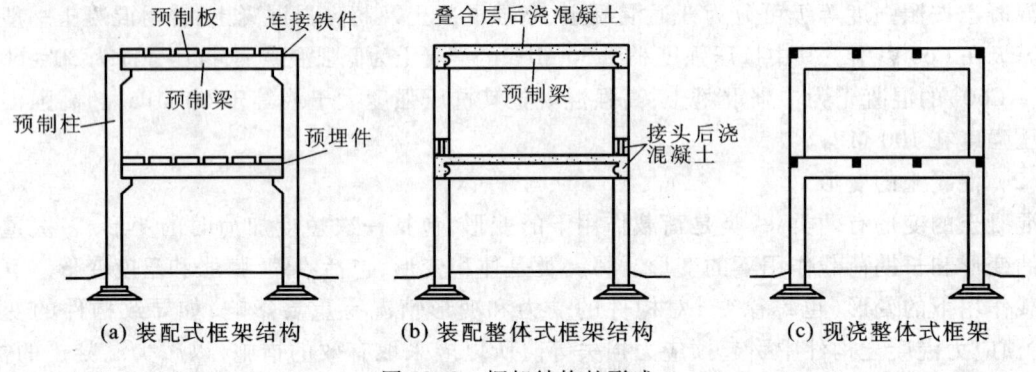

图 10-3 框架结构的形式

现浇整体式框架的梁、柱均为现浇钢筋混凝土。梁的纵筋伸入柱内锚固,结构的整体性好,抗震性能好。其缺点是现场施工的工作量大,工期长,需要大量的模板。

装配式框架是指梁、柱均为预制,通过焊接拼装成整体的框架结构。由于所有的构件均为预制,可实现标准化、工厂化、机械化生产。因此,装配式框架施工速度快、效率高。但由于运输中吊装所需要的机械费用高,因此装配式框架造价的价格较高,同时,由于在焊接接头处均须预埋连接件,增加了用钢量。装配式框架的整体性很差,抗震能力弱,不宜在地震区采用。

装配整体式框架是指梁、柱均为预制,在吊装就位后,焊接或绑扎节点区钢筋,通过后浇混凝土,形成框架节点,从而将梁、柱连成整体框架结构。装配整体式框架结构既具有良好的整体性和抗震能力,又可采用预制构件,减少现场浇捣混凝土的工作量,且可省去接头连接件,用钢量少。因此,它兼有现浇式框架和装配式框架的优点,但节点区现场浇筑混凝土施工复杂。

由于装配式框架的整体性很差,装配整体式框架施工复杂,这两种框架已被基本淘汰。目前应用较多的是现浇整体框架。

(2) 框架结构的布置

按楼板布置方法的不同,框架结构的布置方案有横向框架承重、纵向框架承重和纵横向混合承重方案几种。

横向框架承重方案是在房屋的横向布置框架主梁,而在纵向布置连系梁,横向框架跨数较少,主梁沿横向布置有利于提高建筑物的横向抗侧刚度。

纵向框架承重方案是在房屋的纵向布置框架主梁,在横向布置连系梁,因为楼面荷载由纵向主梁传至柱子,所以横梁高度较小,有利于设备管线的穿行。

纵横向框架混合承重方案是在两个方向上均布置框架主梁以承受楼面荷载。

(3) 框架梁、柱截面形状及尺寸

1) 框架梁、柱的截面形状

框架梁的截面形状在整体式框架中以T形(图10-4a)为多。在装配式框架中常做成矩形(图10-4b)、T形(图10-4c)。在装配整体式框架中常做成花篮形(图10-4d、e)。连系梁的截面形状,常做成倒L形(图10-4f)或T形(图10-4g)。框架柱多采用长方形或正方形截面,有时因建筑的需要也会做成圆形或多边形。

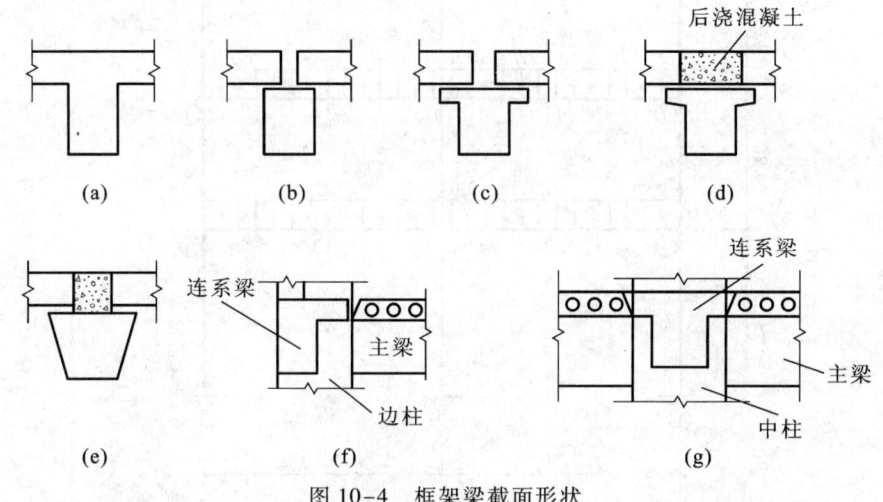

图10-4 框架梁截面形状

2) 框架梁、柱的截面尺寸

框架梁、柱的截面尺寸应当根据构件承载力、刚度、延性等方面的要求确定,设计时一般是参照以往的经验初步选定截面尺寸,再进行计算检查是否满足要求。

框架梁的截面高度可根据梁的跨度、约束条件及荷载的大小进行选择,一般取梁高 $h = (1/8 \sim 1/12)l$,其中 l 为梁的跨度,当框架梁为单跨或荷载较大时取大值,框架梁为多跨或荷载较小时取小值。当楼面荷载大时,为增大梁的刚度可取 $h = (1/7 \sim 1/10)l$。为防止梁发生剪切破坏,梁高 h 不宜大于1/4净跨。框架梁的截面宽度可取 $b = (1/2 \sim 1/3)h$,为了使端部节点传力可靠,梁宽 b 不宜小于柱宽的1/2,且不应小于250 mm。为了降低楼层高度或便于管道铺设,有时将框架梁设计成宽度较大的扁梁。扁梁的截面高度可取 $h = (1/15 \sim 1/18)l$。当采用叠合梁时,后浇部分截面高度不宜小于120 mm。框架连系梁的截面高度可按 $(1/12 \sim 1/15)l$ 确定,宽度不宜小于梁高的1/4。

柱截面高度可取 $h = (1/15 \sim 1/20)H$,H 为层高;柱截面宽度可取 $b = (1/3 \sim 2/3)h$。且框架柱的截面高度不宜小于400 mm,宽度不宜小于350 mm。为避免发生剪切破坏,柱净高与截面长边之比宜大于4。

(三) 框架结构的受力特点

框架结构体系是一个由纵向和横向框架组成的空间结构,一般来说,纵向框架和横向框架都是等间距均匀布置的,它们各自的刚度都基本相同;同时,作用在房屋上的荷载(恒载、活荷载、风荷载、雪荷载、地震作用)一般也是均匀分布的。因此,不论纵向或横向,在荷载作用下,各榀框架将产生大致相同的位移,相互之间近似认为不会产生相互牵制的约束力。为简化,可忽略它们之间的空间联系,将纵向和横向框架分别进行计算。

作用在框架结构上的荷载有竖向和水平荷载两种。竖向荷载包括结构的自重及楼面的活荷载,一般分为分布荷载和集中簧载两种。水平荷载包括风荷载及水平地震作用,一般简化为节点水平集中力。图 10-5 是竖向荷载分布图及在竖向荷载作用下的框架内力图,图 10-6 是水平荷

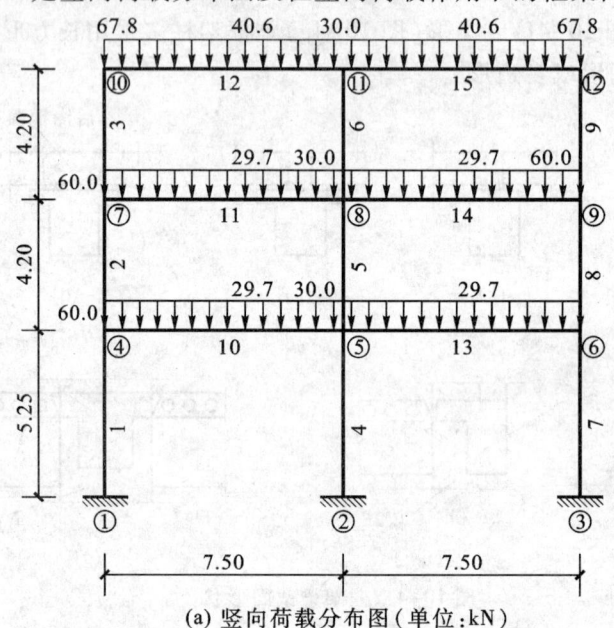

(a) 竖向荷载分布图(单位:kN)

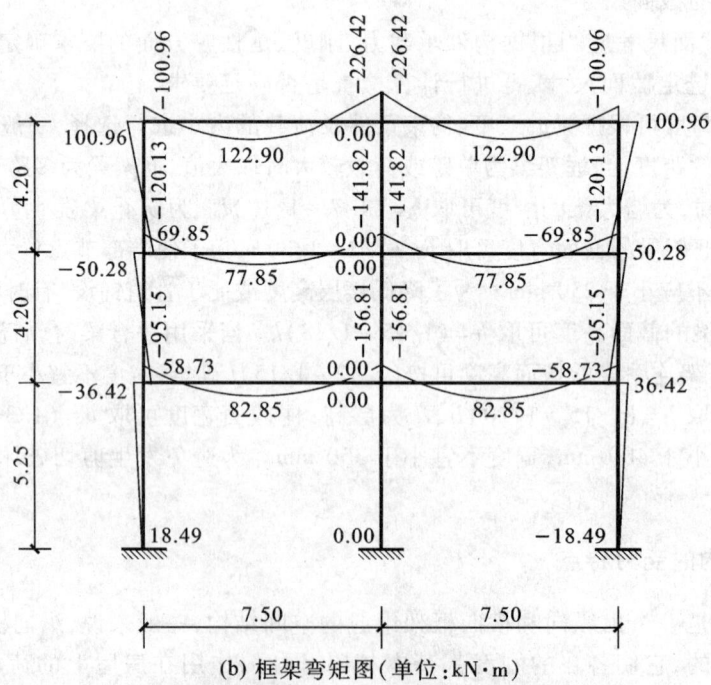

(b) 框架弯矩图(单位:kN·m)

图 10-5　竖向荷载分布图及竖向荷载作用下的框架内力图

载作用图及在水平荷载作用下的框架内力图。

框架结构的内力计算是分别计算竖向荷载和水平荷载的内力然后进行组合,因为结构所承受的荷载除自重是恒载以外,其余的都是可变荷载,而各种荷载的性质不同,可能发生的概率和对结构的影响也不同,因此在内力组合时,要考虑各种荷载同时出现的可能性。

从图 10-5 和图 10-6 的内力图可以看出,框架梁是受弯构件,而且在跨中可能出现最大的正弯矩(即使构件下部受弯的弯矩),在支座可能会出现最大的负弯矩(即使构件上部受弯的弯矩)。框架柱是压弯构件,其破坏形式有两种,一种是靠近轴向力的一侧混凝土被压碎而破坏(即小偏心受压破坏),另一种是远离轴向力一侧的混凝土先出现裂缝,然后靠近轴向力一侧的

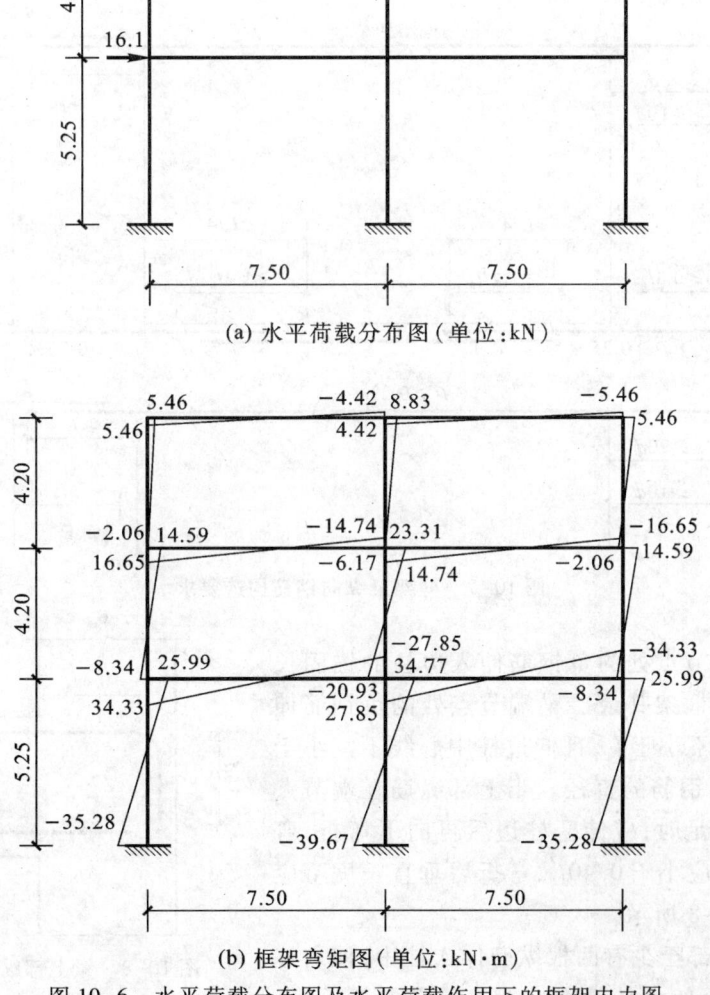

图 10-6 水平荷载分布图及水平荷载作用下的框架内力图

混凝土被压碎而破坏(即大偏心受压破坏)。

(四)框架结构的构造要求

1. 现浇框架

(1)框架梁纵向钢筋

梁纵向受拉钢筋除应满足受弯承载力的要求外,还应考虑温度变化、混凝土收缩引起附加应力的影响。纵向受拉钢筋的最小配筋率在支座处不应小于0.25%,跨中处不应小于0.20%。梁跨中截面的上部架立筋不应小于$2\phi12$,架立筋与梁支座负筋的搭接长度为$1.2l_a$(l_a为纵向受拉钢筋的锚固长度),如图10-7所示。

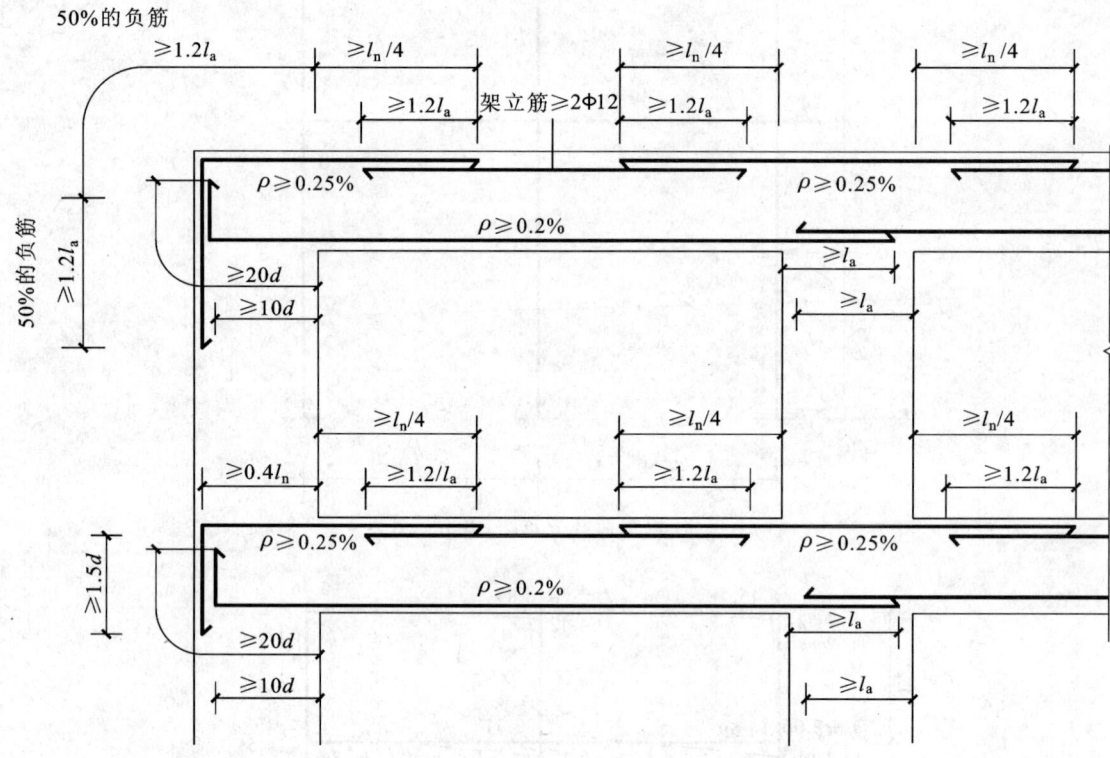

图10-7 框架梁纵向钢筋构造要求

框架顶层梁端节点处的负钢筋伸入边柱的锚固长度不应小于$1.2l_a$,框架其余层梁端节点处的负钢筋伸入边柱的锚固长度不小于l_a,且伸过柱中心线不宜小于$5d$,d为梁上部纵向钢筋的直径。当上部纵筋在端节点内水平锚固长度不足时,应伸至柱边后再向下弯折,弯折前的水平投影不应小于$0.40l_a$,弯折后垂直长度不应小于$15d$,如图10-8所示。

梁支座截面下部至少有两根纵筋伸入柱中,伸入柱内长度不应小于l_a,如水平锚固长度不足需要弯折时,

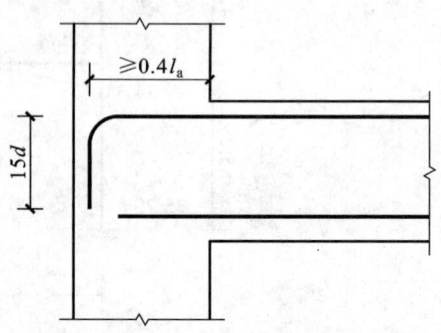

图10-8 梁上部纵向钢筋在框架中间层端节点内的锚固

则弯折前的水平锚固长度不应小于 10 d, 如图 10-9 所示。梁支座截面的负弯矩钢筋自柱边算起的长度不应小于 $1/4l_n$ (l_n 为净跨径)。

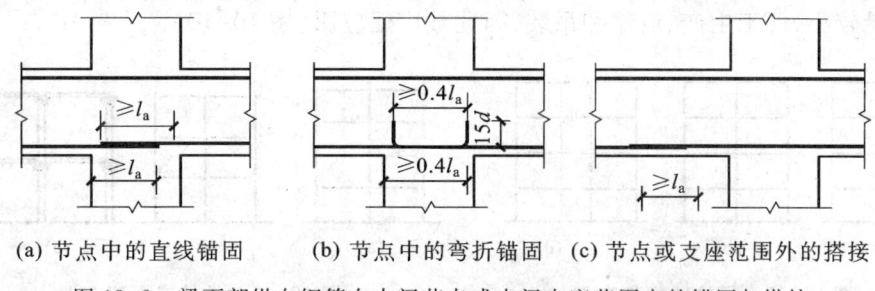

(a) 节点中的直线锚固　(b) 节点中的弯折锚固　(c) 节点或支座范围外的搭接

图 10-9　梁下部纵向钢筋在中间节点或中间支座范围内的锚固与搭接

(2) 框架梁箍筋

梁的箍筋沿梁全长范围内设置,第一排箍筋一般设置在距离节点边缘 50 mm 处。梁的配箍率不应小于 $0.24f_t/f_{yv}$,箍筋最小直径和最大间距的要求与一般梁相同。

(3) 框架柱纵向钢筋

框架由于可能受到来自两个方向的水平荷载作用,框架柱的纵向钢筋宜采用对称配筋。框架柱纵向钢筋的最小直径不应小于 12 mm,全部纵向钢筋的最小配筋率 $\rho_{min} \geqslant 0.4\%$,最大配筋率 $\rho_{max} \leqslant 5\%$。

为了对柱截面核心混凝土形成良好的约束,减小箍筋自由长度,纵向钢筋的间距不应大于 350 mm;为了保证纵向钢筋有较好的粘结能力,纵筋之间的净距不应小于 50 mm。

柱纵向钢筋搭接位置应在受力较小的区域,搭接长度为 $1.2l_a$。当柱每侧纵筋不超过 4 根时,可在同一个截面搭接;每侧纵筋超过 4 根时,应分批搭接。纵向钢筋直径大于 22 mm 时,宜采用焊接接头。

框架顶层柱的纵向钢筋应锚固在柱顶或梁内,锚固长度由梁底算起不小于 l_a。

(4) 框架柱箍筋

箍筋应为封闭式的,箍筋间距不应大于 400 mm,且不应大于柱短边尺寸;同时,在绑扎骨架中,箍筋间距不应小于 $d/4$,且不应小于 6 mm。当柱中全部纵向受力钢筋的配筋率超过 3% 时,箍筋直径不宜小于 8 mm,间距不应大于 10 d,且不应大于 200 mm,最好焊接成封闭式。

当柱每侧纵向钢筋多于 3 根时,应设置复合箍筋;但当柱的短边不大于 400 mm,且纵筋根数不多于 4 根时,可不设置复合箍筋。

柱纵向钢筋搭接长度范围内,当纵筋受力时,箍筋间距不应大于 200 mm;当纵筋受拉时,箍筋间距不应大于 5 d,且不应大于 100 mm。箍筋弯钩要适当加长,以绕过搭接的 2 根纵筋。

(5) 现浇框架节点

框架节点核心区处于剪压复合受力状态,为了保证节点具有良好的延性和足够的抗剪承载力,应在节点核心区配置箍筋。节点范围内的箍筋数量应与柱端相同。

2. 装配式框架

装配式钢筋混凝土框架的构件划分,要考虑到吊装机械和运输机械的能力,尽量减少构件的规格和种类,要有利于制作和施工操作,并使结构构件经济合理。

按构件的划分方法可以把框架归纳为三类:短柱式框架、长柱式框架、异型框架。

① 短柱式框架是把梁、柱按开间、跨度和层高划分成直线形的单个构件。这种框架构件外形简单,重量较小,便于生产、运输和吊装,因此被广泛应用(图10-10)。

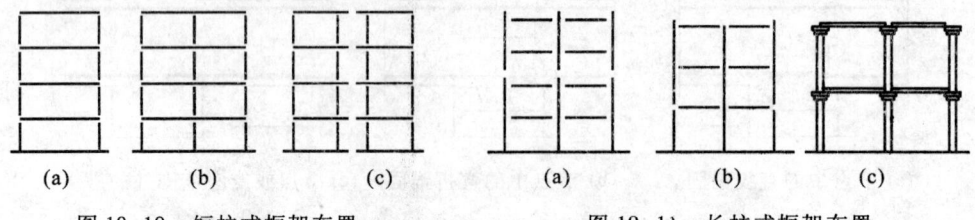

图 10-10　短柱式框架布置　　　　图 10-11　长柱式框架布置

② 长柱式框架是采用二层楼高或更长的柱子,其特点与短柱式框架类似,但接头较少,如图10-11a、b所示。图10-11c表示一种有托架的框架,立柱在地面处与基础嵌接,柱托上直接搁置自由支承的大楼板。

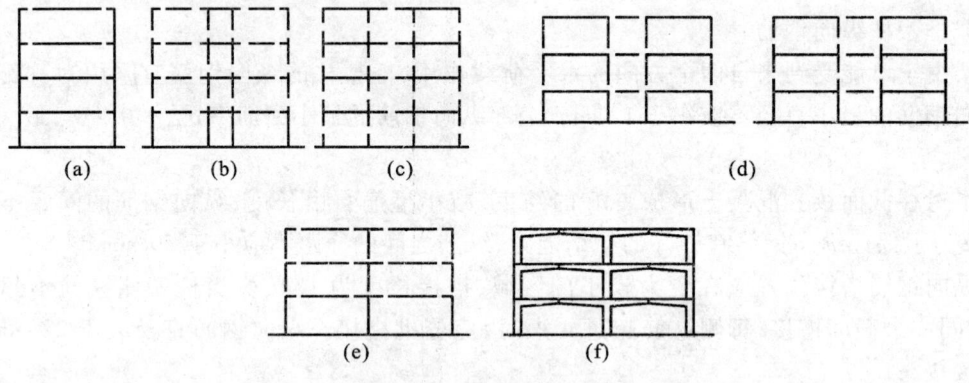

图 10-12　异型框架布置

③ 异型框架是由H形、十字形、Π形或其他形式的构件构成的。它扩大了构件的划分范围,接头数量少,施工进度快,有利于提高整个框架的刚度,还可以把节点设在内力较小的位置。但是构件形状比较复杂,不便于生产和运输,吊装时也容易损坏,因此只能在运输吊装设备较好的条件下采用。图10-12d所示框架由若干个H形和Π形双铰小框架叠置而成,横梁设在跨中,与小框架铰接、刚接均可。如图10-12e所示,框架由倒L形、T形立柱和横梁组成,跨中为铰接,整个结构为多层铰接结构。

(1) 装配式框架的连接

装配式框架的连接方式较多,着重介绍整体式接头。

整体式梁柱接头是把上下柱,纵、横梁的钢筋都伸入节点。加配部分箍筋,然后用混凝土浇灌成一个整体(图10-13)。这种节点除临时固定外,几乎没有什么焊接量,施工较简便,对构件的精度要求相对较低。它的最大优点是梁、柱在节点处都浇灌成一个整体,刚度大,整体性好。因此在荷载较大的厂房和高层建筑中这类接头更可靠。

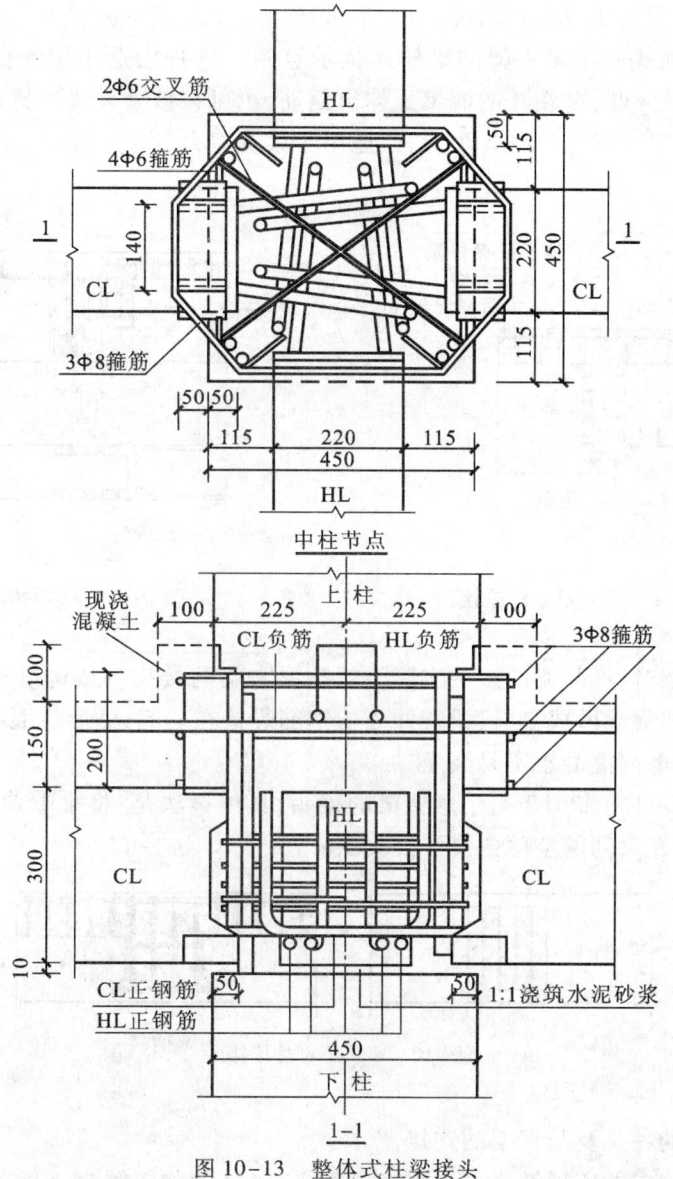

图 10-13 整体式柱梁接头

图 10-13 为整体式接头构造的示例,其要点如下:

① 在下层柱子的顶端四边预留角钢,在搭梁时焊接牢固。上下柱伸出的纵向钢筋互相搭接。

② 主梁和连系梁均搭在柱顶临时焊接,梁端主筋伸出并弯起,在主梁的端头预埋有角钢焊成的钢架,用以支撑上层的柱子,一般叫它为"钢板凳"。

③ 叠合梁(一部分为预制,一部分现浇的梁)的负筋全部穿好以后,配以箍筋浇灌混凝土,这样形成梁柱连接的整体接头。

④ 节点处的后浇混凝土,强度等级应比构件混凝土强度等级提高一级。

整体式接头适用于双向框架,也适用于单向框架。它的优点是:焊接工作量小,施工较方便,缺点是用钢量大,梁端钢筋成型较困难。

图10-14为长柱式框架无牛腿的梁柱连接示意图。这种构造常用的做法是齿槽连接。为了解决梁的临时支承问题,可在柱的搁梁处伸出钢筋,也可在该处设置工具式钢牛腿或工具式角钢,齿槽数按计算决定,一般以3～5个为宜,适用于梁端剪力较小的建筑。

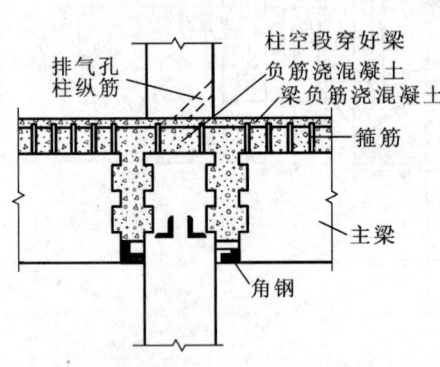

图10-14 无牛腿梁柱连接

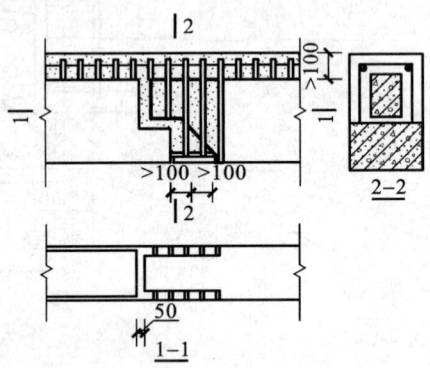

图10-15 梁的搭接接头

如采用异形框架时,柱与梁的接头实际上就是梁与梁的接头。按构造形式分为搭接和对接两种。搭接接头即把梁端做成错口,梁端伸处的钢筋焊接在一起,然后浇混凝土(图10-15)。这种接头施工简单,但下部混凝土不易浇灌。

对接接头(图10-16)多用于两个悬臂梁的接头,具体做法是:将梁端伸出主筋焊在一起,再配以部分箍筋,然后在梁间的空隙内浇注混凝土。

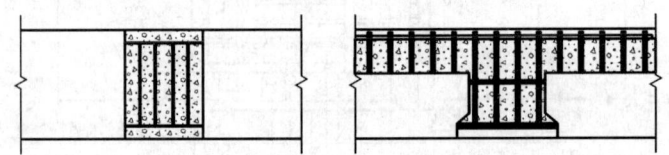

图10-16 梁的对接接头

(2) 围护结构的种类及与框架的连接

装配式框架建筑中的围护结构多采用轻混凝土板材(如加气混凝土板、陶粒混凝土板等)和采用轻质高强的材料制作的复合板材等。采用这些材料的墙板因自重轻,所以又可简称为轻板。

1) 外墙板

外墙板有两种,一种是条板,一种是整间大板。条板宽度常用600 mm、700 mm,高度随着位置的不同而不同,基本板的高度相当于层高,整间大板的宽度等于开间,高度相当于层高。外墙板分为单层板与复合板。

单层板:生产方便,用材单一,常用的有加气混凝土条板,预应力和非预应力的T形板、双T形板,槽形板,方孔板等。图10-17是加气混凝土条板的节点图。

复合板:是由外饰面板、内饰面板、保温层以及内外装修层组成的,可以做成实心叠合板,也可以作成骨架间填充保温材料的形式(图10-18)。

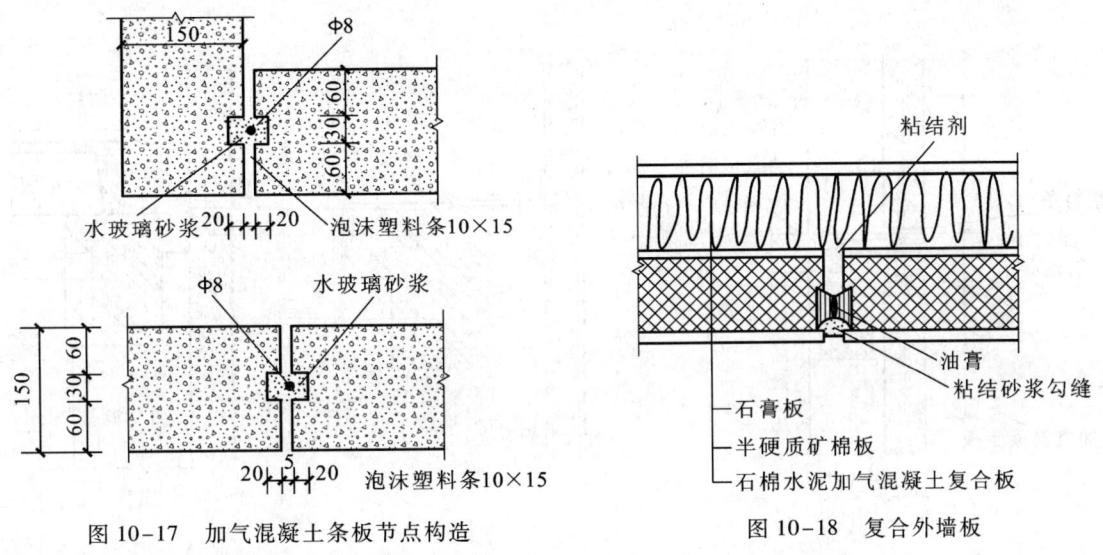

图 10-17 加气混凝土条板节点构造

图 10-18 复合外墙板

2) 内墙板

目前用于框架轻板建筑的内墙板主要有石膏板、加气混凝土板和各种木质纤维板。在住宅建筑中往往按户间隔墙、户内隔墙及橱厕等房间的隔墙分别选用不同的材料和构造。

户间隔墙的主要要求是隔声,常用三层石膏板,如图 10-19a 所示,复合板中的龙骨可用整浇的石膏龙骨,也可用石膏板粘合的龙骨。粘结剂为磨细矿渣粉水玻璃,重量比为 1:1。户内隔墙对隔声要求不高,可采用双层石膏板(图 10-19b)。

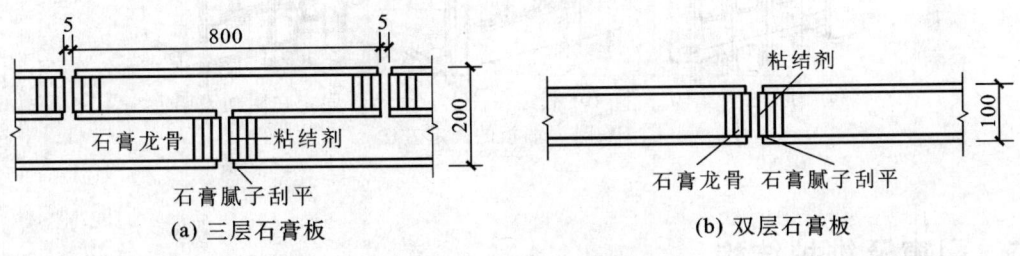

(a) 三层石膏板　　　　(b) 双层石膏板

图 10-19 石膏板隔墙

3) 墙板与框架的连接

为避免出现冷桥,墙板应设在框架外侧。确定外墙板与框架的连接方式时,要考虑热工和抗震等方面的要求。为适应抗震变形的要求,应采用柔性连接。在满足上述要求的前提下,连接方法要力求简便经济。

图 10-20 是有代表性的几种连接构造方法,图 10-20a 所示的连接形成一个小圈梁,对增加建筑物的整体性有利,但现浇量大,且易形成冷桥。图 10-20b 在连系梁的预埋件上焊接两个铁件,通过螺栓把墙板固定在铁件上。这种连接方法耗钢量大,螺栓外露容易渗水和锈蚀。图 10-20c 是借助焊在梁上的钢筋钩子将墙板拉住。

墙板的固定有三种方式,即固定在梁上、固定在柱上、固定在附加墙架上(图10-21)。

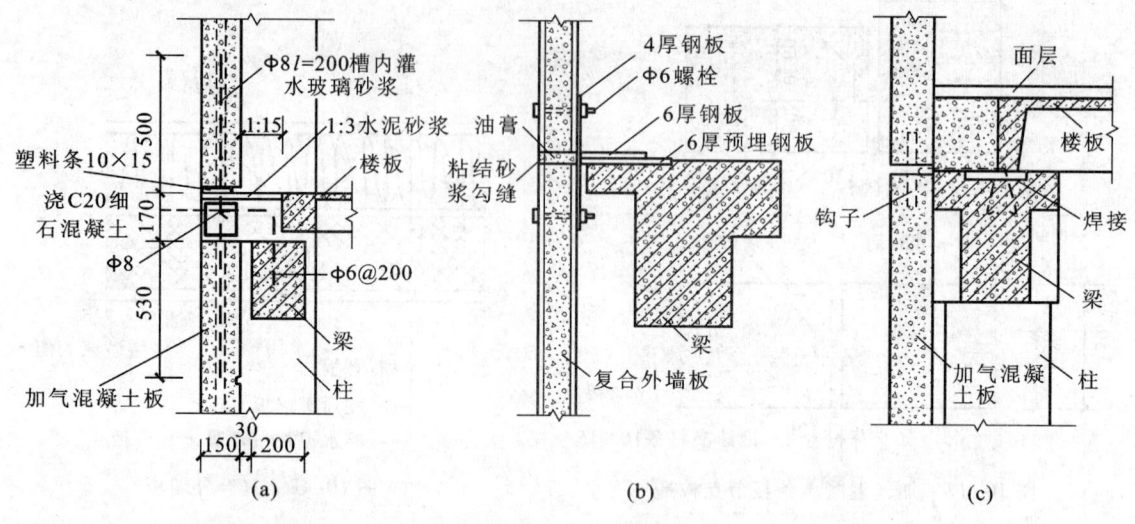

图10-20 外墙板与框架的连接

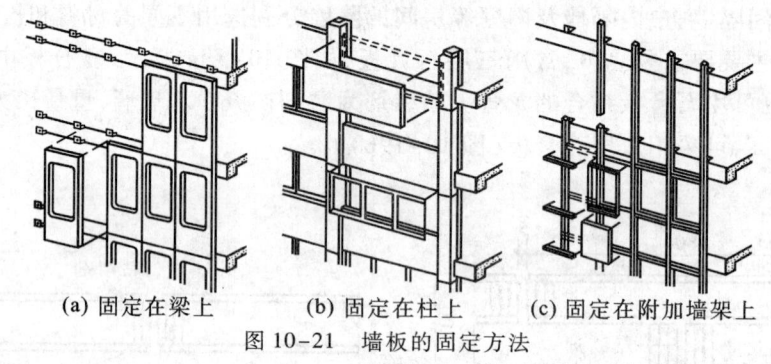

图10-21 墙板的固定方法

二、门窗及维护结构

(一)门与窗

门与窗是房屋围护结构中的两个重要配件。门的作用主要是交通联系和分隔不同空间。窗的主要作用是采光、通风,接受日照以及供人们眺望。由于门和窗都是围护结构的一部分,因而也有保温、隔声、防水等围护作用。

1. 门窗的材料

(1)木材

木材具有较高的弹性和韧性,耐冲击和振动,易于加工,保温隔热性好,大部分木材具有美丽的纹理等优点。但也存在内部结构不均匀,易随周围环境湿度变化而改变含水量,引起膨胀或收缩,易腐朽及虫蛀,易燃等缺陷。

1) 木材的使用性能

导热性。木材具有较小的体积密度,较多的孔隙,是一种良好的绝热材料,表现为导热系数较小,但木材的纹理不同,即各向异性,使得方向不同时,导热系数也有较大差异。

含水率。木材中的水分,分为吸附水和自由水。当吸附水达到饱和、自由水为零时的含水率,称为"纤维饱和点"。木材纤维饱和点因树种而异,一般为25%~35%。如果潮湿木材长时间处于一定温度和湿度的空气中,木材便会干燥,达到相对恒定的含水率,此时木材的含水率称为"平衡含水率"。平衡含水率随空气湿度的变大和温度的变低而增大,反之则减小。

吸湿性。木材具有较强的吸湿性,木材的吸湿性对木材的性能,特别是木材的干缩湿胀影响很大,因此,木材在使用时其含水率应接近于平衡含水率或稍低于平衡含水率。

湿胀与干缩。当木材从潮湿状态干燥到纤维饱和点时,其尺寸并不改变。当干燥至纤维饱和点以下时,细胞壁中的吸附水开始蒸发,木材发生收缩。反之,干燥木材吸湿后,将发生膨胀,直到含水率达到纤维饱和点为止,此后木材含水率继续增大,也不再膨胀。由于木材构造的不均匀性,木材不同方向的干缩湿胀变形明显不同,纵向干缩最小。湿材干燥后,其截面尺寸和形状都会发生明显的变化,干缩对木材的使用有很大影响,它会使木材产生裂缝或翘曲变形。

2) 木门窗的应用范围

木质门窗质感柔和,隔声效果好,色泽自然、纹理淳朴,给人以亲和力和温暖,并以它质朴典雅的特有性能和效果,在现代建筑新潮中,占有重要的地位。然而,木窗由于其所处的环境恶劣,长期经受风吹、雨打、日晒时,易腐朽变形,寿命较短,且受资源所限,木窗也就不再被广泛使用。

(2) 铝合金

在铝中加入适量的铜、镁、锰、硅、锌等元素即为铝合金,用铝合金材料制作的门窗称为铝合金门窗。铝合金门窗是继木、钢窗之后的第三代门窗产品,它比木窗耐腐蚀,不易朽坏,其氧化着色不脱落,不褪色,经久耐用;比钢窗轻,且密封性能都比木窗、钢窗好。因此近20年来,铝合金门窗发展迅速,逐渐替代了某些传统的门窗材料,得到广泛应用。但也正遭受第四代塑钢门窗的冲击,与塑钢门窗相比,铝合金仍有自身的优势:价格相对低,强度高,刚度好,不老化,不褪色,延展性强。

铝合金门窗的性能特点:

1) 重量轻、强度高,抗风压性能好

铝合金的密度为钢的1/3,而且采用薄壁空腹型材,耗用铝材少,但强度却接近于普通低碳钢。铝合金门窗抗风压性能好。抗风压性能是指在标准试验条件下,根据主要受力构件达到一定变形值时的压力差值。其值越高,抗风压性能越优良。A类平开铝合金窗的抗风压性能值为3 000~3 500 Pa。

2) 密封性能好

由于铝合金型材加工精度高,刚度大,构造措施合理,使其具有优良密封性能,即良好的气密性、水密性、隔声性和隔热性。气密性是指空气通过关闭门窗的性能。A类平开铝合金窗的气密性为 $0.5 \sim 1.0 \ m^3/(m^2 \cdot h)$。水密性是指门窗在一定脉冲平均风压下,保持不渗漏雨水的性能。A类平开铝合金窗的水密性为 $450 \sim 500 \ Pa$。隔声性是指对声波的阻隔性能。铝合金门窗的声计权隔声量为25 dB以上,属隔声门窗。铝合金门窗的隔热性按热阻值(单位为 $m^2 \cdot K/W$)分为三级,即Ⅰ级热阻值≥0.5、Ⅱ级热阻值≥0.33、Ⅲ级热阻值≥0.25。隔热Ⅰ级的隔热性最好,也即保温性能最好。

3) 耐腐蚀、坚固耐久

铝合金门窗具有优良的耐腐蚀性能,不锈、不腐、不褪色,可大大减少防腐维修的费用。铝合金整体强度高、刚度大、不变形、开闭轻便灵活、坚固耐用,使用寿命可达20年以上。

4) 外观精美、色泽光洁

铝合金门窗的框料表面经氧化着色处理,可着银白色、古铜色、暗红色等颜色,并可着上带色的花纹。与各式玻璃相配合,给建筑增添了光彩。

另外铝合金门窗施工方便,生产效率高,属节能门窗。

(3) 塑钢

塑钢是以聚氯乙烯树脂为主要原料,加上一定比例的稳定剂、改性剂、着色剂、填充剂、紫外线吸收剂等助剂,经挤出加工成型材。通过切割、焊接的方式制成门窗框、扇,配装上橡塑密封条、毛条、五金配件等附件而制成门窗。为增加型材的刚性,在型材空腔内添加钢衬,所以称之为塑钢门窗。

塑钢门窗具有如下性能特点。

1) 保温、节能性

塑料型材为多腔式结构,具有良好的隔热性能。其传热系数为 $2.45 \ W/(m^2 \cdot K)$,仅为钢材的1/357。在采暖地区使用比普通门窗节能30%~50%,被誉为新型节能门窗。

2) 空气渗透性(气密性)

Ⅰ类平开塑钢窗在压力差为10 Pa时,单位缝长空气渗透小于 $0.5 \ m^3/(m \cdot h)$。其值越小,气密性越好。门和推拉窗的空气渗透量的合格指标为不大于 $2.5 \ m^3/(m \cdot h)$,平开窗的空气渗透量的合格指标为不大于 $2.0 \ m^3/(m \cdot h)$。塑钢窗的气密性为木窗的3倍,铝窗的1.5倍。

3) 雨水渗透性(水密性)

雨水渗透性是指塑钢窗保持未发生渗漏的最高压力值。Ⅰ类塑钢门窗雨水渗透性不小于600 Pa,其值越大,水密性越好。门窗的雨水渗透性能的合格指标为不小于100 Pa。

4) 抗风压性能

塑钢门窗的抗风压性能的检测结果为2500 Pa,符合《建筑外墙抗风压性能分级及其检测方法》(GB 7106—1986)中第三级的要求。其值越大,抗风压性能越优良。

5) 隔声性

塑钢门窗的型材为多空腔结构,各部连接紧密,其空气声计权隔声性能不小于32 dB,符合《建筑外墙隔声性能分级及其检测方法》(GB 8485—1987)中第二级的要求。隔声效果比铝窗好。

6) 耐候性

塑料型材采用特殊配方,塑钢窗可长期使用于温差较大的环境中,烈日暴晒、潮湿都不会使塑钢门窗出现变质、老化、脆化等现象。

7) 防火性能

塑钢门窗不自燃、不助燃、能自熄,安全可靠,这一性能更扩大了塑钢门窗的使用范围。

另外,它还具备外观线条清晰、挺拔,造型美观,光洁细腻,抗老化,不褪色,耐腐蚀,耐冲击,启闭方便,使用寿命长等特点。

2. 窗的构造

(1) 窗的形式和尺度

1) 窗的形式

按所用材料分:窗分为木窗、钢窗(面临淘汰)、铝合金窗、塑钢窗。目前较多采用铝合金窗、塑钢窗。

按开启方式分:窗分为平开窗、固定窗、推拉窗、转窗、百叶窗等,如图10-22所示。

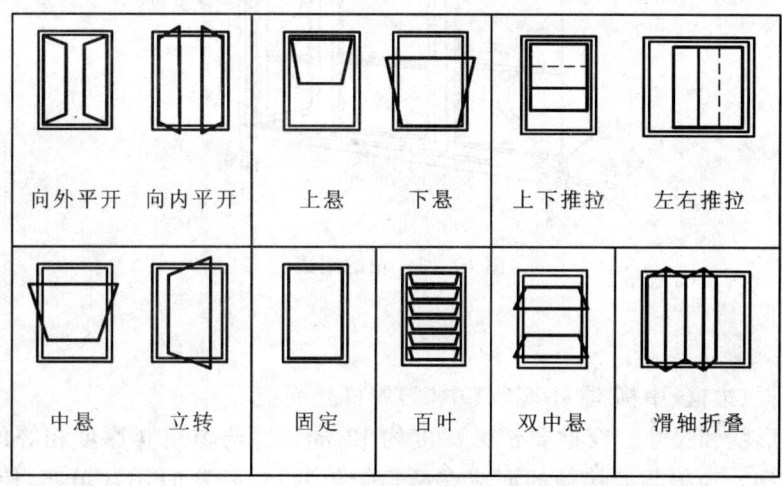

图 10-22　窗的开启方式

平开窗的窗扇是用铰链(合页)与窗框连接,向外或向内水平开启。其构造简单,开启灵活,采用较为广泛。

固定窗一般不设窗扇,它是将玻璃直接镶嵌在窗框上,只供采光和眺望之用。

推拉窗分水平推拉和垂直推拉两种,其优点是开启后不占室内空间,玻璃损耗小,但通风面积受到限制。铝合金窗、塑钢窗较多采用。

转窗可绕水平轴或垂直轴旋转开启。它分为上悬窗、下悬窗、中悬窗、立转窗。通常用于大型公共建筑以及一般建筑的楼梯间、门亮子等处。

百叶窗主要用于遮阳、防雨及通风,但采光差。

2) 窗的尺度

窗的尺度主要取决于房间的采光、通风、构造做法和建筑造型等要求,并要符合《建筑模数协调统一标准》(GBJ 2—1986)的规定。为使窗坚固耐久,一般平开木窗的窗扇高度为800～1 200 mm,宽度不宜大于500 mm,上下悬窗的窗扇高度为300～600 mm,中悬窗窗扇高度不宜大于1 200 mm,宽度不宜大于1 000 mm;推拉窗高宽均不宜大于1 500 mm。

(2) 平开木窗的构造

窗是由窗框、窗扇(玻璃扇、纱扇)、五金(铰链、风钩、插销)及附件(窗台板、贴脸板)等组成,如图 10-23 所示。

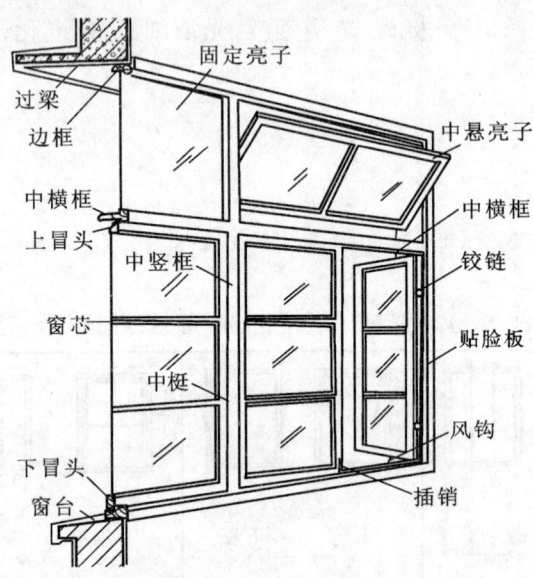

图 10-23 窗的组成

1) 窗框

窗框由上下框、边框、中横框、中竖框(中梃)等榫接而成。

窗框的断面形状和尺寸。窗框要铲去深度约 12 mm,宽与窗扇料厚度相等的铲口(也叫裁口),以便镶嵌窗扇。窗框与墙接触的面应在两角铲出灰口,抹灰时用灰填塞,使窗框与墙接缝严密。一般单层窗的上下框、边框断面厚 40~60 mm,宽 70~95 mm(净尺寸)。中横框和中竖框断面尺寸应相应增大。双层窗窗框的断面宽度应比单层窗宽 20~30 mm,如图 10-24 所示,图中虚线为木材毛料轮廓,粗实线为设计尺寸(净尺寸)。

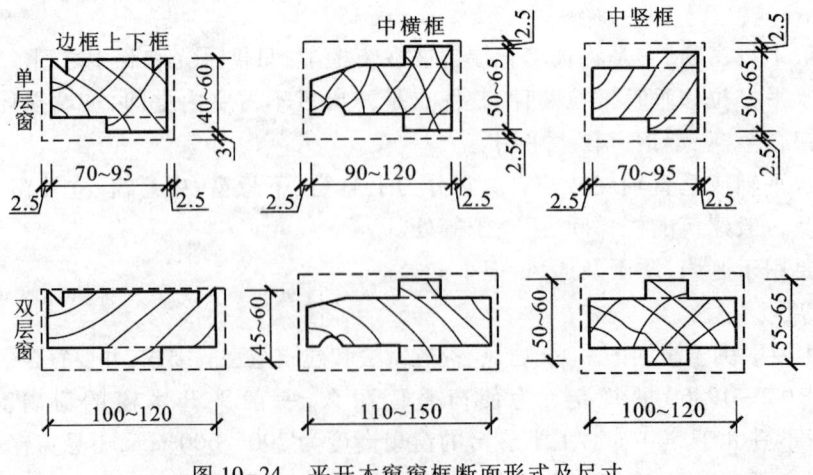

图 10-24 平开木窗窗框断面形式及尺寸

窗框在墙洞中的位置。窗框在墙洞中的位置一般有如下三种情况：

窗框内平：窗框内平是指窗框内表面与墙抹灰后内表面在一个垂直面上。因此，在安装时窗框应突出砖面，其突出宽度应等于墙体抹灰厚度。在框与抹灰面交接处，应增设贴脸板。

窗框外平：窗框外平是指窗扇是内开时，窗框外表面与墙体外表面在同一垂直面上。窗框的栽口在内侧。

窗框居中：窗框居中是指在墙体较厚时，可居中。外侧可设窗台，内侧可设窗台板。如图 10-25 所示。

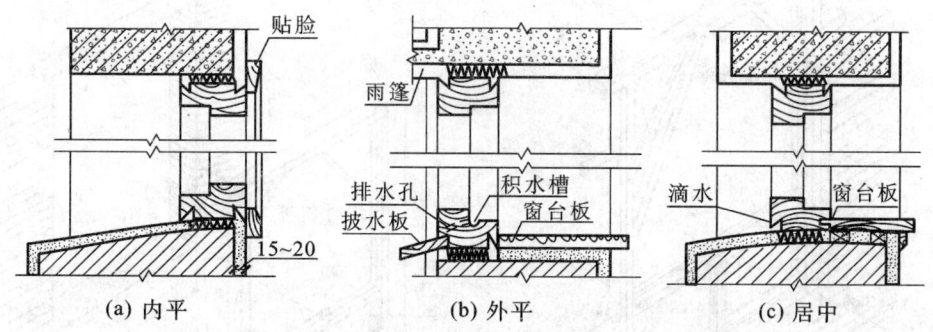

图 10-25　木窗框在墙洞中的位置及窗框与墙缝的处理

窗框的防水处理。外开窗中横框和内开窗的下边框两个位置都是雨水容易流入室内的部位。所以外开窗在中横框上要做披水条。内开窗要在窗扇下部做披水条。披水底面要做滴水，防止雨水漫流渗入。在窗框上做积水槽和排水孔，以便把渗入雨水排除，如图 10-26 所示。

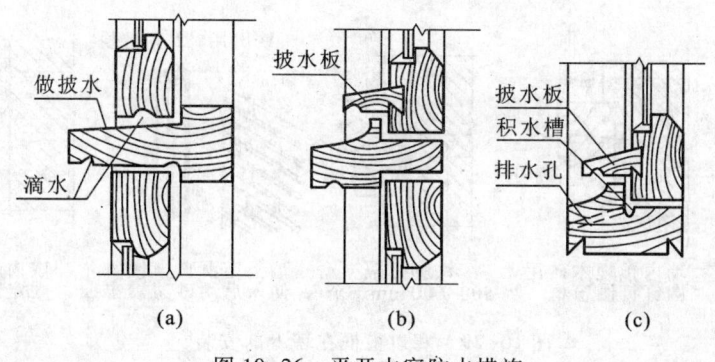

图 10-26　平开木窗防水措施

窗框安装。窗框与窗洞口的固定方式有立口和塞口两种。

立口：立口也叫站口或站套子，是当墙砌至窗台标高时，把窗框立在相应位置，而后砌墙。窗框上、下框伸出的长度（羊角）砌入墙内。在边框外侧每隔 500～700 mm 设一块木砖，它可与窗框榫接，也可以用铁钉钉在窗框上。所有砌入墙内的木砖和与墙接触的木材面，均应涂刷沥青进行防腐处理。如图 10-27 所示。

塞口:塞口也称塞樘子。砌墙时,在相应位置上预留出窗洞口并安装好过梁,然后将窗框塞入洞口内安装,如图10-28所示。采用此法,不得留出羊角,且应在砌墙时,在窗洞两侧沿高度每500~700 mm预埋防腐木砖或预留缺口,以便用圆钉或水泥砂浆将门框固定。框与墙间的缝隙用沥青麻丝嵌填,如图10-29所示。预留洞口的尺寸为:洞口宽度=窗框宽+(20~30 mm);洞口高度=窗框高+(10~20 mm)。

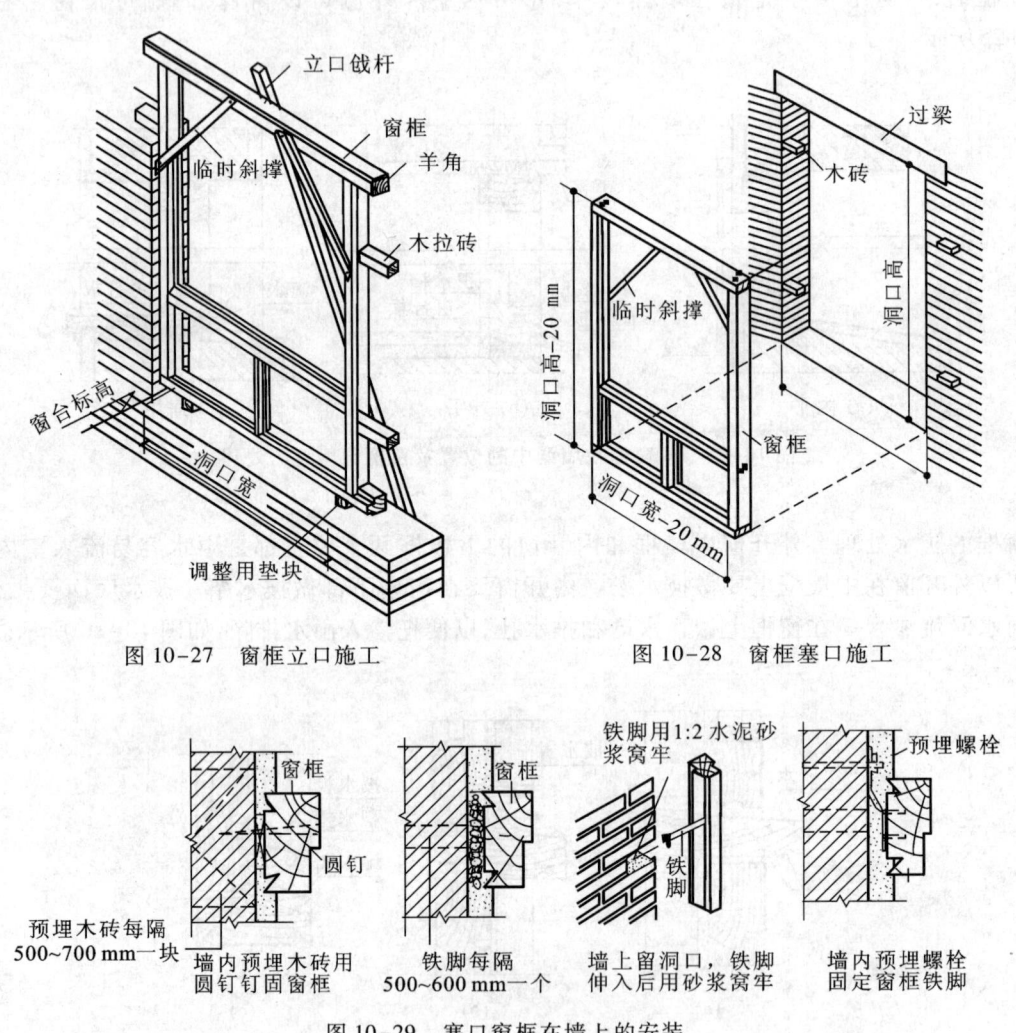

图10-27 窗框立口施工　　图10-28 窗框塞口施工

图10-29 塞口窗框在墙上的安装

2) 窗扇

通常有玻璃扇和纱窗扇。窗扇是由上下冒头和边梃榫接而成,有时还用窗芯(又叫窗棂)分格。

断面形状与尺寸。窗扇的上下冒头、边梃、窗芯均设有裁口。裁口深度为8~12 mm,宽度为12~15 mm,一般设在外侧。用于玻璃扇的边梃及上冒头断面厚×宽约为(35~42) mm×(50~60) mm,下冒头可适当加大,如图10-30所示。

玻璃的安装。玻璃一般用油灰或木压条嵌固。具体做法是先用小钉将玻璃卡住,再用油灰嵌固，对不受雨水侵蚀的窗扇，可用木压条嵌固，如图10-31所示。

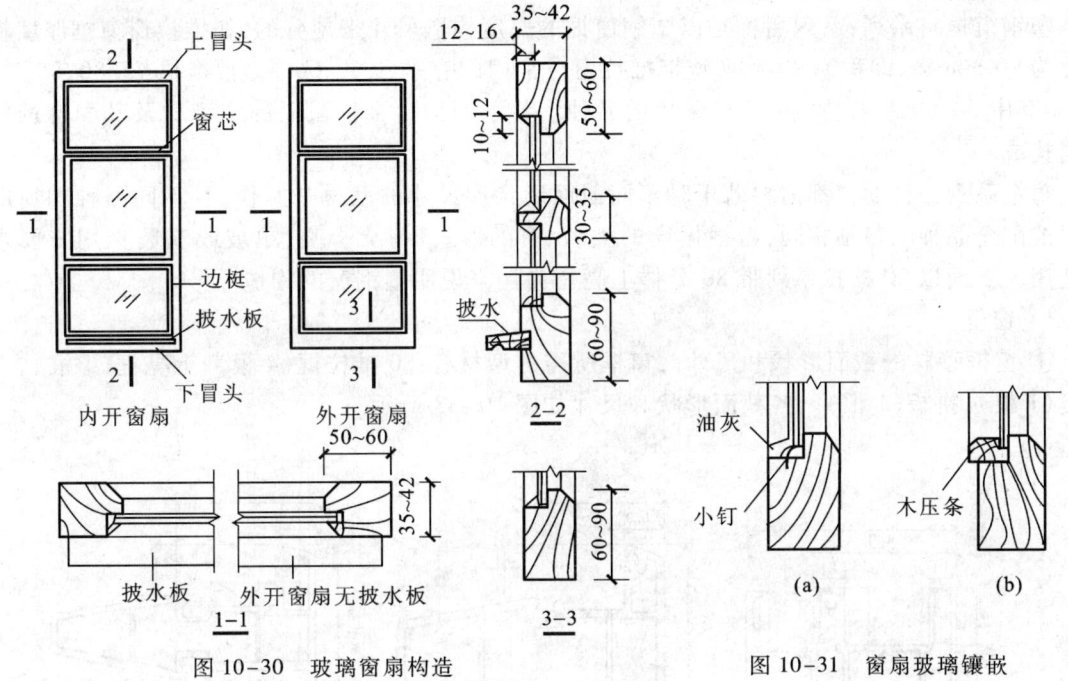

图10-30　玻璃窗扇构造

图10-31　窗扇玻璃镶嵌

如图10-32所示为外开窗的构造详图。

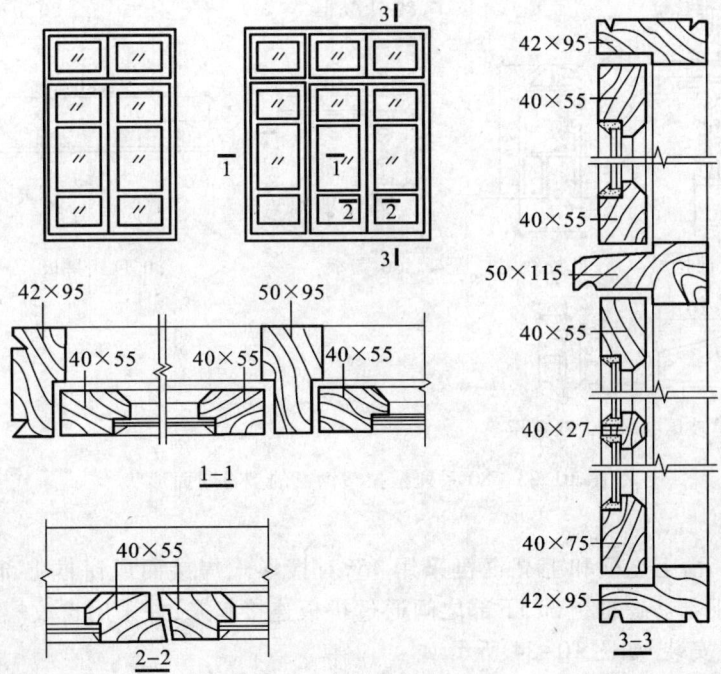

图10-32　外开窗构造

(3) 塑钢窗的构造

塑钢窗的主要类型有:固定窗、平开窗、推拉窗等。

塑钢窗框料系列:系列名称是以塑钢窗框的厚度构造尺寸来划分的,如推拉窗窗框厚度构造尺寸为 90 mm 宽,即称为 90 系列塑钢推拉窗。常用的有平开 60、66 系列,推拉 73、80、85、88 系列等,其中 60、80 系列是目前广泛采用的品种。各系列均由多种截面的主型材及其配套的辅助型材构成。

每个系列品种的窗都需要若干种不同截面形状和尺寸的型材来制作,且不同品种的窗所需型材的配套品种也各不相同,需根据窗的类型、窗的形式(有无上亮,单玻或双玻)、用户要求等来选用。下面以 80 推拉系列带 80 分体上亮窗为例来说明塑钢窗的构造。

1) 窗框

① 窗框型材的截面形状和尺寸。窗框所需的型材有:80 推拉框(4 根),上亮框(4 根),上亮框梃(1 根),拼板(1 根)。各截面形状和尺寸如图 10-33 所示。

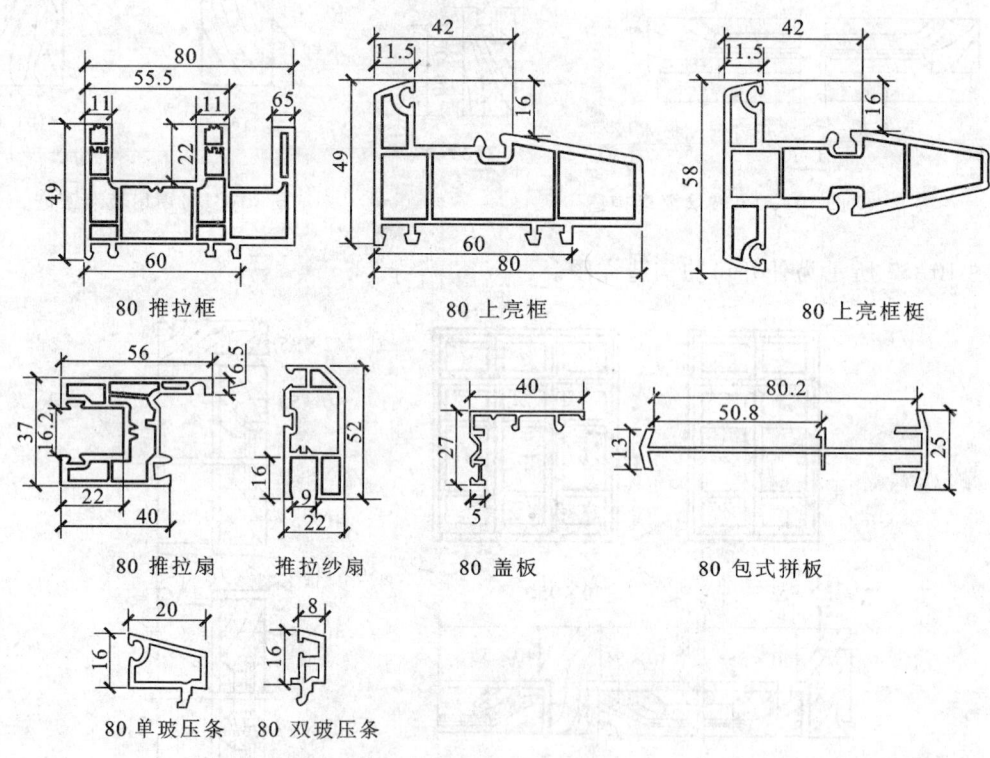

图 10-33　80 系列推拉塑钢窗的型材断面形状

② 窗框制作。由上亮框和上亮框梃采用 45°对接形式焊接而成窗框上部。由 4 根推拉框 45°焊接而成窗框下部。窗框上部、下部之间通过拼板连接起来,并采用自攻螺钉连接成整体,再装入墙洞进行窗框安装,如图 10-34 所示。

③ 窗框底部的防水处理。为使雨水、冷凝水排出室外,应在下框适宜部位铣排水孔,排水孔不应与钢衬主腔相通,以免主腔进水锈蚀衬钢。

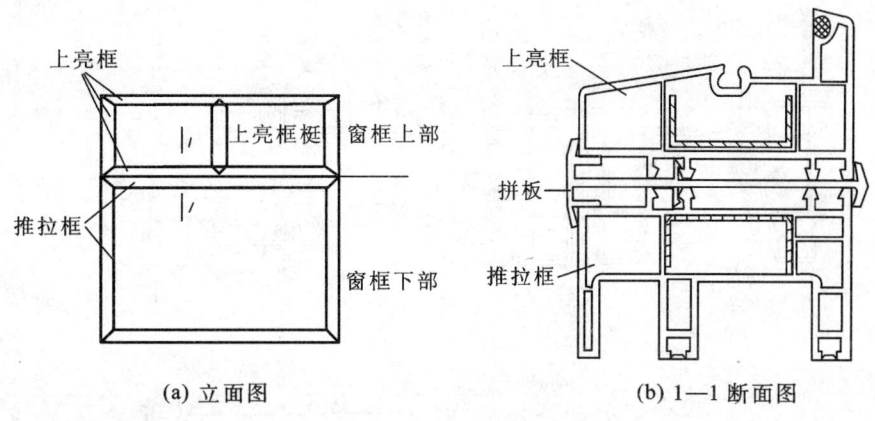

图 10-34 窗框连接图

2）窗扇

窗扇由多种型材、附件（密封胶条、毛条）、五金（锁、滑轮）等组成。

① 窗扇型材的截面形状和尺寸。窗扇所需的型材有 80 推拉扇（8 根）、80 盖板（2 根）、80 玻璃压条（单玻压条或双玻压条）、推拉纱扇（4 根）等。其截面形状和尺寸如图 10-33 所示。

② 窗扇制作。窗扇由 4 根推拉扇型材焊接而成，清洁焊角，并按要求装上密封胶条，再将玻璃放入玻璃槽内，用玻璃压条将其固定，并在窗扇底部两侧安装滑轮。纱扇作法相同。

80 系列推拉窗的构造详图如图 10-35 所示。

平开窗的构造与推拉窗基本相同，构造详图如图 10-36 所示。

另外，各系列型材均有与之配套的拼接型材，当窗为组合窗（如转角窗、阳台窗等）时，窗框之间需用拼接件连接。拼接图如图 10-37 所示。

3）塑钢窗的安装

① 塑钢窗框安装方法。塑钢窗均采用塞口法安装，不得采用立口法，且必须在窗洞打底或粉刷前安装。安装方法有膨胀螺栓固定法（常用 MIO 膨胀螺栓）和固定片固定法（材料为自攻螺钉、固定片）。

窗框与墙体固定时，应先固定上框，后固定边框。将窗框装入洞口，用木楔临时固定，调整窗框的垂直度、水平度至横平竖直。如采用固定片安装，应先将与墙体连接的固定片用自攻螺钉紧固于窗框上，再将窗框装入洞口。固定件与墙体用膨胀螺栓或射钉连接（砖墙严禁用射钉）。固定片的位置应装在距离窗框角及中横框、中竖框 150～200 mm 处，固定片间距应不大于 600 mm，不得将固定片直接装在中横框、中竖框的档头上。窗框与洞口伸缩缝内腔用闭孔泡沫及发泡聚苯乙烯等弹性材料分层填充，不宜过紧，以免框架变形。对于保温隔声等级要求较高的工程，应采用相应的隔热隔声材料填塞。填塞后，撤掉临时木楔或垫块，其空隙也采用闭孔弹性材料填塞，表面用嵌缝膏密封。膨胀螺栓固定法是直接将窗框临时固定，调整至横平竖直，用膨胀螺栓将窗框与墙体连接，如图 10-38 所示。

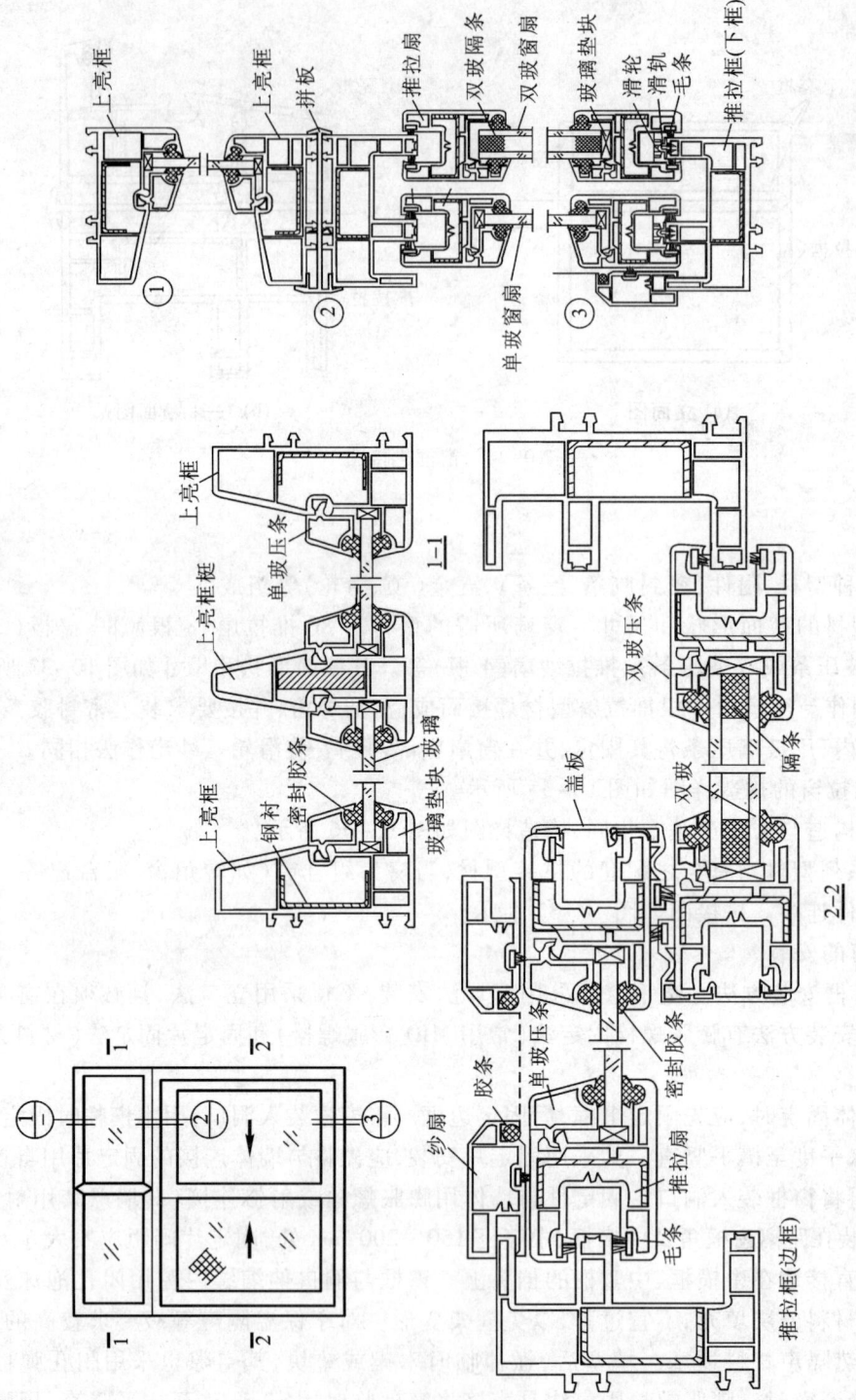

图 10-35 80 系列推拉窗构造图

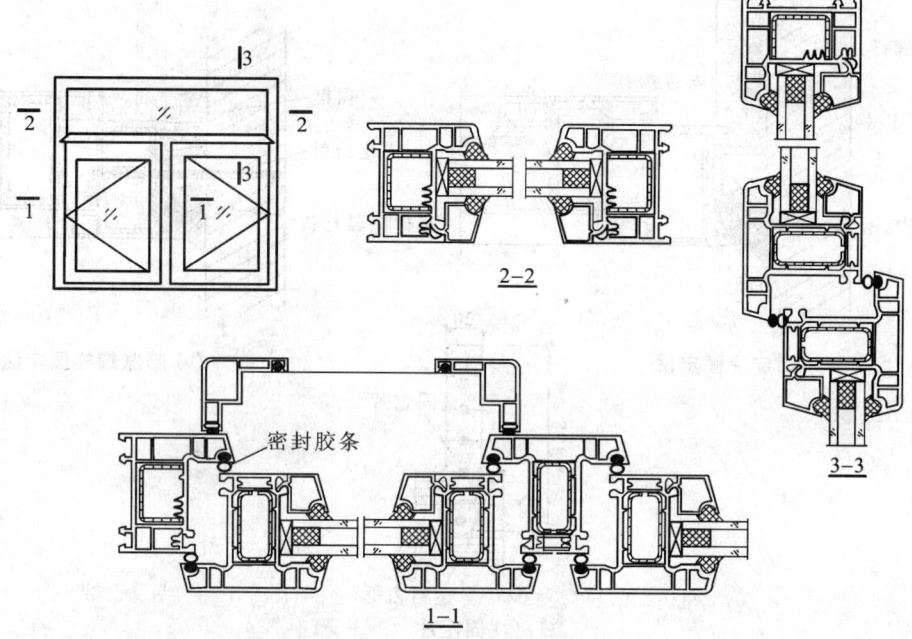

图 10-36 60 系列平开窗构造图

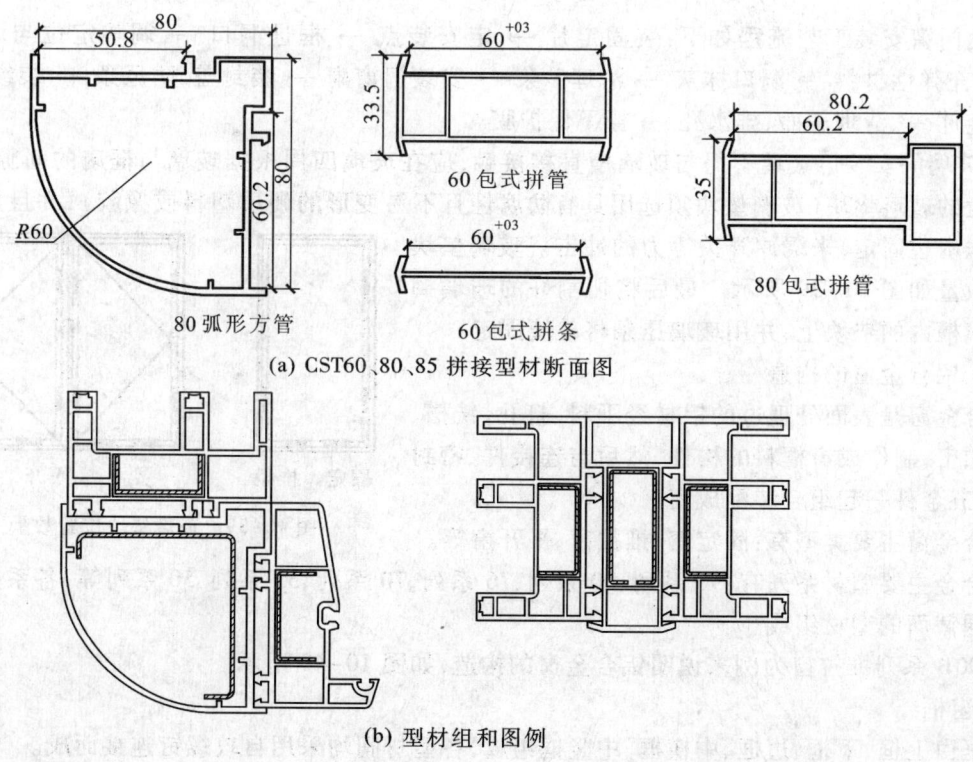

(a) CST60、80、85 拼接型材断面图

(b) 型材组和图例

图 10-37 拼接型材

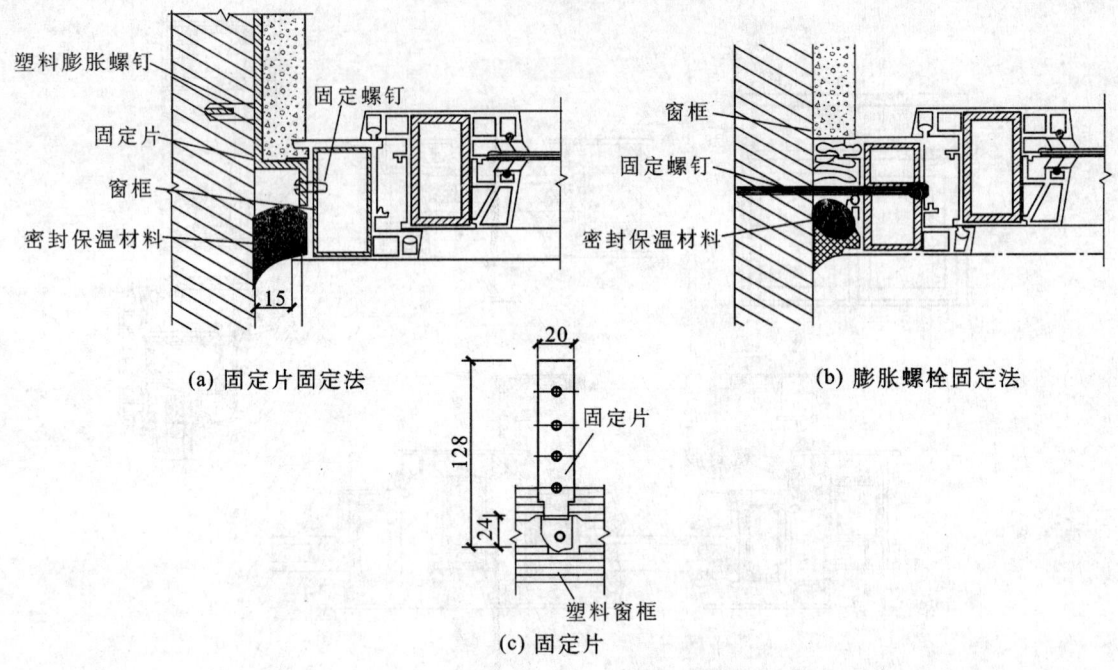

图 10-38　塑钢窗框与墙体连接节点图

　　塑钢门窗安装工艺流程如下：装固定片 → 定安装点 → 框进洞口 → 调整定位与墙体固定 → 填充弹性材料 → 洞口抹灰 → 清理砂浆 → 安装门窗扇 → 装封盖、防风条 → 装纱扇 → 安装五金件 → 清理表面、排水孔 → 撕下保护膜。

　　② 玻璃的安装。玻璃不得与玻璃槽直接接触，应在玻璃四周根据玻璃与框扇的间隙，设置不同厚度的玻璃垫块（玻璃垫块须选用具有防腐性且不易变形的硬质塑料或橡胶），并且用胶将垫块与框扇边固定，来缓冲开关等力的冲击。玻璃垫块的位置数量如图 10-39 所示。最后将切割好的玻璃搁置在玻璃槽内的垫块上，并用玻璃压条将玻璃固定。

　　(4) 铝合金窗的构造

　　铝合金窗是表面处理过的铝材经下料、打孔、铣槽、攻丝等加工，制作成窗框料的构件，然后与连接件、密封件、开闭五金件一起组合装配成窗。

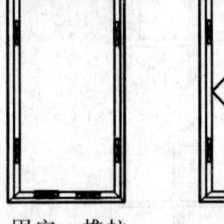 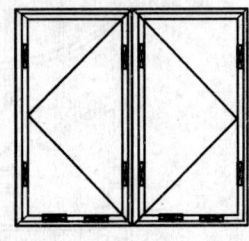

固定、推拉　　　平开

图 10-39　玻璃垫块位置数量

　　铝合金窗主要类型有：固定窗、推拉窗、平开窗等。

　　铝合金主要型材系列有：90 系列、80 系列、76 系列、70 系列、55 系列、50 系列等，各系列均由多种不同截面的型材组成。

　　以 90B 系列推拉窗为例来说明铝合金窗的构造，如图 10-40 所示。

　　1) 窗框

　　窗框由上框、下框、边框、中横框、中竖框组成，各型材间均采用自攻螺钉连接而成。

　　2) 窗扇

　　该例窗扇由上亮固定扇和推拉窗扇组成。

① 上亮固定扇。上亮固定扇是用胶和自攻螺钉将铝合金扣条固定在窗框上，在其下端和左右侧恰当位置固定玻璃垫块，将玻璃放入玻璃槽内，用压条固定玻璃。玻璃四周不得与铝材直接接触，需用橡胶密封条嵌入槽内，以保证密封效果以及玻璃的正常安装。

② 推拉窗扇。推拉窗扇是将左右边梃、下冒头用自攻螺钉连接，并在恰当位置固定玻璃垫块，将玻璃从窗扇上端沿槽滑入，再安装上冒头，如图10-41所示。注意玻璃四周同样需用胶条密封，并在窗扇底边两侧固定滑轮。

平开窗与推拉窗构造基本相同，如图10-42所示。

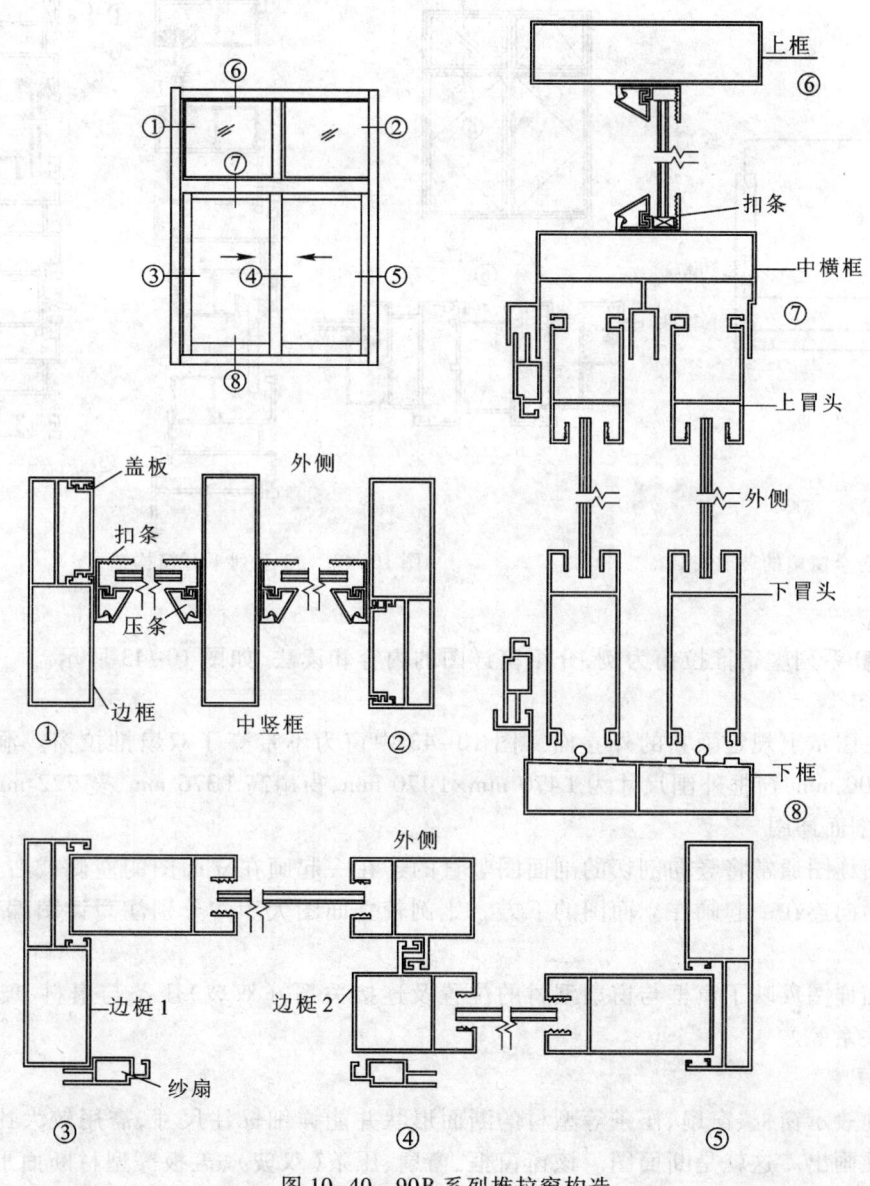

图10-40　90B系列推拉窗构造

3）窗框安装

铝合金窗框安装与塑钢窗窗框安装基本相同,在这里不再赘述。

(5) 窗详图的阅读

窗详图通常由立面图、节点剖面详图、断面图及技术说明等组成。在设计中选用通用图时,施工图中,只要说明详图所在的通用图集中的编号,不必另画详图。

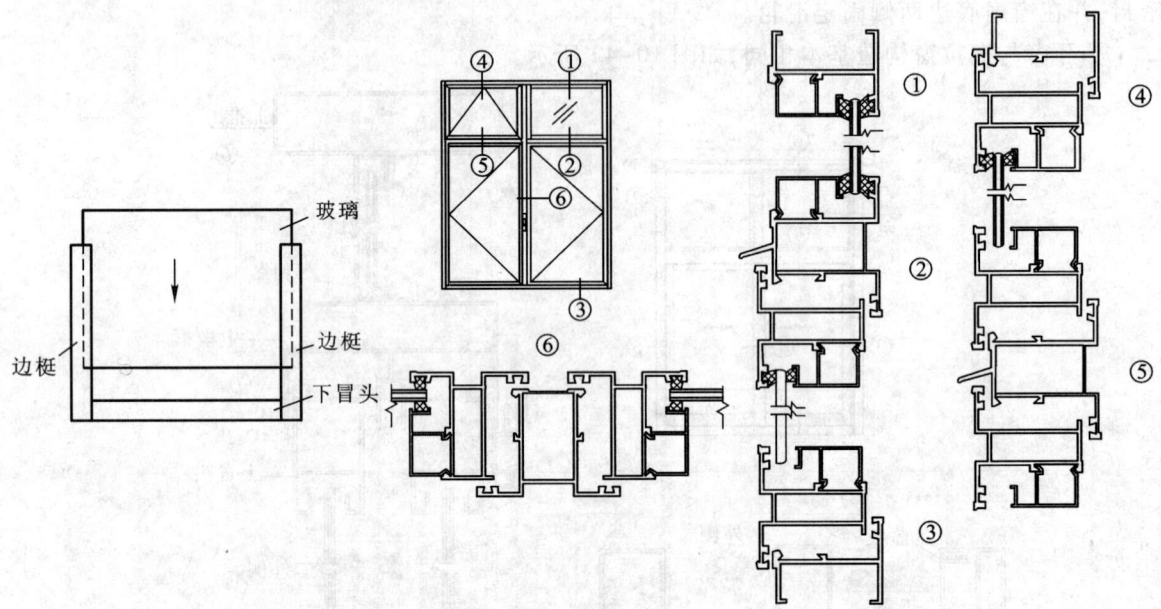

图 10-41　铝合金窗扇的玻璃安装　　　　图 10-42　50 系列平开窗构造

下面以 60 系列塑钢推拉窗为例,介绍窗详图的内容和读法,如图 10-43 所示。

1) 立面图

立面图在图示上规定画它的外立面。图 10-43 中窗为不带亮子双扇推拉窗。洞口尺寸为 1 500 mm×1 500 mm,窗框外围尺寸为 1 470 mm×1 470 mm,窗扇高 1 376 mm,宽 722 mm。

2) 节点剖面详图

节点剖面详图通常将竖向剖切的剖面图竖直的连在一起画在立面图的左侧或右侧;横向剖切的剖面图横向连在一起画在立面图的下方。比例较立面图大。并分别注写详图编号,以便与立面图对照。

节点剖面详图反映了窗框与窗扇型材的位置及连接关系,(双玻)压条与扇料、玻璃(双层)之间的连接关系等。

3) 断面图

为清楚地表示窗框、窗扇、压条等型材的断面形状并能详细标注尺寸,需用较大比例将上述断面分别单独画出。这就是断面图。该窗窗框、窗扇、压条(双玻)、盖板等型材断面形状和尺寸如图 10-43 所示。

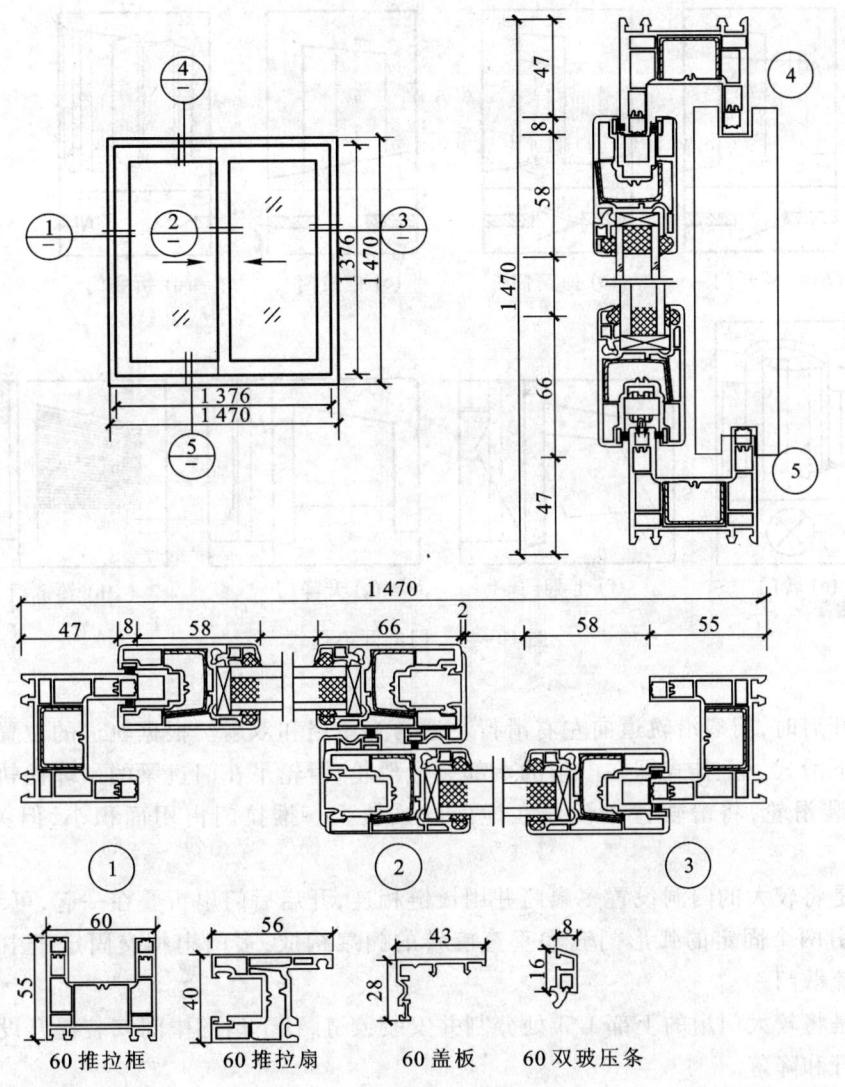

图 10-43 窗详图

3. 门的构造

（1）门的形式与尺度

1）门的形式

按使用材料分：门分为木门、铝合金门、塑钢门等。其中以木门最宜用于内门。木门轻便，手感好，很受用户欢迎。

按开启方式分：门分为平开门、弹簧门、推拉门、折叠门、转门等，如图 10-44 所示。

平开门是最常见的一种开启方式，它的铰链装于门扇的一侧与门框相连，使门扇围绕铰链轴转动。开启方便，噪声小，关闭时封密性好。平开门可根据需要做成内开、外开、单扇、双扇。

弹簧门开启方式与普通平开门相同，不同之处是以弹簧铰链代替普通铰链。能向内、向外开启并开启后自动关闭。适用于人流较多或需隐蔽的房间。

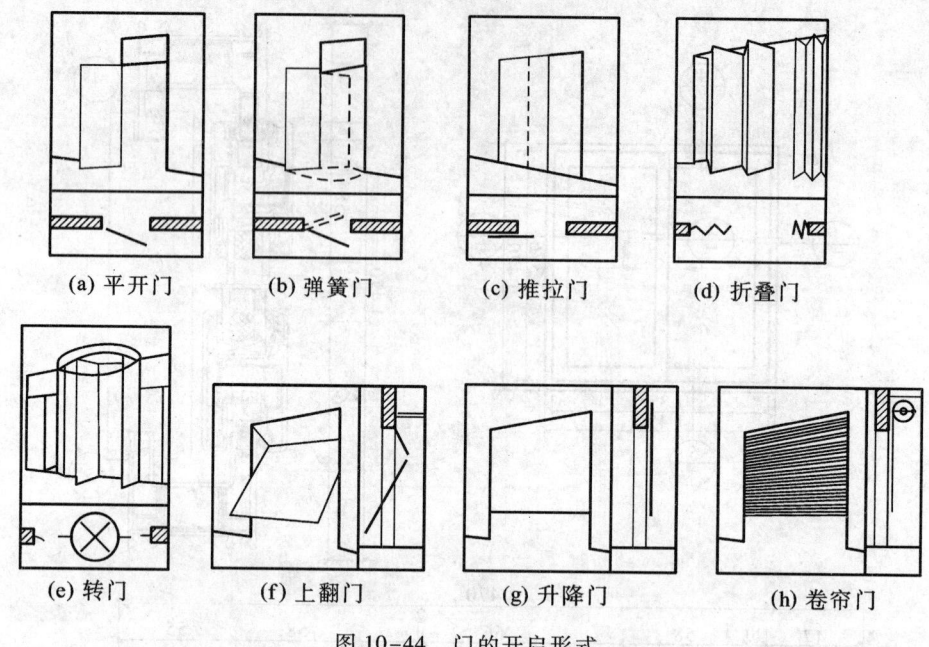

图 10-44 门的开启形式

推拉门开启时,门扇沿轨道向左右滑行。通常为单扇和双扇。根据轨道的位置,推拉门可分为上挂式和下滑式。上挂式即在门扇的上部装置滑轮,滑轮吊在门过梁的预埋铁轨上;下滑式即在门扇下部装滑轮,将滑轨置于预埋在地面的铁轨上。推拉门占用面积小,但关闭时密封性不好。

折叠门是将较大的门洞设置多扇门并用铰链相连,开启后门扇折叠在一起,可节省占地。

转门是由两个固定的弧形门套和垂直旋转的门扇构成,多门扇相交固定于中轴上,绕轴旋转。不能作疏散门。

翻板门是将较大门扇的上部 1/3 处分割并安装铰链,在下扇的中间安装提升设备,可沿门洞边的导轨提升和降落。

卷帘门的门扇是由条状金属扣板相互铰接组成。门上端设置滚筒,门洞内侧设有金属导槽,门扇可沿导槽被卷入滚筒而上升开启。

2)门的尺度

门的尺度通常是指门洞的高宽尺寸。门作为交通疏散通道,其尺度取决于人的通行要求,家具器械的搬运及与建筑物的比例关系等,并要符合现行《建筑模数协调统一标准》(GBJ 2—1986)的规定。

一般民用建筑门的高度不宜小于 2 100 mm。如门设有亮子时,亮子高度一般为 300~600 mm,则门洞高度为门扇高加亮子高,再加门框及门框与墙间的缝隙尺寸,即门洞高度一般为 2 400~3 000 mm。公共建筑大门高度可视需要适当提高。

门的宽度:单扇门为 700~1 000 mm,双扇门为 1 200~1 800 mm。宽度在 2 100 mm 以上时,则做成三扇、四扇门或双扇带固定扇的门,因为门窗过宽易产生翘曲变形,同时也不利于开启。辅助房间(如浴厕、贮藏室等)门的宽度可窄些,一般为 700~800 mm。

（2）平开木门的构造

门一般由门框、门扇、亮子、五金及其附件组成，如图10-45所示。

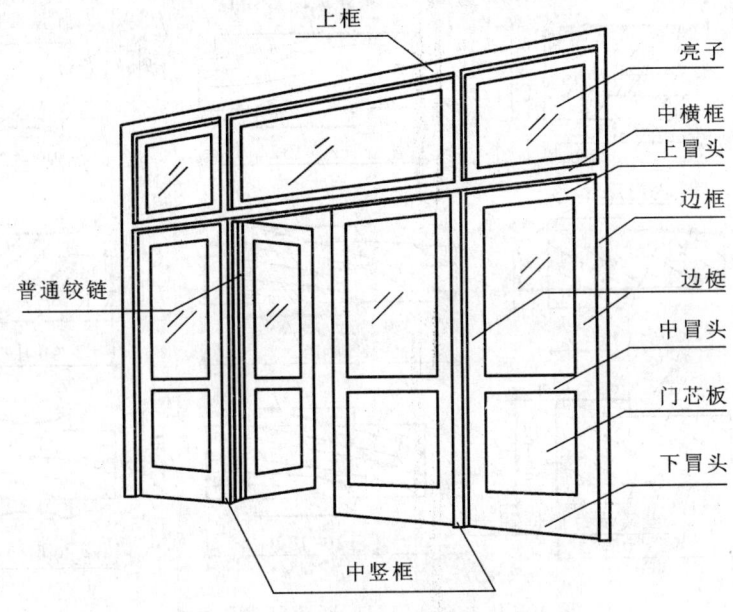

图10-45　平开木门的构造组成

1）门框

门框一般由两根竖直的边框和上框组成，当门带有亮子时，还有中横框，多门扇则有中竖框。

门框断面。门框的断面形式与门的类型和门扇的层数（单层、双层即一层木门扇和一层纱门扇）有关。与窗类似，门框上要有裁口，裁口可分单裁口、双裁口，裁口深度为8～10 mm，宽度大于门扇宽度1～2 mm。门框的毛料尺寸：双裁口的木门（装双层门扇）厚×宽为（60～70）mm×（130～150）mm；单裁口的木门（安装单层门扇）厚×宽为（50～70）mm×（100～120）mm，如图10-46所示。由于门框靠墙一面易受潮变形，故常在该面开1～2道背槽，以免产生翘曲变形，同时也利于门框的嵌固。背槽的形状可为矩形或三角形，深度约8～10 mm，宽约12～20 mm。

门框的安装。木门框的安装与木窗框安装相同，分立口和塞口两种方式，这里不再赘述。

门框在墙中的位置。门框在墙中的位置有三种：门框外平、门框居中和门框内平，如图10-47所示。一般多与开启方向一侧平齐，尽可能使门扇开启时贴近墙面。

2）门扇

常用的木门扇有镶板门（包括玻璃门、纱门）、夹板门、拼板门等。

① 镶板门。使用较广泛，门扇由边梃、上冒头、中冒头、下冒头组成骨架，内装门芯板而构成，如图10-48所示，构造简单，制作方便，适用于一般民用建筑作内门和外门。

门扇的边梃与上、中冒头的断面尺寸一般相同，厚度为40～45 mm，宽度为100～120 mm，下冒头的宽度一般加大为160～250 mm，并与边梃采用双榫结合。

门芯板一般采用10～12 mm厚的木板、胶合板、硬质纤维板、塑料板、玻璃（称为玻璃门）、塑料纱（称为纱门）、百叶（称为百叶门）。

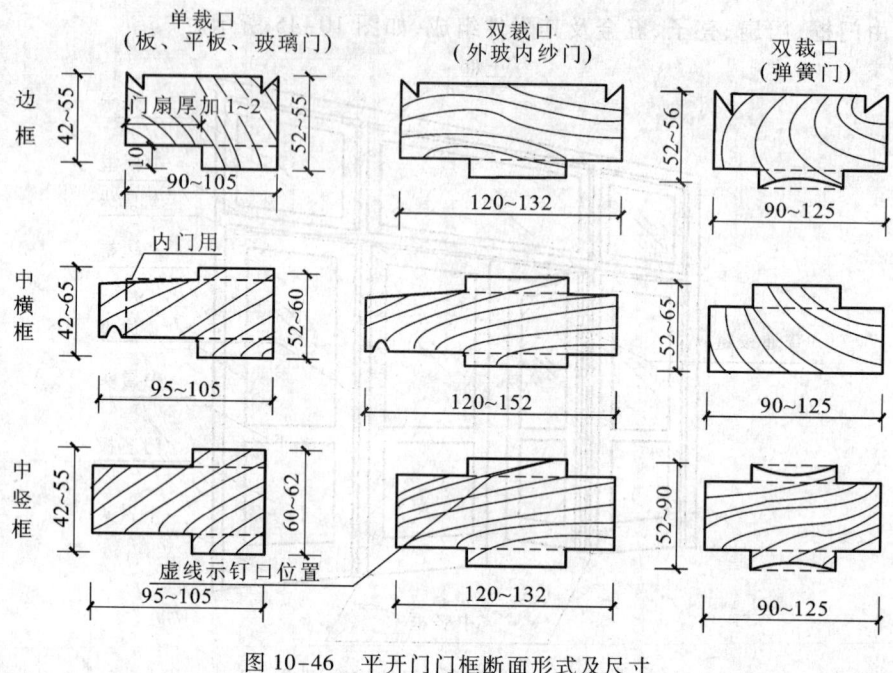

图 10-46 平开门门框断面形式及尺寸

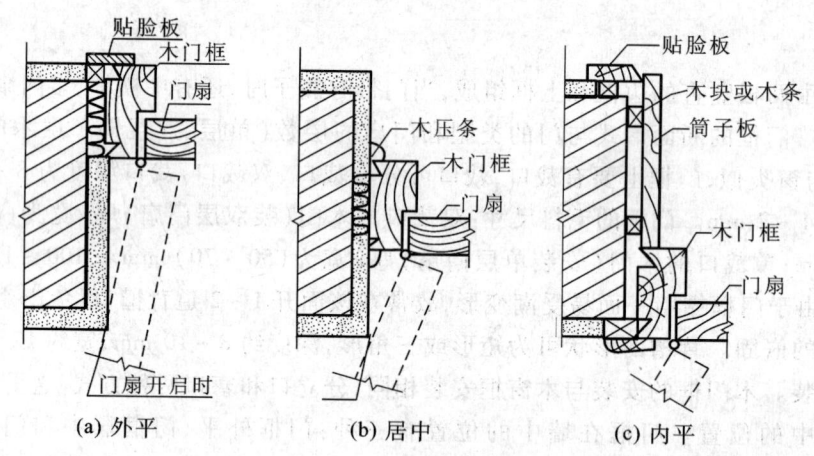

图 10-47 木门框在墙洞中的位置

② 夹板门。夹板门门扇由木骨架和面板组成,如图 10-49 所示。夹板门用料断面小、自重轻、外型简洁美观。一般作室内门。

夹板门的骨架 常用厚 30~36 mm,宽 30~60 mm 小木枋组成木外框。中间用木条做成格形肋条,肋条可单向排列、双向排列、密肋形式,间距一般为 200~400 mm,门锁安装处需另加上锁木。骨架类型如图 10-50 所示。为了使夹板门的湿气易于排出,减少面板变形,骨架内的空气应能上下对流,可在门扇上冒头设小型排气孔。

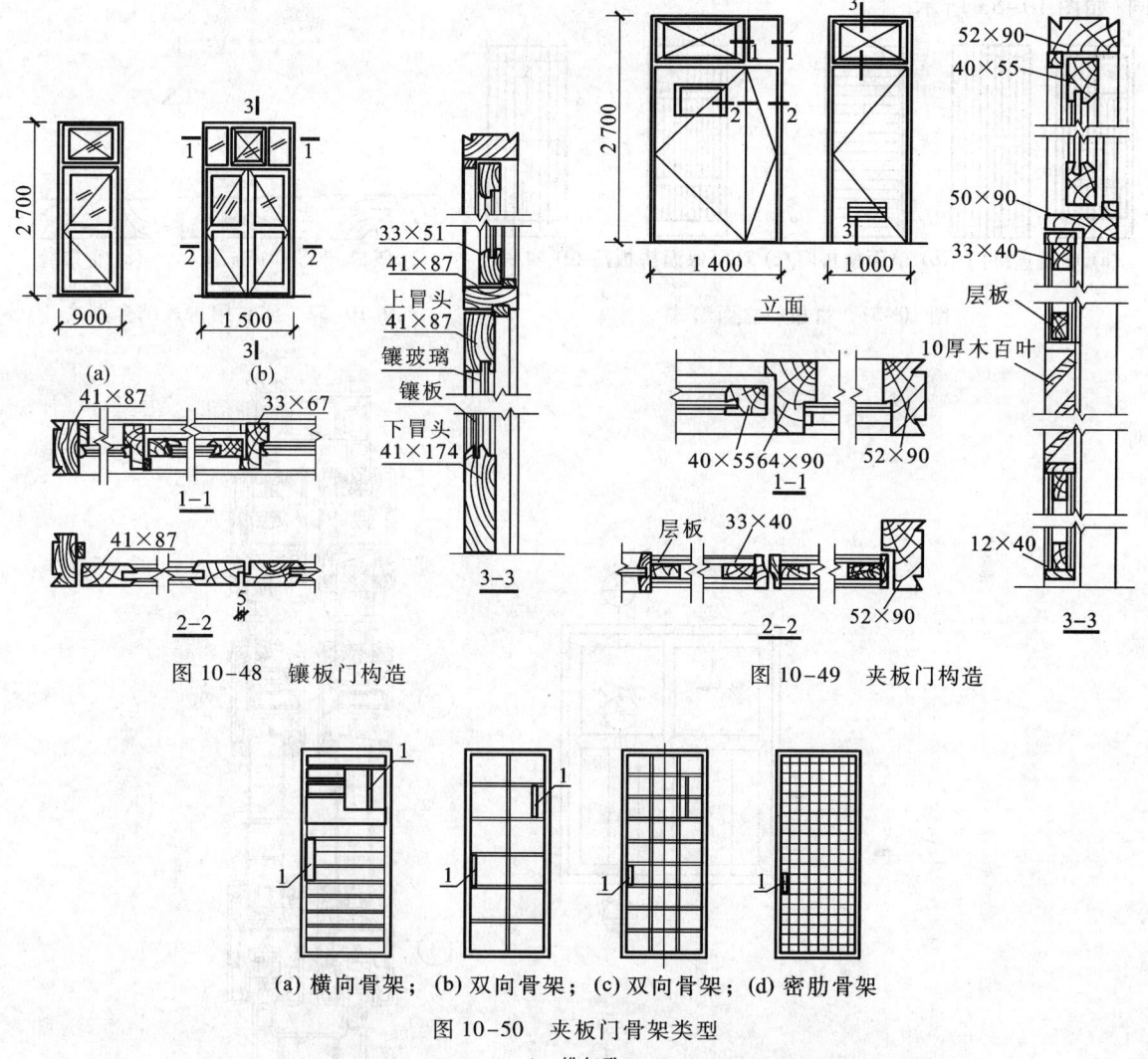

图 10-48 镶板门构造　　图 10-49 夹板门构造

(a) 横向骨架；(b) 双向骨架；(c) 双向骨架；(d) 密肋骨架

图 10-50 夹板门骨架类型
1—排气孔

夹板门的面板材料有胶合板、纤维板、塑料板等，可直接粘贴在骨架的两面。

③ 拼板门。拼板门的门扇由骨架和条板组成。有骨架的拼板门称为拼板门，而无骨架的称为实拼门。有骨架的拼板门又分为单面直拼门、单面横拼门、双面保温拼板门三种，如图 10-51 所示。拼板厚 12~15 mm，其骨架断面尺寸为（40~50）mm×（95~105）mm。拼板与骨架结合主要是单面槽结合。实拼门的板厚为 45 mm 左右。实拼门拼板的结合方式有斜缝、高低缝、企口缝。如图 10-52 所示。

(3) 塑钢门的构造

1) 塑钢门的构造

塑钢门所需型材品种与塑钢窗基本相同，不同之处有：

① 门需有门板、门板压条等型材。

② 推拉门多作内门，一般不带纱门，不需用纱扇、纱扇滑道两种型材。构造与塑钢窗基本相

同,如图 10-53 所示。

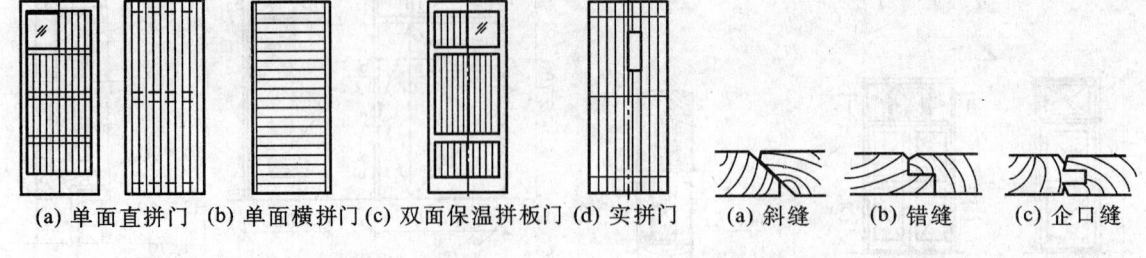

(a) 单面直拼门 (b) 单面横拼门 (c) 双面保温拼板门 (d) 实拼门

图 10-51 拼板门立面形式

(a) 斜缝　(b) 错缝　(c) 企口缝

图 10-52 实拼门拼板结合方式

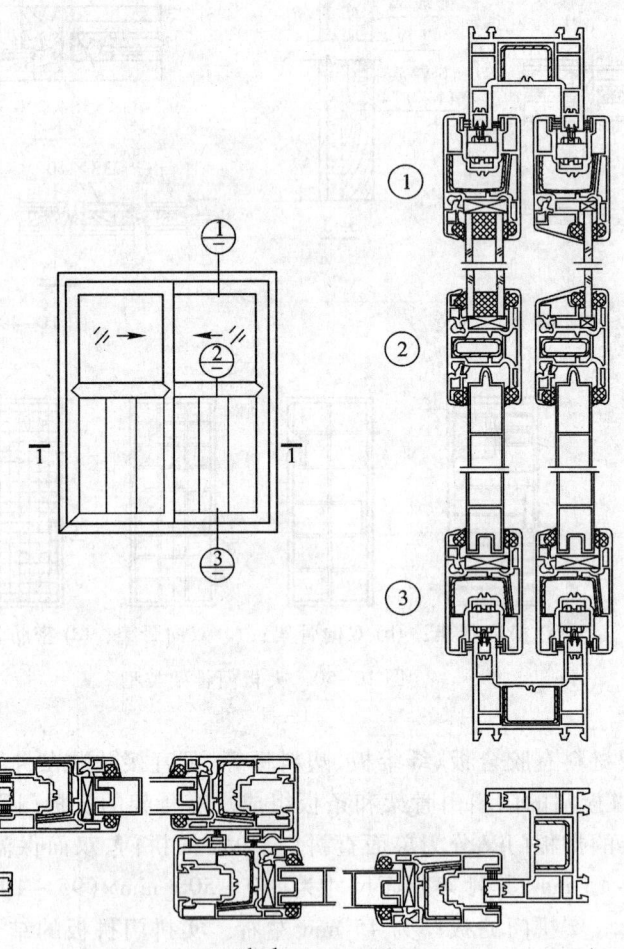

图 10-53 60 系列推拉门构造

2) 塑钢门的安装

门框的安装应在地面工程和墙面粉刷前进行。将门搬到相应的洞口旁放置,在门框及洞口上画出垂直中线,并在门上框及边框上安装固定片,确定门框的安装位置并把门框装入洞口。然后将上框的一个固定片固定在墙体上,并调整门框的水平度、垂直度和角度。然后将其余固定片固定在墙上,其固定方法同窗。用弹性填充料填塞门框与洞口缝隙,做法同窗。待水泥砂浆硬化后安装门扇,最后安装门锁、执手等五金配件。

（4）铝合金门的构造

铝合金门构造与铝合金窗相同,如图10-54所示。

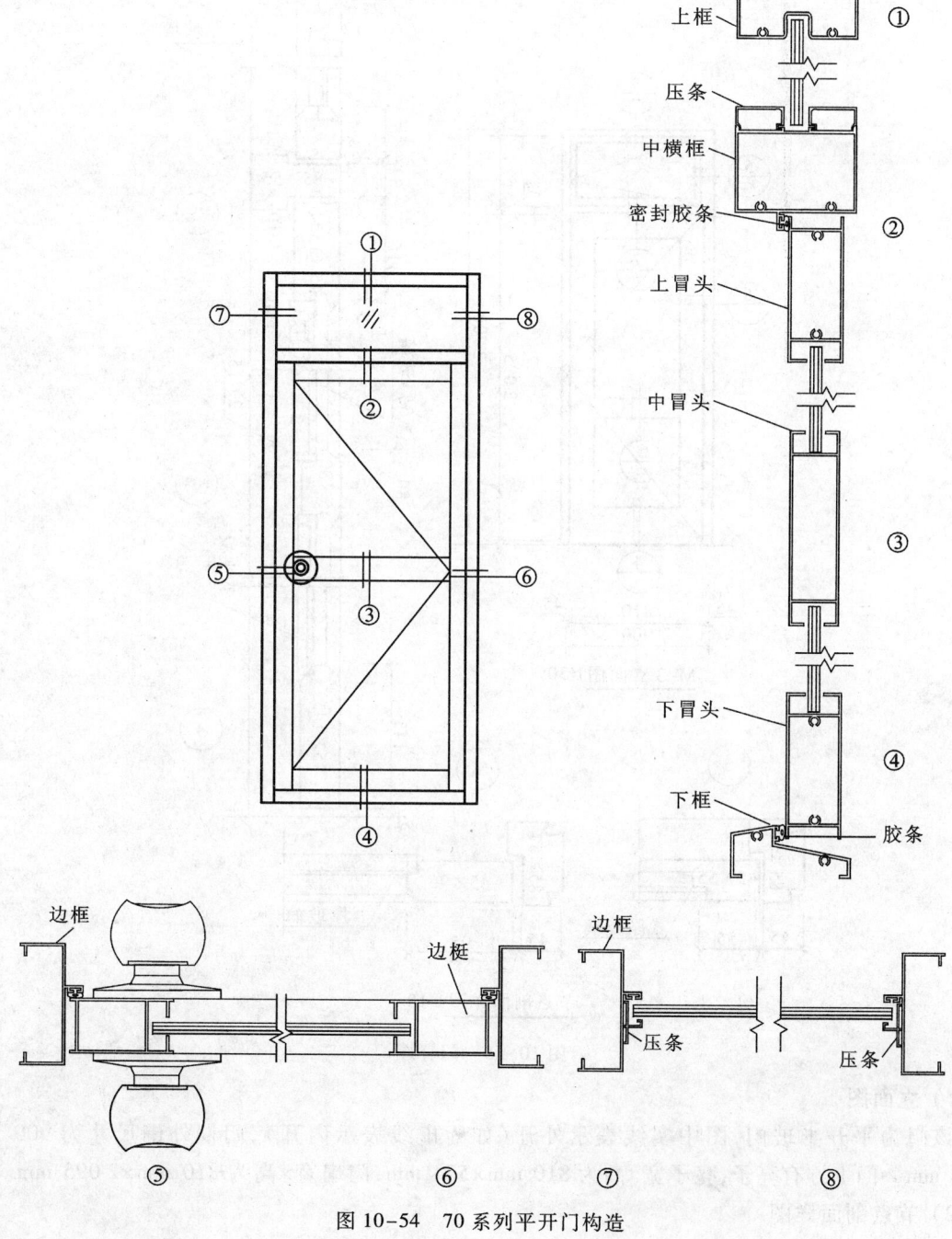

图10-54　70系列平开门构造

(5) 门详图的阅读

如图 10-55 所示为某研究所办公楼的门。以此为例,介绍门详图的内容和读法(与窗相同)。

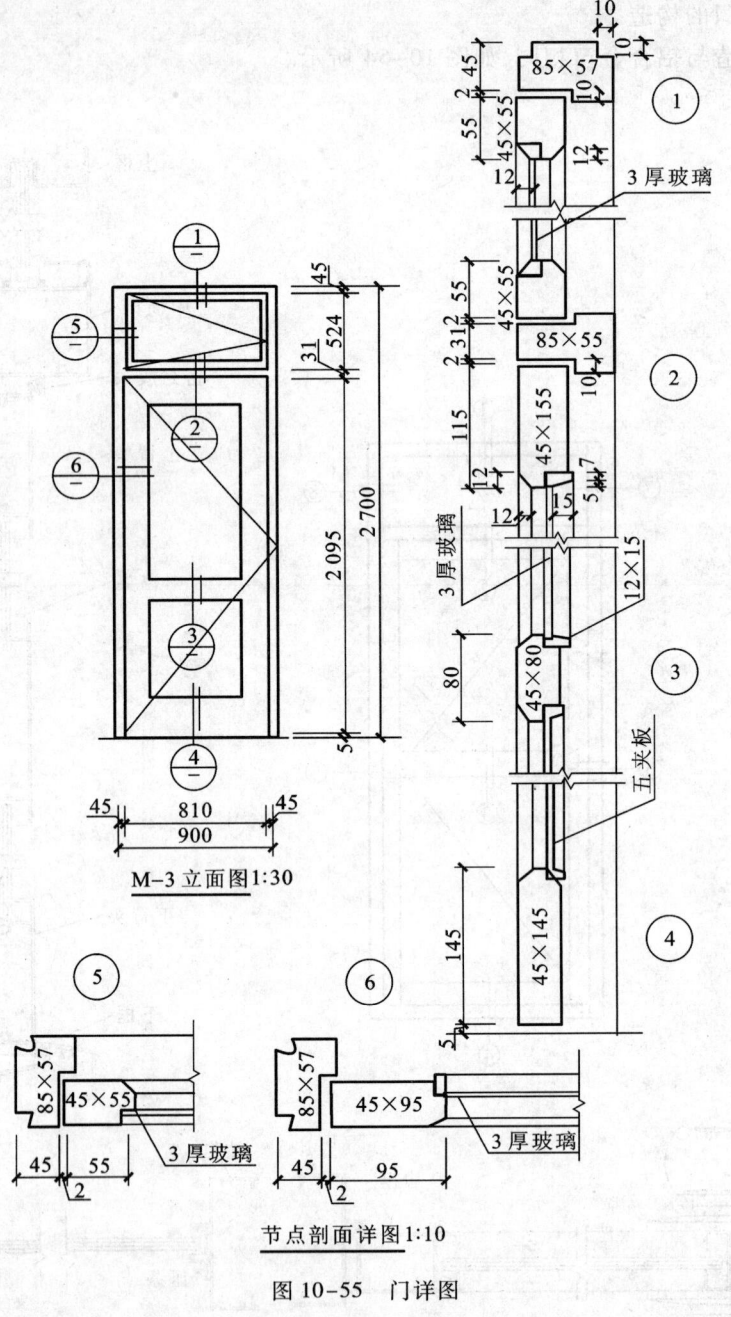

图 10-55 门详图

1) 立面图

该门为平开半玻门,图中实线表示外开(如为虚线表示内开),门框外围尺寸为 900 mm×2 700 mm。门上方有亮子,亮子宽×高为 810 mm×524 mm,门扇宽×高为 810 mm×2 095 mm。

2) 节点剖面详图

表示门各部位的断面形状、用料尺寸、安装位置等。图中注写的断面尺寸,如 45 mm × 145 mm 表示门扇下冒头矩形断面的外围尺寸。

3) 断面图

该例断面图与节点剖面详图结合在一起画出,图中清楚的表示出门框、门扇的截面形状和尺寸。

(二) 维护结构

框架的维护结构主要有砖墙、砌块墙及板材墙等。砖墙构造已在第 9 章介绍,板材墙主要应用于工业建筑中,这里只对砌块墙作详细介绍。

与砖墙结构相比,砌块墙具有设备简单、施工方便、节省人工,便于就地取材,能大量利用工业废料和地方材料的优点。但砌块墙强度较低,常用框架的维护结构。

1. 砌块的材料与类型

砌块的类型很多,按材料分有普通混凝土、轻骨料混凝土砌块、加气混凝土砌块以及利用各种工业废料(如炉渣、粉煤灰等)制成的砌块;按砌块构造分为空心砌块和实心砌块;空心砌块有单排方孔、单排圆孔和单排扁孔等形式(图 10-56),其中多排扁孔对保温较为有利。按砌块的质量尺寸分为小型砌块、中型砌块和大型砌块。我国目前多采用中、小型砌块。

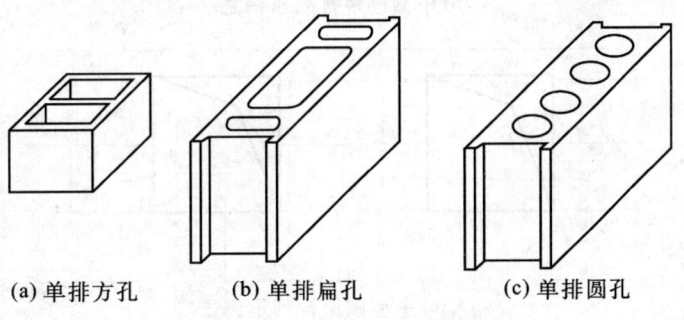

(a) 单排方孔　　(b) 单排扁孔　　(c) 单排圆孔

图 10-56　空心砌块的形式

小型砌块每块质量在 20 kg 以内,主砌块高度为 380 mm>H>115 mm,适于人工搬运和砌筑,施工方法与砖混结构相同,需采用轻便的小型吊装设备施工。中型砌块每块质量为 20~350 kg,主砌块高度 980 mm>H≥380 mm;大型砌块每块质量在 350 kg 以上,主砌块高度 H≥980 mm,需要比较大型的吊装设备。

2. 砌块墙的排列

用砌块砌筑墙体时,必须将砌块彼此交错搭接进行砌筑,以保证建筑物有一定的整体性。但砌块不能任意砍断,为满足砌筑的需要,必须在多种规格间进行砌块的排列设计,即设计砌块墙时需要在建筑平面图和立面图上进行砌块排列,并注明每一砌块的型号,以便施工时按排列图进料和砌筑。砌块排列设计应满足以下要求:

① 内外墙和转角处砌块应彼此搭接,以加强其整体性;
② 上下皮砌块应错缝搭接,尽量减少通缝;
③ 优先采用大规格的砌块,使主砌块总数量在 70% 以上,加快施工进度;

④ 尽量减少砌块规格,在砌块体中允许用极少量的普通砖来镶砌填缝,方便施工;
⑤ 空心砌块上下皮之间应孔对孔、肋对肋,保证有足够的受压面积。

图 10-57 为砌块排列组合示意图。

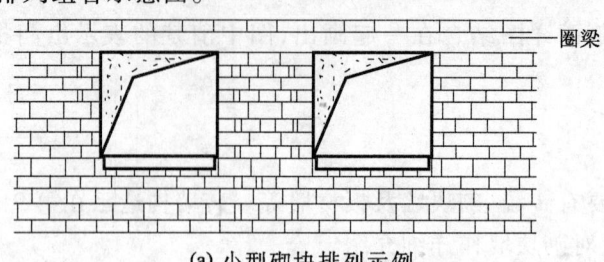

(a) 小型砌块排列示例

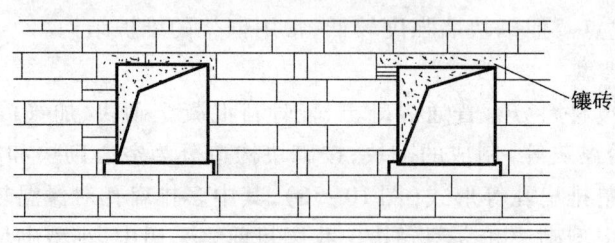

(b) 中型砌块排列示例之一

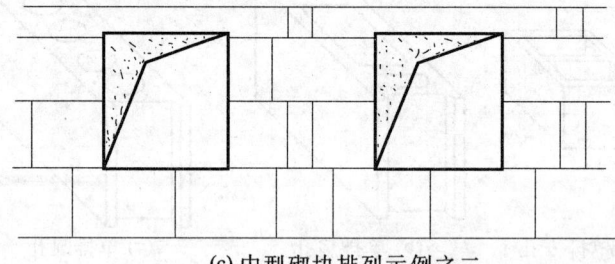

(c) 中型砌块排列示例之二

图 10-57　砌块排列组合示意图

3. 砌块墙构造要点

砌块墙的连接与砖墙基本相同。应保证横平竖直、灰浆饱满、错缝搭接,并用拉结钢筋来保证其稳定。由于砌块尺寸较大,垂直缝砂浆不易灌实,相互粘结较差,因此砌块建筑需采取加固措施,以提高房屋的整体性。砌块构造要点为:

1) 设置圈梁

为加强砌块墙的整体性应设圈梁,圈梁有现浇和预制钢筋混凝土圈梁两种。现浇圈梁整体性强,对加固墙身有利,但施工较麻烦。为减少现场支模板的工序,可采用 U 形预制构件,在槽内配置钢筋,现浇混凝土形成圈梁。采用预制圈梁砌块时,预制构件端部伸出钢筋,拼装时将梁端钢筋绑扎在一起,然后局部现浇成为整体(图 10-58)。

2) 砌块墙的拼缝做法

砌块墙的拼缝有平缝、凹槽缝和高低缝,见表 10-1。平缝制作简单,多用于水平缝;凹槽缝灌浆方便,多用于垂直缝,也可用于水平缝。缝宽视砌块尺寸而定,砂浆强度等级不低于 M5。

第10章 钢筋混凝土结构

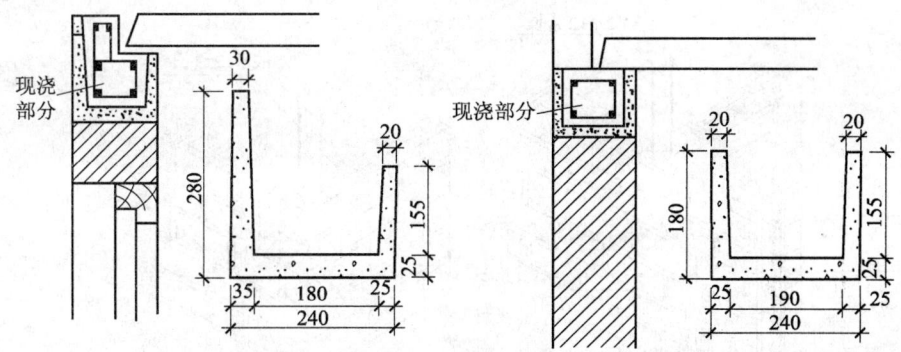

图 10-58 砌块现浇圈梁

表 10-1 砌块的缝型

垂直缝		水平缝		缝宽及砂浆强度
(a) 平缝	(b) 高低缝	(a) 平缝	(b) 双槽缝	1. 小型或加气混凝土砌块缝宽 10～15 mm,中型砌块缝宽 15～20 mm 2. 砂浆强度由计算确定,混凝土空心砌块砂浆强度>M5级
(c) 单槽缝	(d) 平缝			

3) 砌块墙的通缝处理

当上下皮砌块出现通缝或错缝距离不足 150 mm 时,应在水平缝通缝处加钢筋网片,使之拉结成整体,如图 10-59 所示。

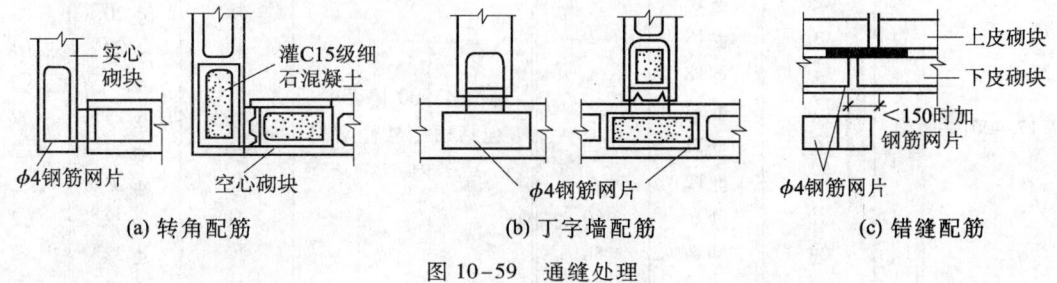

图 10-59 通缝处理

4) 砌块墙芯柱

采用混凝土空心砌块时,应在房屋的四角、外墙转角、楼梯间四角设芯柱。芯柱内 2Φ12 钢筋从基础到屋顶通长,细石混凝土强度等级一般为 C15 级,将其填入砌块孔中,如图 10-60 所示。

5) 砌块墙外墙面

砌块建筑的外墙面宜做饰面,也可采用带饰面的砌块,以提高砌块墙的防渗水能力和改善墙体的热工性能。

三、现浇框架结构的施工图识读

以某框架为例(图 10-61、图 10-62)。图 10-61a 是某结构的平面布置图,由图中可看出柱网尺寸及梁的跨度;图 10-61b 是建筑剖面图,给出了梁、柱的截面尺寸;图 10-61c 是雨篷节点

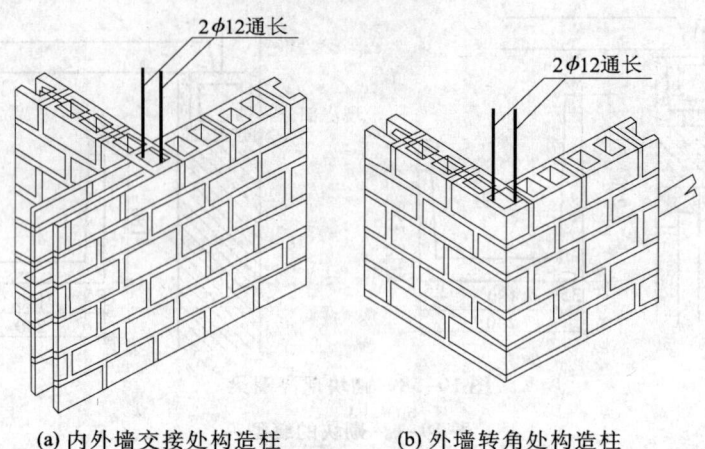

(a) 内外墙交接处构造柱　　(b) 外墙转角处构造柱

图 10-60　砌块墙构造柱

的大样图。

图 10-62 是结构的配筋图,关于配筋图的说明如下:

① 材料:C20 混凝土,纵向受力钢筋为 HRB335 级,箍筋为 HPB235 级。

② 钢筋的编号、直径及根数见表 10-2。

表 10-2　钢筋表

构件名称	编号	直径	根数	构件名称	编号	直径	根数
标高 17.400 屋面梁	①	⌀18	4	标高 4.800 楼面梁 (包括雨篷悬臂梁在内)	⑦	⌀12	4
	②	⌀18	2		⑧	φ6	60
	③	⌀18	2		⑨	⌀20	2
	④	⌀18	4		⑩	⌀20	4
	⑤	⌀22	2		⑪	⌀25	2
	⑥	⌀22	2		⑫	⌀25	2
	⑦	⌀12	4		⑬	⌀22	2
	⑧	φ6	60		⑭	⌀22	2
	⑲	φ6	56		⑮	⌀22	2
	⑳	φ6	4		⑯	⌀22	2
标高 13.200 楼面梁 (标高 9.000 楼面梁钢筋与此相同)	⑦	⌀12	4		⑰	⌀12	2
	⑧	φ6	60		⑱	φ6	14
	⑨	⌀20	2	A 柱 (C 柱钢筋与此相同)	①	⌀22	4
	⑩	⌀20	4		②	φ6	60
	⑪	⌀25	2		③	⌀18	8
	⑫	⌀25	2		④	⌀20	4
	⑬	⌀22	4		⑤	φ5	30
	⑭	⌀22	4	B 柱	③	⌀18	12
	⑯	φ6	56		④	⌀20	4
	⑳	φ6	4		⑥	φ6	40
					⑦	φ6	20
					⑧	φ6	30

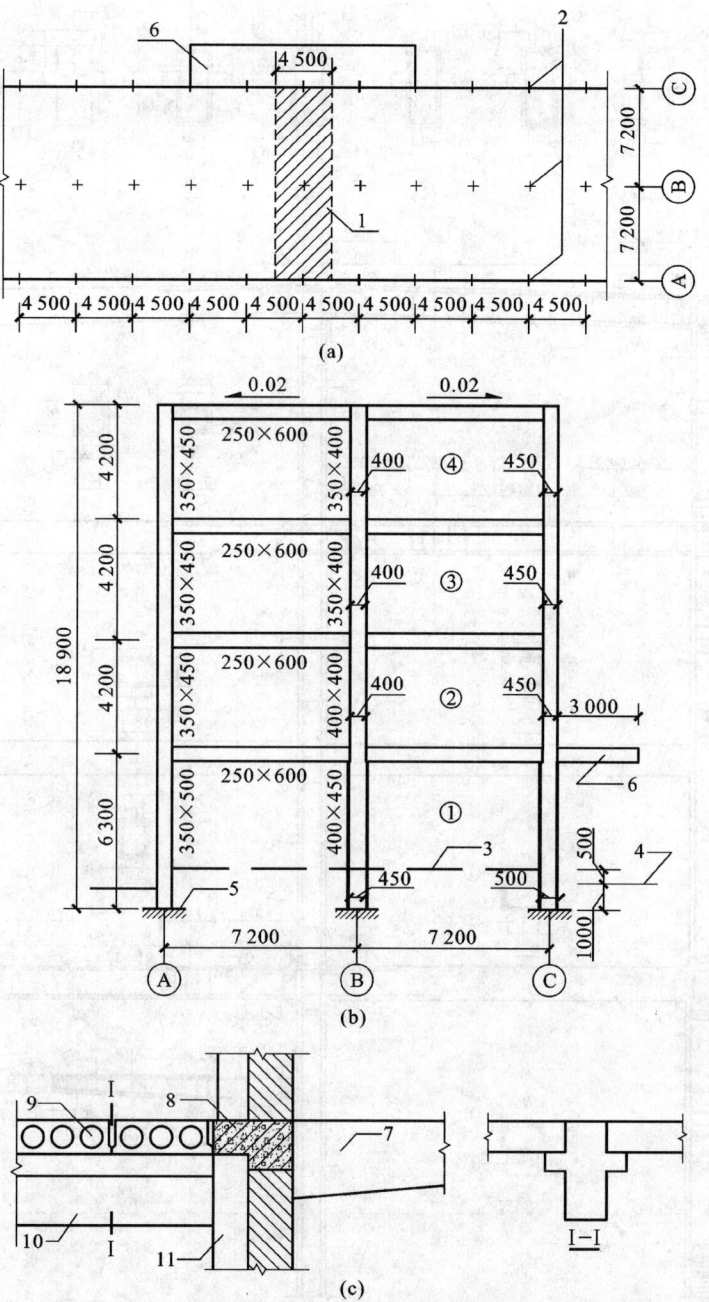

图 10-61 现浇框架结构施工图
1—荷载面积;2—框架;3—室内地坪;4—室外地坪;5—基础顶面;6—雨篷;7—雨篷悬臂梁;
8—钢筋混凝土连系梁;9—预应力空心板;10—框架横梁;11—框架立柱

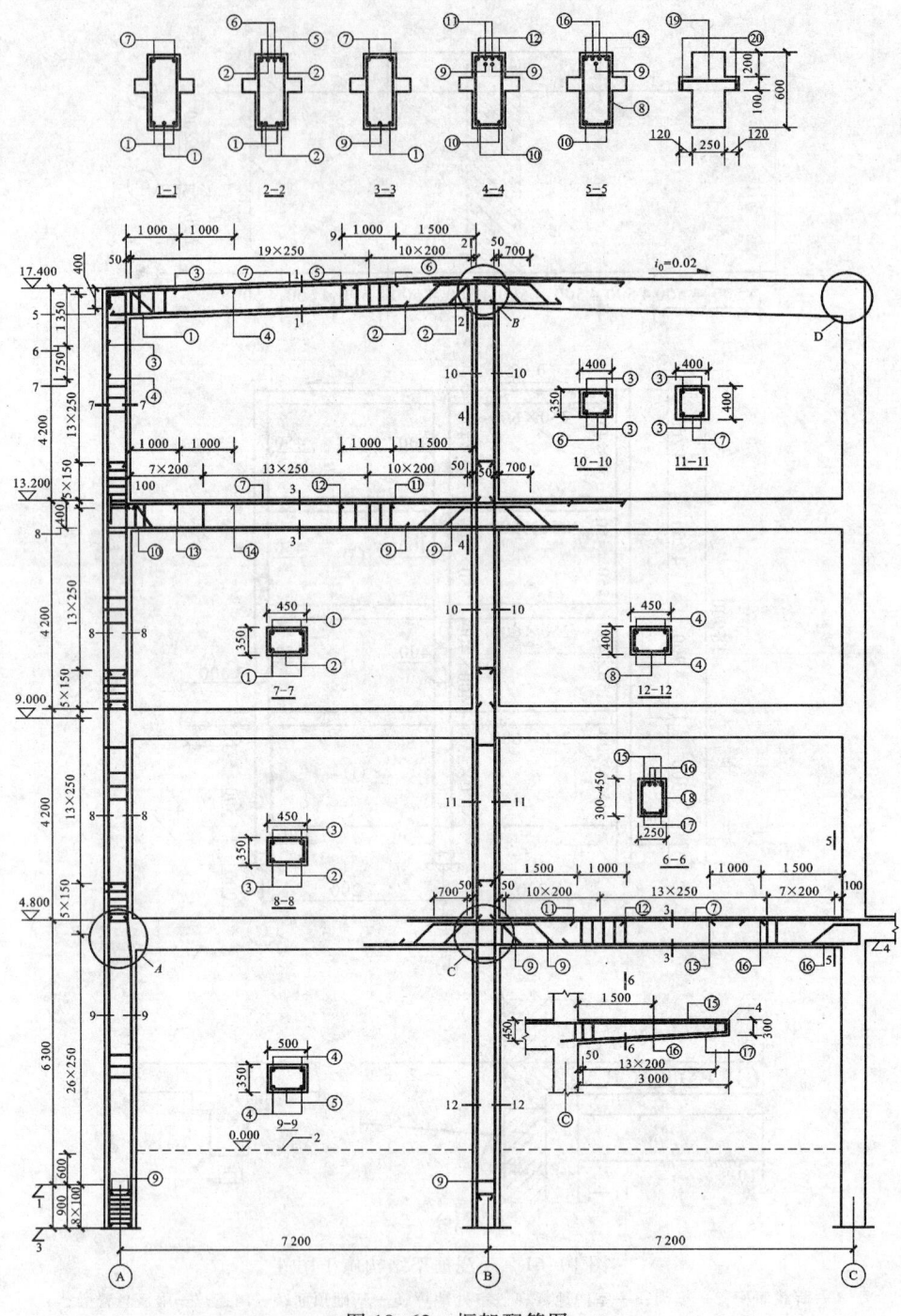

图 10-62 框架配筋图

③ 变形钢筋的末端不做弯钩,图中钢筋的符号仅表示钢筋的端点。
④ 除雨篷悬臂梁及其所在节点的配筋外,其余配筋均对称于 B 轴。
⑤ B 柱箍筋未注明,与 A 柱完全相同。
⑥ 图中代号表示的意义如下:1—室外地面;2—室内地面;3—基础顶面;4—雨篷悬臂梁;5—钢筋②的端点;6—钢筋③的端点;7—钢筋④的端点;8—钢筋⑨的端点。
⑦ 框架节点钢筋的锚固应满足构造要求。
⑧ 连系梁上面受力钢筋为避免与屋面梁、楼面梁的钢筋相碰,其混凝土保护层采用 50 mm 厚。

职业活动与训练

参观房屋建筑工程钢筋混凝土框架结构主体施工现场,重点为钢筋混凝土框架结构构造。

1. 目的

通过参观房屋建筑工程主体施工现场,了解框架结构的布置方式,增强对框架结构构件(包括墙、柱、板、梁、维护结构等)的截面尺寸、各受力钢筋、构造钢筋的配置和构造要求的感性认识。

2. 环境要求

在建房屋建筑工程框架结构主体施工现场。

3. 能力标准及要求

通过对主体结构的参观,结合所学理论知识,要达到如下能力:

(1) 了解框架结构的种类,框架结构的平面布置原则,能判断结构平面布置是否合理。

(2) 掌握墙、柱、板、梁截面的确定规定,能运用这些规定判断所参观结构中的墙柱、梁、板截面尺寸是否满足要求。

(3) 了解各构件中钢筋的种类,掌握各种钢筋的作用及构造要求(包括直径、级别、根数或间距、截断位置等),能看懂施工图。

4. 步骤提示

(1) 明确职业活动的目的和要求。
(2) 了解主体施工现场工程概况。
(3) 参观现场:
① 参观板的配筋构造,分出板中钢筋的种类和相互位置;观察板厚是否符合构造要求。
② 参观梁的配筋构造,分出梁中钢筋的种类和相互位置;观察梁截面尺寸是否符合构造要求。
④ 参观墙、柱的配筋构造,分出墙、柱中钢筋的种类和相互位置;观察墙柱截面尺寸是否符合构造要求。

5. 讨论与训练题

(1) 绘制所参观框架结构中梁的截面配筋图,分小组讨论各种钢筋的作用。
(2) 绘制所参观框架结构中墙、柱的截面配筋图,分小组讨论墙、柱钢筋有哪些特点?

小 结

● 由水平向布置的梁和竖向布置的柱组成的一种平面或空间、单层或多层的承重结构称之为框架。以框架作为房屋竖向的主要承重构件的结构体系称之为框架结构。

● 框架结构按其施工方法分为现浇式、装配式和装配整体式。按楼板布置方式的不同,框架结构可分为横向框架承重、纵向框架承重和纵横向混合承重。

- 装配式钢筋混凝土框架的构件划分为三类：短柱式框架、长柱式框架和异形框架。柱与梁的连接随框架划分形式的不同而不同。装配式框架的围护结构常采用自重较轻的加气混凝土墙板或轻质高强材料制作的复合墙板。
- 现浇钢筋混凝土框架节点是框架结构设计的重要内容，节点的承载能力是通过构造措施来保证的。
- 窗按其开启方式通常有平开窗、固定窗、推拉窗、转窗等。门按其开启方式通常有平开门、弹簧门、推拉门、折叠门、转门等。
- 平开木门由门框、门扇等组成，其构造要点是本章的重点之一。
- 塑钢门窗、铝合金门窗以其优良的性能，得到广泛运用，其构造要点也是本章的重点之一。
- 框架的维护结构主要有砖墙、砌块墙及板材墙等。与砖墙结构相比，砌块墙具有设备简单、施工方便、节省人工，便于就地取材，能大量利用工业废料和地方材料的优点，但砌块墙强度较低。

复 习 题

1. 框架结构有哪几种类型？常用的有哪几种？
2. 了解框架的受力特点，识读现浇框架的节点配筋图。
3. 装配式框架的结构类型有哪几种？
4. 试述装配式框架的连接方式，并识读各图的构造。
5. 比较三种门窗材料的性能，说明其优、缺点。
6. 简述木门框安装方法。
7. 简述塑钢门窗框的安装方法及框与墙的缝隙处理方法。
8. 平开木门的门扇常用哪几种？画图说明镶板门的构造。
9. 内开木窗、外开木窗的构造方法有哪些不同？
10. 识读平开木门的构造详图。
11. 识读铝合金窗、塑钢窗的构造图。

第11章　楼梯及垂直交通设施

楼梯是联系建筑上下层的垂直交通设施。其数量、位置、平面形式、结构特点等应符合有关规范和标准的规定,并应考虑楼梯对建筑整体空间效果的影响。

电梯、自动扶梯、坡道是现代多层、高层建筑中常用的垂直交通设施。在高层建筑中电梯是解决垂直交通的主要设备。

学完这一章应该能做到:
- 了解楼梯的类型,熟悉楼梯的组成和尺度。
- 掌握现浇钢筋混凝土楼梯的构造。
- 掌握预制钢筋混凝土楼梯的构造,理解其受力特点。
- 懂得电梯、自动扶梯、坡道的构造。

能理解各种楼梯及垂直交通设施的构造,具有识读楼梯施工图的能力,能看懂楼梯施工图。

一、概述

(一) 楼梯的类型

建筑中楼梯的形式多种多样,应当根据建筑及使用功能的不同进行选择。

1. 按照楼梯的材料分类

可分为钢筋混凝土楼梯、钢楼梯、木楼梯及组合材料楼梯。

2. 按照楼梯的使用性质分类

可分为主要楼梯、辅助楼梯、疏散楼梯及消防楼梯。

3. 按照楼梯间的平面形式分类

可分为开敞楼梯间、封闭楼梯间、防烟楼梯间。

4. 按照楼梯的平面形式分类

可分为单跑直楼梯、双跑直楼梯、双跑平行楼梯、三跑楼梯、双分平行楼梯、双合平行楼梯、转角楼梯、双分转角楼梯、交叉楼梯、剪刀楼梯、螺旋楼梯等,如图11-1所示。

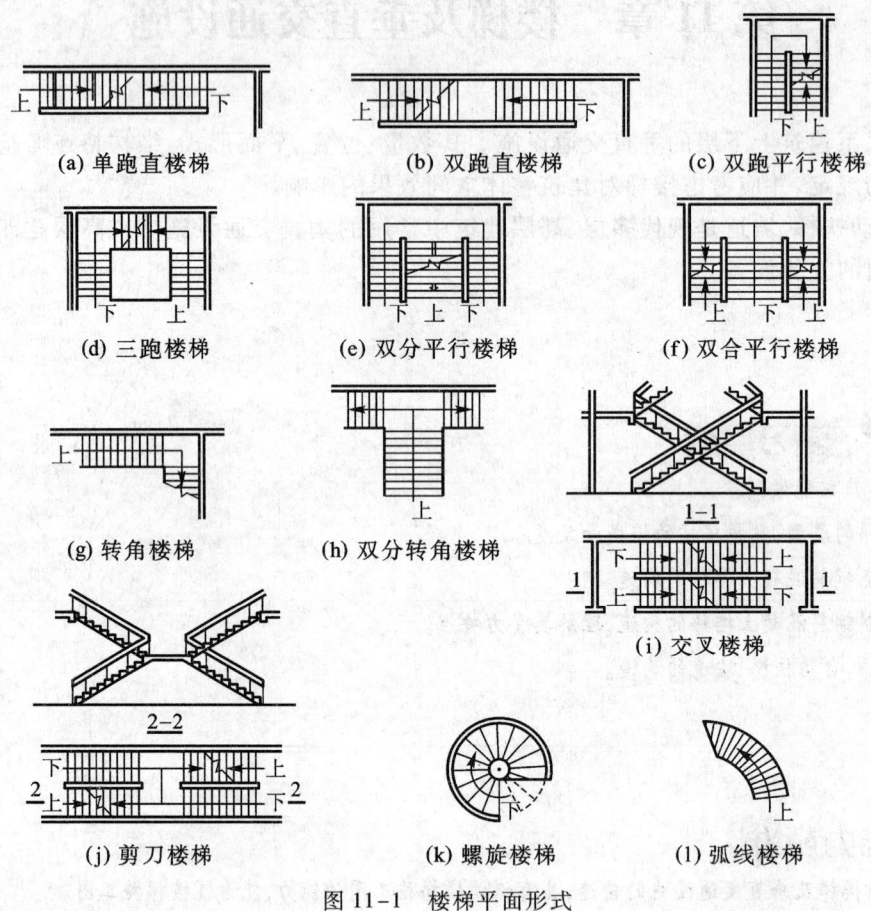

图 11-1 楼梯平面形式

(二) 楼梯的组成和尺度

1. 楼梯的组成

楼梯一般由楼梯段、楼梯平台及栏杆扶手三部分组成,如图11-2所示。

(1) 楼梯段

楼梯段是由若干个踏步构成的。每个踏步一般由两个相互垂直的平面组成,水平面称为踏面,与踏面垂直的平面称为踢面。踏面和踢面之间的尺寸关系决定了楼梯的坡度。每段楼梯的踏步数量应在3~18步。

(2) 楼梯平台

楼梯平台是连系两个楼梯段的水平构件。设置平台主要是为了解决楼梯段的转折,同时

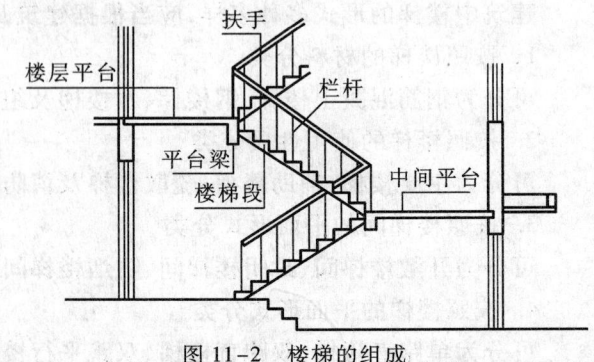

图 11-2 楼梯的组成

也使人们在上下楼时能在此处稍做休息。楼梯平台一般分成两种：与楼层标高一致的平台通常称为楼层平台，位于两个楼层之间的平台通常称为中间平台。

（3）栏杆扶手

大多数楼梯段至少有一侧临空。为了确保使用安全，应在楼梯段的临空边缘设置栏杆或栏板。当楼梯宽度较大时，还应当根据有关规定的要求在楼梯段的中部加设栏杆或栏板。在栏杆、栏板上部供人们用手扶持的连续斜向配件，称为扶手。

2. 楼梯的坡度

楼梯的坡度是指楼梯段沿水平面倾斜的角度。楼梯的坡度小，踏步就平缓、行走就较舒适；反之，行走就较吃力。但楼梯段的坡度越小，它的水平投影面积就越大，即楼梯占地面积大，就会增加投资。因此，应当兼顾使用性和经济性二者的要求，根据具体情况合理地进行选择。对人流集中、交通大的建筑，楼梯的坡度应小些，如医院、影剧院等。对使用人数较少，交通量小的建筑，楼梯的坡度可以略大些，如住宅、别墅等。

楼梯的允许坡度范围在 23°~45°之间。一般认为 30°是楼梯的适宜坡度。坡度大于 45°时，称为爬梯。坡度小于 23°时称为坡道。

楼梯、爬梯、坡道的坡度范围，如图 11-3 所示。

3. 楼梯段及平台尺寸

楼梯段的宽度是根据通行人数的多少（设计人流股数）和建筑的防火要求确定的。通常情况下，作为主要通行用的楼梯，其梯段宽度应至少满足两个人相对通行，即不应小于 1.1 m。层数不超过六层的单元式住宅一边设有栏杆的疏散楼梯，其梯段的最小净宽可以不小于 1.0 m。

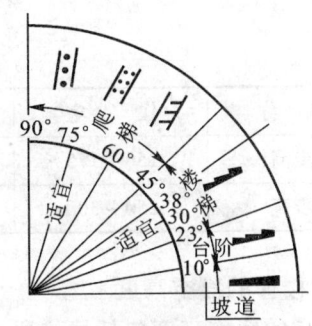

图 11-3 楼梯、爬梯、坡道的坡度

非主要通行的楼梯，应满足单人携带物品通过的需要，梯段的净宽一般不应小于 0.9 m。住宅套内楼梯的梯段净宽应满足以下规定：当梯段一边临空时，不应小于 0.75 m；当梯段两侧有墙时，不应小于 0.9 m。

为了搬运家具设备的方便和通行的顺畅，楼梯平台深宽不应小于楼梯段净宽，并且不小于 1.1 m。双跑直楼梯中间平台的深宽也有具体的规定。图 11-4 是梯段宽度与平台深度关系的示意图。

两段楼梯之间的空隙，称为楼梯井。其宽度一般在 100 mm 左右。但公共建筑楼梯井的净宽一般不应小于 150 mm。有儿童经常使用的楼梯，当楼梯井净宽大于 200 mm 时，必须采取安全措施。

4. 踏步尺寸

踏步是由踏面和踢面组成，踏面的宽度应大于成年男子脚的长度，踢面的高度取决于踏面的宽度，二者之和应与人的跨步长度相近，过大或过小，行走时均会感到不方便。

踏步的尺寸应根据建筑的功能、楼梯的通行量及使用者的情况进行选择。具体规定见表 11-1。

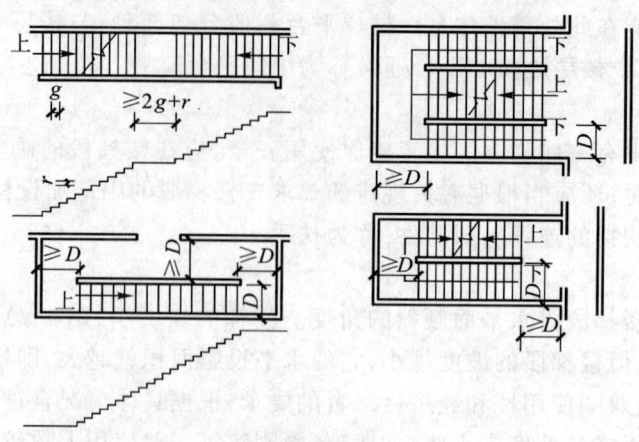

图 11-4 楼梯段和平台的尺寸关系

D—梯段净宽度;g—踏面尺寸;r—踢面尺寸

表 11-1 常用适宜踏步尺寸   mm

名　称	住　宅	学校、办公楼	剧院、食堂	医院（病人用）	幼　儿　园
踏步高	156～175	140～160	120～150	150	120～150
踏步宽	250～300	280～340	300～350	300	260～300

5. 楼梯的净空高度

楼梯的净空高度包括楼梯段之间的净高和平台过道处的净高。

楼梯段之间的净高是指楼梯段空间的最小高度,即下段楼梯踏步前缘至上方梯段下表面的垂直距离。梯段之间的净高与人体尺度、楼梯的坡度有关。平台过道处的净高是指平台过道地面至上部结构最低点(通常为平台梁)的垂直距离。平台过道处净高与人体尺度有关。在确定这两个净高时,还应充分考虑人们肩扛物品对空间的实际需要,避免碰头或产生压抑感。我国规定,楼梯段之间的净高不应小于 2.2 m,平台过道处净高不应小于 2.0 m。起止踏步前缘与顶部凸出物内边缘线的水平距离不应小于 0.3 m,如图 11-5 所示。

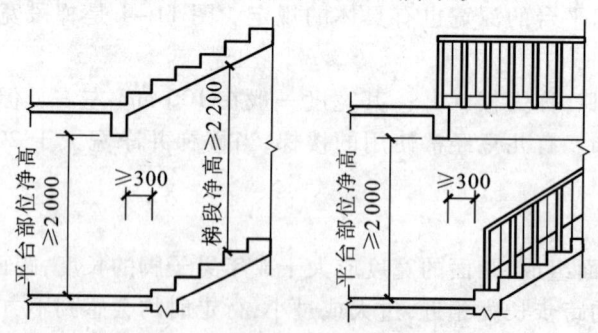

图 11-5 梯段及平台部位净高要求

6. 栏杆和扶手

楼梯栏杆是楼梯的安全设施。一般情况下,当楼梯段的垂直高度大于1.0 m时,就应当在梯段的临空一侧设置栏杆。楼梯至少应在梯段临空一侧设置扶手,梯段净宽达三股人流时应两侧设扶手,四股人流时应加设中间扶手。

楼梯的栏杆和扶手是与人体尺度关系密切的建筑构件,应合理的确定栏杆高度。栏杆高度是指踏步前缘至上方扶手中心线的垂直距离。一般室内楼梯栏杆高度不应小于0.9 m;室外楼梯栏杆高度不应小于1.05 m;高层建筑室外楼梯栏杆高度不应小于1.1 m。如果靠楼梯井一侧水平栏杆长度超过0.5 m,其高度不应小于1.0 m。有一些建筑根据使用要求对楼梯栏杆高度做出了具体的规定,应参照单项建筑设计规范的规定执行。

楼梯栏杆应用坚固、耐久的材料制作,并具有一定的强度和抵抗侧向推力的能力;扶手应选用坚固、耐磨、光滑、美观的材料制作。同时,还应充分考虑到栏杆扶手对建筑室内空间的装饰效果,应具有美观的形象。

二、现浇钢筋混凝土楼梯

(一)现浇钢筋混凝土楼梯的材料

现浇钢筋混凝土楼梯中钢筋一般宜采用HRB400级和HRB335级钢筋,也可采用HPB235级和RRB400级钢筋。

混凝土强度等级不应低于C15;当采用HRB335级钢筋时,混凝土强度等级不宜低于C20;当采用HRB400级钢筋时,混凝土强度等级不得低于C20。

楼梯栏杆一般采用方钢、圆钢、钢管或扁钢,方钢截面的边长与圆钢的直径一般为20 mm,扁钢截面不大于6 mm×40 mm。

楼梯扶手的材料有木制材料、塑料及金属材料等。

(二)现浇钢筋混凝土楼梯的种类

现浇钢筋混凝土楼梯刚度大,整体性好,但施工速度慢,模板耗费多,适用于对抗震要求较高的建筑中。现浇钢筋混凝土楼梯的形式有两种,即板式和梁板式。

1. 板式楼梯

板式楼梯的楼梯段与平台板相连,平台板端部设置一根平台梁支承上下楼梯段及平台板,平台梁支承在墙上,如图11-6所示。这种楼梯结构简单,底面平整,但自重大,材料消耗多,适用于楼梯荷载较小的住宅等房屋。也有带平台板的板式楼梯。即把两个或一个平台板和一个梯段组合成一块折形板。这时,平台下的净空扩大了,如图11-6b所示。

近年来各地较多采用了悬臂板式楼梯,其特点是梯段和平台均无支承,完全靠上、下梯段与平台组成的空间板式结构与上、下层楼板结构共同来受力,因而造型新颖,空间感好,多用于公共建筑和庭院建筑的外部楼梯,如图11-6c所示。

2. 梁板式楼梯

现浇钢筋混凝土梁板式楼梯有两种形式:一种是梁在踏板下面露出一部分,上面踏板明露,称为正梁式梯段,其结构形式如图11-7a所示。这种形式在板下露出的梁的阴角容易积灰。另

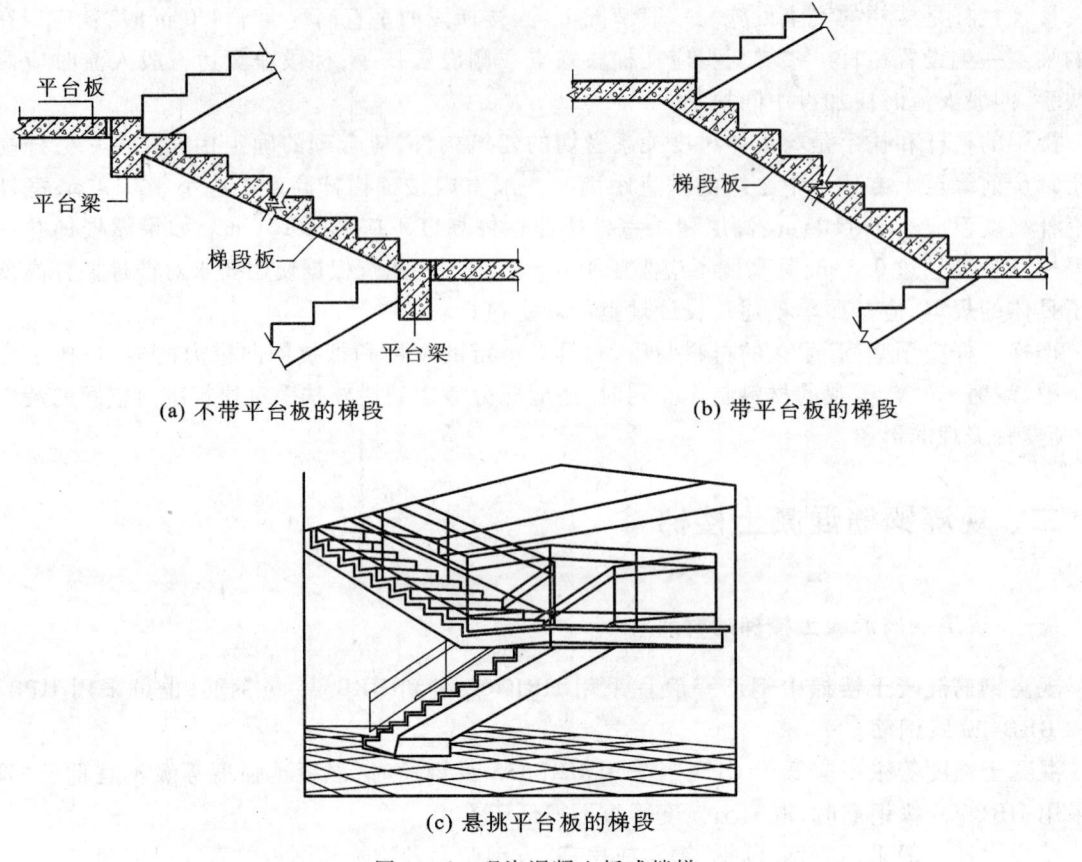

图 11-6 现浇混凝土板式楼梯

一种是楼梯梁向上翻,下面平整,踏步包在梁上侧,梁和踏板形成的凹角在上面,称为反梁式梯段,其结构形式如图 11-7b 所示。

梯梁也可以只设一根,通常有两种形式:一种是踏步板的一端设梯梁,另一端搁置在墙上;另一种是用单梁悬挑踏步板,即梯梁布置在踏步板的中部或一端,踏步板悬挑,这种形式的楼梯结构受力较复杂,但外形独特。单梁楼梯受力复杂,梯梁不仅受弯,而且受扭。

(三)现浇混凝土楼梯的受力特点

1. 板式楼梯

(1)普通板式

板式楼梯的特点是,梯段由踏步和踏步下的斜向梯段板组成而不设梯段梁。梯段板为沿梯跑方向的受弯构件,支承在上、下平台梁上,结构自重及板面活荷载以均布荷载的形式作用于踏步板上,梯段板按两端铰支于平台梁上的简支梁计算。如图 11-8 所示。

平台梁两端支承于楼梯间的墙上,所受的荷载为平台板传来的均布荷载及梯段板传来的均布荷载,按单跨简支梁计算。

平台板一端支承于平台梁上,另一端支承于墙上,所受的荷载为板自重及板面活荷载,以均

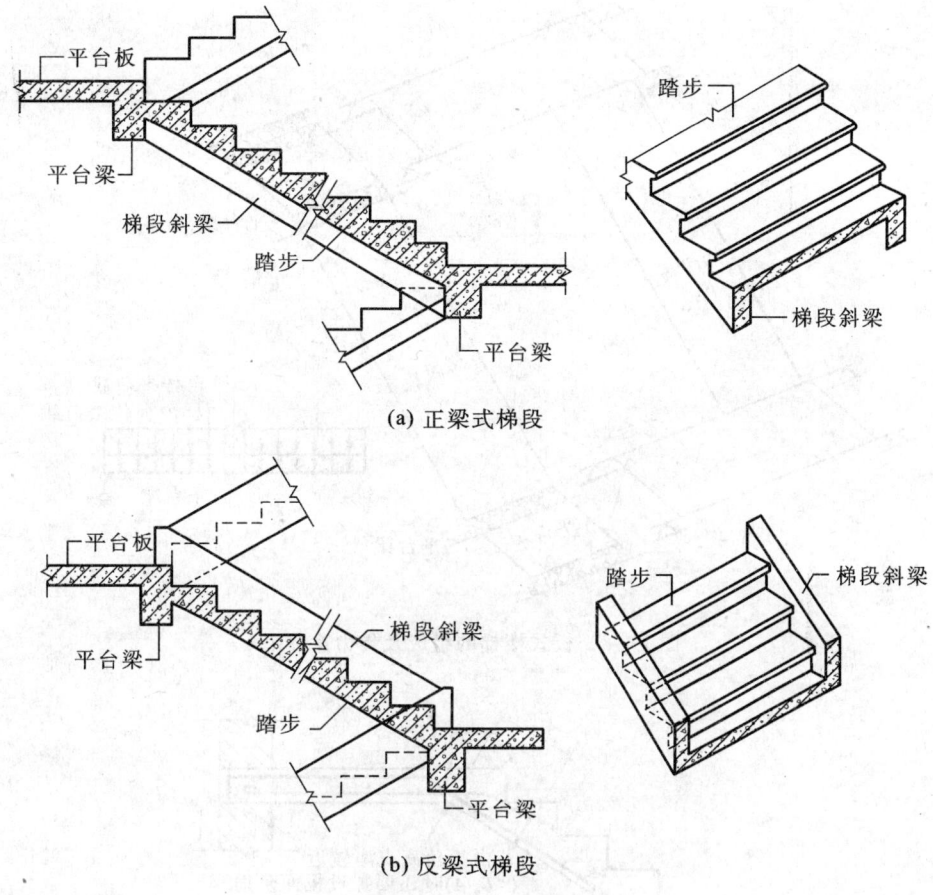

图 11-7 现浇钢筋混凝土梁板式楼梯

布荷载的形式作用,也按单跨简支梁计算。

(2) 折板式

折板由斜板和一小段平板组成,两端支承于楼盖梁和楼梯间纵墙。因折板较厚,楼盖梁对板的相对约束较小,折板也可看成是两端简支。其受力简图如图 11-9 所示。

2. 梁板式楼梯

(1) 一般梁式楼梯

整体式梁板式楼梯由梯段及休息平台组成。梯段由踏步板及梯段梁(斜梁)构成;平台由平台梁及平台板组成。踏步板支承在梯段梁上,整个梯段通过梯段梁支承在平台梁上(或楼盖梁)上,如图 11-10 所示。

① 踏步板的截面大多为梯形(图 11-11),计算时取一个踏步计算单元,按等截面的原则化作同宽度的矩形截面,踏步板按简支在梯段梁上的简支梁计算。

② 梯段梁(斜梁)为支承在上下平台梁上的简支梁,承担踏步板传来的荷载。斜梁可化作水平梁计算,计算长度按斜梁的水平投影长取值,荷载也同时化作沿斜梁的水平投影长度上的均布荷载(这里的荷载主要是指梯段自重,梯段上的活荷载);斜梁的跨中弯矩等于水平梁的跨中弯

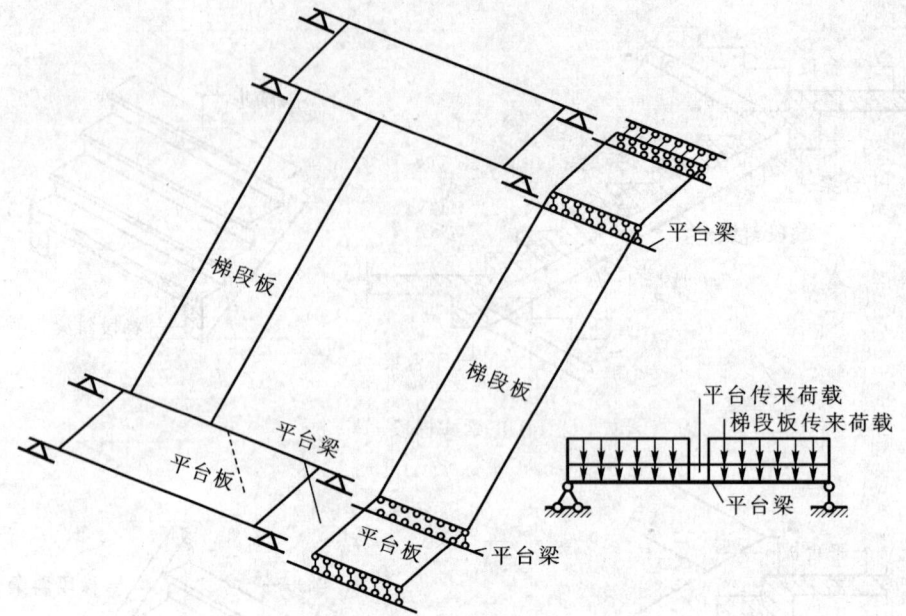

图 11-8 板式楼梯的组成及传力途径

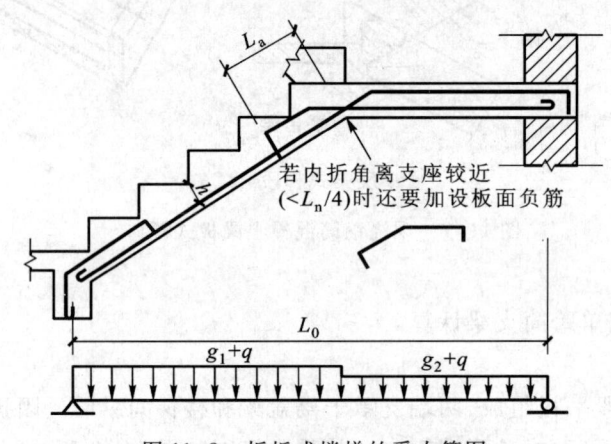

图 11-9 折板式楼梯的受力简图

矩,斜梁的剪力为水平梁的剪力乘以 $\cos \alpha$,α 为斜梁的倾角(图 11-10),梯段梁按倒 L 形截面计算,踏步板下斜板为其受压翼缘。

③ 平台梁承受由平台板传来的均布荷载及梯段梁传来的集中荷载(图 11-11)。

(2) T 形梁式楼梯

T 形梁式楼梯的形式如图 11-12b 所示,楼梯板与一般梁式楼梯的一样,但斜梁如图 11-12a 所示是 T 形。

① 梯板的计算如图 11-13a 所示,是以斜梁为支座的悬挑构件。其上承受有楼梯板自重(均布荷载)、板面均布活荷载及板端的集中活荷载。

② 斜梁的计算简图如图 11-13b 所示,是两端支承在平台梁上的简支构件,斜梁所受荷载包

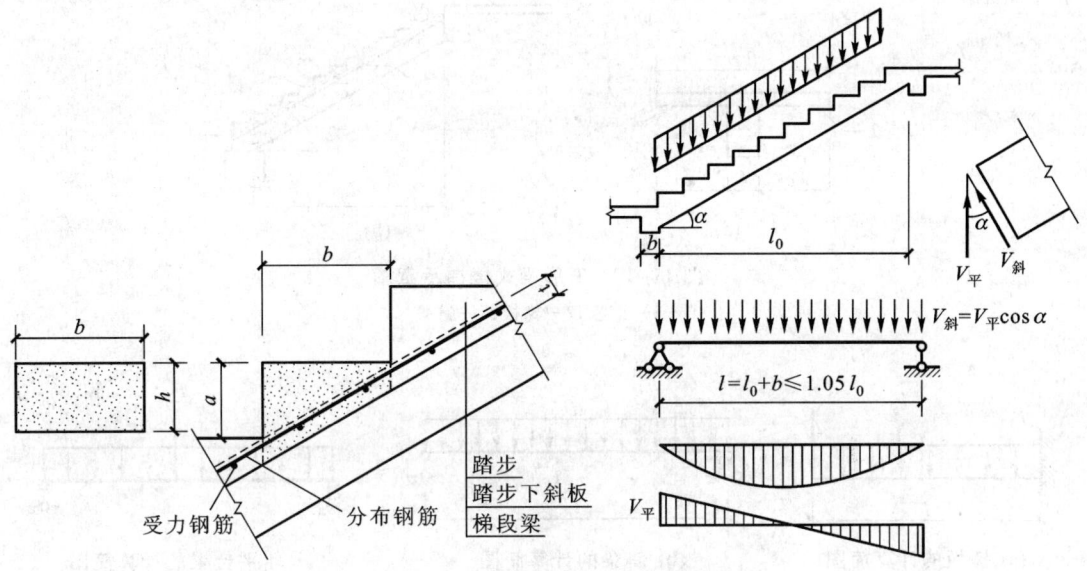

图 11-10 踏步的构造及梯段梁的计算简图

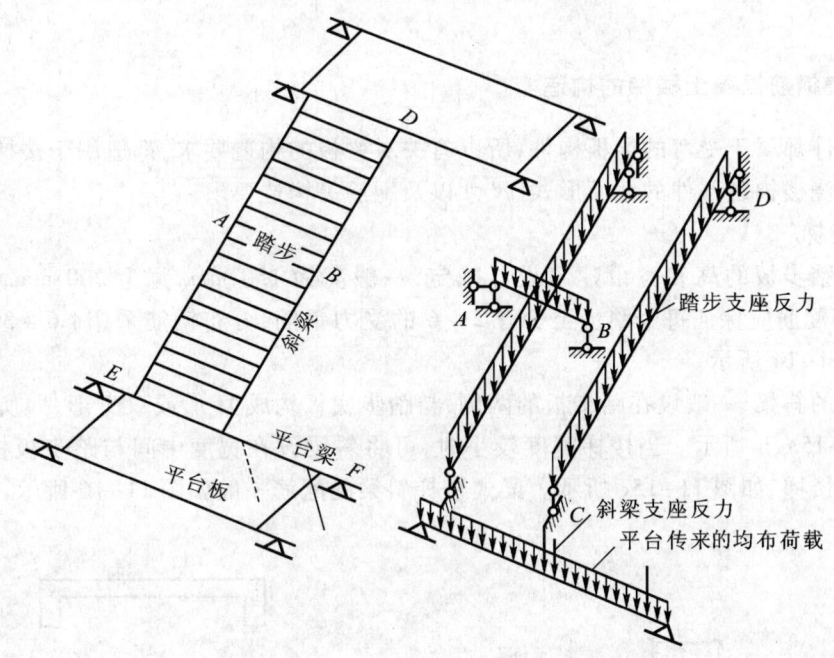

图 11-11 梁式楼梯的组成及传力途径示意图

括梯板所传来的斜梁自重。斜梁在荷载的作用下除了受剪、受弯,还受有扭矩的作用。

③ 平台梁的计算简图如图 11-13c 所示,所受荷载为平台板所传来的均布荷载及斜梁所传来的集中荷载。

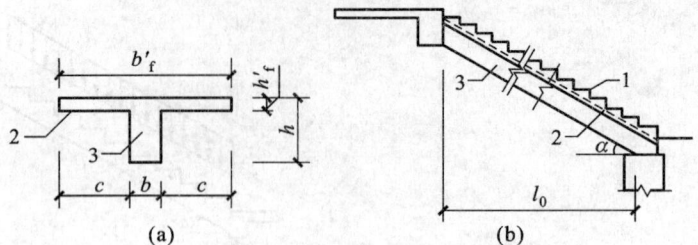

图 11-12　T 形梁式楼梯示意图
1—踏板；2—梯板；3—斜梁

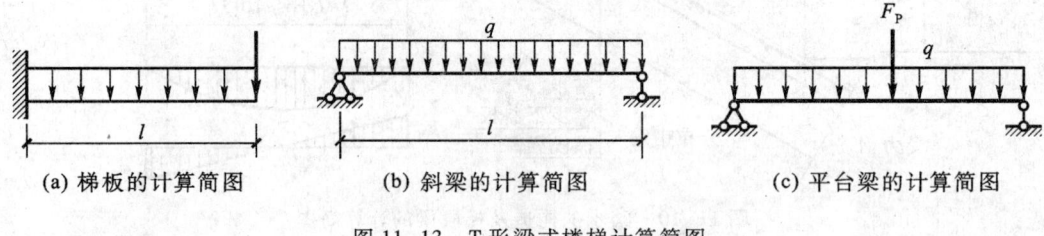

图 11-13　T 形梁式楼梯计算简图

（四）现浇钢筋混凝土楼梯的构造

楼梯各部件都属于受弯的梁板构件，所以有关对梁板的构造要求，都适用于楼梯各部件。下面着重介绍现浇楼梯各部件的截面形式、尺寸以及配筋等构造要求。

1. 梁式楼梯

梁式楼梯踏步板的高和宽由建筑设计确定，一般高为 150 mm，宽为 300 mm，踏步底板厚 30～50 mm，其配筋应保证每个踏步至少有 2Φ6 的受力钢筋，分布钢筋采用 Φ6@300 沿梯段均匀布置，如图 11-14 所示。

梁式楼梯的斜梁，一般设在踏步板的两侧，与踏步底板构成 Π 形或双 T 形，即所谓的双梁式楼梯，如图 11-15a、b 所示。当楼梯宽度较小时，可将斜梁设在宽度中间与踏步板构成 T 形，即所谓的单梁式楼梯，如图 11-15c 所示。梁式楼梯斜梁的配筋一般如图 11-16 所示。

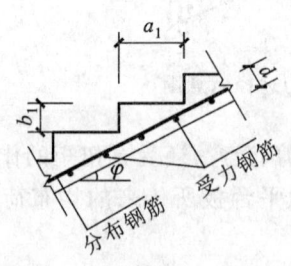

图 11-14　梁式楼梯踏步板配筋

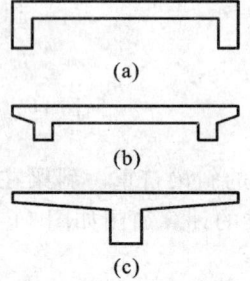

图 11-15　梁式楼梯斜梁的截面形式

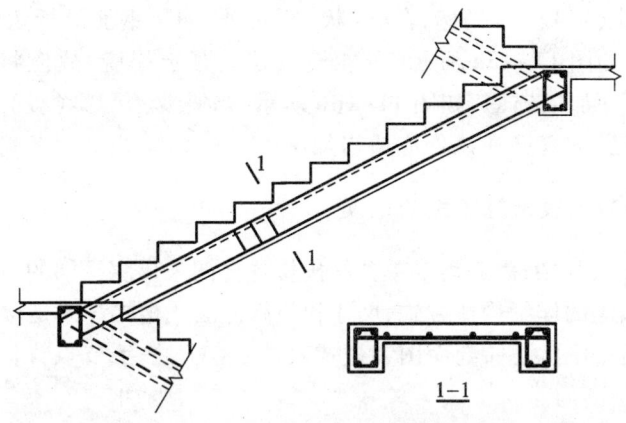

图 11-16　梁式楼梯斜梁配筋图

应该指出,现浇梁式楼梯的踏步板不宜搁在墙上,虽然这样可以省去一根斜梁,但需要在墙上预留槽口,因而造成施工麻烦,并削弱墙身承载力。

2. 板式楼梯

板式楼梯的踏步高和宽与梁式同,其底板(即梯段板)板厚一般取 $L/25 \sim L/30$,L 为踏步板的跨度,常用厚度为 100 ~ 120 mm。

由于梯段板与平台梁整体连接,连接处板面在负弯矩作用下将出现裂缝,故应将平台板的负钢筋伸入梯段板,并不得小于 $L_0/4$ 的长度,L_0 为平台板的净跨跨长,如图 11-17 所示。梯段板的受力钢筋也有弯起式和分离式两种,如图 11-17a、b 所示。为施工方便,工程中多采用分离式配筋。梯段板的分布钢筋要求每个踏步内配置一根φ8 的钢筋。

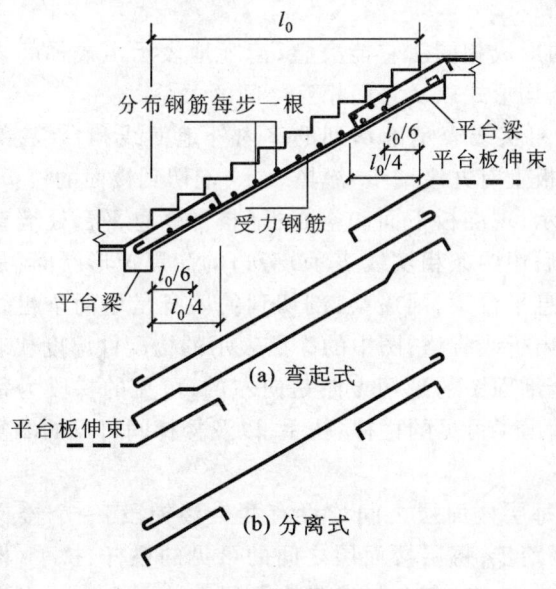

图 11-17　板式楼梯梯段板配筋

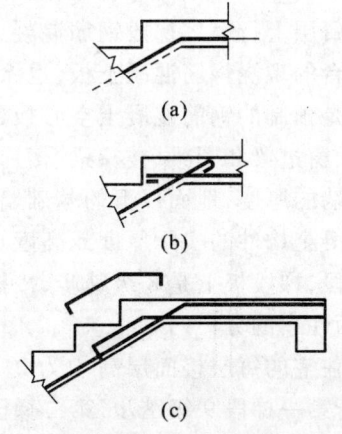

图 11-18　折线行梁式(或板式)楼梯折角内边的配筋图

对于折线行的梁式（或板式）楼梯，在梁（板）折角处，如果钢筋沿折角内边布置，由于钢筋受拉将产生向外的合力，如图11-18a所示，可能使该处混凝土崩脱，故应将梯段板和平台板的受力钢筋在折角处断开，并加以锚固，如图11-18b所示，当需要承受梁（板）在支座的负弯矩时，可按图11-18c配筋，对于斜梁箍筋在该处应适当加密。

（五）现浇钢筋混凝土楼梯施工图的识读

由于楼梯的构造比较复杂，因此需要单独画出楼梯详图来反映楼梯的布置类型、结构形式以及踏步、栏杆扶手、防滑条等的详细构造方式、尺寸和装修做法。楼梯详图是楼梯放样、施工的依据。

楼梯详图由楼梯平面图、楼梯剖面图和楼梯踏步、栏杆、扶手节点详图组成。楼梯的建筑详图和结构详图是分别绘制的。

1. 建筑施工详图

（1）楼梯平面图

从图11-19所示的楼梯平面图可以看出：这栋住宅的楼梯是双跑楼梯，剖切到的梯段以倾斜的折断线断开。在底层平面图中画出室外的三级踏步和平台，以及到折断线为止的上行第一梯段，用箭头表示上行方向，注明往上走17级踏步，到达二层楼面。在标准层平面图中，折断线的一边同样表示是该层的上行第一梯段，箭头表示上行方向，注明往上走17级踏步，到达上一层楼面；而折断线的另一边，则表示出该层楼的下行第二梯段、休息平台与下行第一梯段，用箭头表示下行方向，注明往下走17级踏步，到达下一层楼地面。在顶层平面图中，假想的水平剖切面剖切不到梯段，所以没有梯段的折断线，图中表示的是改层下行的两个梯段和休息平台，箭头表示下行的方向，注明往下走17级踏步，到达四层楼面，由于顶层楼面没有上行梯段，在该位置处有一个高差存在，为了安全，设置水平的栏杆扶手。向东上二级踏步，下去进入标高为11.160 m的四层楼房的屋顶。

（2）楼梯剖面图

楼梯的剖面图的形成与建筑剖面图的形成相同。它能完整、清晰地表示出楼梯间内各层楼地面、梯段、平台、栏杆与扶手等的构造、结构形式以及它们相互之间的关系。

图11-20所示的是楼梯的剖面图，加粗实线表示剖切到的室内外地面线和台级；剖切到的楼梯是每层上行第一梯段钢筋混凝土板，板上有九级踏步，涂黑表示；剖切到楼面的楼板、楼梯的休息平台的现浇钢筋混凝土板，也涂黑表示；现浇板下面和空心板（楼梯休息平台处墙壁另一侧的楼板是预制的钢筋混凝土空心板，剖切后用两条粗实线表示）旁边的涂黑矩形断面，是钢筋混凝土门、窗过梁和圈梁、楼梯梁、楼梯的休息平台梁、雨篷梁；剖切到的墙身是用两条粗线的线间距表示墙的厚度，地面以下的基础墙面画出折线省略；图中的涂黑表示的构配件厚度代表该现浇钢筋混凝土构件的实际厚度或高度。这个剖面图的剖切方向是向左的，可见的梯段为每层上行第二梯段，梯段板上是8级踏步，按投影画出了可见的栏杆、扶手，以及楼梯间可见的墙身上的踢脚线，西住户的分户门。

该住宅的每层楼面层高均为2.8 m；每层楼面层之间均设有两个楼梯段、一个楼梯休息平台，上行第一梯段9级踏步，第二梯段8级踏步；每层楼面层之间的可见的栏杆、扶手，楼梯间可见墙面上的踢脚线和门，以及两侧剖切到的墙、窗、窗台与墙身内的梁等这些表达的内容每层都重复，所以在不影响楼梯剖面图的表达的前提下，图11-20在二层楼面处用了两条折断线表示省略画出中间层的楼梯段。

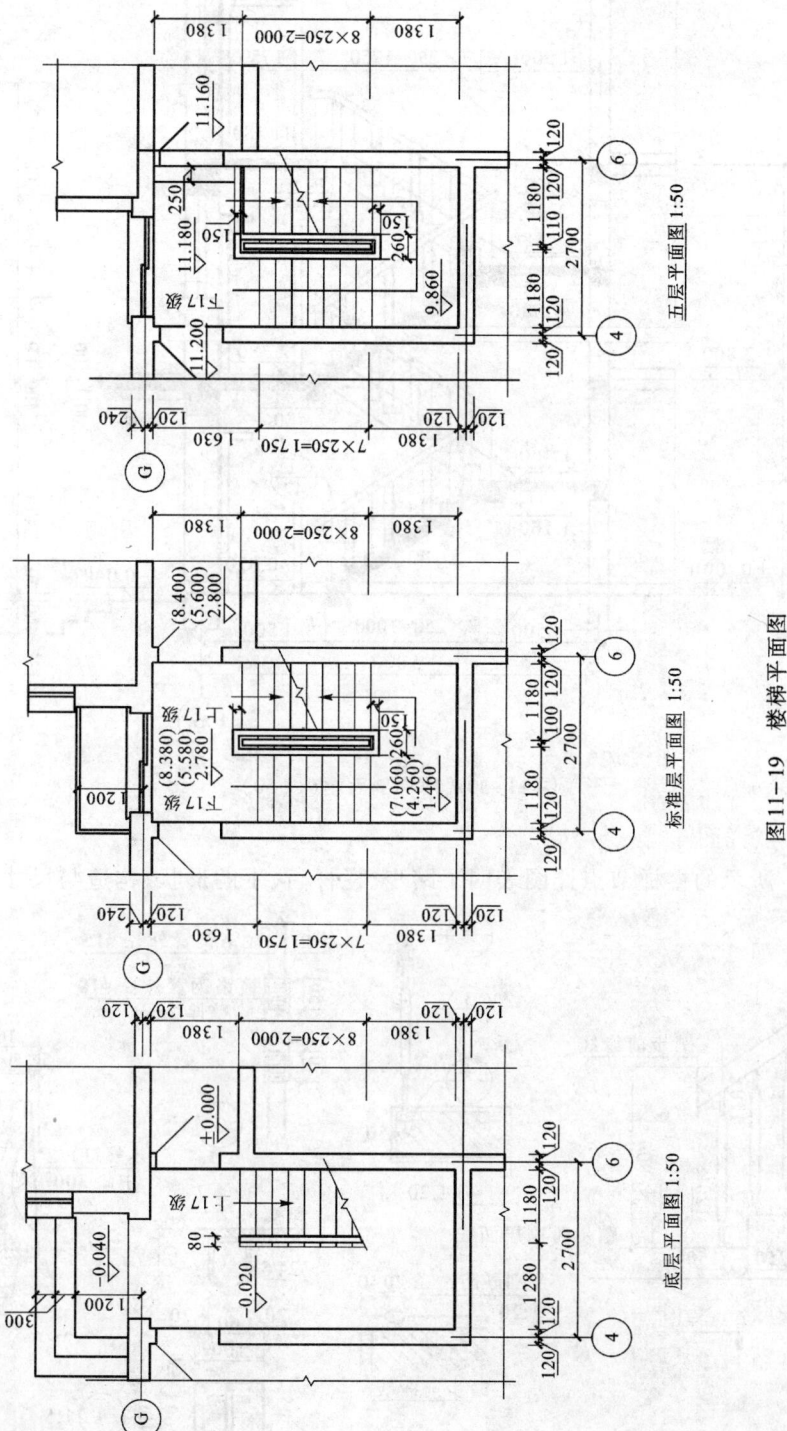

图 11-19 楼梯平面图

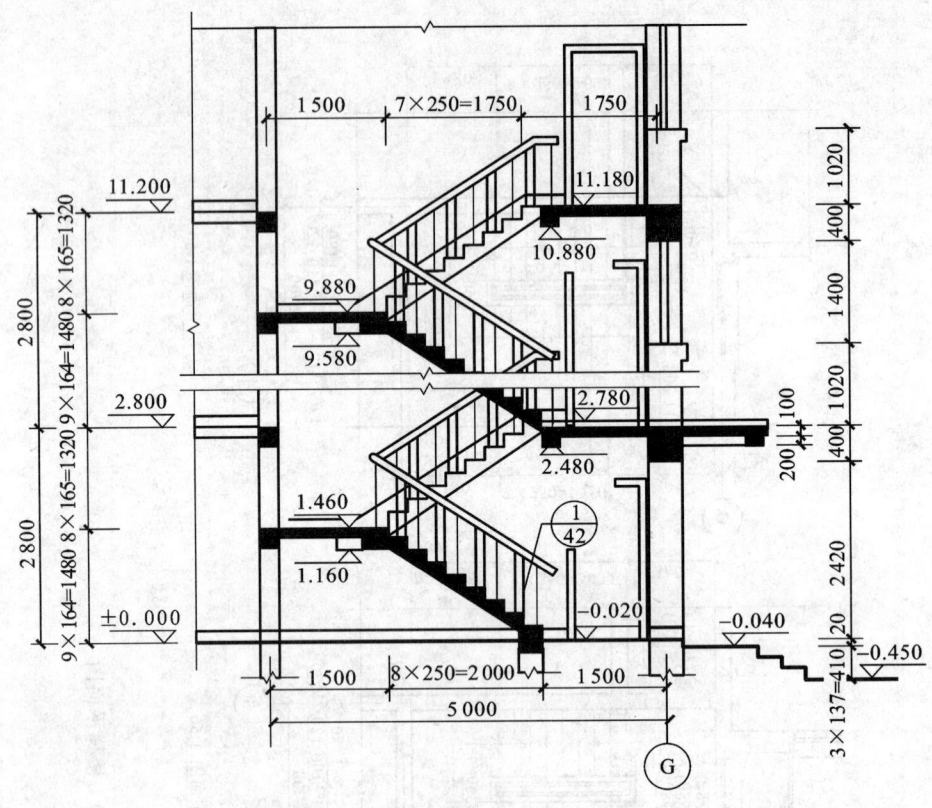

图 11-20 楼梯剖面图(1:50)

(3) 楼梯节点详图

如图 11-21 所示的楼梯节点详图表明了踏步、栏杆、扶手的形状、构造与尺寸。

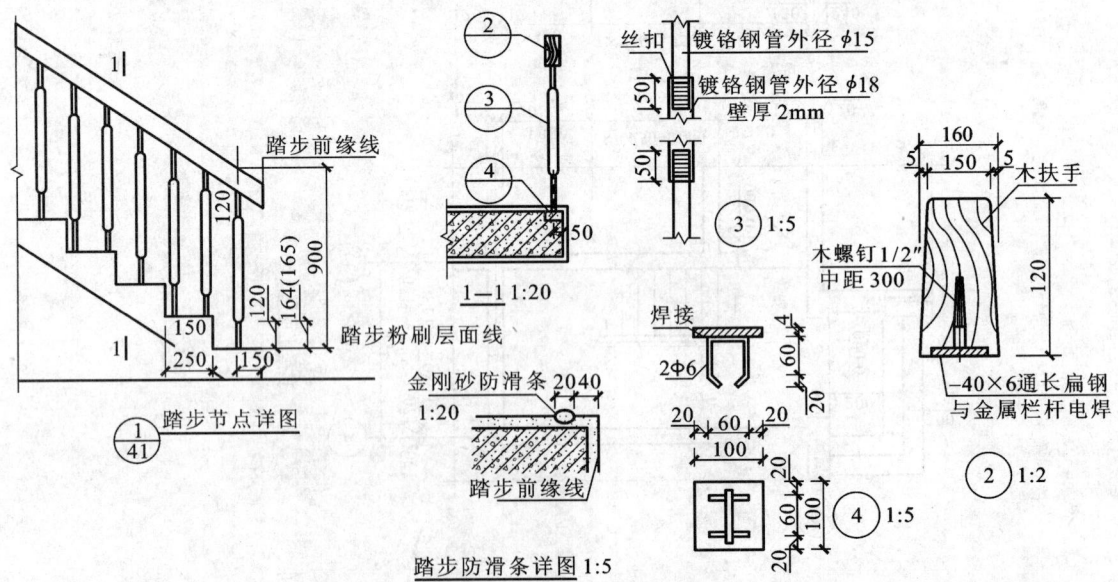

图 11-21 楼梯节点详图

楼梯的节点详图是由图11-20楼梯剖面图中引出的详图,图中显示现浇钢筋混凝土的板式楼梯踏步高分别为164 mm、165 mm两种,对照楼梯剖面图的尺寸标注可知每层楼面上行第一梯段为164 mm,第二梯段为165 mm,踏步宽均为250 mm。扶手至踏步中点顶面的高度为900 mm,由图11-21可看出扶手下栏杆的安装位置。由图11-21的1—1剖面图索引出的详图可知栏杆、预埋件、扶手的形状、构造与尺寸。图11-21中下方所画的踏步防滑条详图,表明踏步表面金刚砂防滑条的宽度尺寸、形状与位置。

2. 结构施工图

楼梯结构详图通常采用楼梯结构平面图、楼梯剖面图和配筋图来表达,本例以现浇板式楼梯为例说明。

(1) 楼梯结构平面图

楼梯结构平面图和楼层结构平面图一样,表示楼梯段、楼梯梁和平台板的平面布置、代号、尺寸及结构标高。多层房屋由底层、中间层和顶层楼梯结构平面图表示。

楼梯结构平面图中的轴线编号应和建筑平面图一致,楼梯剖面图的剖切符号通常在底层楼梯结构平面图中表示。

图11-22所示底层楼梯结构平面图,投影得到的是上行第一梯段、楼梯平台以及上行第二梯段的一部分,上行的第一梯段(TB-1)一端支承在楼梯基础上,另一端支承在楼梯梁(TL-1)上。图11-22的中间层和顶层楼梯结构平面图的表示方法与底层相同,不再赘述。在楼梯结构平面图中,除了标注出平面尺寸,还注出了各梁底的结构标高和板的厚度。

(2) 楼梯结构剖面图和配筋图

楼梯结构剖面图表示楼梯的承重构件的竖向布置、构造和连接情况。楼梯结构剖面图可兼作配筋图。如图11-23所示。

由图11-23中的1—1剖面图可知,被剖切到的梯段是TB-2、楼梯梁和楼梯平台,楼梯平台采用的是预应力多孔板,向TB-1方向投影。由于中间层的梯段布置相同,因此在1—1剖面图中,只画出了中间层的第一梯段和最后一个梯段的一部分,中间用折线断开。

1—1剖面图的下方是TB-1和TB-2的配筋图,从图中可知,梯段板的板厚为100 mm,梯段板的板下层受力钢筋采用$\phi 10@150$,分布钢筋采用$\phi 8@200$;梯段板端部的上层受力钢筋采用$\phi 10@150$,分布钢筋也采用$\phi 8@200$。

1—1剖面图的右侧是楼梯梁TL-1、TL-2和TL-3的配筋图,从图中可知,楼梯梁的架立钢筋和箍筋都相同,分别采用$2\phi 10$和$\phi 8@200$;由于所受荷载的不同,楼梯梁的受力钢筋采用了不同直径的HRB335级钢筋。TL-1的受力钢筋采用的是$2\phi 18$,TL-2的受力钢筋采用的是$2\phi 16$,TL-3的受力钢筋采用的是$2\phi 14$。

三、预制钢筋混凝土楼梯

(一) 预制钢筋混凝土楼梯的种类

预制钢筋混凝土楼梯是将组成楼梯的各构件在工厂或现场进行预制,在施工现场进行安装。按构件的尺度不同,可分为小型构件装配式楼梯、中型构件装配式楼梯和大型构件装配式楼梯三类。

单元五 房屋构造与识图

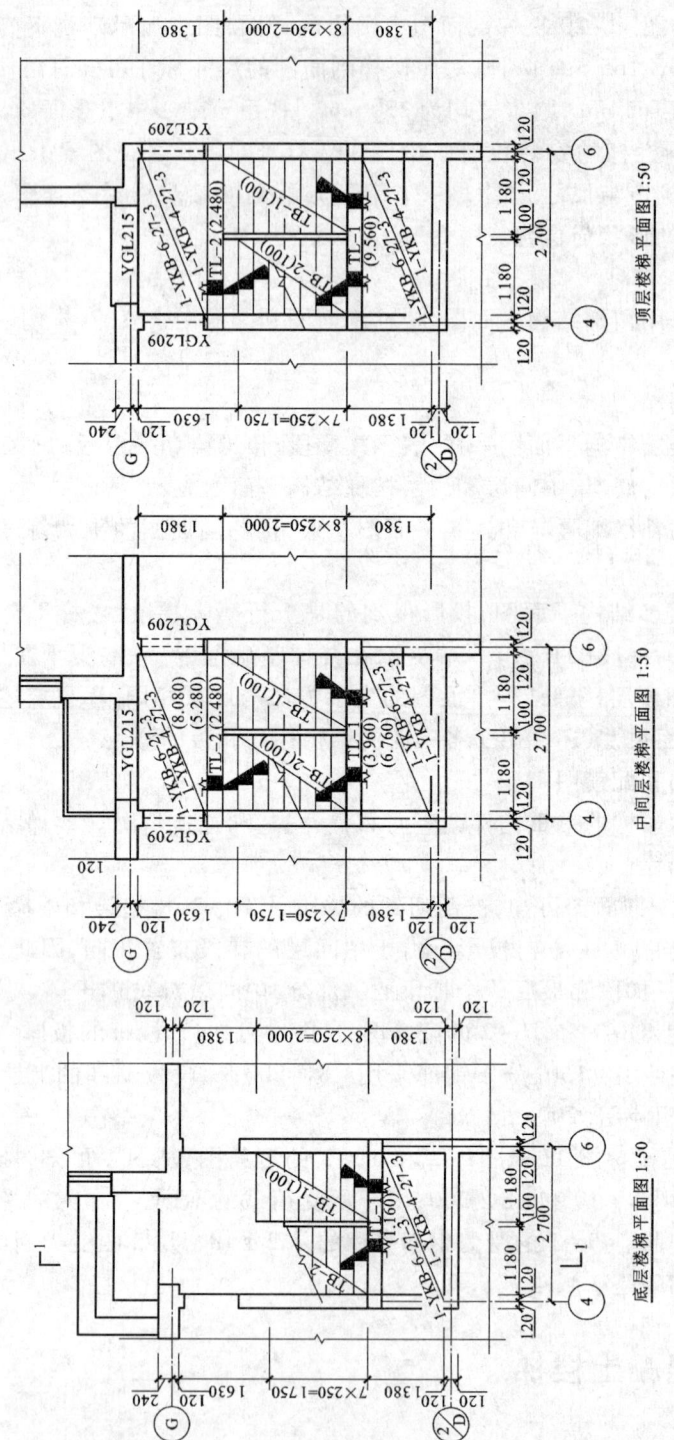

图11-22 楼梯结构平面图

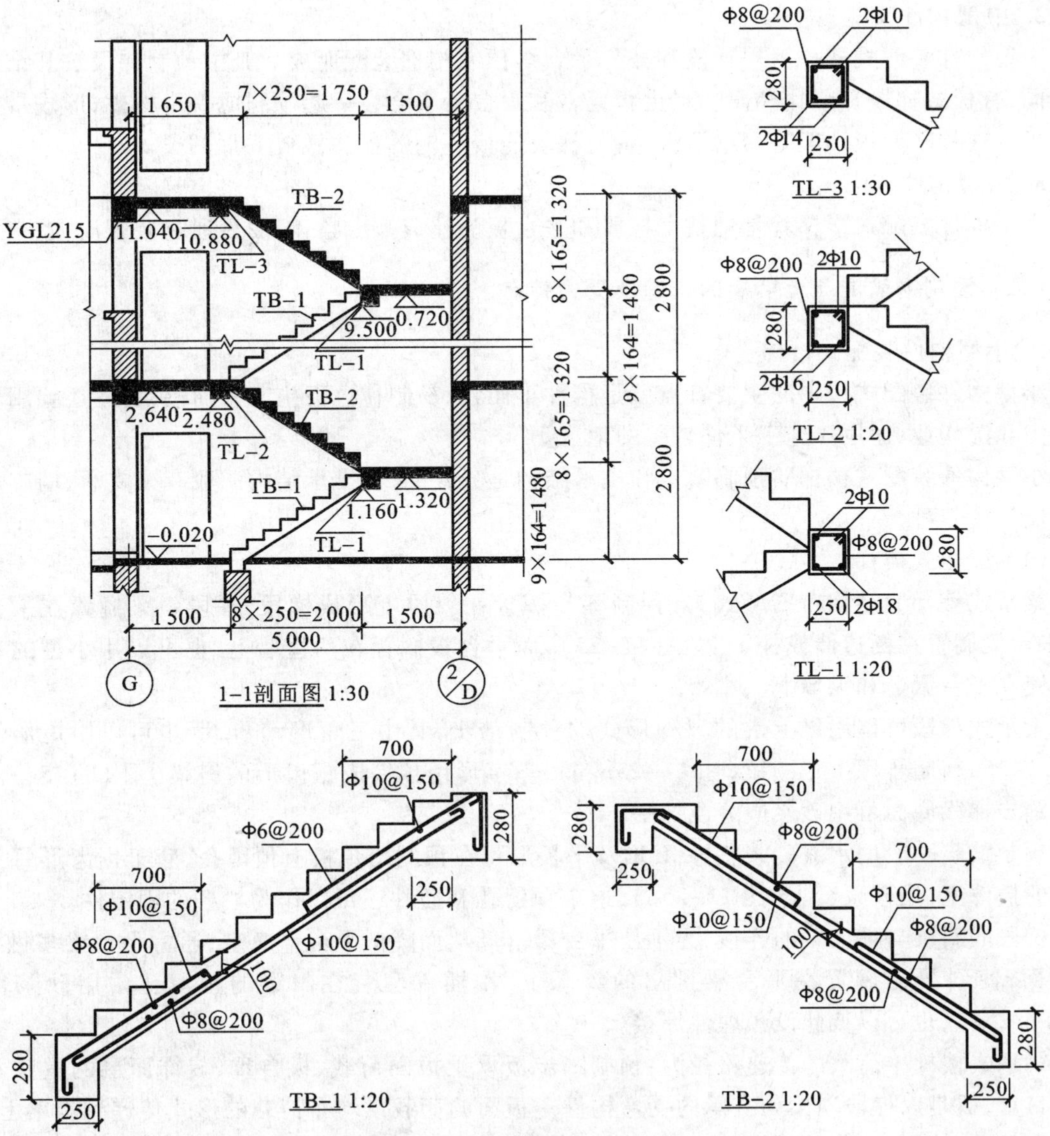

图 11-23 楼梯结构剖面图和配筋图

1. 小型构件装配式楼梯

小型构件装配式楼梯由踏步、斜梁、平台梁、平台板等预制构件装配而成。钢筋混凝土预制踏步的断面形式有三角形、L形和一字形三种(图 11-24)。平台板可采用预制钢筋混凝土空心板或槽形板,也可以采用小型预制平板。平台梁一般采用L形。斜梁采用矩形或L形。

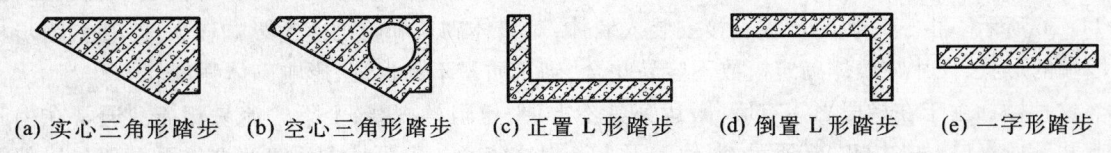

(a) 实心三角形踏步　(b) 空心三角形踏步　(c) 正置L形踏步　(d) 倒置L形踏步　(e) 一字形踏步

图 11-24 预制踏步的形式

2. 中型构件装配式楼梯

中型构件装配式楼梯由楼梯段和楼梯平台等预制构件装配而成。其中预制梯段按其结构形式不同,有板式梯段和梁式梯段。平台板通常和平台梁组合在一起预制成一个构件,形成带梁的平台板。这种平台板一般采用槽形板,将与梯段连接一侧的板肋做成 L 形的梁。

3. 大型构件装配式楼梯

大型构件装配式楼梯就是把整个梯段和平台板浇注成一个整体,而后通过装配而成。

(二) 预制钢筋混凝土楼梯的构造及受力特点

1. 小型构件装配式楼梯

小型构件装配式楼梯的主要特点就是构件小而轻,易制作。但施工繁而慢,有些还要用较多的人力和湿作业,适用于施工条件较差的地区。

小型构件装配式楼梯的预制踏步和支承结构是分开的,其支承结构一般有梁支承、墙支承以及砖墙悬挑三种。

(1) 梁承式楼梯

梁承式楼梯的结构布置形式为:预制踏步搁置在斜梁上形成梯段,梯段斜梁搁置在平台梁上,平台梁搁置在两边墙或柱子上(图 11-25),而平台板搁置在两边墙上,也可以用小型的平台板搁置在平台梁上和纵墙上。

梁承式梯段可以用以上讲的三种形式的预制踏步,其中三角形踏步,明步可以用矩形斜梁(图 11-25a),暗步用 L 形边梁(图 11-25b、c);一字形用预制成锯齿形的斜梁(图 11-25c)。三角形踏步梯段底面可用砂浆嵌缝或抹平。

预制踏步一般用水泥砂浆叠置,L 形及平板形可在预制踏步板上预留孔,套于锯齿形每个台阶上的插件上,用砂浆窝牢(图 11-25c),这个预留孔和插件还可以作为栏杆的固定件。

梯段的斜梁与平台梁的连接,为不使平台梁落低从而降低平台下净空,通常平台梁多做成 L 形断面,使斜梁能搁置在平台梁挑出的翼缘上,用插件套装在斜梁的预留孔中用砂浆窝牢(图 11-25c),也可以彼此设预埋件焊接。

梁承式楼梯中荷载的传递路径为:预制踏步板承受板面荷载、板自重、装饰面层的重量及栏杆的自重,板是以梯段斜梁为支承的受弯构件。板面的荷载以均布荷载的形式传递到斜梁上,斜梁是支承在平台梁上的受弯构件。平台梁承受斜梁传来的集中荷载及平台板传来的均布荷载,平台板由于一端支承在平台梁上,另一端支承在纵墙上,所以也是一简支受弯构件,其上荷载为板面均布活荷载及板自重。

(2) 墙承式楼梯

这种楼梯是把预制钢筋混凝土踏步板直接搁置在两边墙上,其踏步板一般采用一字形、L 形或倒 L 形断面,不需另设平台梁和梯斜梁,不必设栏杆,需要时设靠墙扶手,可节约钢筋和混凝土,如图 11-26 所示。由于每块踏步板直接安装入墙体,对墙体砌筑和施工速度影响较大。同时,踏步板入墙端的形状、尺寸与墙体砌筑模数不容易吻合,砌筑质量不易保证,影响砌体强度。

这种楼梯由于在梯段之间有墙,搬运家具不方便,也阻挡视线,上下人流易相撞。通常在中间墙上开设观察口,如图 11-26 所示,以使上下人流视线流通。也可将中间墙两端靠平台部分局部收进,以使空间通透,有利于改善视线和搬运家具物品。但这种方式对抗震不利,施工也比较麻烦。

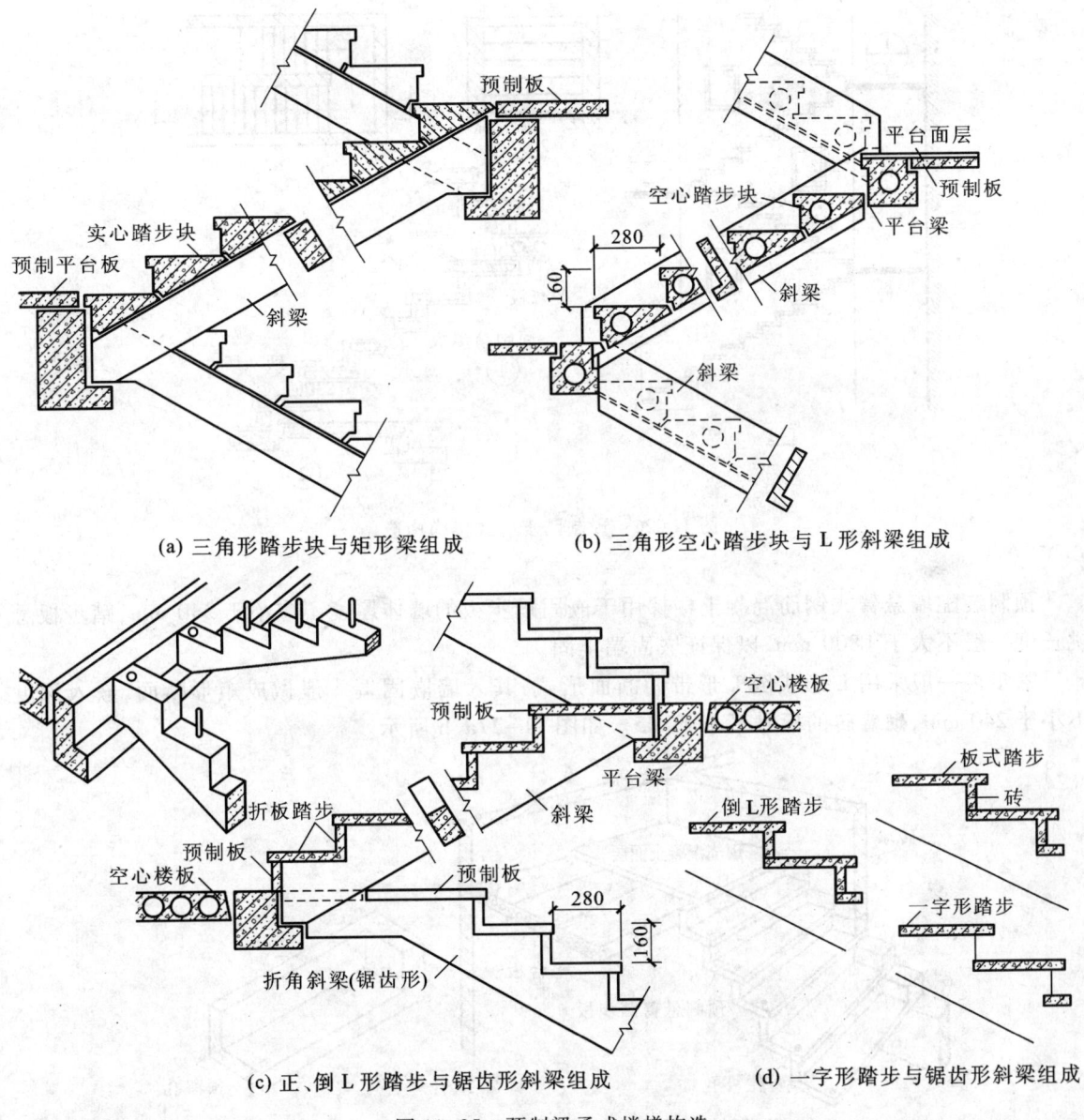

图 11-25 预制梁承式楼梯构造

墙式楼梯的受力特点是：踏步板承受所有的荷载，包括踏步板自重、板面的可变活荷载、装饰面层的自重；由于板支承在墙上，所以踏步板是简支的受弯构件。

（3）墙悬臂式钢筋混凝土楼梯

预制装配墙悬臂式钢筋混凝土楼梯是指预制钢筋混凝土踏步板一端嵌固于楼梯间侧墙上，另一端凌空悬挑的楼梯形式。

预制装配墙悬臂式钢筋混凝土楼梯无平台梁和梯斜梁，也无中间墙，楼梯间空间轻巧空透，结构占空间少，在住宅建筑中使用比较多。但其楼梯间的整体刚度极差，不能用于有抗震设防要求的地区。由于需随墙体砌筑安装踏步板，并需设临时支撑，施工比较麻烦。

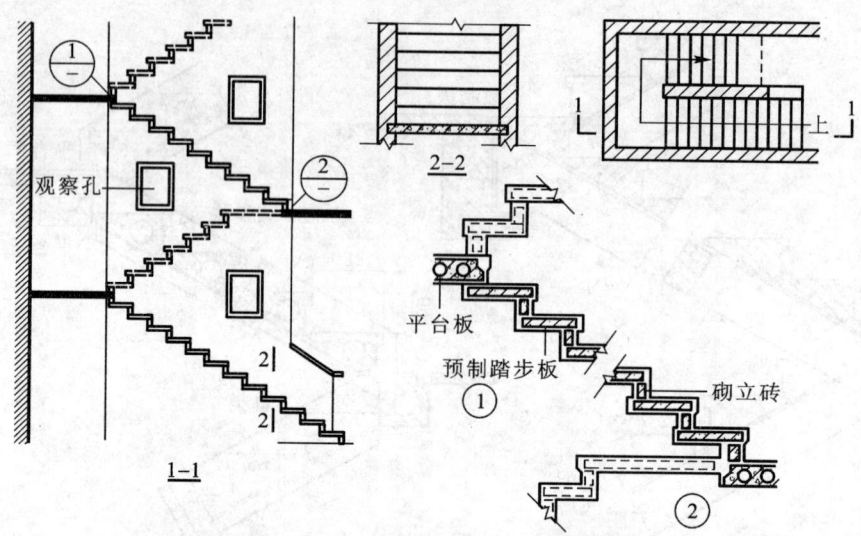

图 11-26 预制踏步墙式楼梯构造

预制装配墙悬臂式钢筋混凝土楼梯用于嵌固踏步板的墙体厚度不应小于 240 mm,踏步板悬挑长度一般不大于 1 800 mm,以保证嵌固端牢固。

踏步板一般采用 L 形或倒 L 形带肋断面形式,其入墙嵌固端一般做成矩形断面,嵌入深度不小于 240 mm,砌墙砖的标号不小于 M5。如图 11-27a、b 所示。

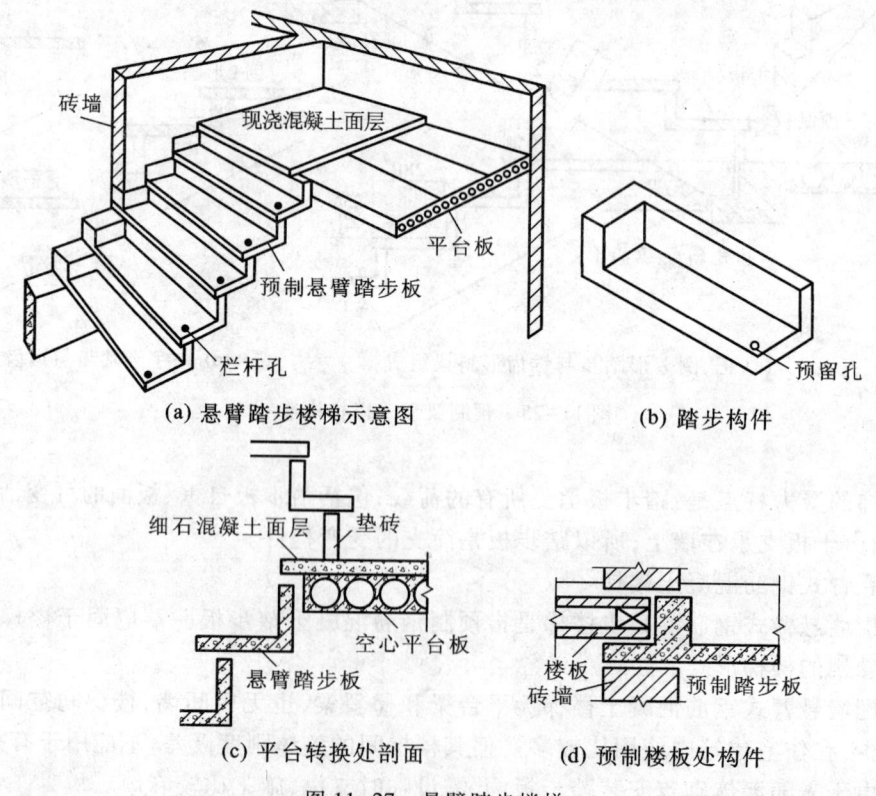

图 11-27 悬臂踏步楼梯

为了加强踏步板之间的整体性,在构造上须将单块踏步板相互连接起来。可在踏步板悬臂端留孔,用插筋套牢,并用高标号水泥砂浆嵌固。在梯段起步或末步处,根据所采用的踏步板断面是 L 形或倒 L 形,须填砖处理,如图 11-27c 所示。

在楼层平台与梯段交接处,由于楼梯间侧墙另一面常有楼板支承在该墙上,其入墙位置与踏步板入墙位置冲突,须对此块踏步板作特殊处理,如图 11-27d 所示。

2. 中型构件装配式楼梯

中型构件装配式楼梯,是把楼梯梯段和平台各预制成一个构件装配而成。与小型构件装配式楼梯相比,中型构件装配式楼梯构件的种类和数量少,可以简化施工,减轻劳动强度,加快施工速度,但要求有一定的施工吊装能力。

(1)预制梯段

按其结构形式不同,有板式梯段和梁式梯段两种。

1)板式梯段

板式梯段为预制成整体的梯段板,两端搁置在平台梁出挑的翼缘上,将梯段荷载直接传递给平台梁。板式梯段按构造方式不同,有实心和空心两种类型。实心梯段板自重较大(图 11-28a),在吊装能力不够时,可沿梯段宽度方向分块预制,安装时拼接成整体。为减轻梯段自重,可将板内抽空,形成空心梯段板(图 11-28b)。空心梯段板有横向抽孔和纵向抽孔两种,横向抽孔制作方便,应用较广;梯段板厚度较大时,可以纵向抽孔。板式楼梯的传力途径是:梯段板承受梯段自重以及板面的活荷载,传至平台梁,平台梁再传至两端的墙体。

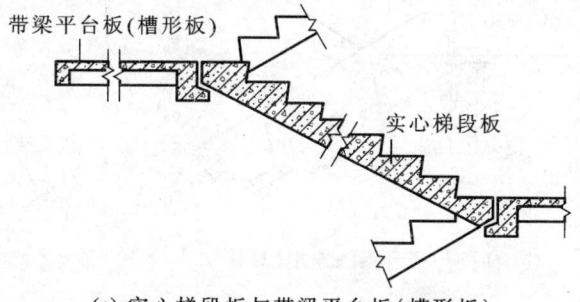

(a) 实心梯段板与带梁平台板(槽形板)

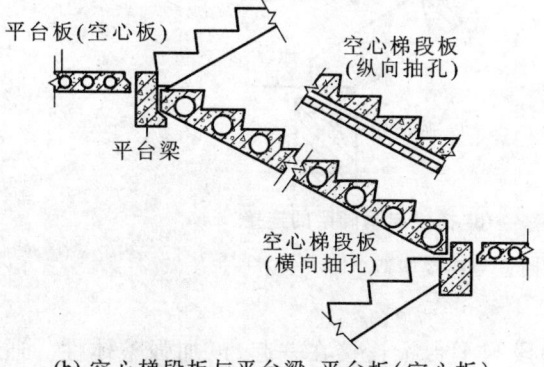

(b) 空心梯段板与平台梁、平台板(空心板)

图 11-28 预制板式梯段与平台

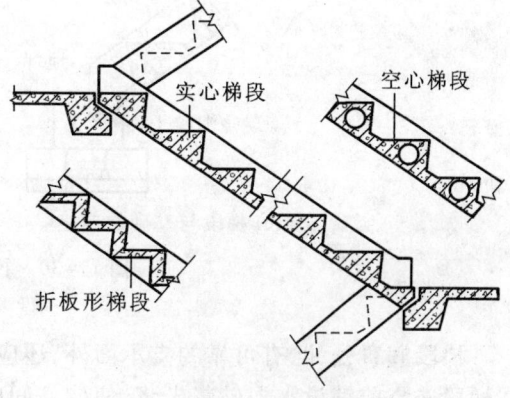

图 11-29 预制梁式梯段

2）梁式梯段

梁式梯段是将由踏步板和梯梁组成的梯段预制成一个构件，一般采用暗步，即梯梁上翻包住踏步，形成槽板式梯段。通常将踏步根部的踏步面和踏板相交处做成平行于踏步板的斜面，这样，在踏步连接处的厚度不变的情况下，可使整个梯段底面上升，从而减少混凝土用量，减轻梯段自重。梯段形式有实心、空心和折板形三种。空心梁式梯段只能横向抽孔。折板形梁式梯段是用料最省、自重最轻的一种形式，但梯段底面不平整，容易积灰，且制作工艺复杂，如图11-29所示。

（2）平台板

通常将平台板和平台梁组合在一起预制成一个构件，形成带梁的平台板。这种平台板一般采用槽形板，将与梯段连接一侧的板做成L形梁即可，如图11-28a所示。

在生产、吊装能力不足时，可将平台板和平台梁分开预制，平台梁采用L形断面，平台板可用普通的预制钢筋混凝土楼板，两端支承在楼梯间横墙上，如图11-28b所示。

（3）梯段的搁置

梯段两端搁置在平台梁上，平台梁的断面形式通常为L形，L形平台梁出挑的翼缘顶面有平面和斜面两种。平顶面翼缘使梯段搁置处的构造较复杂（图11-30a），而斜顶面翼缘简化了梯段搁置构造，便于制作安装，使用较多（图11-30b）。

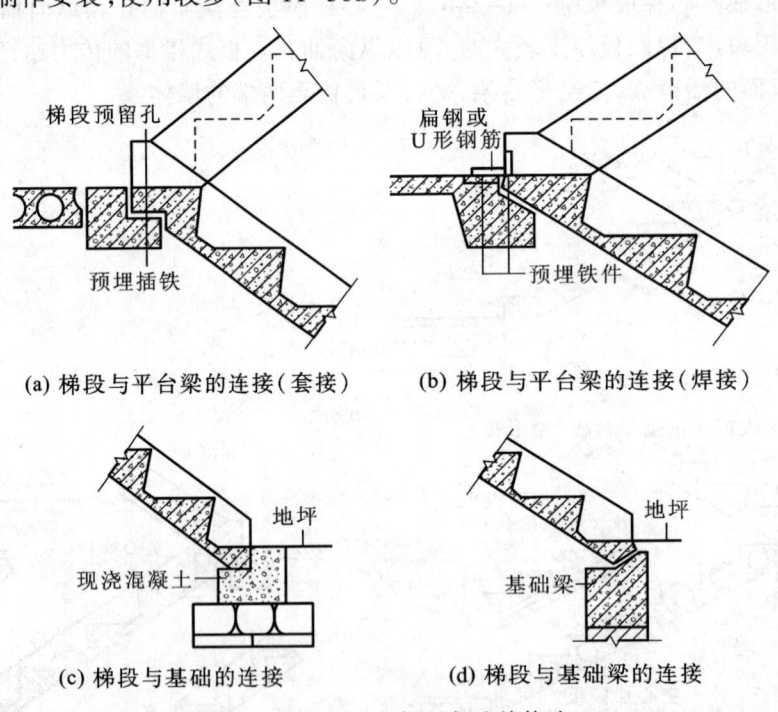

图11-30 梯段的搁置与连接构造

梯段搁置处，除有可靠的支承面外，还应将梯段与平台梁连接在一起，以加强整体性。通常在梯段安装前铺设水泥砂浆坐浆，使构件间的接触面贴紧，受力均匀。安装后用预埋铁件焊接的方式将梯段和平台梁连接在一起，或安装时将梯段预留孔套接在平台梁的预埋插铁上，孔内用水泥砂浆填实,如图11-30a、b所示。

底层第一跑楼梯段的下端应设基础或基础梁,以支承梯段,如混凝土基础、毛石基础、砖基础或钢筋混凝土基础梁,如图11-30c、d所示。

梁式楼梯的传力途径:踏步自重及板面活荷载由梯梁承担,梯梁搁置在平台梁上,梯梁荷载传递给平台梁,平台梁搁置在墙上,平台梁荷载传递给承重墙。

3. 大型构件装配式楼梯

大型构件装配式楼梯把整个梯段和平台预制成一个构件。按结构形式不同,有板式楼梯和梁式楼梯两种(图11-31)。

大型构件装配式楼梯的构件数量少,装配程度高,施工速度快,但施工时需要大量的起重运输设备,主要用于大型装配式建筑中。

(三)预制钢筋混凝土楼梯的施工图

主要介绍小型构件装配式楼梯。

1. 装配式梁板楼梯

(1)梁板式楼梯形式

梁板式楼梯形式如图11-32所示。

(2)梯板的配筋

梯板按倒L形简支梁考虑,配筋如图11-33所示,其中①—1 ϕ 8是受力钢筋,②—3 ϕ^b 4和③—7 ϕ^b 4是构造钢筋。

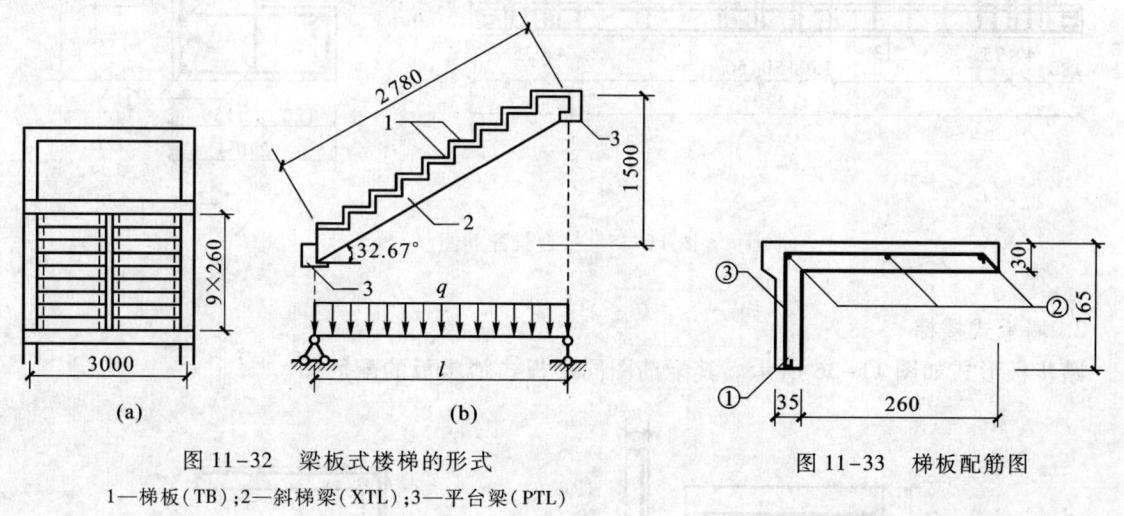

图11-31 大型构件装配式楼梯形式

图11-32 梁板式楼梯的形式
1—梯板(TB);2—斜梯梁(XTL);3—平台梁(PTL)

图11-33 梯板配筋图

(3)斜梯梁

斜梯梁按矩形简支梁考虑,其配筋如图11-34所示,其中①—2 ϕ 12是受力钢筋,②—2 ϕ 8是梁内架立钢筋,③—2 ϕ 6是构造钢筋,④—ϕ 6是箍筋,⑤—ϕ 6@200是箍筋。

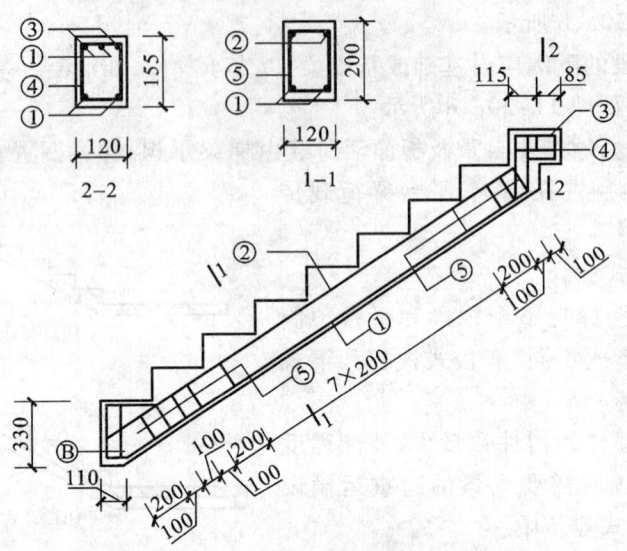

图 11-34 斜梯梁配筋图

(4) 平台梁(横梯梁)

平台梁以 L 形简支梁考虑,其配筋如图 11-35 所示,其中①—2Φ14 是受力钢筋,②—2Φ10 是梁内架立钢筋,③—2Φ10 是构造钢筋,④—3Φ8 是构造钢筋,⑤—Φ6@200 是箍筋。另外在斜梁作用处两侧各增配 2Φ6 的箍筋。

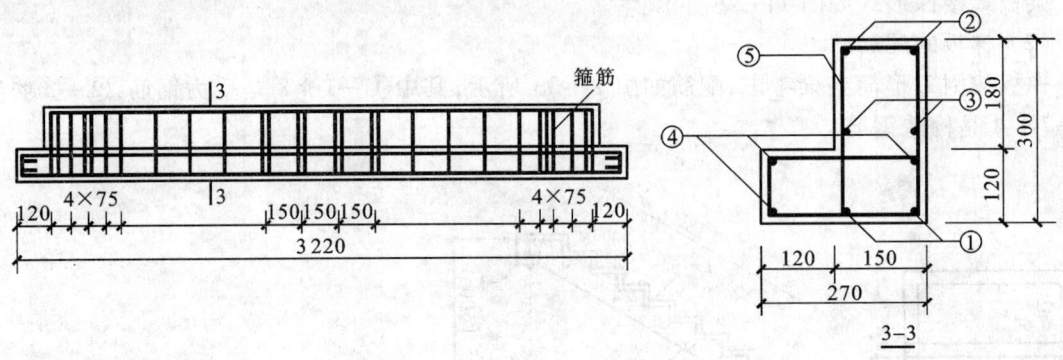

图 11-35 平台梁配筋图

2. 墙承式楼梯

踏步板形式如图 11-36 所示。其配筋图同梁板式踏步板的配筋图。

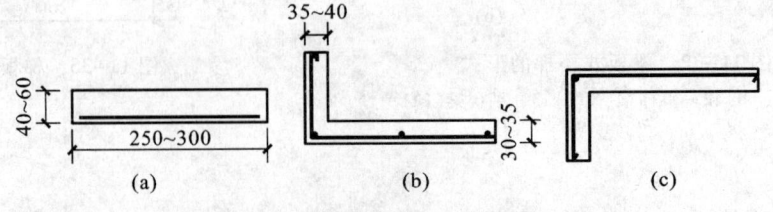

图 11-36 墙承式踏步板配筋图

3. 悬臂式楼梯

悬臂式楼梯踏步板的计算简图如图 11-37 所示,按倒 L 形截面计算,配筋如图 11-37 所示,其中①—1 ϕ12 是受力钢筋,②—3 ϕ6 和③—9 ϕ^b4 是构造钢筋。

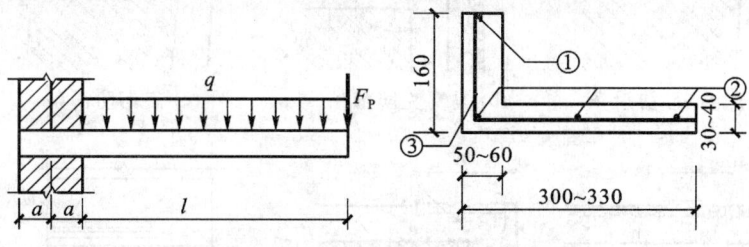

图 11-37 悬臂式楼梯的受力及配筋图

(四) 楼梯细部构造

1. 踏步面层及防滑构造

楼梯踏步面层应便于行走、耐磨、防滑并易于清洁。踏步面层的材料,视装修要求而定,一般与门厅或走道的楼地面材料一致,常用的有水泥砂浆、水磨石、大理石和缸砖等(图 11-38)。

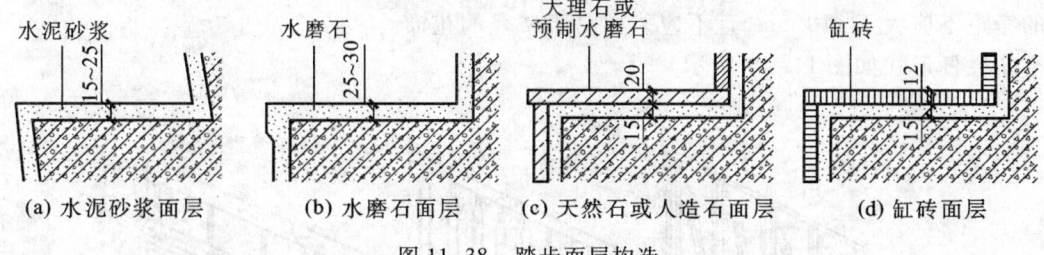

图 11-38 踏步面层构造

为防止行人使用楼梯时滑跌,踏步表面应有防滑措施,特别是人流量大或踏步表面光滑的楼梯,必须对踏步表面进行防滑处理。通常在踏步近踏步口处设防滑条,防滑条的材料有金刚砂、马赛克、橡胶条和金属材料等。也可以用带槽的金属材料等包踏口,既防滑又起保护作用。在踏步两端近栏杆(或墙)处,一般不设防滑条(图 11-39)。

2. 栏杆和扶手

栏杆和扶手是楼梯边沿处的围护构件,具有防护和倚扶功能,并兼起装饰作用。栏杆扶手通常只在楼梯梯段和平台临空的一侧设置。梯段宽度达三股人流时,应在靠墙的一侧增设扶手,即靠墙扶手;梯段宽度达四股人流时,须在中间增设栏杆扶手。栏杆扶手的设计,应满足安全、适用、美观等要求。

(1) 栏杆

楼梯栏杆有空花栏杆、栏板式栏杆和组合栏杆三种。

1) 空花栏杆

空花栏杆一般采用圆钢、方钢、扁钢和钢管等金属材料做成。常用的栏杆断面尺寸为圆钢 $\phi16 \sim \phi25$,方钢 15 mm×15 mm ~ 25 mm×25 mm,扁钢(30 ~ 50) mm×(3 ~ 6) mm,钢管 $\phi20 \sim \phi50$ mm。

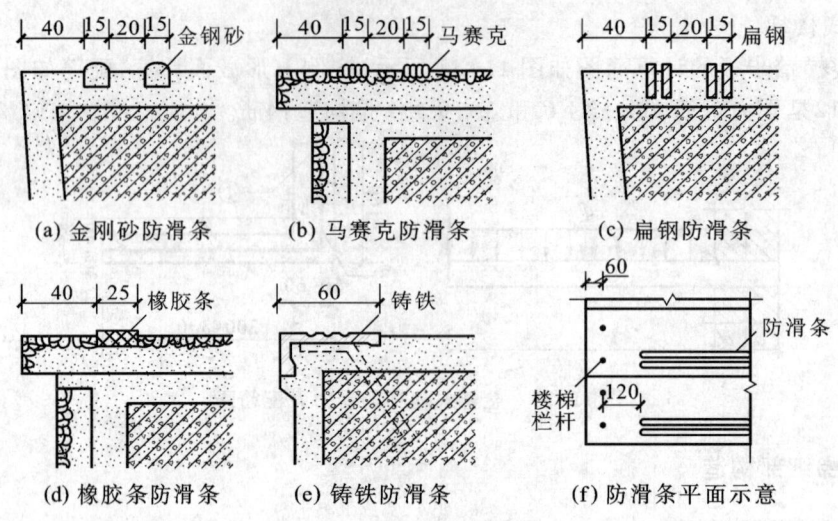

图 11-39 踏步防滑构造

有儿童活动的场所,如幼儿园、住宅等建筑,为防止儿童穿过栏杆空当发生危险,栏杆垂直杆件间的净距不应大于 110 mm,且不应采用易于攀登的花饰。

空花栏杆形式如图 11-40 所示。

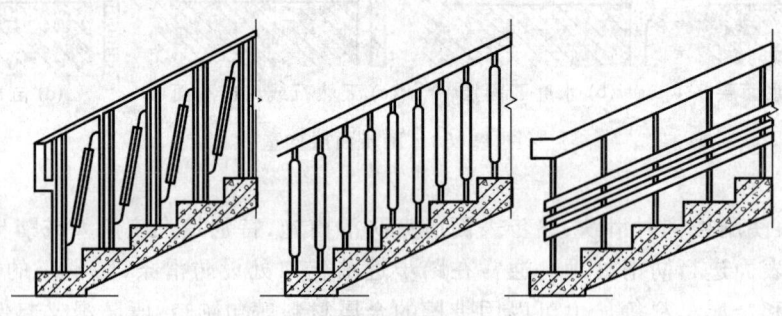

图 11-40 空花栏杆形式示例

栏杆与梯段应有可靠的连接,连接方法主要有以下几种:

① 预埋铁件焊接:将栏杆的立杆与梯段中预埋的钢板或套管焊接在一起(图 11-41a);

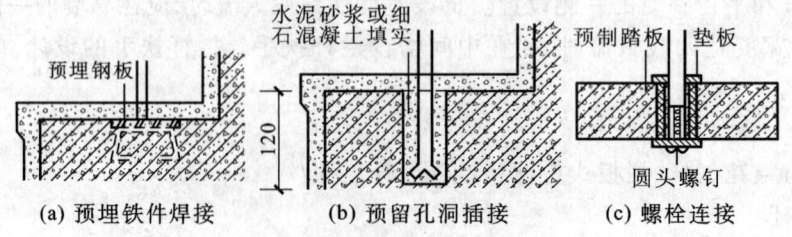

图 11-41 栏杆与梯段的连接

② 预留孔洞插接:将端部做成开脚或倒刺的栏杆插入梯段预留的孔洞内,用水泥砂浆或细石混凝土填实(图11-41b);

③ 螺栓连接:用螺栓将栏杆固定在梯段上,固定方式有很多种,如用板底螺帽栓紧贯穿踏板的栏杆等(图11-41c)。

2)栏板式栏杆

栏板式栏杆通常采用现浇或预制的钢筋混凝土板、钢丝网水泥板或砖砌栏板,也可以采用具有较好装饰性的有机玻璃、钢化玻璃等做栏板。

钢丝网水泥栏板是在钢筋骨架的侧面先铺钢丝网,后抹水泥砂浆而成(图11-42a)。

砖砌栏板是用砖侧砌成1/4砖厚,为增加其整体性和稳定性,通常在栏板中加设钢筋网,并用现浇的钢筋混凝土扶手连成整体(图11-42b)。

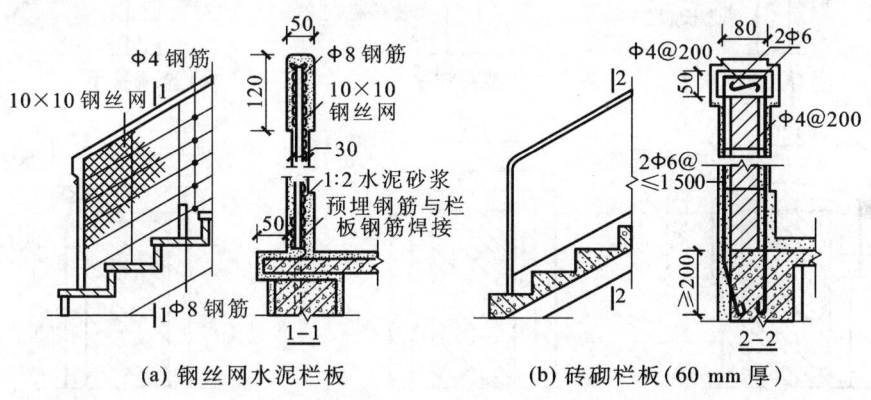

图 11-42 栏板式栏杆

3)组合式栏杆

组合式栏杆是将空花栏杆与栏板组合而成的一种栏杆形式。空花栏杆多用金属材料制作,栏板可用钢筋混凝土板或砖砌栏杆,也可用有机玻璃、钢化玻璃和塑料板等(图11-43)。

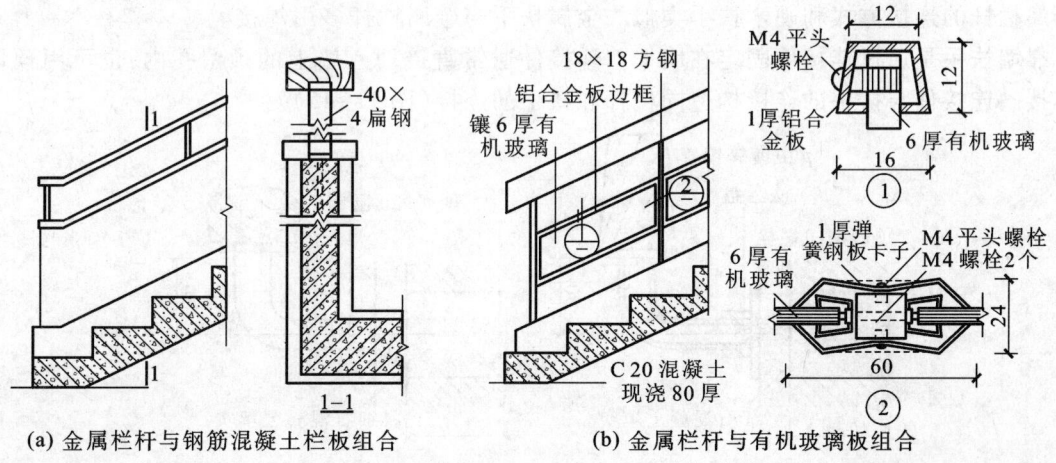

图 11-43 组合式栏杆

（2）扶手

扶手位于栏杆的顶部。空花栏杆顶部的扶手一般采用硬木、塑料和金属材料制作，其中硬木扶手应用最普遍。当装修标准较高时，可用金属扶手，如钢管扶手、铝合金扶手等。扶手的断面形式和尺寸应便于手握抓牢，扶手顶面宽度一般 40～90 mm（图 11-44a、b、c）。栏板顶部的扶手可用水泥砂浆或水磨石抹面而成，也可用大理石板、预制水磨石板或木板贴面而成（图 11-44d、e、f）。

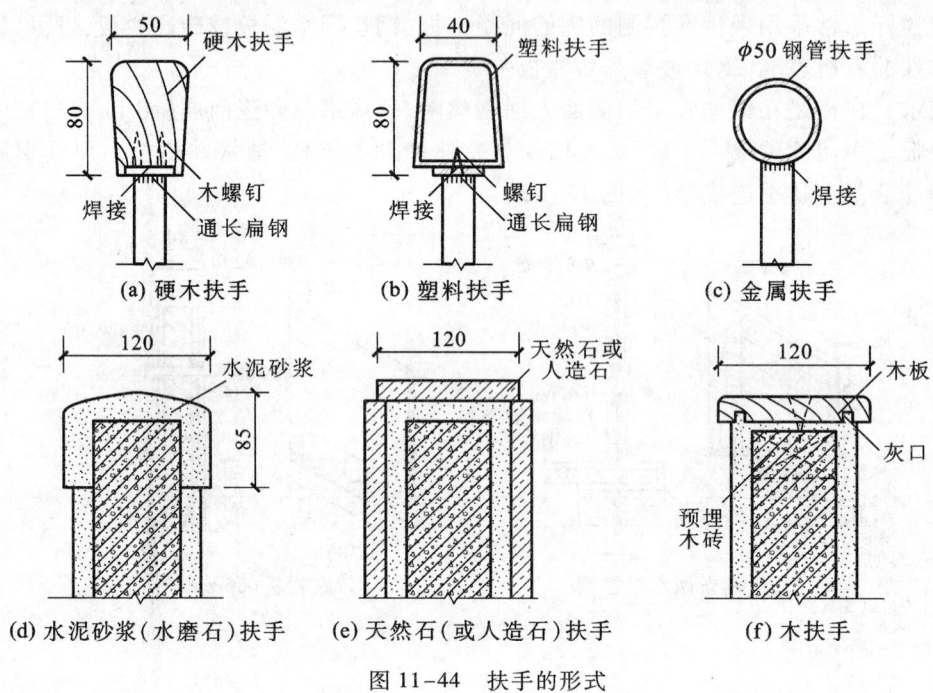

图 11-44　扶手的形式

扶手和栏杆应有可靠的连接，连接方式视扶手材料而定。硬木扶手与金属栏杆的连接，通常是在金属栏杆的顶端先焊接一根通长扁钢，然后用木螺钉将扁钢与扶手连接在一起。塑料扶手与金属栏杆的连接方式和硬木扶手类似。金属扶手与金属栏杆多用焊接。

靠墙扶手是通过连接件固定在墙上。连接件通常直接埋入墙上的预留孔内，也可用预埋螺栓连接。连接件与扶手的连接构造同栏杆和扶手的连接（图 11-45）。

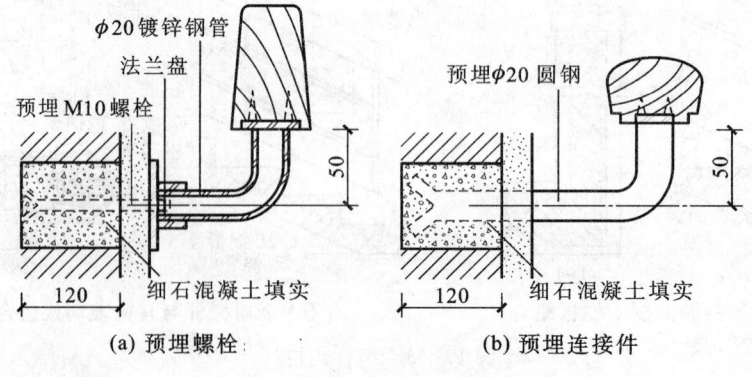

图 11-45　靠墙扶手

楼梯顶层的楼层平台临空一侧,应设置水平栏杆扶手,扶手端部与墙应固定在一起。一般在墙上预留孔洞,将连接扶手和栏杆的扁钢插入洞内,用水泥砂浆或细石混凝土填实。也可将扁钢用木螺钉固定在墙内预埋的防腐木砖上。若为钢筋混凝土墙或柱,则可预埋铁件焊接(图 11-46)。

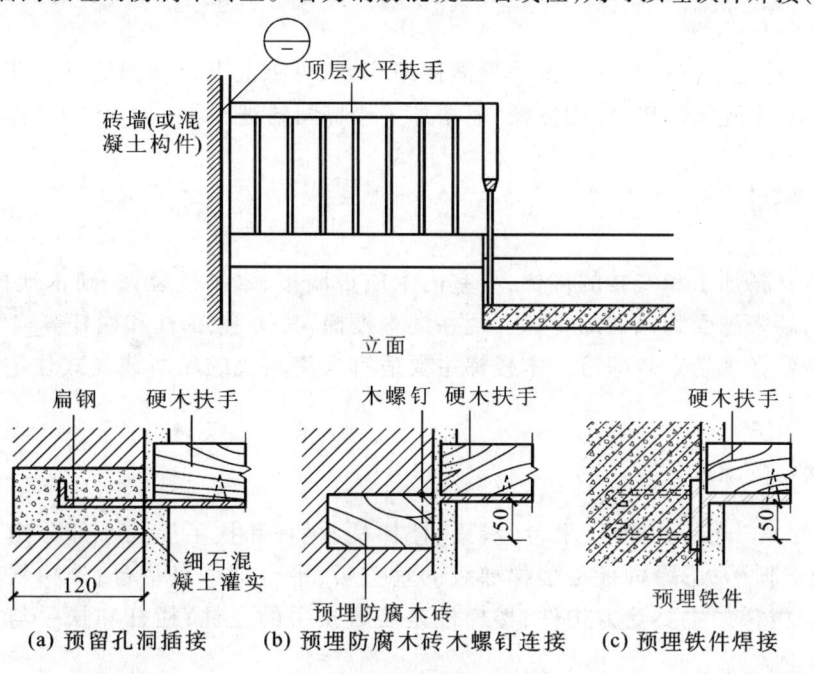

图 11-46　扶手端部与墙(柱)的连接

（3）栏杆扶手的转弯处理

在平行楼梯的平台转弯处,当上下行梯段的第一个踏步口相平齐时,为保持上下行梯段的扶手高度一致,常用的处理方法是将平台处的栏杆扶手设置在平台边缘以内半个踏步宽的位置上(图 11-47a),在这一位置,上下行梯段的扶手顶面标高刚好相同。在这种处理方法中,扶手连接简单,使用方便,弯头易于制作,省工省料。但由于栏杆扶手伸入平台半个踏步宽,使平台的通行

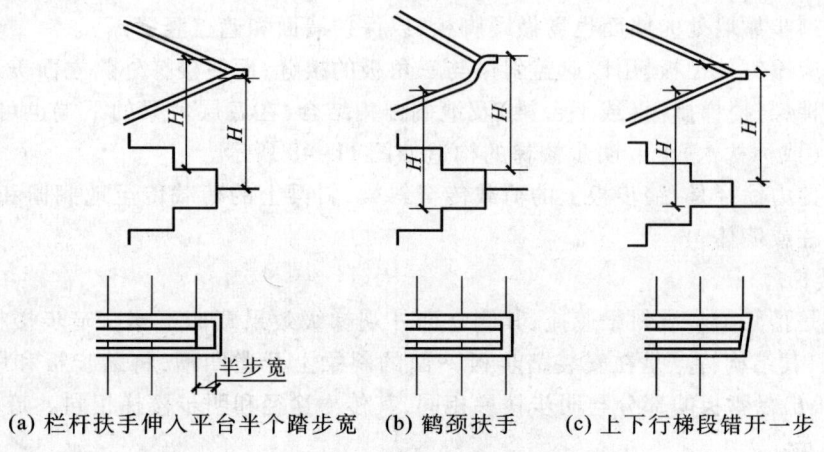

图 11-47　栏杆扶手转弯处理

宽度减小,在平台深度不大时,会给人流通行和家具设备搬运带来不便。

若不改变平台的通行宽度,则应将平台处的栏杆扶手紧靠平台边缘设置。但在这一位置,上下行梯段的扶手顶面标高不同,形成高差。处理扶手高差的方法有几种,如采用鹤颈扶手断开的处理方法(图11-47b)。

若要平台边缘处上下行梯段的扶手顶面标高相同,可将上下行梯段错开一步(图11-47c)。这种处理方法,扶手连接简单,使用方便,但增加了楼梯间的进深。

四、木楼梯

当前,木质材料加工和安装的楼梯,与室内木质护墙板、木吊顶装饰、硬木地板、装饰木门及木质家具一样,越来越受到人们的青睐。现在的木楼梯,其扶手、梯柱和栏杆等构件,市场上都有成品出售,只需要在现场安装即可。木楼梯主要适宜人流不大的场所或复式住宅等小型装饰性楼梯。

(一) 木楼梯的组成

木楼梯是由踏步板、踢脚板、平台、斜梁、楼梯柱、栏杆和扶手等几个部分组成。踏步板是楼梯梯级上的踏脚平板;踢脚板是楼梯梯级的垂直板;平台即休息平台;楼梯斜梁是支承楼梯踏步的大梁,是楼梯的主要受力构件;楼梯柱是装置扶手的立柱;栏杆和扶手与混凝土楼梯的相同。

(二) 木楼梯的构造形式

1. 明步楼梯

明步楼梯是指侧面外观由踏步板和踢脚板形成齿状梯级,梯级效果明露。它的宽度以800 mm为限,超过1000 mm时,中间需要加设一根斜梁,在斜梁上钉三角木。三角木可根据楼梯坡度及踏步尺寸预制,在其上铺踏步板和踢脚板。踏脚板的厚度为30~40 mm,踢脚板的厚度为25~30 mm,如果有挑口线,踏脚板应挑出踢脚板30~40 mm。为了防滑和耐磨,可在踢脚板上口加钉铁板。踏步靠墙处的墙面也需做踢脚板,以保护墙面和遮盖竖缝。

在斜梁上应镶钉外护板,用以遮盖斜梁与三角板的接缝,而使楼梯外侧立面美观。斜梁的上下两端做吞肩榫,与楼梯搁栅(或平台梁)及地搁栅相结合,在底层斜梁的下端也可以做成凹槽,将其压在垫木(或称枕木)上。明步楼梯的构造如图11-48所示。

明步楼梯传力途径是:踏步板上的荷载传至斜梁,斜梁上的荷载传至地搁栅和楼搁栅,搁栅上荷载传至立柱或墙体。

2. 暗步楼梯

暗步楼梯是指其踏步被斜梁遮掩,其侧立面外观梯级效果藏而不露。暗步楼梯的宽度一般可达1200 mm,其结构特点是在安装踏步板一面的斜梁上开凿凹槽,将踏步板和踢脚板逐块镶入,踏步板应挑出踢脚板的部分与明步楼梯相同,其传力途径和明步楼梯相同。暗步楼梯的构造如图11-49所示。

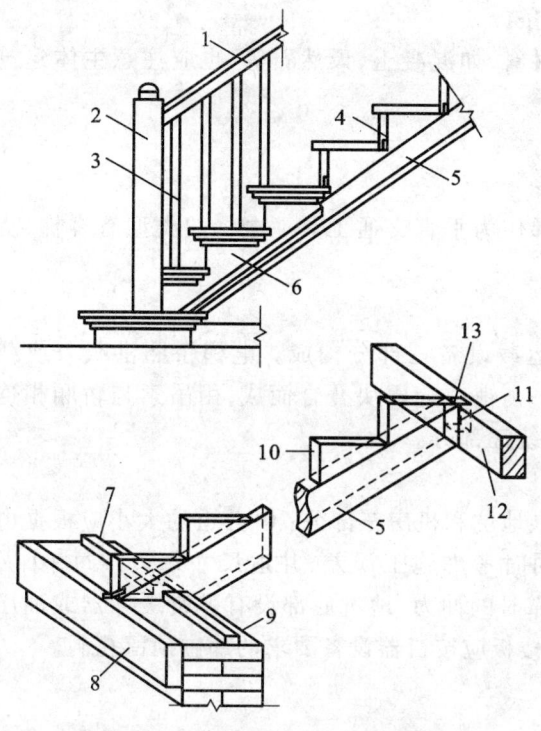
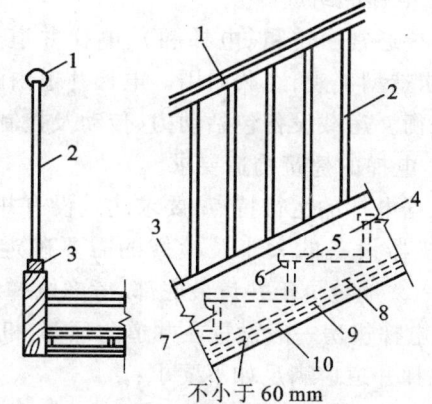

图 11-48 明步木楼梯构造

1—扶手；2—楼梯柱；3—立杆；4—踢脚板；5—斜梁；
6—护板；7—垫木；8—地搁栅；9—木砖；10—三角木；
11—吞肩榫；12—楼搁栅；13—锚固铁板

图 11-49 暗步木楼梯构造

1—扶手；2—立杆；3—压条；4—斜梁；5—踏步板；
6—挑口线；7—踢脚板；8—板条筋；9—板条；
10—粉刷

五、其他垂直交通设施

（一）室外台阶

室外台阶是联系室内地面与室外地面的交通设施。室外台阶的坡度应比楼梯小，每级高度为 100~150 mm，宽度为 300~400 mm。台阶与建筑出入口之间应留有一定宽度的缓冲平台，表面做坡向室外 1%~4% 的流水坡。

室外台阶的材料应采用耐久性、抗冻性、耐磨性好的材料，如天然石材、混凝土、缸砖等。

室外台阶的基础只要挖去腐殖土做垫层即可，但当台阶和建筑的地基沉降不均匀时可能造成倒泛水甚至破坏，一般采取台阶与建筑连成整体或台阶基础与建筑物分离的方法。

（二）坡道

室外门前为便于车辆进出常做坡道，也可和台阶同时应用，正面做台阶，两侧做坡道。

坡道的坡度要方便车辆和行人出入，一般为 1∶6~1∶12，1∶10 较为合适，大于 1∶8 时须设有防滑措施,将坡道面层做成锯齿形或设防滑条。

坡道材料一般为抗冻性好和表面结实的材料,如混凝土、天然石等,也应注意主体建筑的沉降问题。

(三) 电梯

在高层建筑及某些多层建筑中常设有电梯作为垂直交通工具。电梯的类型有客梯、货梯及专用电梯。

1. 电梯的组成

电梯通常由轿厢(电梯厢)、电梯井道及运载设备三部分构成。电梯轿厢供载人或载货之用,要求造型美观,经久耐用。电梯井道内的平衡锤由金属块叠合而成,用吊索与轿厢相连保持轿厢平衡。运载设备包括动力、传动及控制系统三部分。

2. 电梯的建筑构造要求

根据电梯的运行特点,要求建筑设有井道、地坑和机房三部分:① 井道的大小应根据电梯的型号、机器设备的大小及检修的需要确定,同时考虑施工误差,井道尺寸每边按每10层放大10 mm;② 地坑位于井道最底部,考虑电梯停靠时的冲力,地坑底部设有弹簧缓冲器或油压缓冲器;③ 电梯机房一般设置在井道的顶部,机房楼板应按机器设备要求的部位预留孔洞。

电梯井道应满足如下要求:

(1) 井道的防火

井道是建筑中的垂直通道,极易引起火灾的蔓延,因此井道四周应为防火结构。井道一般采用现浇混凝土结构,也可采用砖砌。同时当井道内超过两部电梯时,需用防火围护结构予以隔开。

(2) 井道的隔振与隔声

电梯运行时产生振动和噪声。一般在机房机座下设弹性垫层隔振;在机房与井道间设高1.5 m左右的隔声层。

(3) 井道的通风

为使井道内空气流通,火警时能迅速排除烟和热气,应在井道底部和中部适当位置(高层时)及地坑等处设置不小于300 mm×600 mm的通风口,上部可以和排烟口结合,排烟口面积不少于井道面积的3.5%。通风口总面积的1/3应经常开启。通风管道可在井道顶板上或井道壁上直接通往室外。

(4) 其他

地坑应注意防水、防潮处理,坑壁应设爬梯和检修灯槽。

3. 电梯门套

电梯厅门为电梯各层的出入口,厅门洞口上安装门套,门套装修构造与电梯厅的装修统一考虑。有水泥砂浆门套、大理石门套、木板门套。

电梯门一般为双扇推拉门,宽度为900~1 300 mm,开启方法有中央分开推向两边和双扇推向同一边。

(四) 自动扶梯

自动扶梯适用于有大量人流上下的公共场所,如车站、商场、地铁车站等。自动扶梯可正逆两个方向运行,可作提升及下降使用,机器停转时可作普通楼梯使用。

自动扶梯是电动机械牵动梯段踏步连同栏杆扶手带一起运转。机房悬挂在楼板下面,自动扶梯基本尺寸如图 11-50 所示。

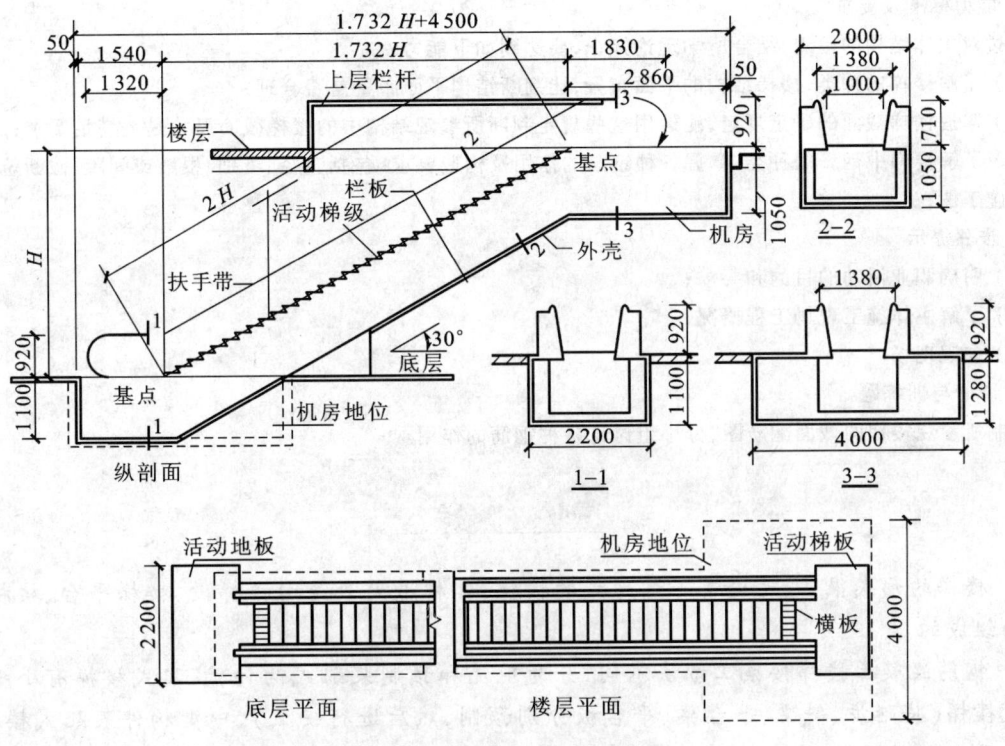

图 11-50 自动扶梯基本尺寸

自动扶梯的坡道比较平缓,一般采用 30°,运行速度为 0.5～0.7 m/s,宽度按输送能力有单人和双人两种。其型号规格见表 11-2。

表 11-2 自动扶梯型号规格

梯 型	输送能力/(人/h)	提升高度/m	速度/(m/s)	扶梯宽度	
				净宽 B/mm	外宽 B_1/mm
单人梯	5000	3～10	0.5	600	1350
双人梯	8000	3～8.5	0.5	1000	1750

职业活动与训练

参观房屋建筑工程钢筋混凝土结构主体施工现场,重点为钢筋混凝土楼梯构造。

1. 目的

通过参观房屋建筑工程主体施工现场,了解楼梯的布置方式,增强对楼梯构件的截面尺寸、受力钢筋、构造钢筋的配置和构造要求的感性认识。

2. 环境要求

在建房屋建筑工程主体施工现场。

3. 能力标准及要求

通过对主体结构的参观,结合所学理论知识,要达到如下能力:

(1) 了解楼梯的种类,楼梯结构的平面布置,能判断结构平面布置是否合理;

(2) 掌握楼梯截面的确定规定,能运用这些规定判断所参观结构中的楼梯截面尺寸是否满足要求;

(3) 了解楼梯中钢筋的种类,掌握各种钢筋的作用及构造要求(包括直径、级别、根数或间距、截断位置等),能看懂施工图;

4. 步骤提示

(1) 明确职业活动的目的和要求;

(2) 了解主体施工现场工程概况;

(3) 参观现场。

5. 讨论与训练题

绘制所参观楼梯的截面配筋图,分小组讨论各种钢筋的作用。

小 结

- 楼梯的形式很多,无论哪一种形式的楼梯,其构造大多是由楼梯段、楼梯平台、楼梯栏杆和扶手组成的。

- 钢筋混凝土楼梯按施工方法不同,分为现浇和预制装配式两种,装配式楼梯有小型构件装配式楼梯(将踏步、斜梁、平台梁、平台板分别预制,然后进行安装)、中型构件装配式楼梯(将梯段和平台分别预制,然后进行安装)和大型构件装配式楼梯(将楼梯和平台做成一个预制构件)。

- 现浇钢筋混凝土楼梯的结构形式有板式和梁板式两种。梁式楼梯其梯段荷载是由梯梁承担,梯梁搁置在平台梁上,平台梁搁置在两边的支撑上。板式楼梯,其梯段荷载是由踏步斜板承受,斜板搁置在平台梁上,平台梁搁置在两边的支撑上。

- 楼梯的细部构造包括面层处理、栏杆与踏步的连接方式以及扶手与栏杆的连接等。对有关现浇楼梯和预制楼梯的受力分析以及配筋图要弄清楚。

复 习 题

(1) 简述楼梯的类型、组成及其应用。

(2) 楼梯有哪些尺度方面的要求?

(3) 钢筋混凝土楼梯常见的结构形式是哪几种?各有何特点?

(4) 预制装配式楼梯的预制踏步形式有哪几种?简述其应用及其支承结构。

(5) 预制装配式楼梯的构造形式有哪些?

(6) 现浇钢筋混凝土楼梯的类型有哪几种?传力途径有什么不同?

(7) 看懂钢筋混凝土楼梯的配筋图,分清受力钢筋和构造钢筋。

(8) 楼梯踏面的做法有哪几种？
(9) 栏杆和踏步的构造如何？看懂构造图。
(10) 扶手与栏杆的构造如何？看懂构造图。

第 12 章　屋　顶

屋顶是房屋最上层起覆盖作用的外围护构件,用来抵抗雨雪,避免日晒等自然界的影响。屋顶由屋面、屋顶承重结构、保温隔热层和顶棚组成。

学完这一章应该能做到:
- 了解屋顶的类型及组成。
- 熟悉坡屋顶和平屋顶的构造及受力特点。
- 了解平屋顶及坡屋顶的配筋图。

能力标准

能理解屋顶的构造,具有识读屋顶施工图的能力,能识读屋顶工程施工图。

一、屋顶的类型及组成

(一) 屋顶的类型

由于不同的屋面材料和不同的承重结构形式,形成了多种屋顶类型,一般可归纳为四大类:即为平屋顶、坡屋顶、曲面屋顶和多波式折板屋顶。

1. 平屋顶

平屋顶承重结构为现浇或预制的钢筋混凝土板,屋面上做防水、保温或隔热处理。平屋顶的坡度很小,一般在 3% 以下,上人屋面坡度为 2% 左右,如图 12-1a 所示。

2. 坡屋顶

坡屋顶坡度较陡,一般在 10% 以上,用屋架作为承重结构,上放檩条及屋面基层。坡屋顶有单坡、双坡、四坡、歇山等多种形式,如图 12-1b 所示。

3. 曲面屋顶

曲面屋顶由各种薄壳结构或悬索结构作为屋顶的承重结构,如双曲拱屋顶、球形网壳屋顶等。在拱形屋架上铺设屋面板也可以形成单曲面的屋顶。这类屋顶结构内力分布合理,能充分发挥材料的力学性能,但施工复杂,一般用于大跨度的大型建筑。如图 12-1c 所示。

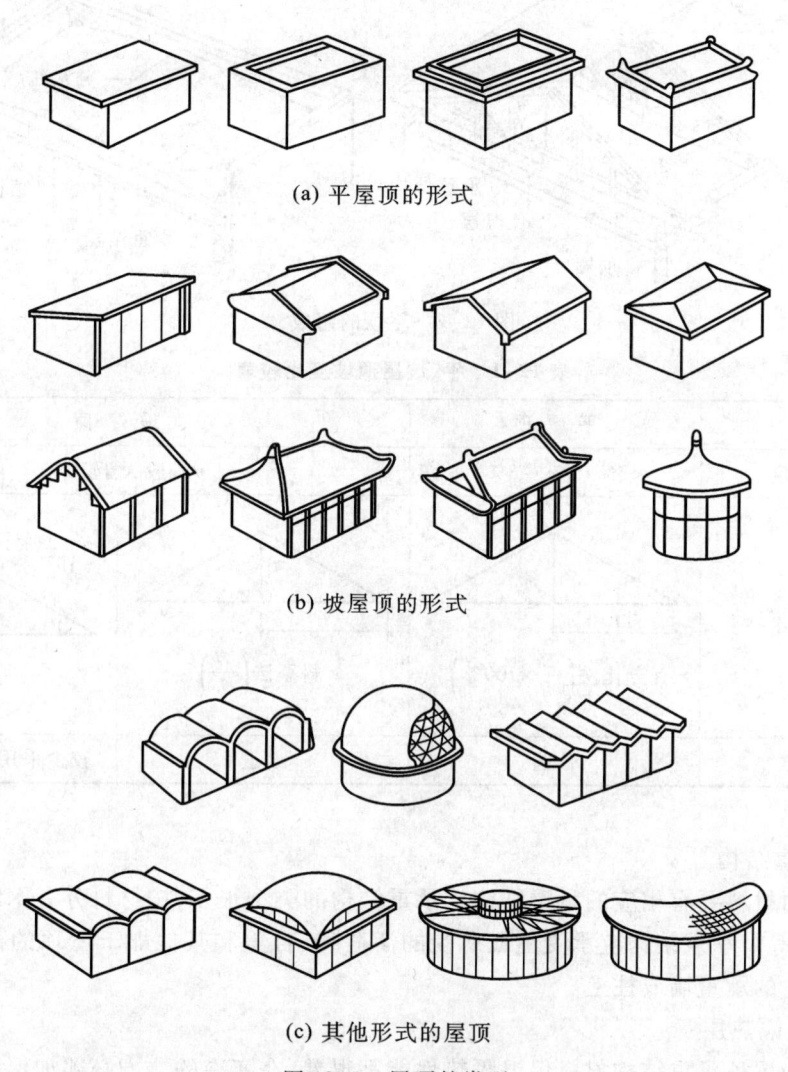

(a) 平屋顶的形式

(b) 坡屋顶的形式

(c) 其他形式的屋顶

图 12-1 屋顶的类型

（二）屋顶的组成

屋顶的形式与类型虽然很多，但通常是由以下的四个部分组成的（图 12-2）。

1. 屋面

屋面是屋顶的面层，它直接承受大自然的长期侵蚀，并承受施工和检修过程中加在上面的荷载，因此屋面材料应具有一定的强度和很好的防水性能。屋面还应设有一定的坡度，以保证雨水能尽快排除。常用的坡度表示方法有角度法、斜率法和百分比法，见表 12-1。斜率以屋顶倾斜面的垂直投影长度与水平投影长度之比来表示，百分比法以屋面倾斜面的垂直投影长度与水平投影长度之比的百分比值来表示，角度法以倾斜面与水平面所成夹角的大小来表示。坡屋顶多采用斜率法，平屋顶多采用百分比法，角度法很少用。

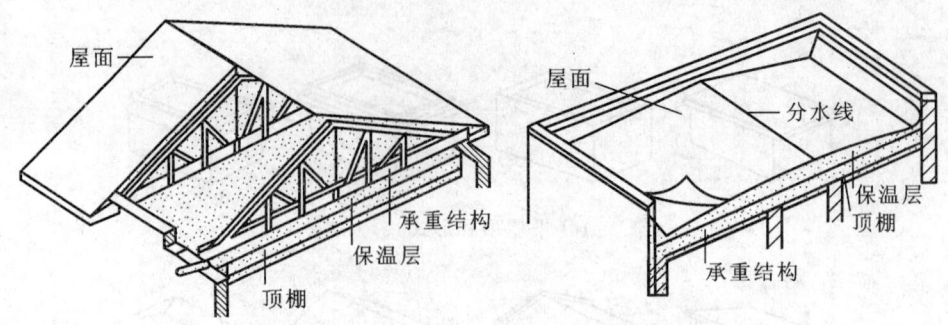

图 12-2 屋顶的组成

表 12-1 平、坡屋顶坡度比较表

屋顶类型	平屋顶	坡屋顶	
常用排水坡度	<3%（2%～3%）	一般大于10%	
屋顶坡度表示方式	百分比法 $\left(\dfrac{H}{L}\times 100\%\right)$	斜率法 $\left(\dfrac{H}{L}\right)$	角度法
应用情况	普遍	普遍	较少采用，θ 多为 26°34′

2. 屋顶承重结构

不同的屋面材料要有相应的承重结构。承重结构的类型很多，按材料分有木结构、钢筋混凝土结构、钢结构等。承重结构应承受屋面所受的活荷载、自重和其他加于屋顶的荷载，并把这些荷载传到支承它的承重墙或柱上。

3. 保温层、隔热层

屋面材料和屋顶承重结构材料保温隔热性能都很差，在寒冷的北方必须加保温层，在炎热的南方则必须加设隔热层。保温层或隔热层的材料大多是由一些轻质、多孔的材料做成的，通常设置在屋顶的承重结构层与面层之间，常用的材料有膨胀珍珠岩、沥青珍珠岩、加气混凝土块等。如图 12-3 所示。

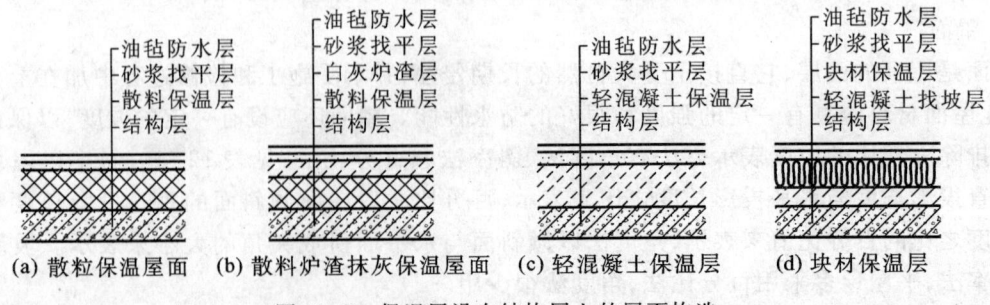

图 12-3 保温层设在结构层上的屋面构造

4. 顶棚

对于每个房间来说,顶棚就是房间的顶面,对于平房或楼房的顶层房间来说,顶棚也就是屋顶的底面,当屋顶结构的底面不符合使用要求的时候,就需要另做顶棚。顶棚结构一般吊挂在屋顶的承重结构上,称为吊顶。顶棚也可以单独设置在墙或柱上,和屋顶不发生关系。

二、坡屋顶

(一)坡屋顶的材料

1. 屋面瓦材

(1)烧结类瓦材

1)粘土瓦

粘土瓦是以杂质少、塑性好的粘土为主要原料,经成型、干燥、焙烧而成。按颜色分为红瓦、勾头瓦、J 形瓦、S 形瓦和其他异形瓦及其配件等。根据表面状态分为有釉和无釉两类。

产品规格及结构尺寸由供需双方协定,规格以长和宽的外形尺寸表示。通常其规格及主要结构尺寸(单位:mm)为:平瓦的尺寸为 360×220 ~ 400×240,厚度 $h = 10 \sim 20$;脊瓦的有效长度 $L \geqslant 300$,有效宽度 $b \geqslant 180$,厚度 $h = 10 \sim 20$;三曲瓦、双筒瓦、鱼鳞瓦、牛舌瓦的尺寸为 150×150 ~ 300×200,厚度 $h = 8 \sim 12$;板瓦、筒瓦、滴水瓦、勾头瓦为 430×350 ~ 110×50,厚度 $h = 8 \sim 16$;J 形瓦和 S 形瓦为 250×250 ~ 320×320,厚度 $h = 12 \sim 20$;瓦的正面或背面可有以加固、挡水等为目的的加强筋凹凸纹。

粘土瓦是我国使用历史最长且用量较大的屋面瓦材之一,主要用于民用建筑和农村建筑坡形屋面防水。但由于生产中须消耗土地,能耗大,制造和施工的生产率均不高。因此已经逐渐被其他品种瓦材取代。

2)琉璃瓦

琉璃瓦是用难熔粘土制坯,经干燥、上釉后焙烧而成。这种瓦表面光滑、质地坚密、色彩美丽;常用的有黄、绿、黑、蓝、紫、翡翠等色。其造型多样,主要有板瓦、筒瓦、滴水瓦、勾头瓦等,有时还制成飞禽、走兽、龙飞凤舞等形象作为檐头和屋脊的装饰,是一种富有我国传统民族特色的高级屋面防水与装饰材料。琉璃瓦耐久性好,但成本较高,一般只限于在古建筑、修复纪念性建筑及园林建筑中的亭台楼阁上使用。

(2)水泥类屋面瓦材

1)混凝土瓦

混凝土瓦的标准尺寸有 400 mm×240 mm 和 385 mm×235 mm 两种。该瓦成本低、耐久性好,但自重大于粘土瓦,在配料中加入耐碱颜料,可制成彩色瓦。其应用范围同粘土瓦。

2)纤维增强水泥瓦

以增强纤维和水泥为主要原料,经配料打浆成型养护而成。目前市售的主要有石棉水泥瓦等,分大波、中波、小波三种类型。该瓦具有防水、防潮、防腐、绝缘等性能。石棉瓦主要用于工业建筑,如厂房、库房、堆货棚、凉棚等。但由于石棉纤维可能带有放射性物质,因此许多国家已经禁止使用,我国也开始采用其他增强纤维逐渐代替石棉。

3) 钢丝网水泥大波瓦

钢丝网水泥大波瓦,是用普通硅酸盐水泥砂子,按一定配比,中间加一层低碳冷拔钢丝网加工而成。大波瓦的规格有两种:一种长 1700 mm、宽 830 mm、厚 14 mm、波高 80 mm,每张瓦的质量约为 50 kg;另一种长 1700 mm、宽 830 mm、厚 12 mm、波高 68 mm,每张瓦质量为 39~49 kg。此瓦适用于工厂散热车间、仓库或临时性的屋面及围护结构等处。

(3) 高分子类复合瓦材

1) 纤维增强塑料波形瓦

纤维增强波形瓦也称玻璃钢波形瓦,是采用不饱和聚酯树脂和玻璃纤维为原料,经人为糊制而成。其长度为 1800~3000 mm,宽度为 700~800 mm,厚度为 0.5~1.5 mm。特点是质量轻、强度高、耐冲击、耐腐蚀、透光率高、制作简单等,是一种良好的建筑材料。适用于各种建筑的遮阳及车站月台、售货亭、凉棚等的屋面。

2) 聚氯乙烯波形瓦

也称塑料瓦楞板,是以聚氯乙烯树脂为主体加入其他配合剂,经塑化挤压或压延压波等制成的一种新型建筑瓦材。其尺寸规格为 2100 mm×(100~1300) mm×(15~2) mm。具有质轻、高强、防水、耐化学腐蚀、透光率高、彩鲜艳等特点,适用于凉棚、果棚、遮阳板和简易建筑的屋面。

3) 木质纤维波形瓦

木质纤维波形瓦是利用废木料制成的木纤维与适量的酚醛树脂防水剂配置后,经高温高压成型、养护而成。长 1700 mm、宽 750 mm、厚 55 mm、波高 40 mm,每张质量为 7~9 kg。该种瓦的横向跨度集中破坏荷载为 2000~4000 N。冲击性能满足用 1 N 的重锤在 2 m 高同一部位连续自由下落 7 次才被破坏的要求。吸水率不大于 20%。导热系数为 0.09~0.16 W/(m·K)。在浸水耐热及耐寒试验中,经 25 次循环无翘曲、分层、裂纹现象。它适用于活动房屋及轻结构房屋的屋面及车间、仓库、料棚或临时设施等的屋面。

4) 玻璃纤维沥青瓦

该瓦是以玻璃纤维薄毡为胎料,以改性沥青涂敷而成的片状屋面瓦材。其表面可撒以各种彩色的矿物颗粒,形成彩色沥青瓦。该瓦质量轻,互相连接的能力强,抗风化能力好,施工方便,适用于一般民用建筑的坡形屋面。

2. 屋面用轻型板材

在大跨度结构中,长期习惯使用的钢筋混凝土大板屋盖自重达 300 kg/m² 以上,且不保温,须另设防水层。现随着我国彩色涂层钢板、超细玻璃纤维、自熄性泡沫的出现,使轻型保温的大跨度屋盖得以迅速发展。例如,EPS 隔热夹心板就是其中的一类。它是集承重、保温、防水于一体(即三合一),直接铺于檩条之上的轻型屋面板。

(1) EPS 轻型板

该板是以 0.5~0.75 mm 厚的彩色涂层钢板为表面材料,自熄聚苯乙烯为芯材,用热固化胶在连续成型机内加热加压复合而成的超轻型建筑板材。其质量为混凝土屋面的 1/20~1/30,保温隔热性好,导热系数为 0.034 W/(m·K),施工简便(无湿作业,不需二次装修),是集承重、保温、防水装修于一体的新型围护结构,如体育馆、展览厅、冷库等。

(2) 硬质聚氨酯夹心板

该板由镀锌彩色压型钢板(面层)与硬质聚氨酯泡沫(芯材)复合而成。压型钢板厚度为

0.5 mm、0.75 mm、1.0 mm。彩色涂层为聚酯型、硅改性聚酯型或氟氯乙烯塑料型,这些涂层均具有极强的耐气候性。复合板材的导热系数约为 0.022 W/(m·K),表观密度为 40 kg/m³,当板厚为 40 mm 时,其平均隔声量为 25 dB。具有质量轻,强度高,保温、隔声效果好,色彩丰富,施工简便的特点。是承重、保温、防水三合一的屋面板材。可用于大型工业厂房、仓库、公共设施等大跨度建筑和高层建筑的屋面结构。

3. 钢材

钢材随钢号的增加,含碳量增加,强度和硬度相应提高,而塑性和韧性则降低,在屋面工程中,无论是屋架还是檩条用钢材,主要使用 Q235 钢轧制成的各种型钢或钢板。

4. 混凝土

屋盖系统中的混凝土和楼板结构中的混凝土相同。

(二) 坡屋顶的构造

1. 传统的坡屋顶构造

传统的坡屋顶是以平瓦屋面为主的坡屋顶,其细部构造层次分别由屋面板、防水卷材、顺水条、挂瓦条、平瓦等材料所组成。

(1) 平瓦屋面

平瓦屋面是最简单的做法,俗称冷滩瓦屋面,即在椽子上钉挂瓦条后直接挂瓦(图 12-4a)。挂瓦条尺寸视椽子间距而定,间距为 400 mm 时挂瓦条可用 20 mm×25 mm 断面的立方;再大则要适当加大。冷滩瓦屋面简单经济但往往雨雪容易飘入。

(2) 屋面板作基层的平瓦屋面

一般平瓦的防水主要靠瓦与瓦之间的相互拼缝搭接,但在斜风带雨雪时,往往会使雨水或雪花飘入瓦缝,形成渗水现象。通常做法是在瓦下,屋面板上满铺一层油毡,作为第二道防水层。油毡可平行于屋脊方向铺设,从檐口铺到屋脊,搭接不小于 80 mm,用板条(压毡条或顺水条)钉牢。板条方向与檐口垂直,上面再钉挂瓦条,这样挂瓦条与油毡之间留有空隙,以利排水(图 12-4b)。一般屋面板厚 15～20 mm,对于清水屋面(底面露明的)要求密铺并在底面刨光,混水屋面(底面不露明的)则可稀铺,间隙不大于 25 mm。在檐口,为了使第一皮瓦与其他瓦片坡度一致,往往要钉双层挂瓦条,有时为了装钉封檐板,在第一张瓦片下垫三角木(一般为 50 mm×75 mm 对开),在这种情况下要设法使油毡上的雨水能顺利地排出屋面。

(3) 纤维板或芦苇作基层的平瓦屋面

为了节约屋面板和油毡,在结构层上也可以用硬质纤维板顺水搭接铺钉。其他杆状植物或它们的编织物可用来代替屋面板,上铺油纸或油毡(图 12-4c)。

2. 钢筋混凝土坡屋顶

由于建筑技术的进步,传统的坡屋顶已很少在城市建筑中采用。但因坡屋顶具有其特有的造型特征,因此现在较多采用钢筋混凝土坡屋顶。

(1) 钢筋混凝土挂瓦板平板屋面

图 12-5 为钢筋混凝土挂瓦板平板屋面,挂瓦板为预应力或非预应力混凝土构件,板肋根部预留泄水孔,以便排除由瓦面渗漏下的雨水。挂瓦板的基本端面呈 ∏ 形、T 形、F 形,板肋用来挂瓦,中距为 330 mm,板缝采用 1:3 水泥砂浆嵌填。挂瓦板具有檩条、望板、挂瓦条三者的作用,是

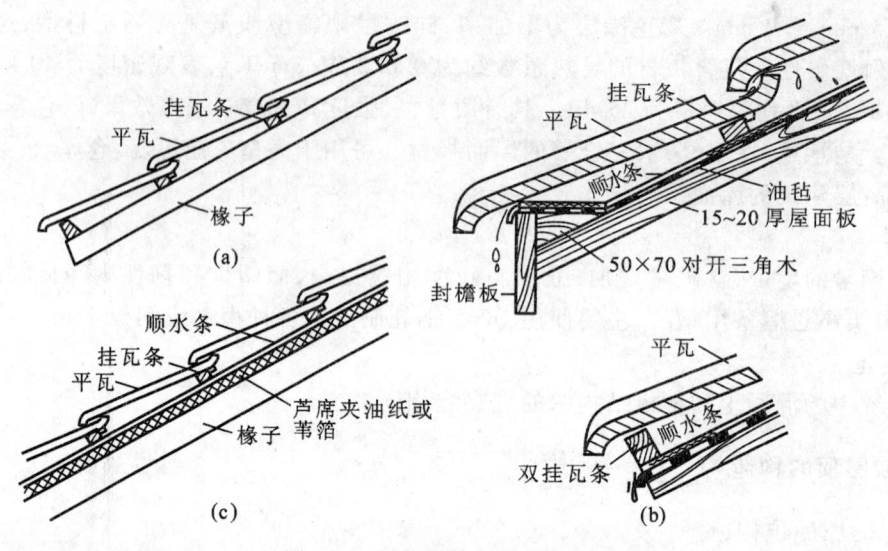

图 12-4 屋面基层的基本做法

一种多功能构件,可以节约大量木材,在缺少木材的地区可以推广应用。制作挂瓦板应严格控制构件的尺寸,使之与瓦材尺寸配合,否则易出现瓦材搭挂不密合而引起漏水的现象。

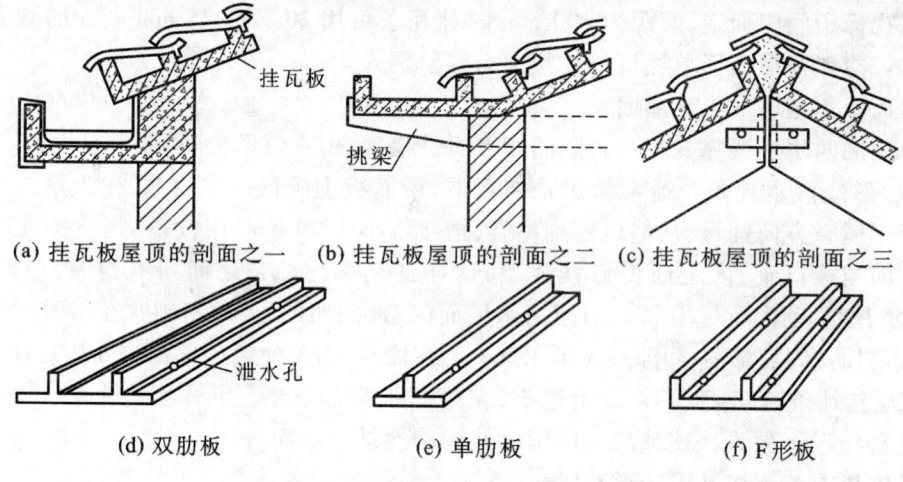

(a) 挂瓦板屋顶的剖面之一　(b) 挂瓦板屋顶的剖面之二　(c) 挂瓦板屋顶的剖面之三

(d) 双肋板　(e) 单肋板　(f) F形板

图 12-5 钢筋混凝土挂瓦板平瓦屋面

(2) 钢筋混凝土板瓦屋面

瓦屋面由于保温防火或造型等的需要,可将预制钢筋混凝土空心板或现浇平板作为瓦屋面的基层盖瓦。盖瓦的方式有两种:一种是在找平层上铺油毡一层,用压毡条钉在嵌在板缝内的木楔上,再钉挂瓦条挂瓦(图12-6);另一种是在屋面板上直接粉刷防水水泥砂浆并贴瓦、陶瓷面砖或平瓦。在仿古建筑中也常常采用钢筋混凝土板瓦屋面。

3. 其他屋面构造

(1) 金属瓦屋面

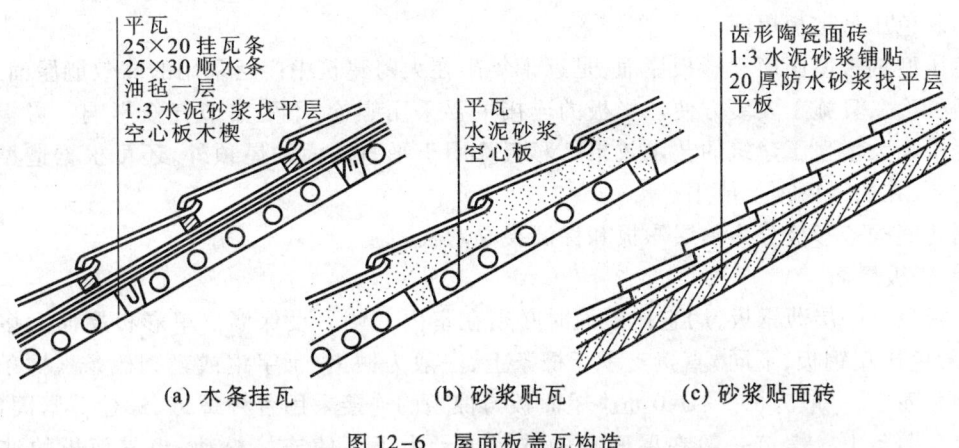

(a) 木条挂瓦　　(b) 砂浆贴瓦　　(c) 砂浆贴面砖

图 12-6　屋面板盖瓦构造

如前所述的 EPS 轻型板，由于该板的厚度很薄，铺设这样的瓦材必须用钉子固定在木望板上，木望板则支撑在檩条上，为防止雨水渗漏，瓦材下应干铺一层油毡。金属瓦与金属瓦间的拼缝连接方式通常采取相互交搭卷折成咬口缝，以避免雨水从缝中渗漏。平行于屋面水流方向的竖缝也宜做成咬口缝，如图 12-7a、b、c 所示。但上下两排瓦的竖缝应彼此错开，垂直于屋面水流方向的横缝应采用平咬口缝，如图 12-7e、f 所示。平咬口缝又分为单平咬口缝和双平咬口缝，后者的防水效果优于前者，当屋面坡度小于或等于 30% 时，应采取双平咬口，大于 30% 时可采取单平咬口缝，为了使立咬口能竖直起来，应先在木望板上钉铁支脚，然后将金属瓦的边折卷固定在铁支脚上，采用铝合金瓦，支脚和螺钉均应改用铝制品，以免产生电化腐蚀。所有的金属瓦必须相互连通导电，并与避雷带连接。

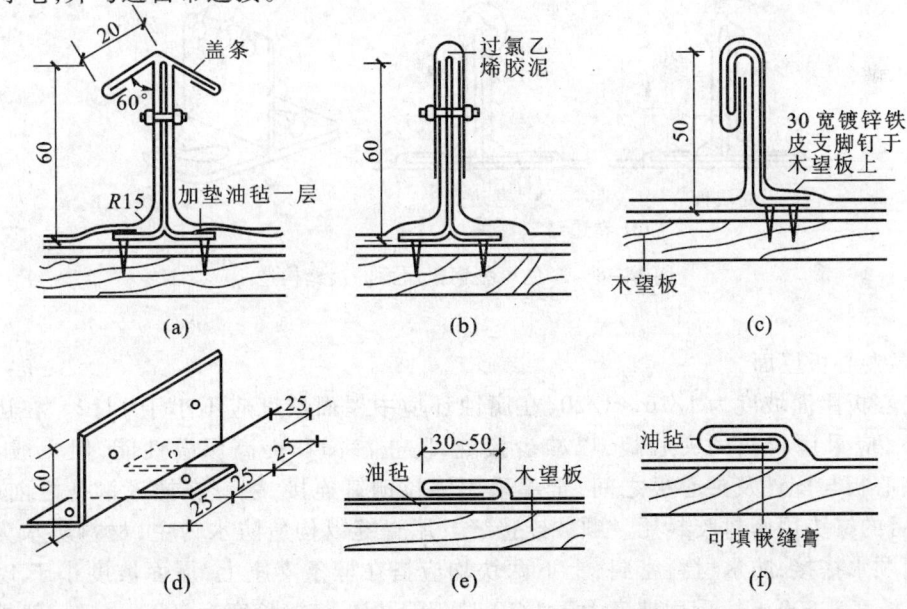

图 12-7　金属瓦屋面瓦材拼缝形式

(2) 彩色压型钢板屋面

彩色压型钢板屋面简称彩板屋面,是近十年来在大跨建筑中广泛采用的高效能屋面,它不仅自重轻、强度大,且施工安装方便。彩板的连接主要采用螺栓,不受季节气候影响。彩板色彩绚丽,质感好,大大增强了建筑的艺术效果。彩板除用于平直坡面的屋顶外,还可根据造型与结构的形式需要,在曲面屋顶上使用。

根据功能构造彩板分为单层彩板和保温夹心彩板。

1) 单彩板屋面

单彩板只有一层薄钢板,用它作屋面时必须在室内一侧另设保温。单彩板屋面大多数将屋面板(指彩色压型钢板,下同)直接支承于檩条上,一般为槽钢、工字钢或轻钢檩条。檩条间距视屋面板型号而定,一般为1.5~3.0 m。屋面板与檩条的连接采用各种螺钉、螺栓等紧固件,把屋面板固定在檩条上。螺钉一般在屋面板的波峰上。为了不使连接松动,当屋面板的波高超过35 mm时,屋面板先应连接在铁架上,铁架再与檩条连接(图12-8)。连接螺钉必须用不锈钢制造,保证钉孔周围的屋面板不被腐蚀。钉帽均要用带橡胶垫的不锈钢垫圈,防止钉孔渗水。

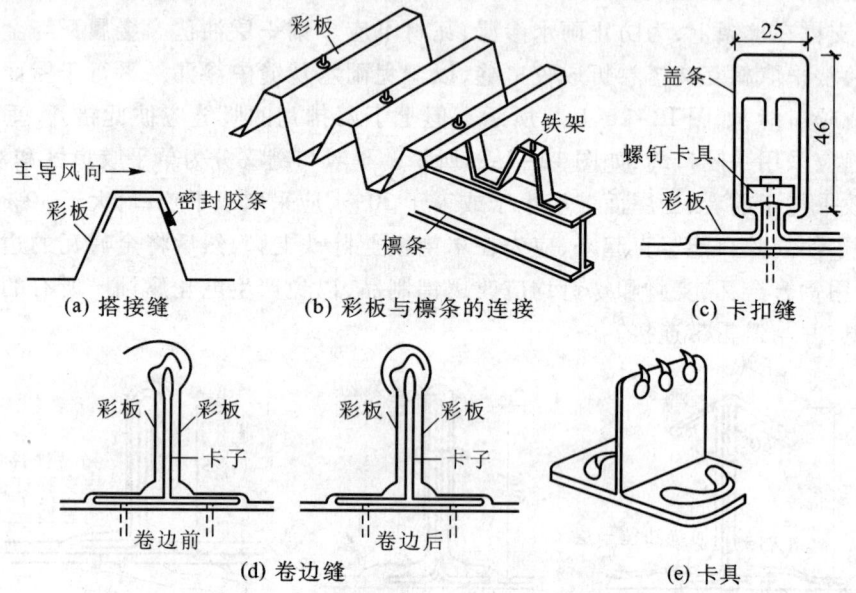

图12-8 彩色压型钢板屋面的接缝构造

2) 保温夹心板屋面

保温夹心板屋面坡度为1/16~1/20,在腐蚀环境中屋面坡度应不小于1/12。在运输、吊装许可条件下,应采用较长的夹心板,以减少接缝,防止渗漏和提高保温性能,但一般不宜大于9 m。保温夹心板与配件及夹心板之间,全部采用铝拉铆钉连接,铆钉在插入铆孔之前应预涂密封胶,拉铆后的钉头用密封胶封死。顺坡连接缝及屋脊缝以构造防水为主,材料防水为辅;横坡连接缝采用顺水搭接,防水材料密封,上下两块均应搭在檩条支座上,屋面坡度小于1/10时,上下半的搭接长度为300 mm;屋面坡度大于1/10时,上下板的搭接长度为200 mm。一般情况下,每块保温夹心板至少有3个支承檩条,以保证屋面不发生翘曲。在斜交屋脊线处,必须设置斜向檩条,以保证夹心板的斜端头有支承。如图12-9所示。

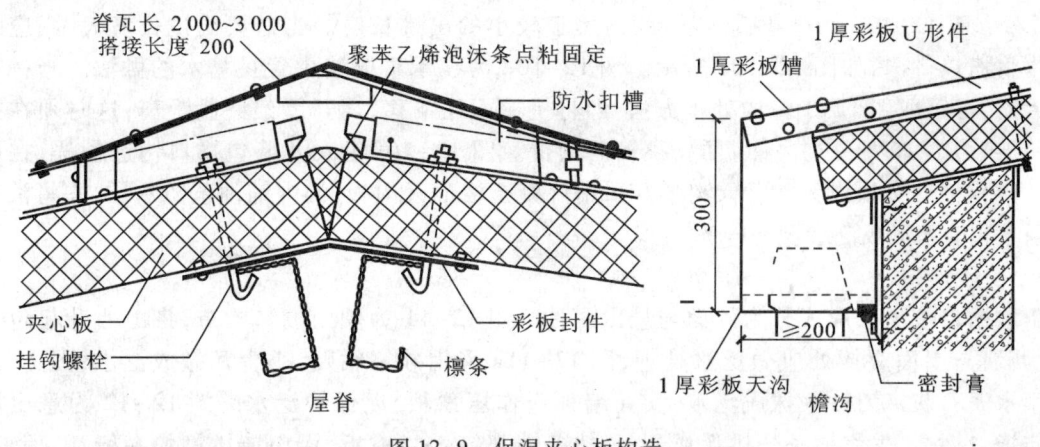

图 12-9 保温夹心板构造

4. 平瓦屋面细部构造

平瓦屋面应做好檐口、天沟、屋脊等部位的细部处理。

（1）檐口构造

檐口分为纵墙檐口和山墙檐口。

1）纵墙檐口

纵墙檐口根据造型要求做成挑檐或封檐。图 12-10 是纵墙檐口的几种构造方法，其中图 12-10a 为砖砌挑檐，即在檐口处将砖逐皮外挑，每皮挑出 1/4 砖（60 mm），挑出总长度不大于墙

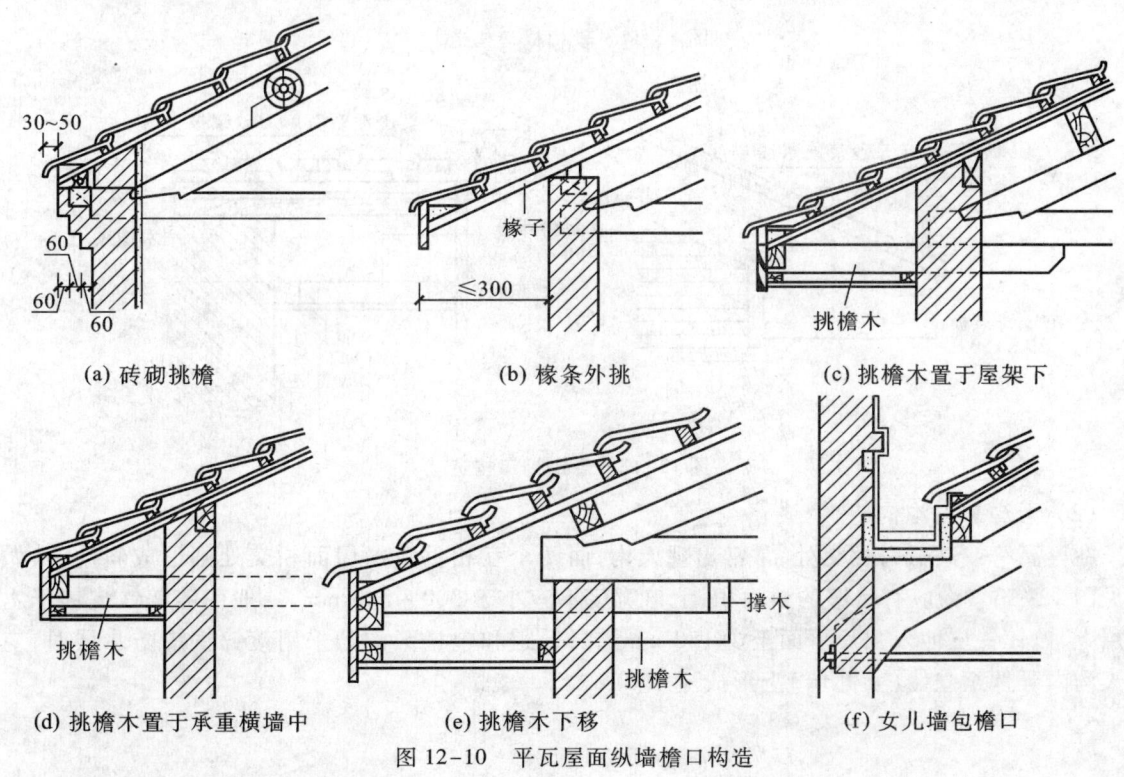

图 12-10 平瓦屋面纵墙檐口构造

厚的 1/2。图 12-10b 为椽条直接外挑,适用于较小的出挑长度。当需要出挑长度大时,应采取挑檐木将檐口挑出,如图 12-10c 所示。图 12-10d 为在承重横墙中置挑檐木的做法。当挑檐长度更大时,可采取图 12-10e 的处理方法,即将挑檐木往下移,离开屋架一段距离,这时须在挑檐木与屋架下弦之间加一撑木,以防止挑檐的倾覆。图 12-10f 为女儿墙包檐口构造做法,在屋架与女儿墙相接处必须设天沟。天沟最好采用混凝土槽形天沟板,沟内铺油毡防水层,并将油毡一直铺到女儿墙上形成泛水。

2) 山墙檐口

山墙檐口按屋顶形式分为硬山与悬山两种。图 12-11 为硬山檐口构造,将山墙升起包住檐口,女儿墙与屋面交接处应做泛水处理,图 12-11a 采用砂浆粘贴,小青瓦做成泛水;图 12-11b 则仅用水泥石灰麻刀砂浆抹成泛水,女儿墙顶应作压顶板,以保护泛水。图 12-12 为悬山屋顶的山墙檐口构造,先将檩条外挑形成悬山,檩条端部钉木封檐板,沿山墙挑檐的一行瓦,用 1:25 的水泥砂浆做出披水线,将瓦封固。

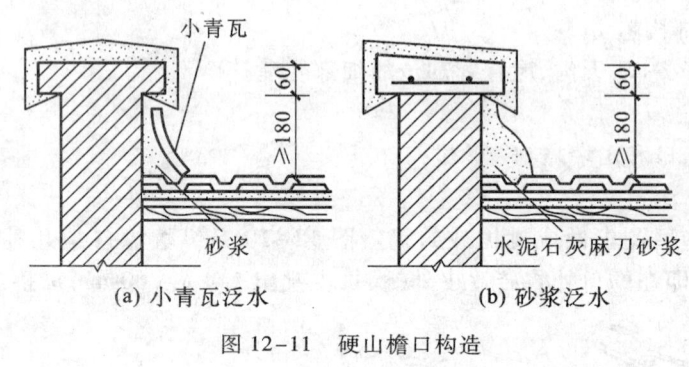

图 12-11 硬山檐口构造

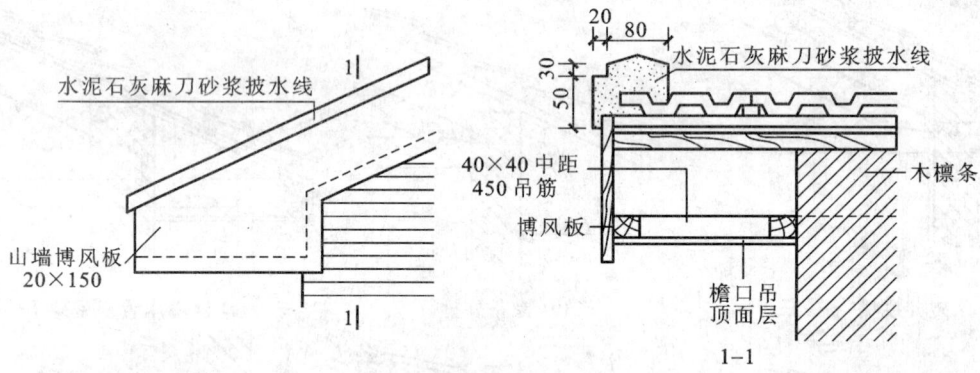

图 12-12 悬山檐口构造

(2) 天沟和斜沟构造

在等高跨或高低跨相交处,常常出现天沟,而两个互相垂直的屋面相交处则形成斜沟,其做法见图 12-13。沟应有足够的断面积,上口宽度不宜小于 300～500 mm,一般用镀锌铁皮铺于木基层上,镀锌铁皮伸入瓦片下面至少 150 mm。高低跨和包檐天沟若采用镀锌铁皮防水层时,应从天沟内延伸至立墙(女儿墙)上形成泛水。

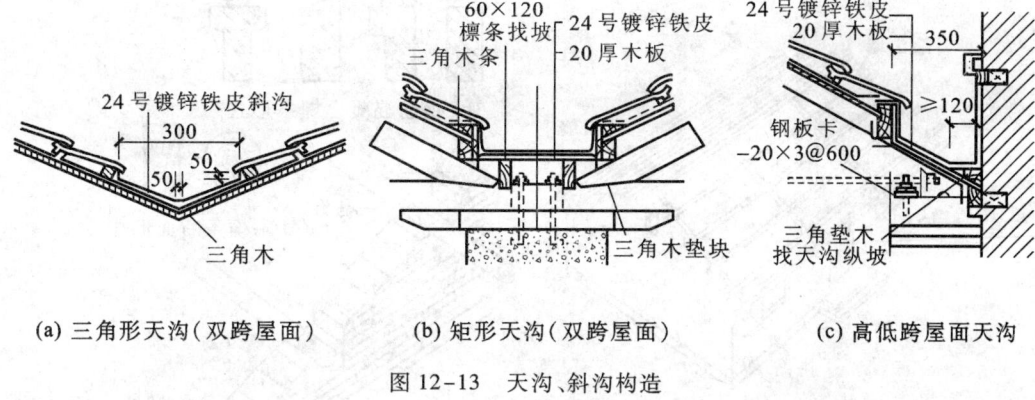

(a) 三角形天沟（双跨屋面）　　(b) 矩形天沟（双跨屋面）　　(c) 高低跨屋面天沟

图 12-13　天沟、斜沟构造

（三）坡屋顶的受力特点

坡屋顶结构大体上分为两类支承结构系统：一类为檩式支承；一类为椽式支承。坡屋顶结构主要是檩式结构系统，所以我们介绍檩式结构。

檩式屋顶结构是以檩条为主要支承结构的结构系统。檩条也称为桁条，是房屋纵向搁置在屋架或山墙上的屋面支承梁。它的上面一般用屋面板或椽子作为屋面的承重层，也可以用苇箔、芦席等地方材料来代替屋面板，如图 12-14 所示。檩条是受弯构件，一般有木结构、钢筋混凝土结构或型钢结构。

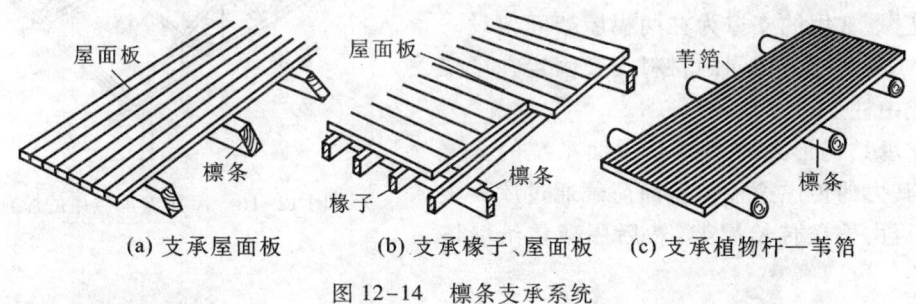

(a) 支承屋面板　　(b) 支承椽子、屋面板　　(c) 支承植物杆—苇箔

图 12-14　檩条支承系统

檩条的支承结构常用的有 3 种。

1. 山墙支承

山墙常指房屋的横墙，利用山墙砌成尖顶形状直接搁置檩条以承受屋顶重量。这种结构形式叫山墙承重或硬山搁檩，如图 12-15 所示。

山墙支承结构形式的传力途径为：屋面荷载（包括屋面板、檩条等结构自重，屋面活荷载，雪荷载）传给檩条，再由檩条传给山墙。檩条是屋面系统中的主要受力构件。

2. 屋架支承

一般建筑常采用的三角形屋架，用来架设檩条以支承屋面荷载。通常屋架搁置在房屋纵向外墙上或柱墩上，使建筑有一较大的使用空间，如图 12-16 所示，屋架一般按照房屋的开间为相等间距排列，房间开间的选择与建筑平面以及立面设计都有关系。

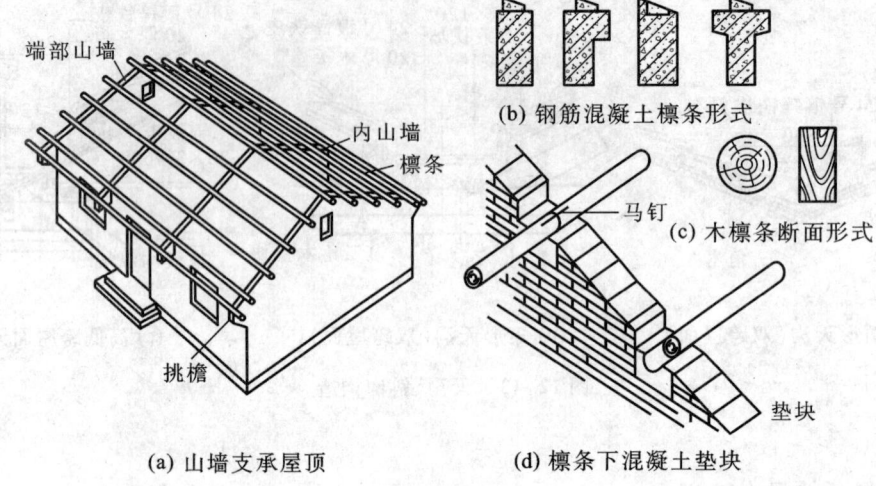

图 12-15　山墙支承檩条屋面及檩条形式

常用的三角形屋架有木屋架、钢木屋架、钢筋混凝土屋架、钢屋架,如图 12-17 所示。三角形屋架的共同特点是:上下弦杆沿全长的受力不太均衡,支座处力很大,跨中力却较小。

为了防止倾斜并加强屋架的稳定性,应在屋架之间设置支撑,常用的支撑为在两榀屋架间架设一道剪刀撑,或用与檩条相同的材料交叉固定在屋架的上下弦或中柱上。

屋架支承结构形式中屋架是屋面系统的主要受力构件,其力的传递途径是屋面荷载通过屋面板传给檩条,再由檩条传给屋架,然后屋架传给墙体或柱。

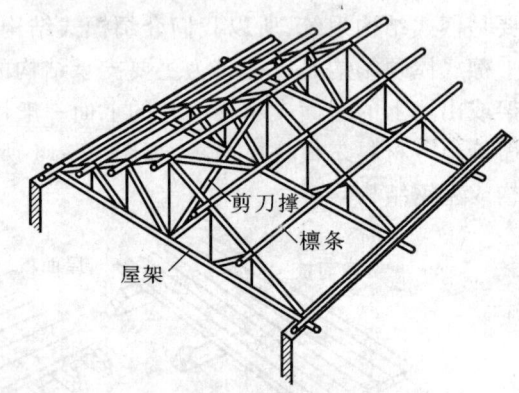

图 12-16　屋架支承檩条的屋顶

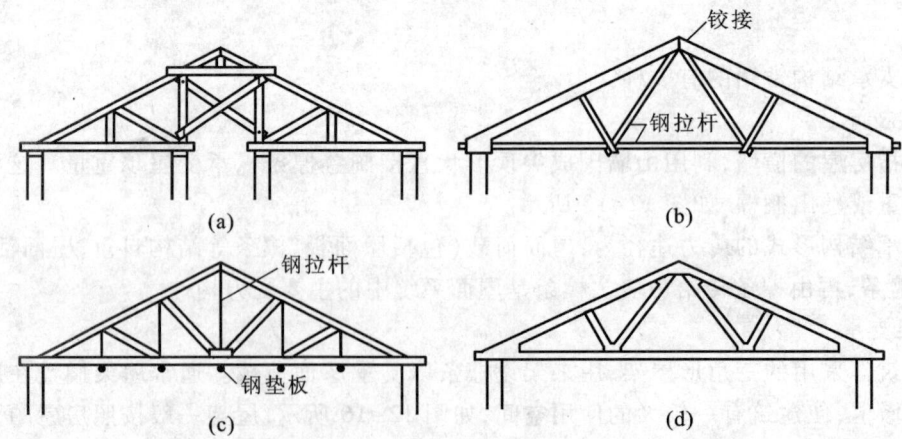

图 12-17　屋架的形式

3. 梁架支承

梁架支承是我国传统屋顶的结构形式,以柱和梁形成梁架来支承檩条,并利用檩条和连系梁,把整个房形成一个整体的骨架。墙只起围护和分隔作用,不承重。可以每隔两根或三根檩条立一根柱子,用柱子作为房间之间分隔墙的立筋。这种结构形式称为梁架式,如图 12-18 所示。

梁架支承结构形式中梁是主要的屋面系统的承重构件,檩条搁置在梁上,传递屋面荷载,然后再通过梁把屋面荷载传递给柱子。

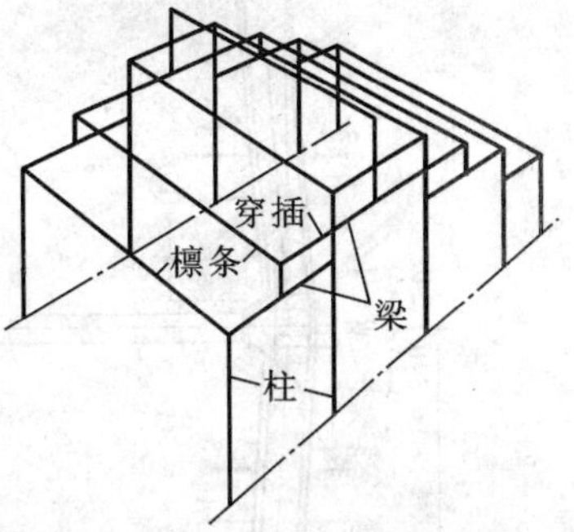

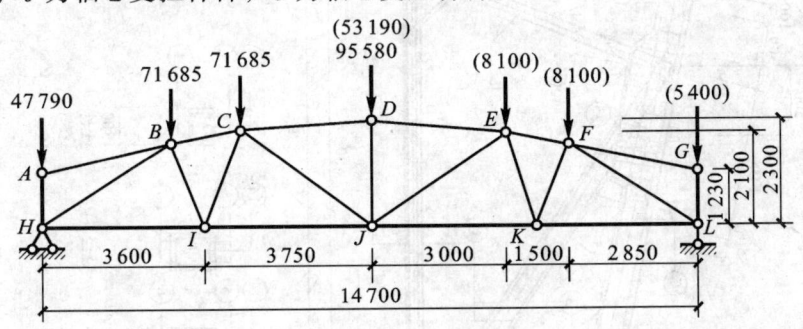

图 12-18 梁架支承檩条屋面

(四)坡屋顶的结构配筋

坡屋顶的结构配筋主要是钢筋混凝土屋架和屋面梁中的结构配筋。

(1) 钢筋混凝土屋架

钢筋混凝土屋架的材料,混凝土不低于 C30;钢材:HRB335 级钢筋Φ、HPB235 级钢筋ϕ,冷拔低碳钢丝ϕ^b,型钢(Q235),焊条(E43 系列焊条用于 Q235 钢材之间,16Mn 合金钢焊件用 E50 焊条,15MnV 合金钢用 E55 系列焊条)。

如图 12-19 所示是屋架的受力图,上弦杆为轴心受压杆件(如果集中力作用于节点间,应按偏心受压杆计算),下弦杆为轴心受拉杆件,腹杆 BH 为轴心受压杆件,BI 为轴心受拉杆件,CI 为轴心受压杆件,CJ 为轴心受拉杆件,DJ 为轴心受压杆件。

图 12-19 屋架受力图

图 12-20 是屋架的配筋图详图,腹杆 1~4 为预制构件,主要受力钢筋如下:①—4ϕ22,⑩—4ϕ12,⑯—22ϕ5@120,③—2ϕ16,⑪—8ϕ12,⑰—2ϕ10,④—4ϕ16,⑫—8ϕ10,⑲—2ϕ10,⑤—4ϕ12,⑬—58ϕ5@200,㉑—4ϕ10,⑥—4ϕ12,⑭—64ϕ5@180,㉓—4ϕ10,⑦—2ϕ12,⑮—32ϕ5@180,㉕—4ϕ10。

图中代号如下:1—预制腹杆(100×100),2—预制腹杆(120×120),3—预制腹杆(120×120),4—预制腹杆(120×120),5—端节点详图。

箍筋:要求采用封闭式箍筋,直径≥4 mm,上、下弦间距≤200 mm,腹杆间距≤150 mm。端节点的箍筋:直径≥8 mm,间距≤100 mm,靠近上、下弦内夹角处,一般取间距为 50 mm;中间节

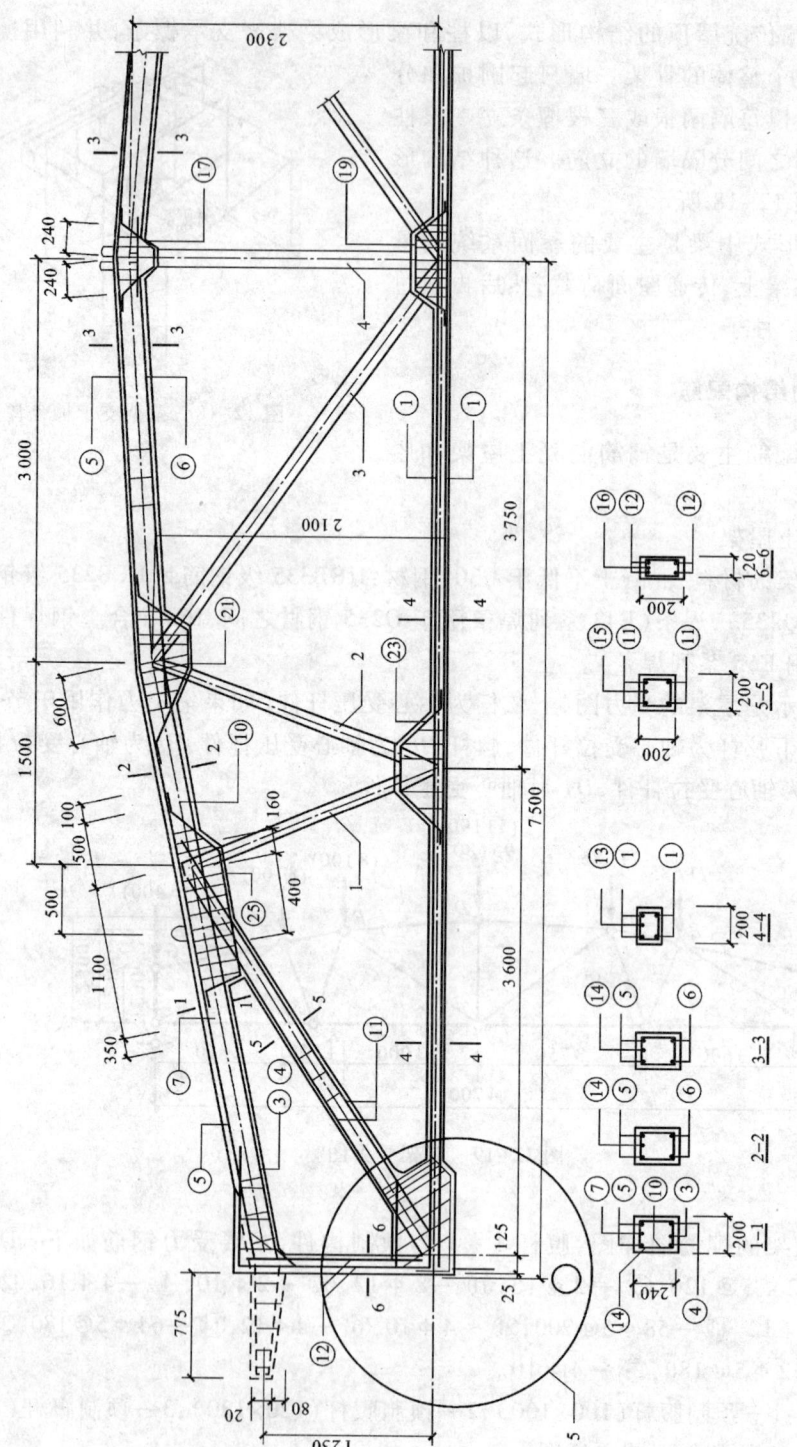

图12-20 屋架的配筋图

点的箍筋：直径≥6 mm，间距≤100 mm。

纵向受力钢筋的锚固：上弦钢筋伸入端节点的锚固长度不小于 30 d，下弦钢筋必须采用焊接接头，在两端节点有可靠的锚固措施，压腹杆的钢筋伸入上、下弦杆节点内的锚固长度不应小于 20 d，受拉腹杆伸入上弦杆节点内的锚固长度不应小于 30 d，伸入下弦杆节点内的锚固长度不应小于 35 d，宜伸至下弦杆下排钢筋处。

（2）钢筋混凝土屋面梁

① 常用材料。钢筋混凝土屋面梁一般用 C20～C30 混凝土；预应力混凝土屋面梁常用 C30～C40 混凝土；非预应力钢筋宜用 HRB335 级钢筋，预应力钢筋宜用 RRB400 级钢筋、冷拉 HPB235、HRB335 级钢或碳素钢丝、钢绞线。

② 内力计算。按单跨简支梁计算，承受屋面板或檩条传来的全部荷载及屋面梁自重。

③ 配筋与一般梁的配筋要求相同，这里从略。

三、平屋顶

（一）平屋顶的材料

1. 结构层材料

结构层所用材料同楼面结构层的材料相同，这里从略。

2. 防水材料

（1）沥青

沥青是由多种有机化合物构成的复杂混合物。常用的有石油沥青和少量煤沥青。普通的石油沥青的性能不一定能全面满足使用要求，为此，常采取措施对沥青进行改性。性能可以得到不同程度改善后的新沥青，称为改性沥青。改性沥青可分为橡胶改性沥青，树脂改性沥青，橡胶、树脂并用改性沥青，再生胶改性沥青和矿物填充剂改性沥青等。其中 SBS 热塑性弹性体改性沥青是目前世界上应用最广的改性沥青材料之一。

（2）防水卷材

防水卷材是一种可卷曲的片状防水材料。根据其主要防水组成材料可分为沥青防水卷材、高聚物改性沥青防水卷材和合成高分子防水卷材三大类。沥青防水卷材是传统的防水材料（俗称油毡），但因其性能远不及改性沥青，因此会逐渐被改性沥青卷材代替。各类防水卷材均应有良好的耐水性、温度稳定性和大气稳定性（抗老化性），并应具备必要的机械强度、延伸性、柔韧性和抗断裂的能力。

改性沥青做防水材料是全世界的趋势，也是我国近期发展的主要防水卷材品种，改性沥青与传统的氧化沥青相比，其使用温度区间大，做成的卷材光洁柔软，高温不流淌、低温不脆裂，且可做成 4～5 mm 的厚度。可以单层使用，具有 10～20 年可靠的防水效果，很受使用者欢迎。

① 弹性体改性沥青防水卷材（SBS 卷材）。弹性体改性沥青防水卷材，是以聚酯毡或玻纤毡为胎基，苯乙烯-丁二烯（SBS）热塑性弹性体做改性剂，两面覆以隔离材料所制成的建筑防水卷材，简称 SBS 卷材。卷材幅宽为 1000 mm，聚酯胎卷材厚度为 3 和 4；玻纤胎卷材厚度为 3 和 4。

每卷面积为15、10和75三种。SBS卷材适用于较低气温环境的屋面防水。

② 塑性体改性沥青防水卷材（APP卷材）。塑性体改性沥青防水卷材，是以聚酯毡或玻纤毡为胎基，无规聚丙烯（APP）或聚烯烃类聚合物（APAO、APO）作改性剂，两面覆以隔离材料所制成的建筑防水卷材，统称APP卷材。APP卷材适用于较高气温环境的屋面防水。

③ 合成高分子防水卷材。合成高分子防水卷材是以合成橡胶、合成树脂或两者的混合体为基料，加入适量的化学助剂和填充剂等，经不同工序（混炼、压延或挤出等）加工而成的可卷曲的片状防水材料。目前品种有橡胶系列（聚氨酯、三元乙丙橡胶、丁基橡胶等）防水材料、塑料系列（聚乙烯、聚氯乙烯等）和橡胶塑料共混系列防水卷材三大类，其中又可分为加筋增强型与非加筋增强型。合成高分子防水卷材具有拉伸强度和抗撕裂强度高、断裂伸长率大、耐热性和低温柔性好、耐腐蚀、耐老化等一系列优异的性能，是新型高档防水卷材。常见的有三元乙丙橡胶防水卷材（EPDM）、聚氯乙烯防水材料（PVC）、氯化聚乙烯防水卷材、氯化聚乙烯-橡胶共混防水卷材等。

（3）防水涂料

防水涂料（胶粘剂）是以高分子合成材料、沥青等为主体，在常温下呈无定型流态或半流态，经涂布能在结构物表面结成坚韧防水膜的物料的总称。而且，涂布的防水涂料同时又起粘结剂作用。

防水涂料按液态类型可分为溶剂型、水乳型和反应型三种；按成膜物资的主要成分分为沥青类、高聚物改性沥青类和合成高分子类。

① 沥青类防水卷材使用时常用沥青胶粘贴，为了提高与基层的粘结力，常在基层表面涂刷一层冷底子油。

② 沥青胶又称玛琋脂，用沥青材料作填充料，均匀混合制成。填料有粉状的（如滑石粉、石灰石粉、白云石粉等），纤维状的（如木纤维等）或者用两者的混合物。填料的作用是为了提高其耐热性，增加韧性，降低低温下的脆性，也减少沥青的消耗量。在屋面防水工程中，沥青胶标号的选择，应根据屋面的使用条件、屋面坡度及当地历年极端最高温度，按《屋面工程技术规范》（GB 50207—1994）的有关规定选用。

③ 水乳型沥青防水涂料，即水性沥青防水涂料，是以乳化沥青为基料的防水涂料。

④ 高聚物改性沥青防水涂料，是以沥青为基料，用合成高分子聚合物进行改性，制成的水乳型或溶剂型防水涂料。这类涂料在柔韧性、抗裂性、拉伸强度、耐高低温性能、使用寿命等方面比沥青基涂料有很大改善。品种有再生橡胶改性沥青防水涂料、水乳型氯丁橡胶沥青防水涂料、SBS橡胶改性沥青防水涂料等。

（4）用于屋面防水工程的材料选择

根据建筑物的性质、重要程度、使用功能要求、建筑结构特点以及防水耐用年限等，将屋面防水分为四个等级，并按《屋面工程施工及验收规范》（GBJ 207—1983）的规定选用防水材料，见表12-2。

3. 保温材料

保温材料多为轻质多孔材料，一般可分为以下三种类型：

① 散料类：常用炉渣、矿渣、膨胀蛭石、膨胀珍珠岩等。

② 整体类:是指以散料做集料,掺入一定量的胶结材料,现场浇筑而成。如水泥炉渣、水泥膨胀珍珠岩、水泥膨胀蛭石及沥青膨胀蛭石和沥青膨胀珍珠岩等。

③ 板块类:是指利用集料和胶结由工厂制作而成的板块状材料,如加气混凝土、泡沫混凝土、膨胀蛭石、膨胀珍珠岩、泡沫塑料等块材和板材等。

保温材料的选择应根据建筑物的使用性质、构造方案、材料来源、经济指标等因素综合考虑。

表 12-2 屋面防水等级和防水要求

项 目	屋面防水等级			
	Ⅰ	Ⅱ	Ⅲ	Ⅳ
建筑物类别	特别重要的民用建筑和有特殊要求的工业建筑	重要的工业与民用建筑、高层建筑	一般的工业与民用建筑	非永久性的建筑
防水层使用年限/年	25	15	10	5
防水层选用材料	宜选用合成高分子卷材、高聚物改性沥青防水卷材、合成高分子防水涂料、细石混凝土等材料	宜选用高聚物改性沥青防水卷材、合成高分子卷材、合成高分子防水涂料、高聚物改性沥青防水涂料、细石混凝土、平瓦等材料	应选用三布四油防水卷材、高聚物改性沥青防水卷材、高聚物改性沥青防水涂料、合成高分子防水涂料、沥青基防水涂料、刚性防水层、平瓦、油毡瓦等材料	可选用二布三油沥青防水卷材、高聚物改性沥青防水涂料、沥青基防水涂料、波形瓦等材料
设防要求	三道或三道以上防水设防,其中应有一道合成高分子防水卷材,且只能有一道厚度不小于2 mm 的合成高分子涂膜	二道防水设防,其中应有一道卷材,也可采用压型钢板进行一道设防	一道防水设防,或两道防水材料复合使用	一道防水设防

(二) 平屋顶的构造

平屋顶构造中主要解决防水、排水、保温、隔热的问题,有时还须考虑上人或吊顶等要求。平屋顶按屋面防水层的不同有刚性防水、卷材防水、涂料防水等多种做法。

1. 卷材防水屋面

卷材防水屋面,是指以防水卷材和粘结剂分层粘贴而构成防水层的屋面。卷材防水屋面所用卷材有沥青类卷材、高分子卷材、高聚物改性沥青类卷材等。

(1) 卷材防水屋面的构造层次和做法

卷材防水屋面由多层材料叠合而成,其基本构造层次按构造要求由结构层、找坡层、找平层、结合层、防水层和保护层组成(图 12-21)。

1) 结构层。通常为预制或现浇钢筋混凝土屋面板,要求具有足够的强度和刚度。

2) 找坡层。当屋顶采用材料找坡时,应选用轻质材料形成所需要的排水坡度,通常是在结构层上铺1:(6~8)的水泥焦渣或水泥膨胀蛭石等。当屋顶采用结构找坡时,则不设找坡层。

3)找平层。柔性防水层要求铺贴在坚固而平整的基层上,以避免卷材凹陷或断裂。因此必须在结构层或找坡层上设置找平层。找平层一般为20~30厚的1:3水泥砂浆、细石混凝土和沥青砂浆,厚度视防水卷材的种类而定。

4)结合层。结合层的作用是使卷材防水层与基层粘结牢固。结合层所用材料应根据卷材防水层材料的不同来选择,如油毡卷材、聚氯乙烯卷材及自粘型彩色三元乙丙复合卷

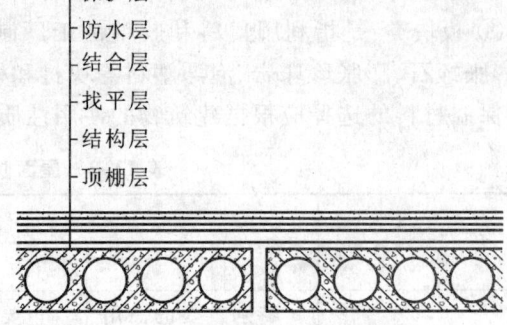

图12-21 卷材防水屋面的构造组成

材用冷底子油在水泥砂浆找平层上喷涂一至二道;三元乙丙橡胶卷材则采用聚氨酯底胶;氯化聚乙烯橡胶卷材须用氯丁胶乳等。

5)防水层。防水层是由胶结材料与卷材粘合而成,卷材连续搭接,形成屋面防水的主要部分。目前多采用一些新型防水卷材,主要有聚氯乙烯卷材、自粘型彩色三元乙丙复合防水卷材、氯化聚乙烯防水卷材、氯丁橡胶防水卷材等,这些材料一般为单层卷材防水构造,防水要求较高时可采用双层卷材防水构造。

6)保护层。设置保护层的目的是保护防水层。保护层的材料及做法,应根据防水层所用材料和屋面的利用情况而定。

不上人屋面保护层的做法:当采用油毡防水层时,保护层为粒径3~6 mm的小石子,称为绿豆砂保护层。绿豆砂要求耐风化、颗粒均匀、色浅;三元乙丙橡胶卷材采用银色着色剂,直接涂刷在防水层上表面;彩色三元乙丙复合卷材防水层直接用CX-404胶粘结,不需另加保护层(图12-22)。

图12-22 上人卷材防水屋面

上人屋面的保护层具有保护防水层和兼作行走面层的双重作用,因此上人屋面保护层应满足耐水、平整、耐磨的要求。其构造做法通常可采用水泥砂浆或沥青砂浆铺贴缸砖、大阶砖、混凝

土板等；也可现浇40厚C20细石混凝土，现浇40厚C20细石混凝土保护层的细部处理与刚性防水屋面基本相同（图12-23）。

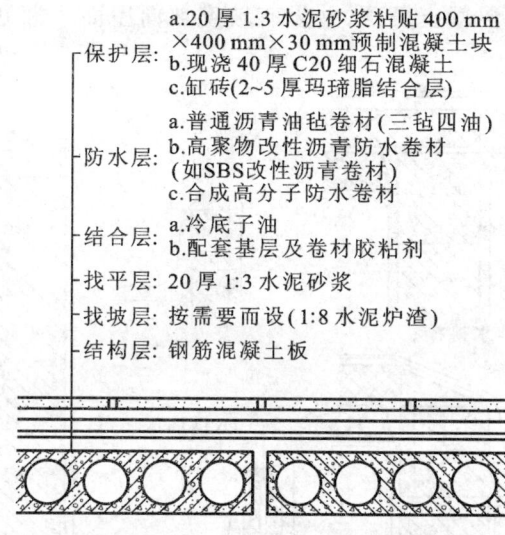

图12-23 不上人卷材防水屋面

（2）柔性防水屋面的细部构造

仅仅做好大面积的屋面部位的卷材防水各构造层，还不能完全确保屋顶不渗不漏。如果屋顶开设有孔洞，有管道出屋顶，屋顶边缘封闭不牢等，都有可能破坏卷材屋面的整体性，造成防水的薄弱环节，因而还应该通过正确地处理细部构造来完善屋顶的防水。屋顶细部是指屋面上的泛水、天沟、雨水口、檐口、变形缝等部位。

1）泛水构造

泛水是指屋顶上沿所有垂直面所设的防水构造，突出于屋面之上的女儿墙、烟囱、楼梯间、变形缝、检修孔、立管等的壁面与屋顶的交接处是最容易漏水的地方。必须将屋面防水层延伸到这些垂直面上，形成立铺的防水层，称为泛水，其具体做法及构造要求如下：

① 将屋面的卷材防水层继续铺至垂直面上，形成卷材防水，其上再加铺一层附加卷材，泛水高度不得小于250 mm。

② 在屋面与垂直面交接处，应把卷材下的砂浆找平层抹成直径不小于150 mm的圆形或45°斜面，上刷卷材粘结剂，使卷材铺贴牢实，以免卷材架空或折断。

③ 做好泛水上口的卷材收头固定，防止卷材在垂直墙面上下滑。一般做法是：在垂直墙中凿出通长凹槽，将卷材的收头压入槽内，用防水压条钉压后再用密封材料嵌填封严，外抹水泥砂浆保护。凹槽上部的墙体则用防水砂浆抹面。泛水构造如图12-24所示。

2）檐口构造

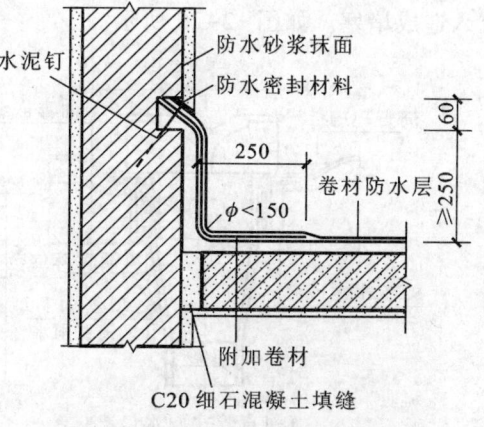

图12-24 卷材防水屋面泛水构造

柔性防水屋面的檐口构造有无组织排水挑檐和有组织排水挑檐沟及女儿墙檐口等，挑檐和挑檐沟构造都应该处理好卷材的收头固定、檐口饰面，并做好滴水。女儿墙檐口构造的关键是泛水的构造处理，其顶部通常做混凝土压顶，并设有坡度坡向屋面。常见的檐口构造如图 12-25 所示。

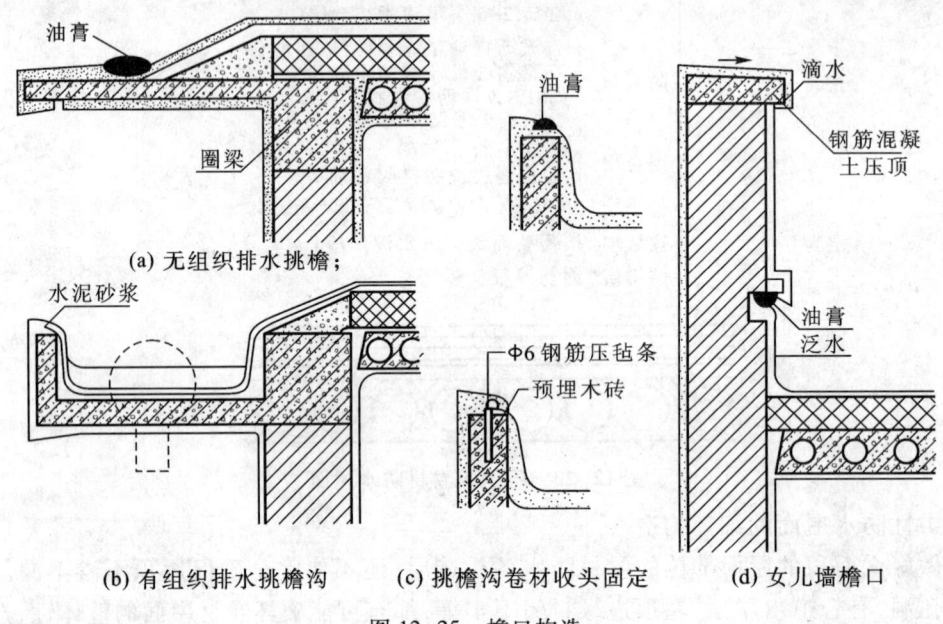

图 12-25　檐口构造

3) 雨水口构造

柔性防水屋面雨水口的规格和类型与刚性防水屋面所用雨水口相同，用于檐沟排水的直管式雨水口和女儿墙外排水的弯管式雨水口两种。雨水口在构造上要求排水通畅、防止渗漏水堵塞。常见雨水口构造如图12-26所示。直管式雨水口为防止其周边漏水，应加铺一层卷材并贴入连接管内 100 mm，雨水口上用定型铸铁罩或铅丝球盖住，用油膏嵌缝。弯管式雨水口穿过女儿墙预留孔洞内，屋面防水层应铺入雨水口内壁四周不小于 100 mm，并安装铸铁箅子以防杂物流入造成堵塞。如图 12-26 所示。

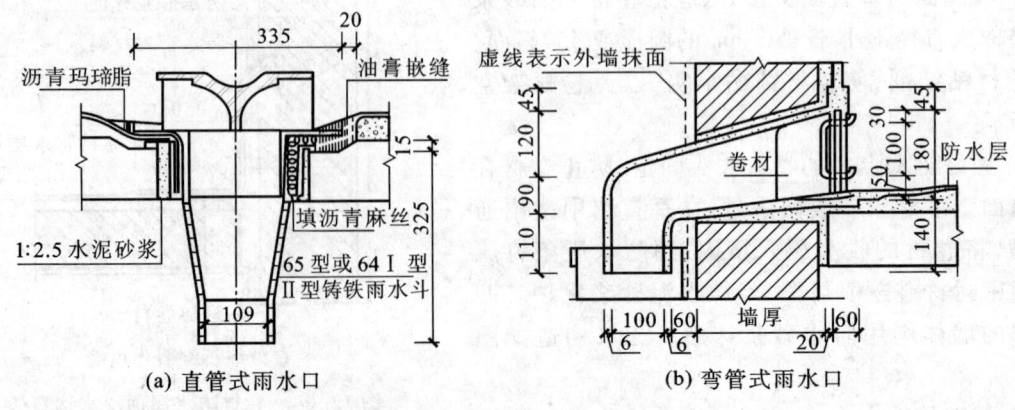

图 12-26　雨水口的构造

4）屋面变形缝构造

屋面变形缝的构造处理原则是既不能影响屋面的变形，又要防止雨水从变形缝处渗入室内。屋面变形缝按建筑设计可设于同层等高屋面上，也可设在高低屋面的交接处。

等高屋面变形缝的做法是：在缝的两边的屋面板上砌筑矮墙，以挡住屋面雨水。矮墙的高度不小于 250 mm，半砖墙厚。屋面卷材防水层与矮墙面的连接处理类似于泛水的构造，缝内嵌填沥青麻丝。矮墙顶部可用镀锌铁皮盖缝，也可铺一层卷材后用混凝土盖板压顶，如图 12-27a、b 所示。

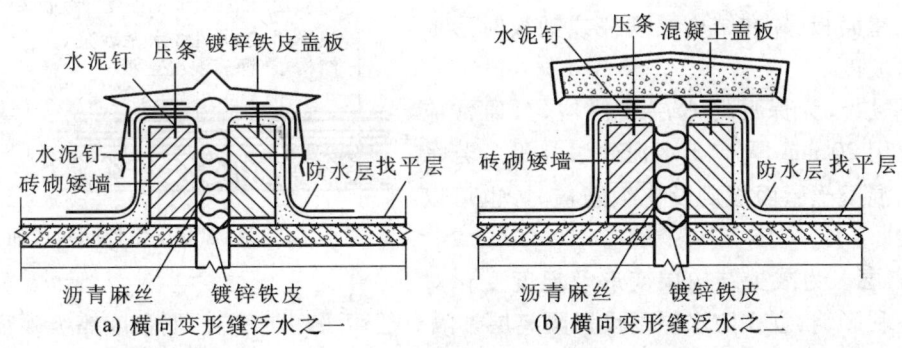

图 12-27 等高屋面变形缝

高低屋面变形缝则是在低侧屋面板上砌筑矮墙。当变形缝宽度较小时，可用镀锌铁皮盖缝并固定在高侧墙上，做法同刚性防水屋面的泛水构造；也可以从高侧墙上悬挑钢筋混凝土盖板。

5）屋面检修孔、屋面出入口构造

不上人屋面须设屋面检修孔。检修孔四周的孔壁可用砖立砌，也可在现浇屋面板时将混凝土上翻制成，其高度一般为 100 mm，壁外侧的防水层应做成泛水并将卷材用镀锌铁皮盖缝钉牢，如图 12-28 所示。

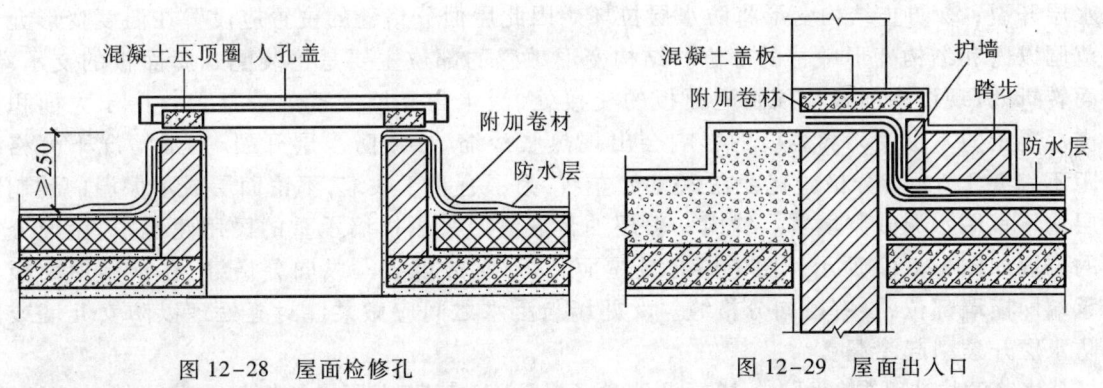

图 12-28 屋面检修孔　　　　图 12-29 屋面出入口

出屋面楼梯间一般需设屋顶出入口，如不能保证顶部楼梯间的室内地坪高出室外，就要在出入口设挡水的门槛。屋面出入口处的构造类同于泛水构造，如图 12-29 所示。

2. 刚性防水屋面

刚性防水屋面是指以刚性材料作为防水层的屋面,如防水砂浆、细石混凝土、配筋细石混凝土防水屋面等。这种屋面具有构造简单、施工方便、造价低廉的优点,但对温度和结构变形较敏感,容易产生裂缝而渗水。

(1) 刚性防水屋面的构造层次及做法

刚性防水屋面一般由结构层、找平层、隔离层和防水层组成(图 12-30)。

① 结构层。刚性防水屋面的结构层要求具有足够的强度和刚度,一般应采用现浇或预制装配的钢筋混凝土屋面板,并在结构层现浇或铺板时形成屋面的排水坡度。

② 找平层。为保证防水层厚薄均匀,通常应在结构层上用 20 mm 厚 1∶3 水泥砂浆找平。若采用现浇钢筋混凝土屋面板或设有纸筋灰时,也可以不设找平层。

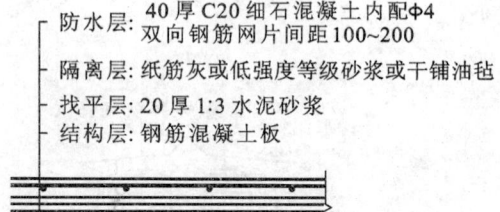

图 12-30 混凝土刚性防水屋面做法

③ 隔离层。为减少结构层变形及温度变化对防水层的不利影响,宜在防水层下设置隔离层。隔离层可采用纸筋灰、低强度等级砂浆或薄砂层上干铺一层油毡等。当防水层中加有膨胀剂类材料时,其抗裂性有所改善,也可不做隔离层。

④ 防水层。常用配筋细石混凝土做屋面防水层。其中混凝土强度等级应不低于 C20,其厚度宜不小于 40 mm,双向配 $\phi 4 \sim \phi 6.5$ 钢筋,并设置间距为 100~200 mm 的双向钢筋网片。为提高防水层的抗渗性能,可在细石混凝土内掺入适量外加剂(如膨胀剂、减水剂、防水剂等),以提高其密实性能。如图 12-31 所示。

(2) 刚性防水屋面细部构造

刚性防水屋面的细部构造包括屋面防水层的分格缝、泛水、檐口、雨水口等部位的构造处理。

1) 屋面分格缝

屋面分格缝实质上是在屋面防水层上设置的变形缝。其目的在于:① 防止温度变形引起防水层开裂;② 防止结构变形将防水层拉坏。因此屋面分格缝的位置应设置在温度变形允许的范围以内和结构变形敏感的部位。结构变形敏感的部位主要是指装配式屋面板的支承端、屋面转折处、现浇屋面板与预制屋面板的交接处、泛水与立墙交接处等部位。由于大面积的整浇混凝土防水层受外界温度的影响会出现热胀冷缩,导致防水层开裂,一般情况下分格缝间距不宜大于 6 m。分格缝宽度在 20 mm 左右,为了有利于收缩,不论面层或不保温的预制板基层均不宜用水泥砂浆填实。缝内一般用油膏嵌缝。采用横墙承重的民用建筑中,屋面分格缝的位置如图 12-32 所示。图中屋脊是屋面转折处,故设有一纵向分格缝;在预制屋面板的支承端即横墙部位,设有横向分格缝。女儿墙与泛水之间应做柔性封缝处理以防女儿墙或刚性防水层开裂引起渗漏。

分格缝的构造可参见图 12-33。设计时还应注意:① 防水层内的钢筋在分格缝处应断开;② 屋面板缝用浸过沥青的木丝板等密封材料嵌填,缝口有油膏等嵌填;③ 缝口表面用防水卷材铺贴改缝,卷材的宽度为 200~300 mm。

第 12 章 屋 顶

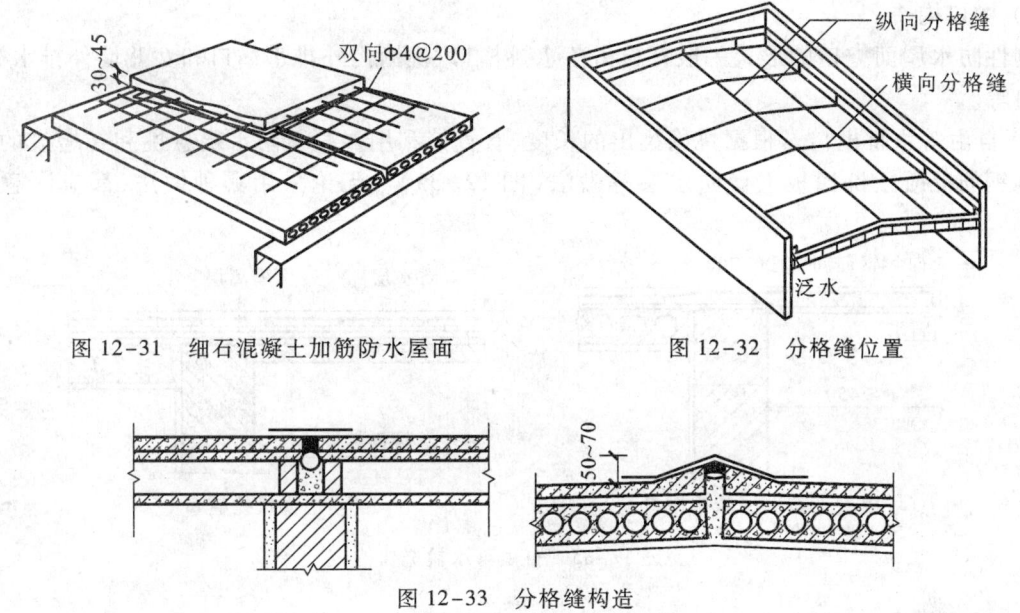

图 12-31 细石混凝土加筋防水屋面

图 12-32 分格缝位置

图 12-33 分格缝构造

2) 泛水构造

刚性防水屋面的泛水构造要点与卷材屋面相同的地方是：泛水应有足够高度，一般不小于 250 mm；泛水应嵌入立墙上的凹槽内并用压条及水泥钉固定。不同的地方是：刚性防水层与屋面突出物（女儿墙、烟囱等）间须留分格缝，另铺贴附加卷材改缝形成泛水。下面以女儿墙泛水、变形缝泛水为例说明其构造做法。

① 女儿墙泛水。女儿墙与刚性防水层间留分格缝，使混凝土防水层在收缩和温度变形时不受女儿墙的影响，可有效地防止其开裂。分格缝内用油膏嵌填，如图 12-34a 所示，缝外用附加卷材铺贴至泛水所需高度并做好压缝收头处理，以免雨水渗入缝内。

② 变形缝泛水。变形缝分为高低屋面变形缝和横向变形缝两种情况。如图 12-34b 所示为高低屋面变形缝构造，其低跨屋面也须像卷材屋面那样砌上附加墙来铺贴泛水。

横向变形缝的做法如图 12-27 所示。图 12-27a 和图 12-27b 的不同之处是泛水顶端盖缝的形式不一样，前者用可伸缩的镀锌铁皮作盖缝板，并用水泥钉固定在附加墙上；后者采用混凝土预制板盖缝，盖缝前先干铺一层卷材，以减少泛水与盖板之间的摩擦力。

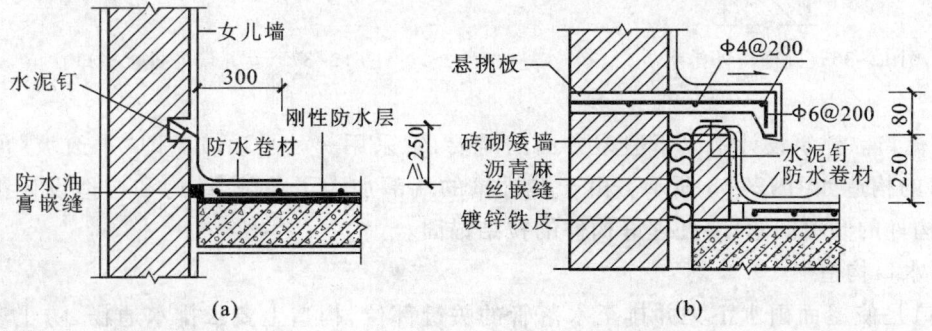

图 12-34 刚性防水屋面的泛水构造

3）檐口构造

刚性防水屋面檐口的形式一般有自由落水挑檐口、挑檐沟外排水檐口和女儿墙外排水檐口、坡檐口等。

① 自由落水挑檐口。根据挑檐挑出的长度，有直接利用混凝土防水层悬挑和在增设的现浇或预制钢筋混凝土挑檐板上做防水层等做法（图12-35）。无论采用哪种做法，都应注意做好滴水。

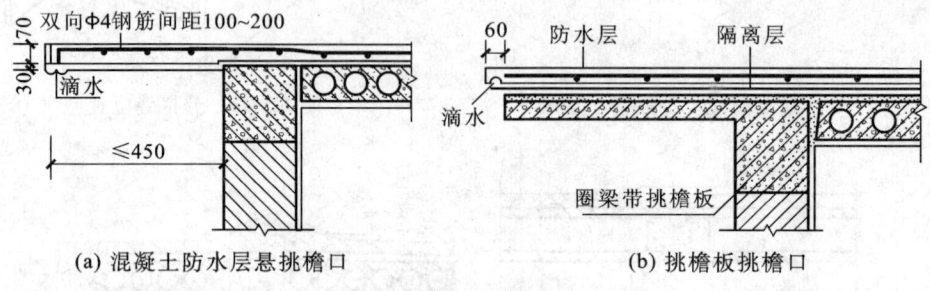

(a) 混凝土防水层悬挑檐口　　(b) 挑檐板挑檐口

图12-35　自由落水挑檐口

② 挑檐沟外排水檐口。檐沟构件一般采用现浇或预制的钢筋混凝土槽形天沟板，在沟底用低强度等级的混凝土或水泥炉渣等材料垫置成纵向排水坡度，铺好隔离层后再浇筑防水层，防水层应挑出屋面并做好滴水。常见构造做法如图12-36所示。

③ 女儿墙外排水檐口。这种做法通常在檐口处做成三角形断面天沟，其构造处理与女儿墙泛水做法基本相同，天沟内须设有纵向排水坡度，如图12-37所示。

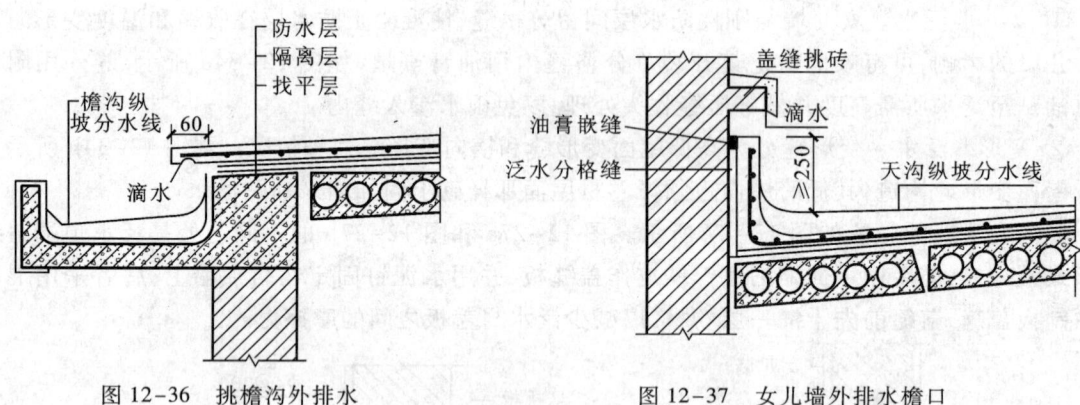

图12-36　挑檐沟外排水　　图12-37　女儿墙外排水檐口

④ 坡檐口。建筑设计中出于造型方面的需要，常采用一种平顶坡檐即"平改坡"的处理形式，坡檐口的构造如图12-38所示。由于在挑檐的端部加大了荷载，结构和构造设计都应特别注意悬挑构件的倾覆问题，要处理好构件的拉结锚固。

4）雨水口构造

雨水口是使屋面雨水汇集并排至水落管的关键部位，构造上要求排水通畅，防止渗漏和堵塞。刚性防水屋面的雨水口有直管式和弯管式两种做法，直管式一般用于挑檐外排水的雨水口，

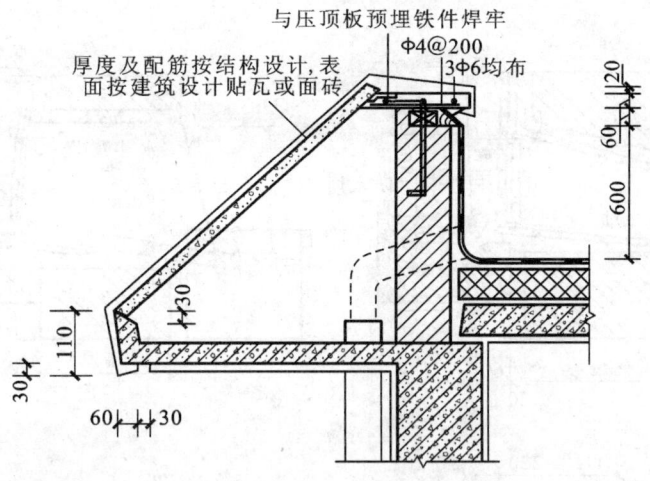

图 12-38 平屋顶坡檐构造

弯管式用于女儿墙外排水的雨水口。

① 直管式雨水口。直管式雨水口为防止雨水从雨水口套管与沟底接缝处渗漏,应在雨水口周边加铺柔性防水层并铺至套管内壁,檐口处浇筑的混凝土防水层应覆盖于附加的柔性防水层之上,并于防水层与雨水口之间用油膏嵌实,具体做法如图 12-39 所示。

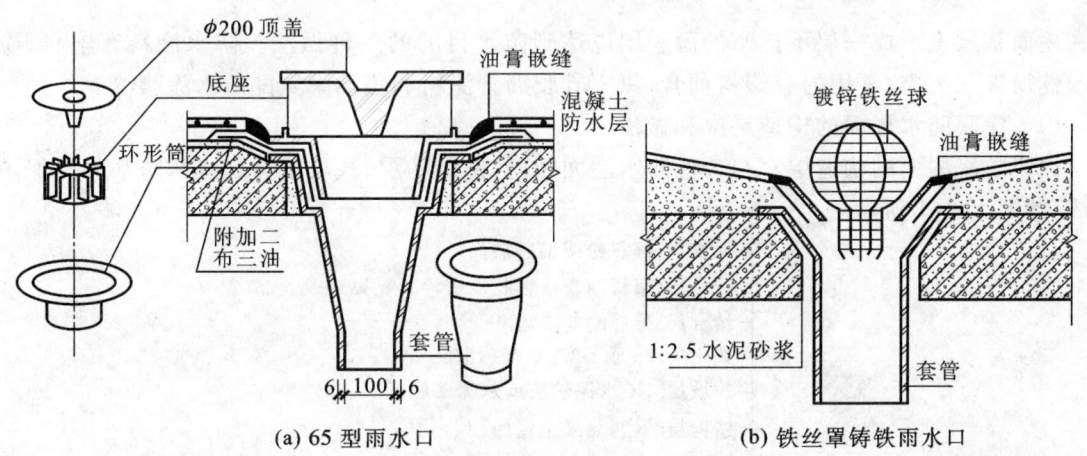

(a) 65 型雨水口　　　(b) 铁丝罩铸铁雨水口

图 12-39 直管式雨水口构造

② 弯管式雨水口。弯管式雨水口一般用铸铁做成弯头。雨水口安装时,在雨水口处的屋面应加铺附加卷材与弯头搭接,其搭接长度不小于 100 mm,然后浇筑混凝土防水层,防水层与弯头交接处须用油膏嵌缝,具体做法见图 12-40a,图 12-40b 是预制混凝土排水槽代替铸铁弯头的做法。

3. 涂膜防水层屋面

涂膜防水层屋面又称涂料防水屋面,是指用可塑性和粘结力较强的高分子防水涂料,直接涂

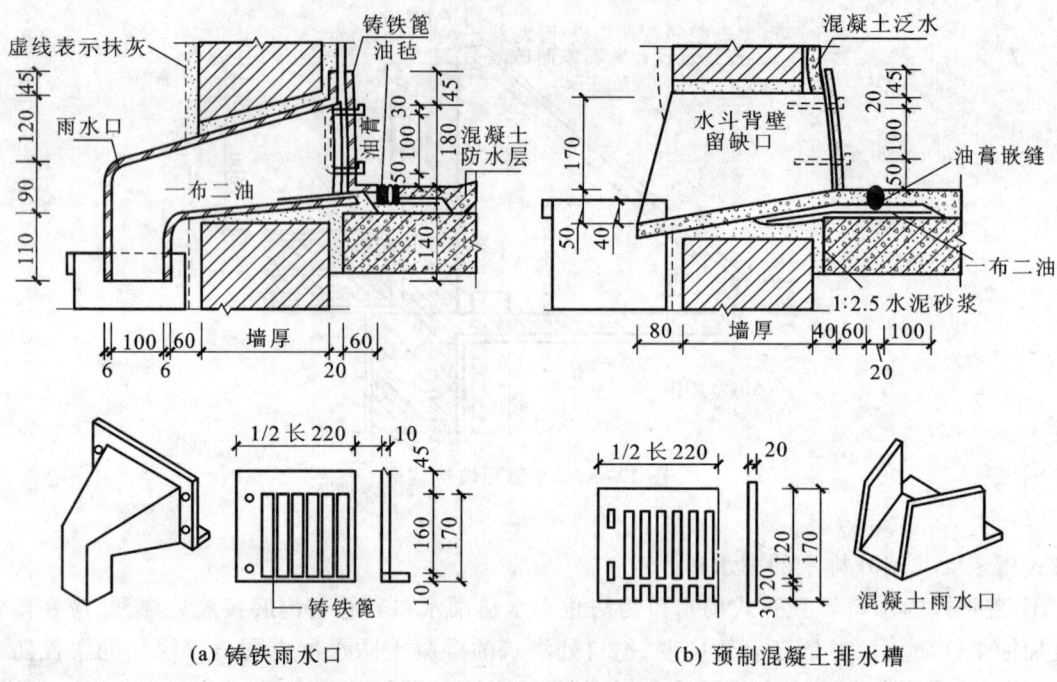

图 12-40 弯管式雨水口构造

刷在屋面基层上形成一层不透水的薄膜层以达到防水目的的一种做法。防水涂料有塑料、橡胶和改性沥青三大类,常用的有塑料油膏、氯丁乳胶沥青涂料和焦油聚氨酯防水涂膜等。

(1) 涂膜防水屋面的构造层次和做法

涂膜防水屋面的构造层次与柔性防水屋面相同,由结构层、找坡层、结合层、防水层和保护层组成,如图 12-41 所示。

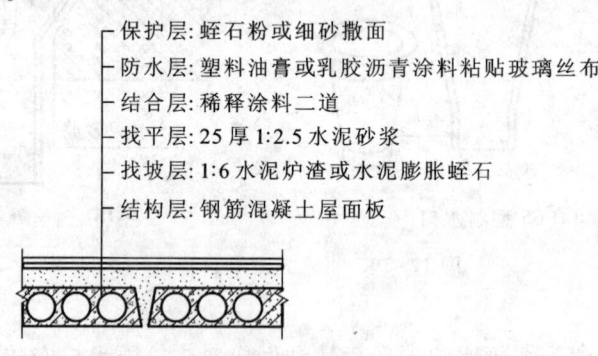

图 12-41 涂膜防水层屋面构造层次及常用做法

涂膜防水屋面中的结构层和找坡层材料做法与柔性的防水屋面相同。为使防水层的基层有足够的强度和平整度,找平层通常为 25 mm 厚 1∶25 水泥砂浆。为保证防水层与基层粘结牢固,结合层应选用与防水涂料相同的材料经稀释后满刷在找平层上。当屋面不上人时保护层的做法根据防水层材料的不同,可用蛭石或细砂撒面、银粉涂料涂刷等做法;当屋面为上人屋面时,保护层做法与柔性防水上人屋面做法相同。

(2)涂膜防水屋面细部构造

① 分格缝构造。涂膜防水只能提高表面的防水能力,由于温度变形和结构变形会导致基层开裂而使得屋面渗漏,因此对屋面面积较大和结构变形敏感的部位,须设置分格缝。分格缝的构造如图12-42所示。

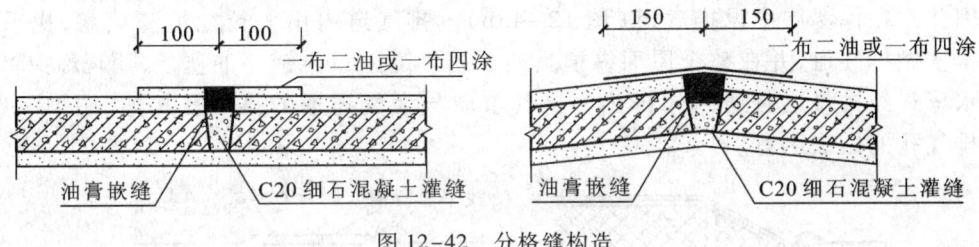

图12-42 分格缝构造

② 泛水构造。涂膜防水屋面泛水构造要求与柔性防水屋面基本相同,即泛水高度不小于250 mm;屋面与立墙交接处应做成弧形;泛水上端应有挡雨措施,以防渗漏。具体做法如图12-43所示。

4.平屋顶的保温与隔热

屋顶因为是建筑物的外围护结构,设计时应根据当地的气候条件和使用功能等方面的要求,妥善解决屋顶的保温隔热的问题。比如南方需要隔热,北方需要保温。

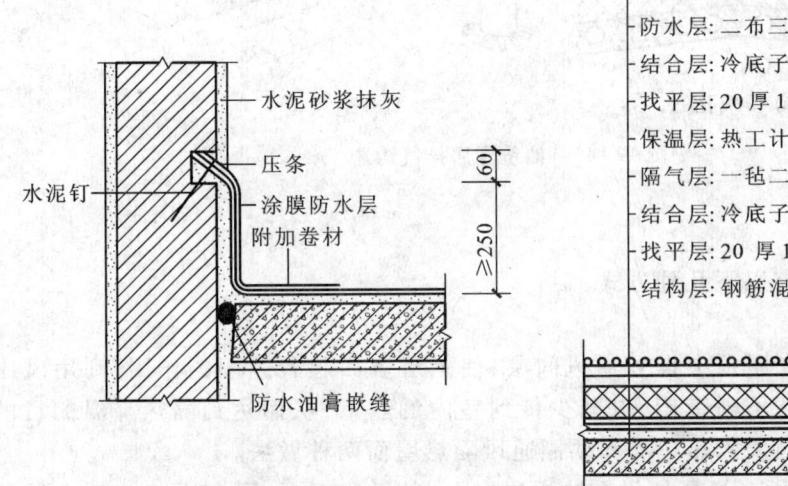

图12-43 泛水构造　　图12-44 油毡平屋顶保温构造做法

(1)保温层的构造做法

平屋顶因屋面坡度平缓,适合将保温层放在屋面结构层上(刚性防水屋面不适宜做保温层)。保温层通常设在结构层之上、防水层之下。图12-44为平屋顶保温构造。保温卷材防水屋面与非保温卷材防水屋面的区别是增设了保温层,构造需要相应增加了找平层、结合层和隔气层。设置隔气层的目的是防止室内水蒸气渗入保温层,使保温层受潮而降低保温效果。隔气层的一般做法是在 20 mm 厚 1:3 水泥砂浆找平层上刷冷底子油两道作为结合层,结合层上做一布二油或两道热沥青隔气层。

由于隔气层的设置,保温层成为封闭状态,施工时保温层和找平层中残留的水分无法散发出去,在太阳照射下水分汽化成水蒸气使体积膨胀,若水蒸气排不出去会造成防水层鼓泡破裂。因此常在保温层中设排气道(图 12-45b)。排气道内用大粒径炉渣填塞,找平层在相应位置留槽做排气道,并在整个屋面纵横贯通。排气道上口干铺一油毡条,用玛琋脂单边点贴覆盖。水蒸气经排气道自通风帽排出。排气道应与大气连通的排气孔相通,图 12-45a、c、d 是几种排气孔的做法示意。

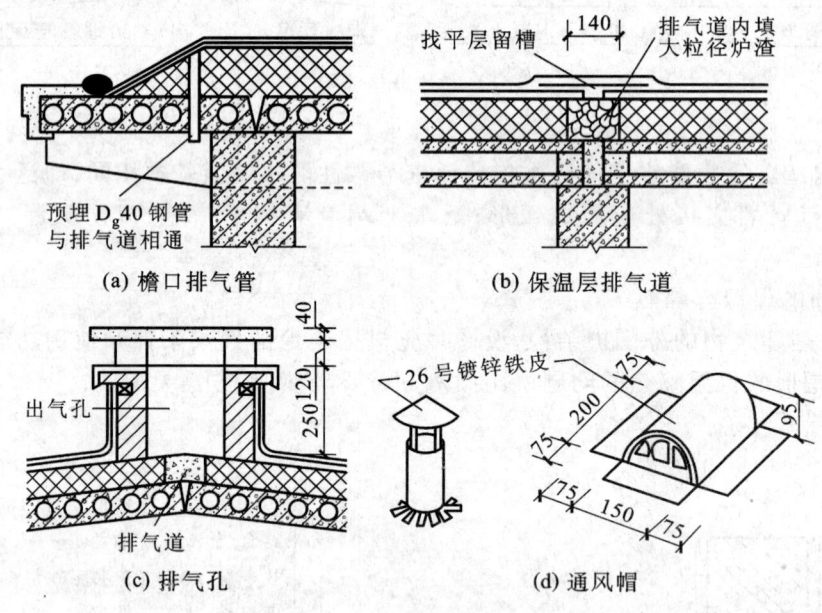

图 12-45 油毡屋面排气构造

(2)平屋顶的隔热

屋顶隔热措施通常有以下几种方式:

1)通风隔热屋面

通风隔热屋面是指在屋顶中设置通风间层,使上层表面起着遮阳的作用,利用风压和热压作用把间层中的热空气不断带走,以减少传到室内的热量,从而达到隔热降温的目的。通风隔热屋面一般有架空通风隔热屋面和顶棚通风隔热屋面两种做法。

① 架空通风隔热屋面。通风层设在防水层之上,其做法很多,图 12-46 为架空通风隔热屋面构造,其中以架空预制板或大阶砖最为常见。架空通风隔热层设计应满足以下要求:架空层应有适当的净高,一般以 180~240 mm 为宜;架空层周边设置一定数量的通风孔,以利于空气流通,当女儿墙不宜开设通风孔时,距女儿墙 500 mm 范围内不铺架空板;隔热板的支点可做成砖垄墙-砖墩,间距视隔热板的尺寸而定。

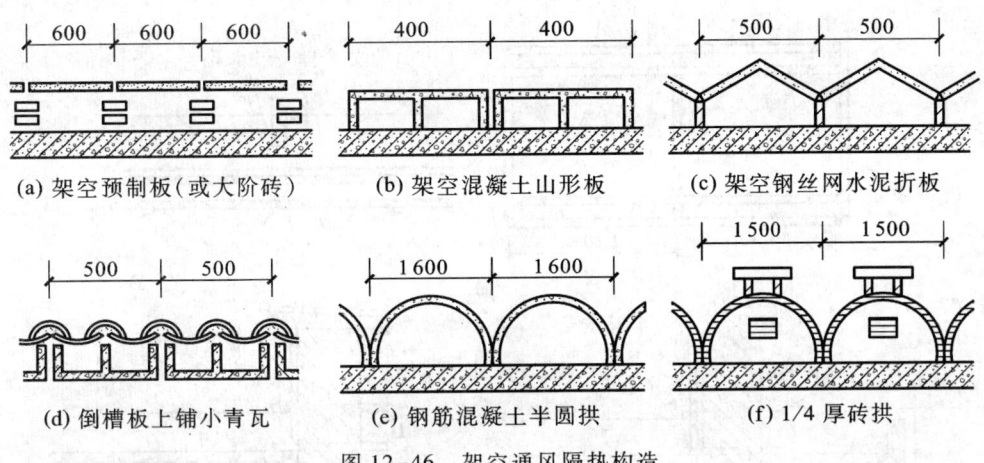

图 12-46 架空通风隔热构造

② 顶棚通风隔热屋面。这种做法是利用顶棚与屋顶之间的空间作隔热层,图 12-47 为顶棚通风隔热屋面示意。顶棚通风隔热层设计应满足以下要求:顶棚通风层应有足够的净空高度,一般为 500 mm 左右;须设置一定数量的通风孔,以利空气对流;通风孔应考虑防飘雨措施。当通风孔高度不大于 300 mm 时,可将混凝土花格靠外墙内边安装,也可以在通风孔上部挑砖或其他措施加以处理;当通风孔较大时,可在洞口处增设百叶窗。注意解决好屋面防水层的保护,以避免防水层开裂引起渗漏。

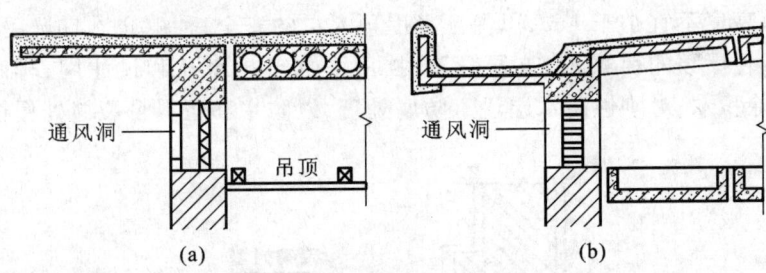

图 12-47 顶棚通风屋面示意图

2) 蓄水隔热屋面

蓄水是指在屋顶蓄积一层水,利用水蒸发时需要大量的汽化热,从而大量消耗晒到屋面的太阳辐射热,以减少屋顶吸收的热能,从而达到降温隔热的目的。蓄水屋面构造与刚性防水屋面基本相同,主要区别是增加了一壁三孔,即蓄水分仓壁、溢水孔、泄水孔和过水孔(图 12-48)。蓄水隔热屋面构造注意以下几点:合适的蓄水深度,一般为 150~200 mm;根据屋面面积划分成若干蓄水区,每区的边长一般不大于 10 m;足够的泛水高度,至少高出水面 100 mm;合理设置溢水孔和泄水孔,并应与排水檐沟或落水管连通,以保证多雨季节不超过蓄水深度和检修屋面时能将蓄水排除;注意做好管道的防水处理。

3) 种植隔热屋面

种植隔热屋面是在屋顶上种植植物,利用植被的蒸腾和光合作用,吸收太阳辐射热,从而达

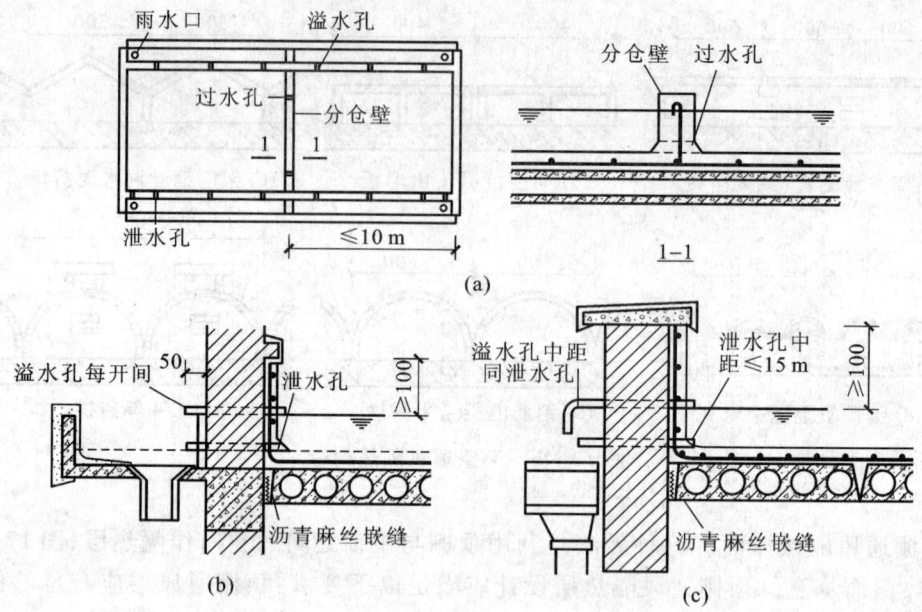

图 12-48　蓄水屋面

到降温隔热的目的。种植隔热屋面的构造与刚性防水屋面基本相同,所不同的是须增设挡墙和种植介质(图 12-49)。种植屋面构造应注意以下几点:屋顶四周须设栏杆或女儿墙作为安全防护措施,护栏的净高度不宜小于 1 m,以保证上屋顶人员的安全;种植介质宜选用谷壳、膨胀蛭石等轻质材料,以减轻屋顶的荷载,并方便管理;挡墙下部设排水孔和过滤网,排水坡度为 1% ~ 3%,以便及时排除积水;对刚性防水层注意防腐处理,以防水和肥料自裂缝处侵蚀钢筋。

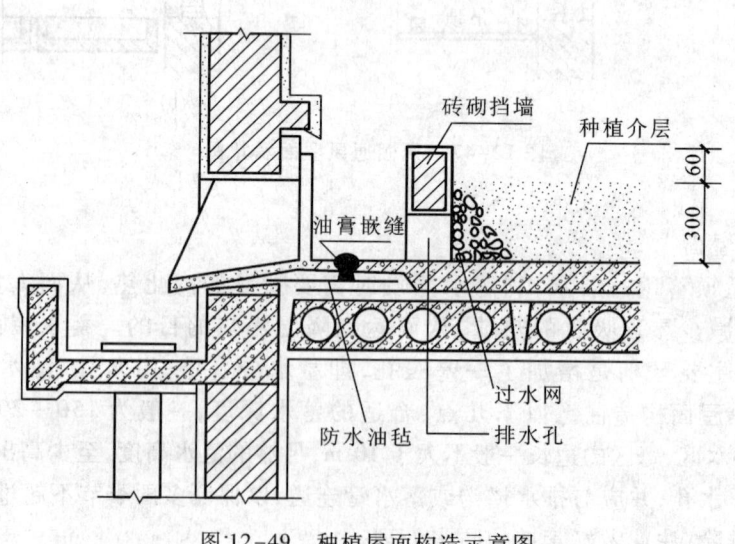

图 12-49　种植屋面构造示意图

4）反射降温屋面

反射降温屋面是利用材料的颜色和光滑度对热辐射的反射作用,将一部分热量反射回去,从而达到降温的目的。例如采用浅色的砾石、混凝土做屋面,或在屋面上涂刷白色涂料,对隔热降温都有一定的作用。如果在吊顶棚基层中加铺一层铝箔纸板,利用第二次反射作用,其隔热效果会更加显著,因为铝箔的反射率在所有材料中是最高的。

(三) 平屋顶的受力特点及结构配筋图

平屋顶屋盖的受力特点和配筋要求与楼盖的相同,只是在考虑荷载的时候,屋面应考虑防水层、保温隔热层等的荷载,另外还应考虑可能有的积灰荷载。

四、案例分析

[案例1] 坡屋顶质量问题。

(1) 现象

随着房地产业的发展,高级住宅和别墅大量兴建,为了追求建筑风格,许多住宅、别墅屋面设计成现浇钢筋混凝土板贴波形瓦的斜屋面。一些斜屋面在竣工时或使用一、二年之后,在屋面变坡交接处、老虎窗与屋面连接处、墙身泛水等部位出现渗漏,影响了建筑的使用和美观。

(2) 原因分析

① 斜屋面变坡交接处、老虎窗与屋面连接处,由于受力钢筋配置不足,不能满足板块支座弯矩应力的要求。

② 构造设计不当。为了追求建筑形式而将泛水高度过分降低,使屋面与屋面连接处、屋面与墙身交接处的防水高度,低于下暴雨时瞬时积水高度;屋面变坡处、老虎窗与屋面连接等处防水处理不当,也是形成屋面渗漏的一大隐患,如图12-50、图12-51所示。

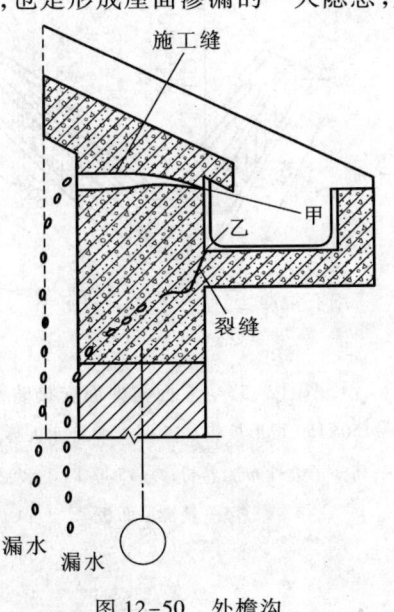

图 12-50 外檐沟

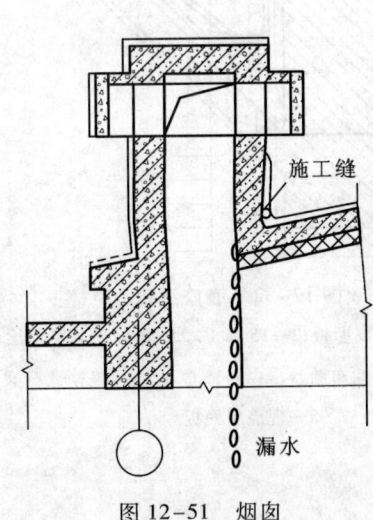

图 12-51 烟囱

波形瓦屋面适用于屋面防水等级为Ⅳ级的工业与民用建筑,不适合高级住宅和别墅。

③ 波形瓦铺贴不实。主要表现在贴瓦砂浆没有挤满瓦缝,砂浆和板面基层结合不牢,波瓦出现空鼓现象;其次是波瓦上下接缝搭接尺寸不足,因而造成屋面雨水渗入基层。若基层混凝土板出现裂缝,极易导致渗漏。

④ 施工缝位置留设不当。例如,将施工缝留设在屋面变坡处、屋面和屋面的交接处,这些位置是结构内应力转换的部位,容易产生裂缝而导致屋面渗漏。

⑤ 现浇钢筋混凝土板施工坍落度选择不当。如施工用水量过多,混凝土在凝固水化过程中,由于内部多余的水分蒸发后,在混凝土中形成微小的空隙,而混凝土体积减小产生收缩,这些空隙连在一起便形成毛细空隙,成为雨水渗入的通道,从而引发裂缝产生。

(3) 预防措施

① 设计时,应考虑整个斜屋面板与板、板与梁之间相互变形的影响,合理考虑结构约束形式。在斜板边界部位,如屋面变坡处、老虎窗与屋面交接处,除按照要求配置负筋外,在板面上部板接缝两侧,还应各加配筋Φ4@200双向钢筋网片,以增强斜屋面板整体刚度,提高抗裂性。

② 加强防渗措施是在屋面渗漏的隐患部位,除结构上增置钢筋网片外,在整个板面再做一层15 mm比例为1:2.5的防水砂浆(内掺5%的防水剂),并在板缝两侧各贴厚度为3 mm柔性高分子布胎卷材。做好泛水构造,屋面板与板的连接由原来的锐角断面连接改为梯形断面,以减少板的连接应力,且便于卷材铺贴(图12-52、图12-53、图12-54)。

烟囱与屋面交接处在迎水面中部应抹出分水线,高出两侧30 mm(图12-55)。铺贴1.2 mm合成高分子卷材或3 mm高聚物改性沥青防水卷材,上抹聚合物水泥砂浆。

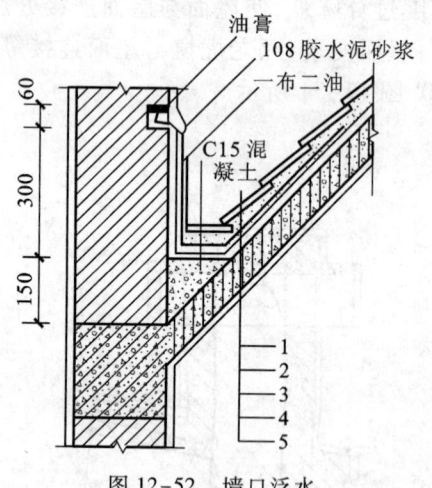

图12-52 墙口泛水

1—150×150坡形板;2—15厚1:2.5水泥砂浆贴面层;
3—高分子柔性布胎卷材;4—15厚1:3水泥防水砂浆;
5—现浇屋面板

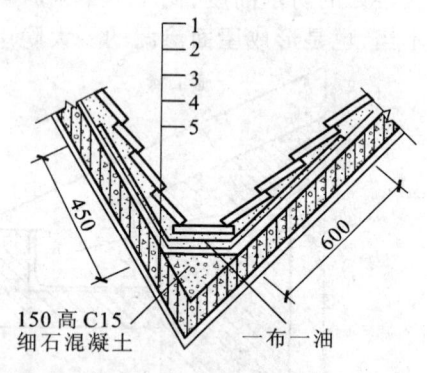

图12-53 屋面与屋面交接防水

1—150×150坡形板;2—15厚1:2.5水泥砂浆贴面层;
3—高分子柔性布胎卷材;4—15厚1:3水泥防水砂浆;
5—现浇屋面板

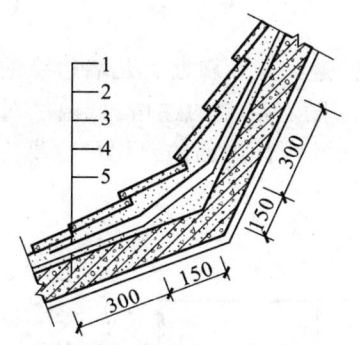
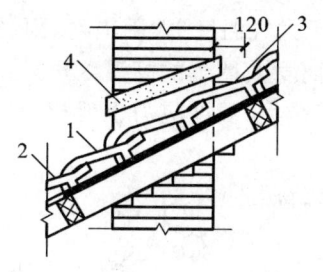

图 12-54 屋面变坡连接防水

1—150×150 坡形板；2—15 厚 1：2.5 水泥砂浆贴面层；
3—高分子柔性布胎卷材；4—15 厚 1：3 水泥防水砂浆；
5—现浇屋面板

图 12-55 烟囱根泛水

1—平瓦；2—挂瓦条；3—分水线；4—水泥石灰砂浆加麻刀

[案例2] 钢筋混凝土刚性防水屋面开裂渗漏。

（1）现象

混凝土刚性防水屋面的裂缝一般分为结构裂缝、温度裂缝和施工裂缝三种。

① 结构裂缝通常产生在屋面板拼缝上，一般宽度较大，穿过防水层而上下贯通。

② 温度裂缝一般都是有规则的、通长的，裂缝分布比较均匀。

③ 施工裂缝常是一些不规则的、长度不等的断续裂缝，也有一些是因为水泥收缩而产生的龟裂。

（2）原因分析

① 混凝土刚性防水屋面较薄，当基层变动时很容易开裂，例如基础的沉降，结构支座的角变，不同建筑材料的温差等，都能引起结构开裂。

由于刚性混凝土防水层没有延伸到檐口的边缘，后抹的水泥砂浆在温差影响下容易产生收缩裂缝，特别是砂浆与刚性混凝土防水层的接缝处更容易开裂，雨水沿着裂缝口渗漏进室内（图12-56）。

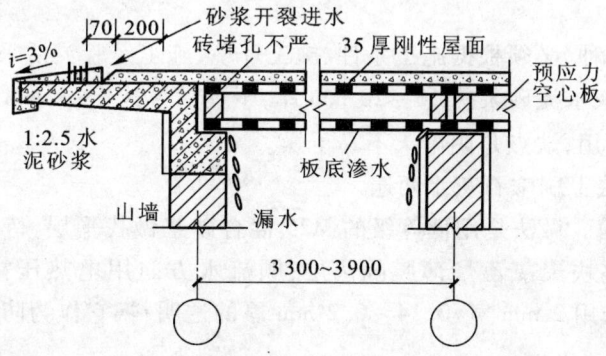

图 12-56 刚性屋面民用建筑山墙檐口构造实例

天沟和檐沟位于屋面排水的最低处，尤其是和屋面交接处有断面差异，天沟和屋面结构层的结构不同,温度变形不能同步,常造成不平裂缝而漏水。

② 由于大气温度、太阳辐射、雨、雪等影响产生了温度裂缝。一般靠近女儿墙边缘的裂缝最宽,因为从离女儿墙远的高温区进入离女儿墙近的低温区后,随着温差的递增,低温区对高温区的约束越来越大,温度应力也就相应增大,所以靠近女儿墙处的刚性屋面防水层最容易出现裂缝(图12-57)。

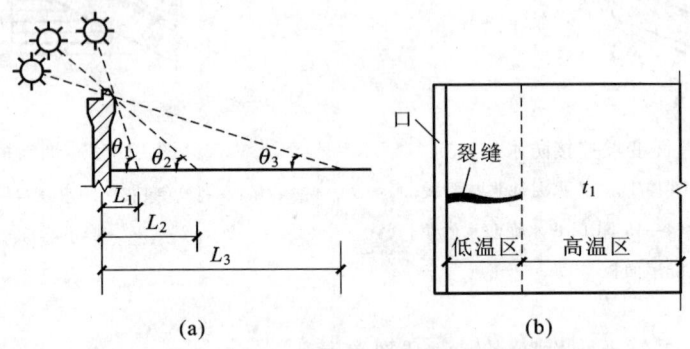

图 12-57 日照温度与裂缝开展情况

③ 施工不当造成裂缝。由于混凝土配合比设计不当,施工时振捣不密实,收光压光不好,混凝土早期干燥脱水,后期养护不当,分格缝位置不当以及刚性屋面防水层和基层未设隔离层,都会造成施工裂缝。

(3) 预防措施

① 刚性防水屋面不适用于有高温或有振动的建筑,也不适用于基础有较大不均匀沉降的建筑。

② 屋面细石混凝土防水层与基层间要设置隔离层。屋面刚性防水面层在夏季高温时受到的辐射热比基层高,冬季低温时又比基层低;结构层的构件断面大,配筋率高,由于温差、干缩、结构三者引起的变形不能同步,相互牵制,导致刚性防水层产生裂缝和渗漏水。因此,在防水层和基层之间必须设置隔离层,使两者之间脱离、不粘结,在温差等作用下的刚性防水层有足够的抵抗力;克服结构层的约束,消除咬合力,可以自由伸缩,减少了结构层变形对刚性防水层的不利因素。

隔离层的做法有多种,必须根据施工条件、施工环境、施工经验灵活采用。

a. 可用1:3的石灰水泥砂浆抹10~20 mm厚,干硬后再抹2~3 mm厚的纸灰筋,其优点是起到了保温和隔热的作用;缺点是阴雨天不易干燥。

b. 水泥砂浆找平层上刷浓石灰水两遍。

c. 铺聚氯乙烯薄膜。做法是用低等级的M25混合砂浆做找平层,待找平层七成干后,在上面铺设事先准备好的整块聚氯乙烯薄膜隔离层;顺流水方向用电热压拼缝,搭接宽度为30~50 mm。聚氯乙烯薄膜选用2 mm宽、0.14~0.2 mm厚的透明料,它作为防水的第二道防线,提高了屋面的防水效果。

d. 铺设沥青卷材层。做法有两种,一种是在找平层上干铺一层沥青卷材做隔离层,铺设顺序及搭接长度均按卷材屋面的施工要求。另一种做法是在找平层上涂一层粘结剂,再铺设一层卷材,上面刮涂一层粘结剂,然后撒一层细砂做刚性防水层。

③ 刚性屋面分格缝的密封防水。刚性屋面的防水效果,在很大程度上取决于分格缝密封防水的质量。而做好分格缝的基层处理,是保证质量的先决条件,为此应注意以下的几个问题:

a. 分格缝设置的位置。设置在变形较大或较易变形的屋面板的支撑端,纵横向分格缝交接处必须相通,不宜成为T形缝及L形缝,屋脊处应留纵向分格缝;设置在刚性防水层与凸出屋面结构的交接处(如女儿墙、天窗壁、变形缝、烟囱等的根部);还需设置在整浇屋面的转折处及横轴线处。分格缝应与板缝一致,且应延伸至挑檐、天沟内。

b. 分格缝构造尺寸。在浇筑防水层混凝土时,一定要在分格缝处用上宽30 mm、下宽15 mm、高为40 mm(即防水层混凝土的厚度)的木条隔开,待混凝土初凝后,将木条取出。

c. 基层必须清除干净及干燥并涂刷基层处理剂。经过清扫且干燥的分格缝,应用相同品种的密封材料配置的基层处理剂涂刷基层。

④ 改进设计构造。将刚性混凝土防水层延伸到檐口的边缘,尽可能降低女儿墙的高度,采用架空隔热、蓄水屋面、种植屋面以减少温差;在靠近女儿墙低温区的防水板块上铺垫40~50 mm的加气混凝土板;女儿墙和楼梯间突出屋面的墙体与防水层分格缝相交的部位,应相互隔开,避免预应力集中。细石混凝土防水层与天沟、檐沟的交接处应留凹槽,并用密封材料封严(图12-58)。

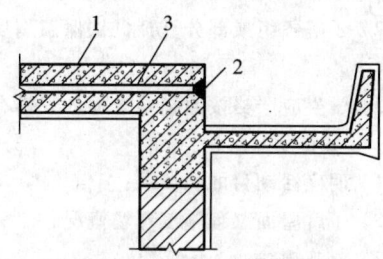

图12-58 檐沟构造
1—细石混凝土;2—密封材料;3—隔离层

⑤ 刚性防水层表面风化的维修。混凝土防水层在使用一段时间后,其表面易风化,出现疏松、起灰、起壳、脱落等现象。对此应及时修理,以防风化发展导致防水层龟裂,甚至渗漏。施工质量低劣的混凝土更易出现这一问题,如不及时修理,往往会酿成防水层大面积起壳、裂缝。因此,对刚性屋面防水层风化的维修,必须列入屋面日常管理及维修工作之中,并及时处理。

混凝土防水层表面风化的维修主要采取覆盖法,即在被风化的板面上覆盖一层保护层。常用的保护层为15~20 mm厚水泥砂浆层及涂刷各种防水涂料形成的膜保护层。可根据板面被风化的程度,屋面上人或不上人等功能要求,以及屋面是否设置隔热层等条件来选择适宜的保护层。

保护层必须与被风化的板面结合密实。因此施工时要求做到:原板面已风化疏松的混凝土一定要清除干净;如采用刚性材料做保护层材料时,在基层上要求用水泥浆或108胶水泥浆作胶结层,使其粘结牢固;刚性保护层一次抹的不宜太厚,越厚越不宜密实,可分成2~3次抹水泥砂浆,要求抹压密实二次压光,最后做好养护工作。

⑥ 刚性防水屋面全面翻修。当屋面结构具有足够的承载能力时,宜采用在原防水层上增设一道刚性防水层的方法进行屋面翻修。翻修时应先清除原防水层表面损坏部分,经过维修后,再新增一道刚性防水层,刚性防水材料采用补偿收缩混凝土,其做法应符合《屋面工程技术规范》(GB 50207—1994)的规定。

在原刚性防水层上增设柔性防水层进行翻修时,应先清除原防水层表面损坏部分,对渗漏点等进行维修后,再铺设柔性防水层,其做法应符合《屋面工程技术规范》(GB 50207—1994)的规定。

⑦ 混凝土防水层表面局部损坏的维修。先将混凝土防水层表面风化、起砂及酥松、起壳等

损坏部分凿除,表面凿毛并清理干净;然后浇水湿润基层,涂刷基层处理剂后,应用聚合物水泥砂浆等分层抹平压实至原防水层高度。

职业活动与训练

组织参观房屋屋面工程的施工现场。

1. 目的

通过参观屋面的施工,能达到系统地了解屋面的组成、各组成部分的所用材料、各组成部分的作用及具体做法,做到理论联系实际。

2. 环境要求

在主体结构其他部分都完成的基础上,屋面工程刚开始。

3. 能力标准及要求

(1) 要求能正确判断屋面结构层的受力构件,对现浇平屋顶能区分受力钢筋和分布钢筋;对坡屋顶能区分是无檩体系还是有檩体系及屋面板和檩条的搁置方向,真正了解受力构件。

(2) 了解各组成部分、防水层、保温隔热层的做法,还有比如什么是天沟,什么是檐沟这样一些细部的构造要求。

(3) 学生应严格按照指导老师的安排有组织、有秩序地进行参观。

4. 步骤提示

(1) 明确活动目的和要求;

(2) 了解屋面工程施工现场概况;

(3) 参观现场。

5. 讨论与训练题

(1) 施工现场是采用什么样的屋面防水形式?绘出防水层施工图。

(2) 女儿墙与屋面如何连接?如何处理女儿墙与屋面处的防水?

(3) 若为预制板屋面,板缝是如何处理的?

(4) 刚性防水屋面的泛水、檐口、雨水口细部构造的要求有哪些?

小 结

- 屋顶按外形分为坡屋顶、平屋顶和其他形式的屋顶。坡屋顶坡度一般大于10%,平屋顶坡度小于5%。按屋面防水材料分为柔性防水屋面、刚性防水屋面、油膏嵌缝涂料屋面、瓦屋面等。卷材防水屋面、混凝土刚性防水屋面和瓦屋面最常用。

- 屋面结构层处理。平屋面中主要有现浇结构层和装配式屋面,现浇结构层整体性好,防水性能好;装配式屋面机械化程度高,但防水性能差。坡屋面中的承重结构有屋架承重和梁架承檩式及横墙承重,根据所用材料有混凝土屋架,钢屋架和木屋架。

- 卷材防水屋面的防水层下面须做找平层,上面应做保护层,不上人屋面用绿豆砂保护,上人屋面用地面构成保护层。保温层铺在防水层之下时须在其下加隔热层,铺在防水层之上时则不加,但必须选择不透水的保温材料。

- 刚性防水屋面主要适用于南方地区。为了防止防水层开裂,应在防水层中加钢筋网片、设置分格缝,在防水层和结构层之间加铺隔离层。分格缝应设置在屋面板的支承端、屋面坡度的转折处、泛水与立墙的交接处。分格缝之间的距离不应超过 6 m。泛水、分格缝、变形缝、檐口、雨水口等部位的细部构造须有可靠的措施。

● 涂膜防水屋面的主要防水措施是：加大屋面板的刚度，防止板缝开裂，板面刷涂料和贴玻璃丝布。

● 应采用导热系数不大于 0.25 W/(m·K) 的材料做屋顶保温层。平屋顶的保温层铺于结构层上，坡屋顶的保温层可铺在瓦材下面或吊顶棚上面。屋面隔热降温的主要方法有：架空间层通风、蓄水降温、屋面种植、反射降温。

复 习 题

(1) 屋顶由哪几部分组成？他们的主要功能是什么？
(2) 坡屋面有哪几种承重方案？
(3) 坡屋面的檐沟、天沟、屋脊等细部有哪些构造要求？
(4) 卷材屋面的构造层有哪些？各层如何做法？卷材防水层下的找平层为什么要设分格缝？
(5) 为什么要设隔气层？卷材屋面为什么要考虑排气措施？
(6) 什么是刚性防水屋面？刚性防水屋面的构造层有哪些？各层如何做？
(7) 刚性防水层容易开裂的原因是什么？可以采取哪些措施预防开裂？
(8) 刚性防水层中的分格缝有哪些构造要点？
(9) 试将刚性防水屋面的泛水、天沟、檐沟、雨水口等的细部构造与卷材屋面的这些构造进行比较，看有什么不同？记住他们的构造图。
(10) 平屋顶屋面的结构层有几种形式？如何保证他们的防水？
(11) 平屋顶和坡屋顶的保温有哪些构造做法（用构造图表示）？
(12) 平屋顶和坡屋顶的隔热有哪些构造做法（用构造图表示）？
(13) 采用金属瓦屋面有哪些优点？金属瓦屋面的连接构造如何？

参 考 文 献

[1] 舒秋华. 房屋建筑学[M]. 武汉:武汉理工大学出版社,2005.
[2] 何铭新. 画法几何及土木工程制图[M]. 武汉:武汉理工大学出版社,2005.
[3] 张学宏. 建筑结构[M]. 2版. 北京:中国建筑工业出版社,2004.
[4] 赵研. 建筑识图与构造[M]. 2版. 北京:中国建筑工业出版社,2007.
[5] 危道军. 土木建筑制图[M]. 北京:高等教育出版社,2008.
[6] 安素琴. 建筑装饰材料[M]. 北京:中国建筑工业出版社,2004.
[7] 胡兴福. 建筑力学与结构[M]. 武汉:武汉理工大学出版社,2004.
[8] 高琼英. 建筑材料[M]. 武汉:武汉理工大学出版社,2004.
[9] 危道军. 质量员专业基础知识[M]. 北京:中国建筑工业出版社,2007.
[10] 危道军. 建筑装饰基础[M]. 北京:高等教育出版社,2005.

郑 重 声 明

高等教育出版社依法对本书享有专有出版权。任何未经许可的复制、销售行为均违反《中华人民共和国著作权法》,其行为人将承担相应的民事责任和行政责任,构成犯罪的,将被依法追究刑事责任。为了维护市场秩序,保护读者的合法权益,避免读者误用盗版书造成不良后果,我社将配合行政执法部门和司法机关对违法犯罪的单位和个人给予严厉打击。社会各界人士如发现上述侵权行为,希望及时举报,本社将奖励举报有功人员。

反盗版举报电话:(010)58581897/58581896/58581879
传　　真:(010)82086060
E-mail:dd@hep.com.cn
通信地址:北京市西城区德外大街4号
　　　　　高等教育出版社打击盗版办公室
邮　　编:100120

购书请拨打电话:(010)58581118